工科系の

物理学実験
《新装版》

続　　　馨
永嶋誠一
星　一以
柳原隆司
共　編

学術図書出版社

ま　え　が　き

　本書は私どもの工学部において，開設当初の昭和24年以来行われている物理学実験の指導書として，変遷を経た後，今回新しい意図を加味して編まれたものであります．始めは指導ノート程度のものであったが，その後，指導書となり印刷もされました．この間，年毎の工業技術の進展に伴い，その内容・装置も時折改新され，その度に改編されて来ました．今回はそれに加えて私ども物理学実験の指導に当っているものすべてが手分けして書き上げることになったものであります．

　執筆に当っては主として次の点に心掛けました．

1. 各題目毎に解説あるいは理論などをその始めに設けてその実験の内容，科学的意味をよく納得した上で実験にとりかかれるようにした．

2. 記述をできるだけ平易にし，内容を理解し易くした．

3. なお，内容を理解し易くするために予習問題，演習問題を各題目毎に設けた．

　本書の執筆は，物理学教室の全員が各章を分担してこれに当った．執筆者および分担範囲は次の通りである．

林　　精　一	一般実験 3, 28	蓬　田　和　夫　一般実験 5, 19, 27
紺　野　　忠	基礎実験5, 一般実験11	譽　田　克　彦　基礎実験 1, 2 , 4, 一般実験 7, 8, 18, 36
続　　　　馨	一般実験 15, 23, 30	星　　一　以　基礎実験3, 一般実験 17, 28, 36
柳　原　隆　司	〃　　9, 16, 29, 35	鈴　木　詔　悦　一般実験 2, 4, 20
長　坂　宗　男	〃　　24, 25, 26	永　嶋　誠　一　〃　　12, 13, 14, 21, 22, 32, 33, 34
藤　原　雅　美	〃　　1, 6, 10	神　馬　洋　司　〃　　31

　各題目毎に執筆者が異なるので記述の調子が異なる場合もあるが，用語，記号などはできるだけ統一しました．原稿整理の段階で多少急いだこともあり，練れていない所が間々あることと思いますが大方のご教示を得られれば幸いです．

　なお，従来の指導書に引き続いて本書を出版する運びに到るまで一貫してお世話になりました学術図書出版社の発田卓士氏並びに発田孝夫氏に謝意を表します．

　昭和57年3月

廣　川　友　雄
小　倉　　嵩

新装版の発刊によせて

　本書は「まえがき」にも記してありますように，工学部学生のための物理学実験の指導書として編纂され，長年使用していたものを昭和 57 年に全面的に改訂したものがその基本となっております．

　書名は当初「物理学実験」でしたが，その後，大学設置基準の大綱化など法制度の変更に伴ったカリキュラム改訂に合わせて，第 5 版で現行の「工科系の物理学実験」と書名を変更し，第 7 版まで発行して参りました．

　本書の内容については，コンピュータ実習のような技術革新の流れに直結するテーマは，コンピュータの発達の進捗状況に合わせて，その都度内容を更新しつつ改訂作業を継続してきました．また，この間，改良型の実験装置しか入手できなくなったり，使用していた実験装置が製造中止になったりし，実験方法など変更を余儀なくされたことも少なくありませんでした．さらに，初版からすでに 16 年も経過しており，これまで編者であった廣川・小倉両氏の改訂作業への参画も困難な状況に至っております．そのため，改訂作業については執筆者の責任で今日まで行って参りましたが，今回，執筆者の中から編者として新たに 4 名を互選し，新たな改訂に向けての体制を整えることになりました．それに伴い，編者を変更した新装版を今般発行することになりました．なお，書名は本書の教育現場での使用に際して学生に混乱が生じないように従来のままにしました．ただし，基礎実験の一部のテーマについては，実験遂行の都合上，新装版で入れ替えをしております．

　なお，各実験テーマの執筆担当者 (アイウエオ順) は以下の通りです．

伊藤　　勉	一般実験 28, 29	永嶋　誠一	一般実験 11, 12, 19, 20, 21
紺野　　忠	基礎実験 5，一般実験 10	藤原　雅美	一般実験 1, 5, 16
神馬　洋司	基礎実験 1, 5，一般実験 2, 28	星　　一以	基礎実験 3，一般実験 3, 15, 24, 25
鈴木　詔悦	一般実験 2, 18	譽田　克彦	基礎実験 1, 2, 4，一般実験 6, 7, 16
高木　秀有	一般実験 7, 21	水上　成美	基礎実験 4，一般実験 5, 6, 21, 27
高野　秀路	基礎実験 3，一般実験 4, 14	森　　英嗣	基礎実験 2，一般実験 4, 7, 9, 22
玉置　孝至	一般実験 5, 22, 25, 27	柳原　隆司	一般実験 8, 14, 17
続　　　馨	一般実験 7, 13, 21, 25, 26	山下　靖文	一般実験 2, 4, 11, 12, 28
長坂　宗男	一般実験 10, 22, 23, 26	蓬田　和夫	一般実験 4, 17
中島　唯仁	一般実験 14, 16, 17, 26, 29		

今後とも実験内容を充実させるために改訂作業を続けたいと考えております．

　新装版を出版するに際しても，学術図書出版社の発田孝夫氏には並々ならぬ御尽力をいただきました．ここに厚くお礼申し上げます．

　平成 10 年 11 月

続　　　馨

永嶋　誠一

星　　一以

柳原　隆司

も　く　じ

基 礎 実 験

1．長 さ の 測 定……………………………………………………… 4
2．白熱電球の電流・電圧特性………………………………………… 9
3．測定誤差とデータの整理…………………………………………… 17
4．関数方眼紙と実験式………………………………………………… 25
5．レポートの書き方…………………………………………………… 36

一 般 実 験

1．精密化学天秤による質量測定……………………………………… 46
2．金属棒の線膨張率の測定…………………………………………… 54
3．粒状物体の比重の測定 (比重びんによる方法)………………… 59
4．ユーイングの装置によるヤング率の測定………………………… 62
5．サールの装置によるヤング率の測定……………………………… 66
6．ねじれ振子による剛性率の測定…………………………………… 71
7．ジョリーのばね秤による水の表面張力の測定…………………… 78
8．水の粘性係数の測定………………………………………………… 85
9．レンズの焦点距離の測定…………………………………………… 89
10．見かけの深さを利用する屈折率の測定…………………………… 96
11．分光計によるガラスの屈折率の測定……………………………… 101
12．回折格子による光の波長の測定…………………………………… 108
13．光電管による光電測光……………………………………………… 114
14．GM 計数管による放射線吸収の測定……………………………… 125
15．電流による熱の仕事当量の測定…………………………………… 131
16．固体の比熱の測定…………………………………………………… 138
17．ボルダの振子による重力加速度の測定…………………………… 144
18．地磁気の水平分力の測定…………………………………………… 149
19．電解液槽による等電位線の測定…………………………………… 156
20．トランジスタの静特性の測定……………………………………… 161
21．オシロスコープによる交流波形の観測…………………………… 166
22．金属の電気抵抗の測定……………………………………………… 177
23．電池の起電力および内部抵抗の測定……………………………… 185
24．パイロメータによる温度の測定…………………………………… 189
25．気柱共鳴管による音速の測定……………………………………… 196
26．弦の定常波の振動数の測定………………………………………… 207

27．クロメル・アルメル熱電対による白錫の融点と凝固点の測定……………………214

28．気温・気圧・湿度の精密測定 ……………………………………………225

29．パーソナルコンピュータを用いたボルダの振子による重力加速度の測定………………244

付　　録

付録 A　電気計器に関する参考資料

1．電気計器……………………………264

2．電気用図記号 ……………………268

3．電子機器部品の色による定格表………274

付録 B　国際単位系 (SI)

1．基本単位と補助単位……………275

2．固有の名称をもつ組立単位…………276

3．その他の組立単位の例 ……………276

4．単位の 10 の整数乗倍を表す接頭語…277

5．SI と併用される単位 ………………277

付録 C　物理定数

1．元素と合金の密度………………………278

2．種々の物質の密度………………………279

3．種々の物質の水溶液の密度…………279

4．水の密度………………………………280

5．元素の比熱…………………………280

6．気体の比熱……………………………281

7．水の比熱………………………………281

8．元素の融点および沸点 ………………282

9．元素の線膨張係数 (α) ………………283

10．弾性に関する定数………………………284

11．熱電対の基準起電力…………………284

12．水の表面張力 (γ) ……………………286

13．種々の物質の表面張力 (γ) …………286

14．水の粘性係数 (η) ……………………286

15．固体および水の空気に対する屈折率

　　………………………………………286

16．金属の抵抗率および温度係数…………287

17．電気化学当量………………………288

18．各種光源の可視部主要

　　スペクトル線の波長………………………288

は じ め に

　物理学の成り立ちは，「実験を最初のより処とし，その事実の上に科学的な思考，推論を積み重ねてゆき，さらにその推論の妥当性を実験によって確かめる」というような過程が幾重にも繰返されるところにあるといえよう．

　物理学は，また自然科学は，数千年の昔から，地球上のある所で，ある時，ある人によって得られた実験上の，あるいは思考上の成果が，次々に時間，空間を越えて積み重ねられてゆき，大きな体系となって作られて来たものである．その体系の余りにも大きく，余りにも錯綜しているため，その最後のより処に実験的事実があるということが，とかく忘れられ勝ちになる．しかし，このことは物理学を，自然科学を，さらに押し進めようとするときに，実験が拠点となり，触角となることを思い知らされるのである．

　これから自然科学者としての生涯を過ごそうとしている学生諸君が，その初頭において最も謙虚に実験的事実を自らの手で把握する習慣と，その技能とを，またその実験結果を基にして正しい推論を行う思考力を基にして正しい推論を行う思考力とを身につけることは，生涯になし得る仕事を，量，質ともにより大ならしめるゆえんであろう．そのためには，基礎的な学問である物理学の実験を，与えられた条件の下で精度一杯に行うことが最も効果的であるといえよう．

　目的を同じくする友人と協力しながらの実験を行えば，諸君たちは，さらに多くの収穫を得るであろう．

　　　素材はだれの前にでもころがっている．内容を見いだす
　　　のは，それに働きかけようとする者だけだ．[*1]

　　　　　　　　　　　　　　　　　　　　　　　　　ゲーテ

---

*1 高橋建二編訳：ゲーテ格言集　新潮文庫 (昭 55) p. 93.

本書で実験するにあたって

1．単位の表記についての注意

　物理学実験ではさまざまな物理量を測定する．物理量の大きさは一般に測定を通して知ることができる．測定とは，基準になる単位の大きさ，たとえば長さの場合は $1\,\mathrm{m}$，質量の場合は $1\,\mathrm{kg}$，時間の場合は $1\,\mathrm{s}$（秒）を基準として，対象物の大きさを求めることである．よって，身長が 1.69 m ということは，身長が $1\,\mathrm{m}$ の 1.69 倍であることを意味する．すなわち，「身長」$= 1.69 \times \mathrm{m}$ である．一般に物理量は

「物理量」＝「数値」×「単位」

の形式で記す約束になっている．ゆえに，われわれが測定機器で読み取った目盛の値は，「数値」を表すことになる．また，「単位」は量を測る基準であるから，長さ，質量，時間，電圧，電流，速さなど物理量ごとに決まることになる．いろいろな物理量の単位は付録 B に記してあるので参照して欲しい．

　実験ではいろいろな量を扱うので，結果としていろいろな単位に出会うことになるが，ここでは本書で扱う単位の表記について若干の注意をしておこう．たとえば，「速さ」という物理量は，ある物体が1秒間に動いた距離であるから，この単位は SI 単位系（長さが m，質量が kg，時間が s（秒）の基本単位系）で

m/s または $\mathrm{m} \cdot \mathrm{s}^{-1}$

と表記される．また，物理定数のひとつである万有引力定数は

$\mathrm{N} \cdot \mathrm{m}^2 / \mathrm{kg}^2$ または $\mathrm{N} \cdot \mathrm{m}^2 \cdot \mathrm{kg}^{-2}$

と表記される．このように単位の表記には2通りある．本書では諸君にいろいろな表記に馴れて欲しいため，あえて1つに統一せず，適宜用いているので注意して欲しい．

　また，長さが cm，質量が g，時間が s（秒）の基本単位をもつ cgs 単位系も実用上の観点から一部採用している．たとえば，力の単位は SI 単位系では N（ニュートン）であるが，cgs 単位系では dyn（ダイン）となる．これらの単位系にも注意して欲しい．

　さらに，実験データをグラフで表すとき，縦軸や横軸の数値に沿って物理量と単位を記す．この数値は「数値」＝「物理量」／「単位」の関係から導かれたものである．このルールに従うならば，グラフの横軸の数値の下に，たとえば，「速さ $v/\mathrm{m/s}$」と記すことになるが，本書では

速さ $v\,[\mathrm{m/s}]$

のような記述法を採用しているので注意して欲しい．

2．単位の換算について

　実験ではいろいろな測定機器を用いて物理量を測定するが，測定値の単位は統一されていないのが普通である．たとえば，長さの測定でも，1.56 m のように m 単位で測定したり，15.6 mm のように mm 単位で測定したりする．他の物理量にしても同様である．このとき必要になるのが単位の換算である．以下に具体的な例を示す．

例1　長さ $15.6\,\mathrm{km}$ は何 mm か．

　SI 単位系での長さの基本単位は m であるから，$15.6\,\mathrm{km}$ は付録 B に記してあるように「単位の 10^n の接頭語」を用いた表現であることがわかる．km の k は 10^3 を表すから，$15.6\,\mathrm{km} = 15.6 \times 10^3$ m となる．また，mm（ミリメートル）の m（ミリ）は 10^{-3} を示すことから，$1\,\mathrm{m} = 10^3\,\mathrm{mm}$ となる．すなわち

$$15.6\,\mathrm{km} = 15.6 \times \mathrm{km} = 15.6 \times 10^3\,\mathrm{m}$$
$$= 15.6 \times 10^3 \times 10^3\,\mathrm{mm}$$
$$= 15.6 \times 10^6\,\mathrm{mm}$$

例2　質量 $10.3\,\mathrm{mg}$ は何 kg か．

$$10.3\,\mathrm{mg} = 10.3 \times 10^{-3}\,\mathrm{g}$$
$$= 10.3 \times 10^{-3} \times 10^{-3}\,\mathrm{kg}$$
$$= 10.3 \times 10^{-6}\,\mathrm{kg}$$

例3　時間 $10.5\,\mathrm{h}$ は何 s か．

$$10.5\,\mathrm{h} = 10.5 \times 60\,\mathrm{min} = 10.5 \times 60 \times 60\,\mathrm{s}$$
$$= 3.78 \times 10^4\,\mathrm{s}$$

　このように，「物理量」＝「数値」×「単位」の関係を理解しておくと，単位の換算が容易にできる．

基礎実験

1. 長さの測定

　長さの測定は，われわれが日常生活の中で，最も頻繁に行っている測定の1つである．ある物体の長さを測ろうとするとき，ふつう，われわれは物差しの0目盛をその物体の一端にあてがい，他端の目盛を読み取ってその物体の長さとしてしまう場合が多い．そのために，しばしば1つの目盛，あるいは1つの値で長さが決ってしまうものと思いがちである．われわれの住んでいる空間で，1次元の長さは2点の座標の差によって定義される[*1]．したがって，長さを測定するには，必ず2点の座標を測定しなければならないことを再認識しておこう．本節の実験では，ノギス，マイクロメータという簡単な測定器具の取り扱いを学ぶと同時に，それらの器具を使って，金属棒の長さや太さを測定し，その体積を求めてみる．

1. 副尺

　われわれが日常使用している物差しの多くは，最小目盛の長さが1mmになっている．したがって，このような物差しを用いる限り，1mm以下の値は，目測で判断して読み取らなければならない．たとえば，ある物体の一端の値が15.6mmと読み取ることができたとしよう．このとき，0.6mmは，目測によって読まれた値—目分量という—である．われわれがこの値を読み取るとき，およそ次のような判断を，無意識の中で行っている．1mmの半分0.5mmと読んでは小さすぎるようだ，しかし，0.7mmと読み取ると大きすぎるかも知れない．0.6mmという値が，このような躊躇のすえ決定されたものであるから，この値がいくらかの曖昧さ，あるいは不確実さを伴っていることは，至極当然なことである．このような目測による曖昧さをできるだけ少なくし，最小目盛以下の値を，ある程度機械的に読み取ることができるように工夫したものが，副尺またはバーニア (Vernier) といわれるものである．以下において，その原理を説明しよう．

　図1 (a) に示すように，最小目盛が1mmの物差し (主尺) に沿って移動することのできる短い物差し (副尺) を考えてみる．この副尺には，主尺の9mmの長さを10等分した目盛が刻んである．すなわち，副尺の1目盛の長さは9/10 = 0.9mmになっている．いま副尺が，図1 (a) の状態から，0.1mmだけ右へずれると，副尺の目盛1が主尺の1mmの目盛と一致して，図1 (b) のようになる．同様にして，副尺が0.2

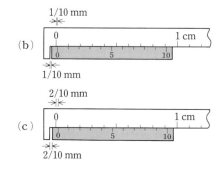

図1 1/10mmの副尺とその読み方
(a) 副尺の1目盛は主尺の9目盛 (9mm) を10等分してある．したがって，副尺の1目盛は，0.9mmの長さになっている．(b) 0.1mmだけ右へずれた場合．(c) 0.2mm右へずれた場合．

[*1] われわれの住んでいる空間は，10^{28} cmという途方もない長さを考えなければ，ユークリッドの幾何学によって正確に記述できる．詳しくはC. キッテル他 (今井功監訳)：力学 (バークレー物理学コース) 上巻 丸善 (1975) p.15 を見よ．

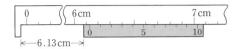

図2 副尺のついた物差しによる長さの測定
副尺の 0 目盛は 61 mm をいきすぎている.
何 mm いきすぎているかは, 主尺の目盛と一
致している副尺の目盛を読めばよい. この図
では, 3 の目盛が一致しているから 61.3 mm,
または 6.13 cm と読み取ることができる.

mm ずれると, 図 1 (c) のようになる. 一般に,
副尺の i 目盛 $(0 \leqq i \leqq 10)$ が主尺の目盛と一致
するとき, 副尺の 0 目盛は主尺の 0 目盛から,
$i/10$ mm ずれたことになる. このようにして,
副尺を測定する物体の長さに合せて移動できる
ようにすると, 主尺の目盛の 1/10 mm まで正確
に読み取ることができる. 図 2 において, 副尺
の 0 目盛は, 既に 61 mm を超えている. 61 mm
からいくらずれているかは, 主尺と一致してい
る副尺の目盛を見ればよい. すなわち, この図
では, 3 目盛が一致しているので, 61.3 mm で
ある.

　一般に, 主尺の $(n-1)$ 目盛を n 等分した副
尺を用いれば, 主尺の最小目盛の $1/n$ まで読み
取ることができる. 原理的には, n を大きくす
ればそれだけ詳しく読むことができる訳である
が, 主尺と副尺の目盛の一致を見極めることが
困難になってくるので, 実用上限度がある[*2].

2. 測定器具とその取り扱い

2.1 ノギス

　図 3 に示したノギス[*3] は, 前述のような副尺
を備えている測定器具の 1 つである. 図 4 のよ
うなブロックの寸法を, ノギスで測るときには,
次のようにする:(1) 長さ l を測るときには, ブ

[*2] 人間の目が, わずかにずれている平行な 2 直線を見
分ける能力は, 2 直線が明視の距離 (25 cm) にある
場合, 0.006 mm といわれている. 押田勇雄:物理学
の構成, 培風館 (1968) p.76. 諸君が今後の実験で使
用する装置に付属している副尺のうち, 最も詳しい
ものは, 主尺の最小目盛 0.5 mm の 1/50, すなわち,
0.01 mm まで読み取ることのできるようになってい
る副尺である. そのような副尺では, 普通, ルーペ
により一致した目盛を探すことになる.

[*3] ノギスは, 米国, 英国では, バーニア・キャリパー
(Vernier Caliper) といわれ, ドイツでは, ノニウ
ス (Nonius) といわれている. バーニアという言葉
は, フランスの数学者であり公務員であった Pierre
Vernier[§] (1580〜1637) が, 副尺の考案者であるこ
とに由来する. 副尺については, 1631 年の彼の著
書 *"La Construction, l'usage, et les propriétez du
quadrant nouveau de mathématique"* に書かれてい
る. 一方, ドイツ語のノニウスは, ポルトガルの数
学者であり, 地理学者である Pedro Nunes[¶] (ラテン
読みで Petrus Nonius 1492〜1578) に由来するよう
であるが, あやまって, 副尺の考案者とされたため
らしい. ノギスという言葉は, ドイツ語のノニウス
の訛(なまり) によるものとされている.

　[§] *Encyclopædia Britannica* による.

　[¶] *Meyers Enzyklopädisches Lexikon* による.

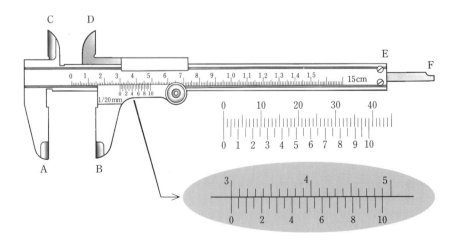

図3 ノギスと 1/20 mm の副尺

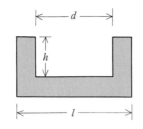

ロックを, 刃 A, B の間に挟む. (2) 内法または内径 d を測るには, 刃 C, D を使う. (3) 深さまたは高さ h を測るには, $\overline{\mathrm{EF}}$ の部分を用いる. いずれの場合も, 副尺の 0 目盛と一致する主尺の目盛を読めばよい. 図3のノギスの副尺は図1の副尺よりもさらに詳しく, 1/20 mm = 0.05 mm まで読み取ることができる.

図4 ブロックノギスの使用法を説明するための図

2.2 マイクロメータ

図5に示すマイクロメータ (Micrometer) は, 通常, 薄い物体の厚さ, 細い棒や線の太さなどを測るのに使用される. まず測ろうとする物体を, アンビルとスピンドルの間において, ラチェット (シンブルではない!) を回しながら, スピンドルを物体の方へ押し出していく. スピンドルが物体に接触して, 一定の圧力に達すると, カ

チカチと音がして, ラチェットが空回りを始める；この状態で, クランプをしめて, スピンドルを固定し目盛を読む. 目盛を読み取ったあとは, クランプをはずし, シンブルを回して, スピンドルを物体から離す.

マイクロメータを用いると, シンブル目盛で 1/100 mm = 0.01 mm―目分量 (図5a) あるいは副尺 (図5b) まで入れると 0.001 mm―まで詳しく読むことができる. 1/1000 mm は 1 μm である. ここからマイクロメータの名が生じたものであろう. 図5の拡大図に示されているように, シンブルの周りには50等分した目盛が刻まれており, シンブルが1回転すると, スリーブに沿って 0.5 mm 移動するようになっている. したがって, シンブルの1目盛は 0.5/50 mm = 1/100 mm の移動に対応している.

前に述べたように, マイクロメータは, 1/1000 mm までの微小変位を検出するのであるから, アンビルとスピンドルの先端に, 1/1000 mm より大きな凹凸があったのでは, 正しい測定をすることはできない. そのために, それぞれの先端

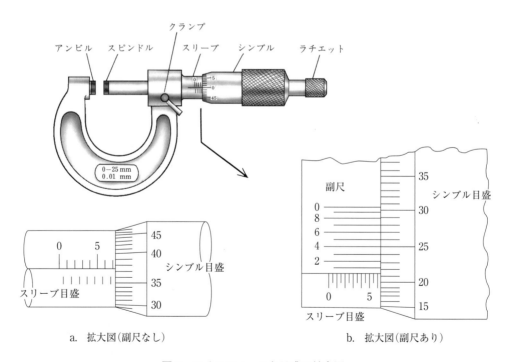

アンビル　スピンドル　クランプ　スリーブ　シンブル　ラチェット

0−25 mm
0.01 mm

シンブル目盛
スリーブ目盛

a. 拡大図(副尺なし)

副尺
シンブル目盛
スリーブ目盛

b. 拡大図(副尺あり)

図5 マイクロメータと目盛の拡大図

は，特殊合金でできており，光の波長程度の範囲で平らな面—このような平滑さをoptical flat という—になっている．手で触って錆びさせたりしないように注意せよ．

実　　　験

(1)　まず始めに，各自の持っている物差しで，与えられた金属棒の長さと直径を測り，その体積を求めよ．

(2)　次に，金属棒の長さをノギスで，直径をマイクロメータで測定せよ．表1と表2は，その例である．ノギスもマイクロメータも，主尺と副尺の0目盛は，必ずしも一致してはいない．したがって，その分を補正しなければならないことに注意せよ．直径の測定において，ある直径を測ったら，次にそれに直角な直径を測るようにするとよい．

表1と表2のデータでは，長さ $l = 53.570$ mm，直径 $d = 4.9823$ mm であるから，体積 V は

$$V = \pi l \left(\frac{d}{2}\right)^2 = 3.1416 \times 53.570 \times \left(\frac{4.9823}{2}\right)^2$$
$$= 1044.4 \text{ mm}^3$$

表1　金属棒の直径の測定

測定はマイクロメータによる．零点は，0目盛の不一致を読み取ったものである．平均値は，測定値よりも1桁多く書いておくとよい．

回数	零点 [mm]	読み [mm]
1	0.002	4.984
2	0.002	4.983
3	0.001	4.985
4	0.001	4.984
5	0.002	4.983
6	0.002	4.982
7	0.002	4.983
8	0.001	4.984
9	0.001	4.985
10	0.001	4.985
	平均 0.0015	平均 4.9838

平均直径 $d = 4.9838 - 0.0015 = 4.9823$ mm

表2　金属棒の長さの測定

測定はノギスによる．平均値は，測定値よりも1桁多く書いておくとよい．

回数	零点 [mm]	読み [mm]
1	0.00	53.55
2	0.00	53.60
3	0.00	53.55
4	0.00	53.55
5	0.00	53.55
6	0.00	53.60
7	0.00	53.55
8	0.00	53.60
9	0.00	53.60
10	0.00	53.55
		平均 53.570

平均長さ $l = 53.570$ mm

となる．ここで π は5桁 (6桁を4捨5入) までの数値を用いていることに注意せよ．また体積の有効数字はせいぜい5桁である．

mm^3 以外の単位，たとえば m^3 を使うときには，$1.0444 \times 10^{-6} \text{ m}^3$ と表記しておかなければならない．

課　題

(1)　金属棒の体積の誤差の大まかな見積もり

金属棒の体積を V，直径を d，長さを l とすると，体積は

$$V = \frac{1}{4}\pi l d^2 \tag{1}$$

で表される．いま V, d, l および π の誤差[*4]を ΔV, Δd, Δl, $\Delta \pi$ で表せば

$$V + \Delta V = \frac{1}{4}(\pi + \Delta\pi)(l + \Delta l)(d + \Delta d)^2 \tag{2}$$

である．

次に，右辺を展開し，$\Delta\pi$, Δl, Δd についての2次以上の項を非常に小さいとして省略すると

$$V + \Delta V = \frac{1}{4}(\pi l d^2 + \pi d^2 \Delta l + l d^2 \Delta\pi + 2\pi l d \Delta d)$$

のようになる．

ここで (1) 式を考慮して書き換えると，上式は

$$\Delta V = \frac{1}{4}(l d^2 \Delta\pi + \pi d^2 \Delta l + 2\pi l d \Delta d)$$

となる．

[*4] (1) 式の分母の数字4は数学的な数字であり，誤差を含まない．しかし，π の値は，近似値を使用するので，当然誤差が入っている．そのために，π も測定値と同じように取り扱わなくてはならない．

この式は，両辺を体積で割ることによって，さらに簡単になる：

$$\frac{\Delta V}{V} = \frac{\Delta \pi}{\pi} + \frac{\Delta l}{l} + 2\,\frac{\Delta d}{d}. \qquad (3)^{*5}$$

いま，Δd を，マイクロメータの副尺の1目盛のずれ，$0.001\,\mathrm{mm}$ に見積もり，Δl を，ノギスの副尺の1目盛のずれ，$0.05\,\mathrm{mm}$ に見積もってみる．π の値は，5桁までとって，6桁目を4捨5入したとすると，3.1416 であるから，$\Delta \pi = 0.00005$ と見積もればよい．V, l, d の値として，表1と表2と結果を使用すると，(3) 式は

$$\begin{aligned}
\frac{\Delta V}{1044.4} &= \frac{0.00005}{3.1416} + \frac{0.05}{53.570} + 2 \times \frac{0.001}{4.9823} \\
&= 0.00002 + 0.00093 + 0.00040 \\
&= 0.00135
\end{aligned}$$

となる．これより

$$\Delta V = 1.4\,\mathrm{mm}^3$$

を得る．ここで，第2および第3項目の誤差が，ΔV に大きく影響していることに注意せよ．誤差はもちろん正の場合も，負の場合も起こり得る．ここでは全てを正の場合として見積もってあるから，ΔV は起こり得る最大の誤差と見なしてよいであろう．したがって，求める体積は 1044.4 ± 1.4 mm^3 の範囲にあると考えられる．もちろん，ここで見積もった誤差は大まかなものである．詳しくは基礎実験3に述べられている．

(a)　上の例にならい，各自のデータから体積の誤差を見積もってみよ．

(b)　同様な算定を，物差しで測定した体積について行ってみよ．最小目盛が $1\,\mathrm{mm}$ の物差しの場合，$\Delta l = \Delta d = 0.5\,\mathrm{mm}$ 程度に見積もるのが妥当であろう．またこの場合，長さと，直径の誤差のうち，どちらが体積の誤差に大きく影響を及ぼしているかを考えてみよ．

(2)　**1/20 mm の副尺**　図3の拡大図にならい，副尺の0目盛が，主尺の $3.25\,\mathrm{cm}$ を示している図を，方眼紙に描け．方眼紙の $5\,\mathrm{mm}$ を主尺の $1\,\mathrm{mm}$ の長さにとるとよい．

(3)　**角度の副尺**　図6は円形の主尺と，それに沿って移動することのできる副尺を示している．主尺には $360°$ の目盛が $30'$ ごとに刻まれている．拡大図は，主尺の $80°$ から $90°$ までの目盛と副尺の一部を示している．この副尺には，主尺の29目盛を30等分した目盛が刻まれている．副尺の0目盛が示している角度を読め．このような主尺と副尺は，分光計のような装置についており，両目盛の一致しているところをルーペで探すようになっている．

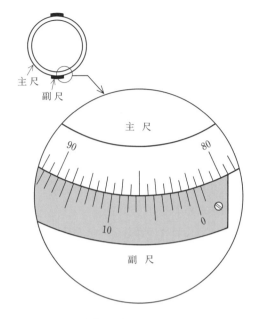

図6　角度の副尺

上図は，円板の周囲に $30'$ ごとの角度が目盛ってある主尺と，それに沿って移動できる副尺を示している．下の図は，円板の目盛 $80 \sim 90°$ の範囲と，副尺の一部も拡大したものである．副尺の0目盛は，すでに $81°30'$ をいきすぎていることに注意しよう．

---

*5 微分を使う場合は，次のようにすればよい．(1) 式の両辺の対数をとると，$\ln V = \ln l + \ln \pi + 2\ln d - \ln 4$．$\ln 4$ は常数であることを考慮して，両辺の微分をとることによって，直ちに (3) 式を得る：$\mathrm{d}\ln V = \dfrac{\mathrm{d}V}{V}$；ここで $\ln$ は $\log_{\mathrm{e}}$，すなわち，自然対数を表している．

2. 白熱電球の電流・電圧特性

　われわれが日常使用している白熱電球に電圧を加え，電球のフィラメントに流れる電流を測定してみると，電流は加えられた電圧に比例して流れてはいない．このことから，電球のフィラメントは一見，オームの法則に従わない抵抗体のように見えるが，本当にそうであろうか．フィラメントを通して流れる電流と，加えられている電圧の関係 (電流・電圧特性) を理解するためには，電球のフィラメントとして使用されている金属線 (タングステン) の電気抵抗が，温度とともにどのように変化するかについて考えてみなければならない．そのために，電気抵抗についての基礎的な事柄を理解しておく必要がある．この実験で用いられる電気回路は，電流と電圧を測定するための最も基本的な回路であり，今後の実験においても繰り返し使用される．ここで電流計や電圧計の結線の仕方をしっかりと身につけよう．

理　論

1. オームの法則

　鉄，銅，タングステンなどの金属線の両端に，直流電源を接続し，金属線の温度を一定に保ちながら，電圧を少しずつ増加させていくと，これらの材料を通して流れる直流電流は，加えられた電圧に比例して増加する．このような電流 I と電圧 V の関係は，オームの法則 (Ohm's Law) と呼ばれており

$$V = RI \tag{1}$$

という簡単な式によって表される．この式で，R は材料の種類，長さ，断面積，温度に依存する比例定数で，その材料の**電気抵抗** (Electric Resistance) または単に**抵抗**と呼ばれている．

　図1は，長さと断面積の異なる2本のタングステン線の電流・電圧特性を示している．このデータは，諸君がこれから行う実験で使用する電気回路と同じ回路で測定したものである．図1のデータの直線性は，まさしくこの材料がオームの法則に従っていることを表している．

　タングステン線の抵抗 R (直線 c の場合) を求めるには，次のようにすればよい．まず，直線上の1点 P の電圧と電流の値 (V, I) を読み取る．したがって，この図では，$V = 7.20\,\mathrm{V}$，

$I = 0.150\,\mathrm{A}$ であるから，(1) 式より

$$R = \frac{V}{I} = \frac{7.20}{0.150} = 48.0\,\Omega$$

となる．

　この値は，次のような方法で求めてもよい．すなわち，原点と点 P, Q で作られる三角形 △OPQ において，長さ $\overline{OQ} = \xi V$，長さ $\overline{PQ} = \eta I$ である．ここで，ξ と η は，それぞれ，電圧と電流の1単位の幾何学的な長さ (実際に，物差しで測る長さ) である．図1のグラフは1Vを2cmで，0.05 A を 2.5 cm で描いたものであるから，$\xi = 2\,\mathrm{cm/V}$，$\eta = 50\,\mathrm{cm/A}$ である．$\angle OPQ = \theta$ とすると，

$$\tan\theta = \frac{\overline{OQ}}{\overline{PQ}} = \frac{\xi V}{\eta I}$$

したがって，

$$R = \frac{V}{I} = \frac{\eta}{\xi} \tan\theta \tag{2}$$

となるから，角度 θ を分度器で測ることにより，抵抗を求めることができる．直線 c の場合，$\theta = 62.5°$ であるから，

$$R = \frac{50}{2} \tan 62.5° = 48.0\,\Omega$$

となる[*1]．

　(2) 式からわかるように角度 θ が大きいほど，

[*1] 得られた測定値そのものから抵抗値を決定する方法は，自習問題 (1) に与えられている．

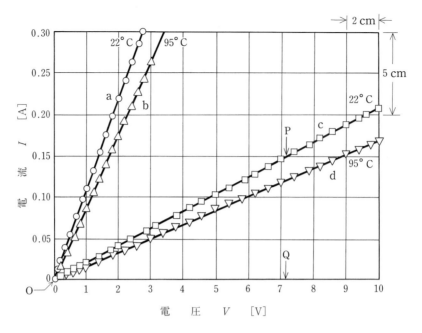

図1　22℃と95℃におけるタングステン線の電流・電圧特性
　直線 a, b は直径 0.200 mm, 長さ 4.59 m, c, d は直径 0.100 mm,
　長さ 6.00 m のタングステン線である. タングステン線をコイル状
　にし, 温度一定の水中に置いて測定した. 電流と電圧の比例関係
　は, この材料がオームの法則に従っていることを表している. 直
　線 a, b, c, d の電気抵抗は, それぞれ 9.15, 11.4, 48.0, 59.3 Ω で
　ある.

抵抗は大きい. したがって図1では, 直線 a, b, c, d の順に, 抵抗は大きくなっている.

2. 抵抗率

　図1において, 同じ温度で測定した2本のタングステン線 (a と c または b と d) の抵抗値の相違は, これらの線の長さと断面積の相違に基づいている. 一般に, 金属線の抵抗 R [Ω] は, その長さ L [m] に比例し, 断面積 S [m^2] に反比例する[*2] (このことは同じ2つの抵抗を直列に接続した場合と, 並列に接続した場合に, その合成抵抗がどうなるかを考えてみれば明らかであろう). すなわち

$$R = \rho \frac{L}{S} \tag{3}$$

のように表すことができる. ここで ρ [Ω·m] は比例定数で, 抵抗率 (Resistivity)[*3] と呼ばれている. 抵抗率は, 示された単位の場合, 長さ 1

m, 断面積 1 m^2 の金属線の抵抗を表している.

　図1の直線 c の抵抗率は,

$$\rho_c = \frac{S}{L} R = \frac{3.14 \times (5.00 \times 10^{-5})^2}{6.00} \times 48.0$$
$$= 6.28 \times 10^{-8} \ \Omega \cdot m$$

となる. 同様にして, 直線 a の抵抗率は, $\rho_a = 6.26 \times 10^{-8}$ Ω·m であり, それぞれのタングステン線の全抵抗 R が異なっていても抵抗率は同じであることを示している. 抵抗率は異なった材料間の抵抗を比較検討する場合には特に大切である.

3. 白熱電球の電流・電圧特性

　この実験で使用される白熱電球 (110 V, 100

[*2] 断面積に反比例するという実験的確証は, 基礎実験
　 4 の自習問題 (2) に与えられている.

[*3] 比抵抗または固有抵抗という場合もある.

W) には，2重コイル状の細いタングステン線が
フィラメントとして使われている．また，この
フィラメントの蒸発[*4]を防ぎ，電球の寿命を長
もちさせるために，アルゴンと窒素 (約7対3の
割合) の混合ガスが封入されており，規格通り
に電球を使用したときに，このガスの圧力がほ
ぼ1気圧に達するようになっている．

　図2は，このような電球の電流・電圧特性曲
線であり，諸君が，本実験の測定によって得ら
れるものの一例である．図から明らかなように，
電流と電圧の間に比例関係は見られない．この
ような特性曲線を見る限りは，電球はオームの
法則に従わない抵抗体のように思われるが，果
してそうであろうか．このことを明らかにする
ために，もう一度，図1に戻って考えてみよう．
ここで2本のタングステン線は，それぞれ22℃
(直線a と c) と 95℃ (b と d) の温度に保ちなが
ら測定されている．次の2つのことに注意しよ
う．すなわち，(1) タングステン線はそれぞれの
温度でオームの法則に従っている．(2) 温度が
高くなると電気抵抗は増加する[*5]．このことを
念頭において，再び電球の場合について考えて
みる．電球の場合，フィラメントの温度を外部
から一定温度に調節することはできない．いま，
ある電圧を加えた場合，一定の電流が流れ，フィ

ラメントがある温度になって平衡を保っている
とする．次に電圧を少し増加させると，より多
くの電流が流れ，それによってフィラメントの
温度はさらに上昇することになる．このことを
もっとよく理解するのに図3が助けとなる．い
ま，フィラメントが2000Kになっていたとする
(図からわかるようにこのときの電圧は約1Vで
約0.47Aの電流が流れている)．もしフィラメ
ントの温度が，この温度のままに保てるように
われわれが制御できるものとすれば，電圧をさ
らに上昇させたとき，電圧と電流は2000Kの直
線に沿って変化する．すなわち，2000Kの温度
におけるオームの法則に従って変化する．しか
し，実際には，われわれが温度を制御することは
できないのであるから，電圧を上昇させること
によって，フィラメントの温度はさらに上昇す
る．いま，電圧を0.3Vあげて，温度が2200K
になったとしよう．このとき流れている電流は
約0.55Aであり，1.3Vと0.55Aの点は，2200
Kのオームの法則の直線上にあることになる．
このようなことを繰り返していくことによって，
図3のような電流・電圧特性曲線が得られるこ
とになる．ここで，図2と図3の特性曲線の類
似に注目しよう．ただし，図2はガス入り電球
の測定であり，図3は真空電球での測定である
こと，また両者のフィラメントの幾何学的な大
きさが異なること，などのために直接の比較は
困難であるが，電流・電圧特性曲線がどうして
このような形になるか—という理由は，定性的
に理解できるであろう．

*4 真空中での蒸発速度は温度によって異なる．2800K
　　では $2.28 \times 10^{-8} \mathrm{g\,cm^{-2}\,s^{-1}}$ と測定されている．
　　I. Langmuir：*The Vapor Pressure of Metallic
　　Tungsten*, Physical Review 2 (1913) 329.

*5 半導体，炭素，絶縁体，電解液などでは温度が増加
　　すると抵抗は減少する．このことは電荷を荷ってい
　　るものが何であるか，またそれらがどのようにして
　　作り出されるかということに関係している．電気抵
　　抗の物理学についてのやさしい解説は，アレック T.
　　スチュワート (三宅静雄訳)：永久運動の世界　河出
　　書房 (1968) を見よ．

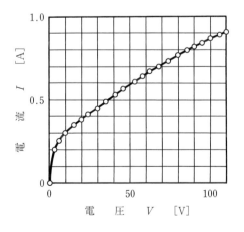

図2　白熱電球の電流・電圧特性
110 V，100 W の電球を使用した．データ
は表1に基づいて描いた．

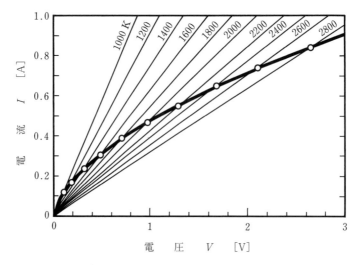

図3 真空中におけるタングステン線の電流・電圧特性

長さ1cm，半径0.003cmのタングステン線の電圧，電流，温度の関係を示している．W. E. Forsyth and A. G. Worthing：*The Properties of Tungsten and The Characteristics of Tungsten Lamps*，Astrophysical Journal **61** (1925) 146 のデータに基づいて描かれている．

実　　験

1．実験器具

交流電圧計1台，交流電流計1台，スライダック (単巻摺動トランス) 1台，白熱電球 (110V，100W) 1個 (ソケット付)．

(a) 電圧計および電流計の目盛板に記してある記号については，**付録**を参照せよ．特に，これらの計器の誤差がどの程度であるかを理解しておく必要がある．計器には鏡がついており，指針の示す目盛を読み取る場合，視差が生じないように工夫されている．結線をする前に，指針が正確に0を指示していない場合は，担当の先生に申し出よ．

(b) スライダックは，1次コイルと2次コイルが一部共通になっているトランスで，電圧を連続的に変えることができるようになっている．スライダックに記されていることから，とり出せる電圧の範囲，許容電流の大きさを理解しておくとよい．IN PUT，OUT PUT はそれぞれ，入力 (スライダックに電圧を与える)，出力 (ス

ライダックから電圧をとり出す) を表している．

2．結線

図4に，結線図と実体結線図が示されている．多くの場合，結線図のみが与えられ，それに基づいて回路を組んでいくのであるから，2つの図の対応関係をよく理解しておく必要がある．図5のフロー・チャート (流れ作業図) に従って各自で回路を組んでみよ．なお，結線するときは，電流回路 (電流計を入れる回路) を組み，次に電圧回路 (電圧計をつなぐ回路) の順に組むとよい．

3．実験方法とその整理

実験は交流を使って行うが，考え方は直流の場合と同じである．ただし，計器から読み取る電流値と電圧値は**実効値**を表している (実効値については**参考**を見よ)．

まず，電流計と電圧計 (スライダックの目盛ではない！) を見ながら，スライダックのつまみを徐々にまわしていく．電圧は，およそ5V位の間隔で測定するとよい．したがって，正確に5V

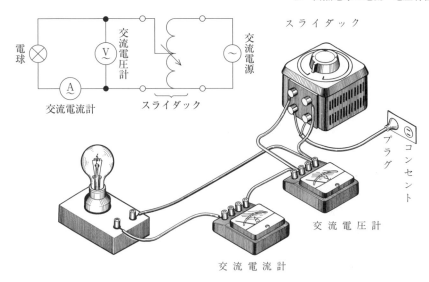

図4 白熱電球の電流・電圧特性を測定するための回路図と実体結線図

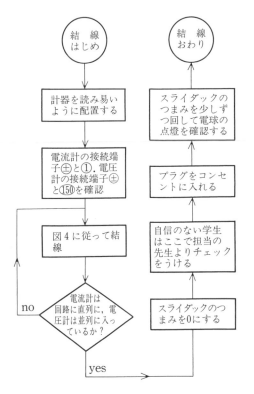

図5 結線の順序を示すフロー・チャート

電流計は回路に直列に，電圧計は回路に並列に接続する．このことは回路を組む場合の基本的な操作である．

表1 白熱電球の電流と電圧の測定

(110 V, 100 W)

電圧 V [V]	電流 I [A]	観察
0	0.00	
3	0.20	
6	0.25	
10	0.30	フィラメントが赤味を帯び始める.
16	0.35	だいだい色になり始める.
20	0.38	
24	0.41	黄色味を帯び始める.
30	0.45	
35	0.49	白色を呈してくる.
41	0.53	
46	0.57	
53	0.61	
58	0.64	
62	0.67	
68	0.70	
74	0.73	
80	0.77	
86	0.80	
90	0.82	
95	0.84	
100	0.87	
106	0.89	
110	0.91	

でなくともよいのであるから，つまみを逆に回して調整し直したりする必要はない．フィラメントの温度が安定してから計器を読むとよい (窓側では，風が吹き込んで電球が冷却し，フィラメントの温度が変わるため，電流値が変化することもある)．電球の規格の 110 V まで測定せよ．

このようにして得られたデータの 1 例が，表 1 に示してある．図 2 の特性曲線は，このデータに基づいて描いたものである．この図を参考にしながら，各自のデータを方眼紙にプロットし，滑らかに特性曲線を描いてみよ．

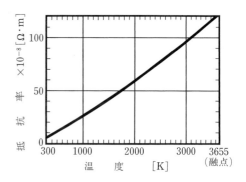

図 6 タングステンの抵抗率の温度による変化

W. E. Forsyth and A. G. Worthing：*ibid*
のデータに基づいて描いた．

課　題

(1)　特性曲線より得られる近似的な実験式　まず始めに，特性曲線がわれわれのよく知っている簡単な関数関係で表現できるかどうかを検討してみよう．各自の描いた曲線から，電圧 V が電流 I に対して放物線のように変化していることに気がつくであろう．すなわち

$$V = aI^2$$

$$I = b\sqrt{V} \quad \text{または} \quad I = bV^{0.5}$$

といった関数関係で表すことができそうである．ここで，定数 a, b を各自のデータから決定してみよ．たとえば定数 b は，表 1 のデータの場合，$V = 110$ V，$I = 0.91$ A より，$b = 0.087$ と決められるから $I = 0.087V^{0.5}$ という実験式が得られる．これにならって，各自のデータより a または b を決定してみよ．なお，さらに正確な実験式の決定は後の時間で行う．

(2)　フィラメントの長さ　実験で使用した電球と同じ電球から，2 重コイル状のタングステン・フィラメントを取り出して，その質量と直径を測定したところ，それぞれ 0.041 g，0.071 mm という値を得た．これよりフィラメントの長さを求めてみよ．タングステンの密度は 19.3 g/cm^3 である．

(3)　抵抗率の計算　各自の特性曲線において，電圧がそれぞれ 20，60，100 V に対応する曲線上の点と原点を通る直線を描き (図 3 のように)，それぞれの電圧における抵抗 R を求めよ．また，課題 (2) のデータと結果を使って，20，60，100 V の場合の抵抗率を求めよ．

(4)　フィラメントの温度の推定　図 6 は，真空中におけるタングステン線の抵抗率と温度との関係を示している．この図と課題 (3) で求めた抵抗率より，20，60，100 V の電圧におけるフィラメントの温度を推定してみよ．

自習問題

以下の問題は提出する必要はない．余裕のある学生は挑戦してみよ．

(1)　最小 2 乗法による抵抗 R の求め方　図 1 の抵抗を求めるとき，本文の中では直線上の 1 点の電圧と電流の値から求めた．ここでは，最小 2 乗法の考え方により，得られたデータそのものから抵抗 R を決定してみよう．いま，測定された電圧 V と電流 I の値が図 7 のようにグラフにプロットされたとき，これらの測定点を通して適当な 1 本の直線を描いてみる．このとき，**各測定点と，この直線との距離の 2 乗の和が最小になるような直線が，最も理想的な直線であろう**——というのが最小 2 乗法の基本的な考え方である．すなわち

$$S = l_1{}^2 + l_2{}^2 + \cdots + l_N{}^2 = \sum_{i=1}^{N} l_i{}^2 \qquad (4)$$

が最小になるような直線を求めることである．i 番目の測定点 P は，電圧が V_i，電流が I_i の点である．直線が $I = V/R$ を表しているとすると，この測定点が直線からはずれている距離 PQ は，PQ $= l_i = I_i - I = I_i - V_i/R$ である．したがって，測定点が直線の上側にあれば l_i は正であり，下側にあれば負の値をとる．

このことから (4) 式は

$$S = \sum_{i=1}^{N} \left(I_i - \frac{V_i}{R} \right)^2$$

となる．ここで直線の傾き (または R) をいろいろに変えてみたときに，和 S が最小になるようにするのであるから，S を R で微分したときの微分係数が 0 になるような R を求めることである：

$$\frac{\mathrm{d}S}{\mathrm{d}R} = \sum_{i=1}^{N} 2\left(I_i - \frac{V_i}{R} \right)\left(-\frac{V_i}{R^2} \right) = 0.$$

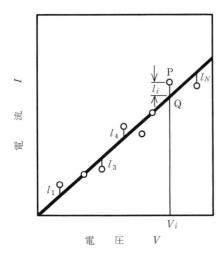

図7 最小2乗法による抵抗 R の決定法
わかりやすくするために測定点は誇張して直線からずらしてある. 最小2乗法は, 直線の傾き (R の値) をいろいろに変えたとき, $S = \sum l_i{}^2$ が最小になるように R を選ぶことを教えている.

表3 図1の直線bのデータ

電圧 V [V]	電流 I [A]
0.00	0.000
0.03	0.002
0.20	0.016
0.40	0.034
0.60	0.052
0.80	0.069
1.00	0.087
1.20	0.104
1.40	0.122
1.60	0.140
1.80	0.157
2.00	0.175
2.20	0.193
2.40	0.211
2.60	0.228
2.80	0.247
3.00	0.264

表2 図1の直線aのデータ

電圧 V [V]	電流 I [A]	V_i^2	$V_i I_i$
0.00	0.000		
0.02	0.002	0.0004	0.00004
0.13	0.013	0.0169	0.00169
0.21	0.022	0.0441	0.00462
0.35	0.038		
0.50	0.054		
0.70	0.076		
0.90	0.098		
1.00	0.109		
1.20	0.131		
1.40	0.153		
1.60	0.175		
1.80	0.197		
2.00	0.218		
2.20	0.240		
2.40	0.263		
2.60	0.285		
2.74	0.300		
		$\sum V_i^2$	$\sum V_i I_i$

$$R = \frac{\sum V_i^2}{\sum V_i I_i}$$

すなわち,

$$\sum_{i=1}^{N} (I_i R - V_i) V_i = 0$$

$$R \sum_{i=1}^{N} V_i I_i - \sum_{i=1}^{N} V_i^2 = 0$$

であり, これより

$$R = \frac{\displaystyle\sum_{i=1}^{N} V_i^2}{\displaystyle\sum_{i=1}^{N} V_i I_i} \tag{5}$$

を得る.

　与えられたデータより電圧と電流の積 $V_i I_i$ の和と電圧の2乗 V_i^2 の和を求め, (5) 式より R を決定すればよい. 図1の直線aとbのデータが表2と表3に示されている. この表よりそれぞれの抵抗 R を求めてみよ.

(2) 抵抗率の温度係数

　(a) 自習問題 (1) で求めた抵抗より 22℃ と 95℃ におけるタングステンの抵抗率 ρ_{22} と ρ_{95} を求めてみよ[*6].

　(b) 図6からわかるように温度範囲が小さければ抵抗率は温度とともに直線的に増加するとし

---

*6 厳密にいえば, 抵抗率は同じ材料でも, 製造法, 純度などによって多少異なる. 図6のデータでは, $\rho_{22} = 5.52 \times 10^{-8}\,\Omega \cdot \mathrm{m}$, $\rho_{95} = 7.28 \times 10^{-8}\,\Omega \cdot \mathrm{m}$ である.

てよい. ρ_{22} と ρ_{95} を外挿することにより 0 ℃ と 100 ℃ における抵抗率 ρ_0 と ρ_{100} を求めよ.

(c) $$\alpha_{0,100} = \frac{\rho_{100} - \rho_0}{100\rho_0}$$

は 0 ℃ と 100 ℃ の抵抗率の平均温度係数とよばれている. (b) の場合の値を用いて $\alpha_{0,100}$ を求めよ[*7].

参 考

実効値について 送電線によってわれわれのところに送られてくる電圧は, 50 Hz (東日本) または 60 Hz (西日本) で周期的に変化する交流電圧である. それなのにわれわれは「100 V の電圧がきている」といった表現で, 交流電圧をあたかも直流電圧のように呼んでいる. その理由がどこからきているのかを以下において考えてみよう.

いま, 時間 t における瞬間の電圧 v が

$$v = v_0 \sin (2\pi ft) \qquad (6)$$

で表されるような交流電圧が抵抗 R の物体の両端に加えられたとする. ここで f は周波数, v_0 は最大電圧である. オームの法則はどの瞬間においても成り立つのであるから, この物体に流れる電流 i は

$$i = \frac{v}{R} \qquad (7)$$

で表される. (6) と (7) 式より

$$i = \frac{v_0}{R} \sin (2\pi ft) = i_0 \sin (2\pi ft)$$

ここで

$$i_0 = \frac{v_0}{R}$$

は最大電流の値である.

すなわち, この抵抗体に加えられた電圧と電流は振幅は異なるが時間的な変化は全く同じである (このような場合, 電流と電圧は同位相にあるという).

次にこの抵抗体の中で毎秒発生する熱量について考えてみる. この熱量は電圧と電流の積として表されることはよく知られている. すなわち

$$vi = v_0 i_0 \sin^2 (2\pi ft)$$

である. したがって 1 周期 T の時間内に発生する熱量 Q は

$$Q = \int_0^T vi \, \mathrm{d}t = v_0 i_0 \int_0^T \sin^2 (2\pi ft) \, \mathrm{d}t$$

である. また, $T = \dfrac{1}{f}$ であり, $\int \sin^2 x \ \mathrm{d}x = -\dfrac{1}{4}\sin 2x + \dfrac{x}{2}$ であることを用いれば

$$Q = \left(\frac{i_0 v_0}{2} \right) T$$

を得る. これを少し書き換えて

$$Q = \left(\frac{i_0}{\sqrt{2}} \right) \left(\frac{v_0}{\sqrt{2}} \right) T = (IV)T \qquad (8)$$

とする. ここで

$$I = \frac{i_0}{\sqrt{2}}, \quad V = \frac{v_0}{\sqrt{2}} \qquad (9)$$

とした.

このような置換をしてみると (8) 式は交流電圧 v と交流電流 i によって 1 周期の時間に発生した熱量というよりも, 直流電圧 V が加えられ, 直流電流 I が, T 秒間流れて発生した熱量と考えてもよいことがわかる. このように $v = v_0 \sin (2\pi ft)$ や $i = i_0 \sin (2\pi ft)$ のように, 複雑に変動する電圧や電流によって引き起こされる種々の物理現象が, $V = v_0/\sqrt{2}$ のような仮想的な直流電圧が加わり, $I = i_0/\sqrt{2}$ のような直流電流が流れていると考えることによって, 全く同じ結果を得るならば, 後者で考える方が極めて楽である. また, その後の理論を発展させていくことも非常に容易になる. このような考え方は物理学の中ではよく行われていることである.

上のことからわかるように, われわれが交流電圧を 100 V と呼ぶときには, その値は実効値 $V = v_0/\sqrt{2}$ を意味しており, この交流の最大電圧は $v_0 = V\sqrt{2} = 100\sqrt{2} = 141$ V であることを表している. 交流電圧計や交流電流計の目盛は実効値で表されている.

[*7] 抵抗が温度とともに減少する材料では, 温度係数が負になる.

3. 測定誤差とデータの整理

　実験を行う者は，どの程度の正確さで測定値を求めるか，それにはどのような精度の測定器を用いるか，そして求められた物理量の信頼性はどの程度か，を常に確かめながら測定する習慣を身につけることが大事である．注意深く実験しても測定値には必ず誤差が含まれている．したがって，誤差を考慮したデータの整理が要求される．

　この章では，誤差の原因，有効数字，相対誤差，について学び，後半では，誤差の理論的取扱いの基礎として，最小2乗法，2乗平均誤差 (標準偏差)，確率誤差，標準誤差，誤差の伝播，について学ぶことにする．

1. 誤差の原因

　物理量の測定値 (Measured Value) を z，真の値 (True Value) を Z とすると，その差 ξ

$$\xi = z - Z \tag{1}$$

を誤差 (絶対誤差) (Absolute Error) という．真の値は神のみぞ知る値であるが，誤差にある法則性を仮定することによって，真の値を推測することができる．

　誤差はその原因によって**過失誤差**，**系統誤差**，**偶発誤差**の3つに分類される．このうち，過失誤差は実験ミスなど初歩的なものによって生じる誤差であり，注意すれば取り除ける．ここでは，その他の誤差について述べる．

1.1 系統誤差 (Systematic Error)

　系統誤差は，実験装置の調整や使用方法の不完全性のためや，測定する物理量に影響を及ぼす外的条件 (たとえば温度など) のコントロールが不十分なために生じる誤差，測定者の癖によって生じる誤差などである．これらの誤差は，その原因を究明さえすれば，あらかじめ取り除く，または後で補正することができる．たとえば，通常の温度計を数本同時に使うとき，表示された温度は一致していないのが普通である．したがって，温度の絶対値を求めるときには水の三重点 (0 ℃)，1気圧における水の沸点 (100 ℃) などの温度定点を使って校正してから使う必要がある．

　(また，『金属棒の線膨張率の測定』の実験のように温度計の一部を実験装置内 (約 100 ℃) に差し込んで測定するときは，装置に差し込まれている部分と外に出ている部分とでは，温度計の熱膨張が違う．したがって，これを補正して系統誤差を避けることが必要である．この章の最後の「参考1」を参照せよ．)

1.2 偶発誤差 (Accidental Error)

　系統誤差が取り除かれたとする．しかし，いくら注意しても人為的には取り除けない誤差が偶発誤差である．これは測定器の精度の限界 (**分解能 (Resolution)**) のところで必然的にかつ偶発的に生じる誤差である．

　身の回りの物体の長さを測定する場合のことを，具体的に考えてみる．5 mm 程度の長さを，定規，ノギス，マイクロメータで各1回測定した場合，一例として下記のような測定値が得られた．ただし，長さのそれぞれの測定値には，分解能に相当する最小目盛程度の誤差が含まれるため，それを付した．

　定規 (最小目盛 1 mm，ただし目測でその 1/10 まで読む)　　　　　　　　5.0 ± 0.1 mm

　ノギス (最小目盛 0.05 mm)　5.00 ± 0.05 mm

　マイクロメータ (最小目盛 0.001 mm)

$$5.002 \pm 0.001 \text{ mm}$$

　このマイクロメータでの測定を，複数回繰り

返して行うと，たとえば，

　5.003 mm, 5.004 mm, 4.998 mm, 5.001 mm, 4.999 mm, …

のようなばらついた測定値が得られる.

　このような誤差の性質としては，

① 小さい誤差は，大きい誤差より頻繁に起こる.

② 正の誤差とそれと同じ大きさの負の誤差とは，同じ確率で起こる.

③ 非常に大きい誤差は実際には起こらない.

の 3 つがあると考えられる. したがって，この種の誤差は，測定を多数回行い，測定値の**平均値**をとることによって統計的に扱い，ある意味で取り除くことができる.

2.　有効数字 (Significant Figure) と計算

　物理学で扱う数値は数学とは異なり，数字が表す精度まで問題にされる. したがって，物理学では**有効数字**の考え方が用いられる. これは意味のある，信頼できる数字のことである. 有効数字は，一般に誤差の入る桁までとった数字で表現される.

　たとえば，120, 12.0, 0.120, 0.0120 などはいずれも有効数字が 3 桁であるが, 誤差の大きさがそれぞれ 120 ± 0.5, 12.0 ± 0.05, 0.120 ± 0.0005, 0.0120 ± 0.00005 であることを表している. ここで 0 は，位取りを表す場合と信頼性を表す場合と 2 通りに使われている. 有効数字を明確にするために，上記の数値を 1.20×10^2, 1.20×10, 1.20×10^{-1}, 1.20×10^{-2} と書く表記法がある. これを科学的な表記法という.

　例　金属棒の直径 d をマイクロメータで，長さ l をノギスで測定したときの測定値を用いて，体積 V を計算してみよう.

　$d = 4.993$ mm, $l = 65.25$ mm の測定値を得たとする. $V = \dfrac{1}{4}\pi l d^2$ の関係式より，電卓で計算すると

$$V = \frac{3.1416 \times 65.25 \times 4.993^2}{4}$$
$$= 1277.598947 \text{ mm}^3$$

と 10 桁まで表示される. ここでは，測定値の信頼で

きる範囲は，副尺の最小読みの 2 分の 1 とする. したがって，d, l の測定値にはそれぞれ最大限 ±0.0005 mm, ±0.025 mm の不確かさがあると考えると，この棒の体積の上限，下限はそれぞれ

$$V \leqq 3.1416 \times (4.993 + 0.0005)^2$$
$$\times (65.25 + 0.025)/4$$
$$= 1278.344437 \text{ mm}^3$$
$$V \geqq 3.1416 \times (4.993 - 0.0005)^2$$
$$\times (65.25 - 0.025)/4$$
$$= 1276.853678 \text{ mm}^3$$

である. 2 つの計算結果では上位から 3 桁までは等しいが，4 桁目から違っている. したがって，5 桁目以下の数値は全く意味のないことがわかる. このようなことが生じた原因は d, l の測定値の有効桁が 4 桁であったからである. したがって，この棒の体積は $V = 1277$ mm³ と表せばよい.

　一般に，計算における有効数字の扱いは，下記のように考える.

① 有効数字の桁数が等しい場合の積や商の計算では，その結果は元の測定値の有効桁数で決まる. 有効桁数が異なっている場合の積や商の有効桁数は，少ない方の桁数で決まる. たとえば，有効桁数が 2 桁と 3 桁である 2 つの数値の積や商は，有効桁数が 2 桁となる.

　例
　　$12.8 \times 54.21 = 694$ (3 桁 × 4 桁 = 3 桁)
　　$35.24 \div 3.4 = 10$ (4 桁 ÷ 2 桁 = 2 桁)
　　$4.7^3 = 1.0 \times 10^2$ (2 桁の 3 乗 = 2 桁)

② 和や差の計算をするときは，小数点以下の位を揃えて計算する. 小数点以下の桁数が揃っていないときには，小数点以下の桁数の少ない方の桁数に合わせるように四捨五入してから，計算すればよい.

例

32.8	(小数点以下 1 桁)
	(小数点以下 2 桁，四捨五入して
+) 9.~~26~~	9.3 として計算する)
42.1	(小数点以下 1 桁)

34.4	(小数点以下 1 桁)
−)26.4	(小数点以下 1 桁)
8.0	(小数点以下 1 桁)

普通，実験で得られる有効数字は 3 桁程度である．最近電卓で計算することが多くなり，電卓に表示された全ての数字を書きとる者がいるが，これは無意味なことである．

3. 相対誤差 (Relative Error) とその誤差伝播 (Propagation of Errors)

3.1 相 対 誤 差

測定値 z，誤差 ξ に対して，$\dfrac{\xi}{z}$ を相対誤差という．測定の精度は，絶対誤差ではなく相対誤差の大きさで決まる．

このことを，ノギスとマイクロメータを用いて，円柱の体積を測定する場合を例として考えてみよう．円柱の長さは約 50 mm，直径は約 5 mm とする．長さをノギスで，直径をマイクロメータで測定する．測定の絶対誤差が，測定器の分解能で決まるとした場合，

ノギスによる絶対誤差　　　　0.05 mm

マイクロメータによる絶対誤差　0.001 mm

となり，ノギスの絶対誤差は，マイクロメータの絶対誤差の 50 倍となる．そのため，円柱の体積の誤差は，ノギスの絶対誤差に主に依存すると考えたくなる．しかし，これを調べるためには，ノギスやマイクロメータで測定した値が，体積の誤差にどのように伝播するかを調べる必要がある．以下にこのことを説明する．

3.2 相対誤差とその誤差伝播

円柱の長さを l，その絶対誤差を Δl，円柱の直径を d，その絶対誤差を Δd と表す．それぞれの測定値と絶対誤差が，以下のように与えられ

るとする．

$$l = 50.00\,\mathrm{mm}, \quad \Delta l = 0.05\,\mathrm{mm}$$

$$d = 5.000\,\mathrm{mm}, \quad \Delta d = 0.001\,\mathrm{mm}$$

円柱の体積を $V\left(=\dfrac{1}{4}\pi l d^2\right)$，絶対誤差を ΔV と表す．長さと直径の誤差が体積の誤差へどのように伝播していくかを，具体的に見ていく．

① 体積の誤差が，長さの測定のみから生じていると考えた場合，

$$
\begin{aligned}
V + \Delta V &= \frac{1}{4}\pi(l + \Delta l)d^2 \\
&= \frac{1}{4}\pi l d^2\left(1 + \frac{\Delta l}{l}\right) = V\left(1 + \frac{\Delta l}{l}\right)
\end{aligned}
$$

となる．この両辺を体積 V で割ると，

$$1 + \frac{\Delta V}{V} = 1 + \frac{\Delta l}{l}$$

となり，体積の相対誤差は以下の程度となる．

$$\frac{\Delta V}{V} = \frac{\Delta l}{l} = \frac{0.05\,\mathrm{mm}}{50.00\,\mathrm{mm}} = 0.001$$

② 一方，体積の誤差が，直径の測定のみから生じていると考えた場合，

$$
\begin{aligned}
V + \Delta V &= \frac{1}{4}\pi l(d + \Delta d)^2 \\
&= \frac{1}{4}\pi l(d^2 + 2d\,\Delta d + (\Delta d)^2) \\
&= \frac{1}{4}\pi l d^2\left\{1 + 2\left(\frac{\Delta d}{d}\right) + \left(\frac{\Delta d}{d}\right)^2\right\} \\
&\cong \frac{1}{4}\pi l d^2\left\{1 + 2\left(\frac{\Delta d}{d}\right)\right\} \\
&= V\left\{1 + 2\left(\frac{\Delta d}{d}\right)\right\}
\end{aligned}
$$

となる．ここで，$\left(\dfrac{\Delta d}{d}\right)^2$ は，1 に比べて極めて小さいので無視した．

この両辺を体積 V で割ると，

$$1 + \frac{\Delta V}{V} = 1 + 2\frac{\Delta d}{d}$$

となり，体積の相対誤差は以下の程度となる．

$$\frac{\Delta V}{V} = 2\frac{\Delta d}{d} = 2 \times \frac{0.001\,\mathrm{mm}}{5.000\,\mathrm{mm}} = 0.0004$$

以上の ① と ② の結果を比較してみると，ノギスによる測定での体積の相対誤差は，

$$\frac{\Delta V}{V} = \frac{\Delta l}{l} = 0.001$$

マイクロメータによる測定での体積の相対誤差
は,

$$\frac{\Delta V}{V} = 2\frac{\Delta d}{d} = 0.0004$$

であり, 相対誤差は同程度 (2.5 倍の差) となる
ことがわかる. もし, 直径をマイクロメータで
はなく, ノギスで測定したとすると,

$$\frac{\Delta V}{V} = 2\frac{\Delta d}{d} = 2 \times \frac{0.05\,\text{mm}}{5.00\,\text{mm}} = 0.02$$

と相対誤差がかなり大きくなり, 測定器具の選
択が明らかに不適切であることがわかる. この
ように, 測定する物理量の大きさに応じて, 適
切な測定器具を選ぶことが重要である.

　一般的に, 直接測定される物理量 $x \pm \Delta x$, $y \pm \Delta y$, $z \pm \Delta z$ に対して, ある物理量 W が $W = x^a y^b z^c$ の計算式で与えられる場合, W の相対
誤差は以下のようになる.

$$\frac{\Delta W}{W} \leqq \left| a\frac{\Delta x}{x} \right| + \left| b\frac{\Delta y}{y} \right| + \left| c\frac{\Delta z}{z} \right| \tag{2}$$

つまり, 相対誤差は, 直接測定された各物理量
x, y, z の (a, b, c 係数を掛けた) 相対誤差の和で
与えられる. 実際には, 右辺の各項には正と負
があるので, W の誤差の大雑把な最大値の見積
もりとなる. この式から, ある物理量のみの精
度が高くても意味がなく, 各物理量の相対誤差
が同程度となる測定が, 最も合理的であること
がわかる. そのような測定を, **等精度測定**とい
う. 前述の円柱の体積の測定において, 長さを
ノギスで, 直径をマイクロメータで測定したの
は, ほぼ等精度測定となっている.

4. 誤差の理論的取り扱い

4.1 最小 2 乗法 (Principle of Least Squares)

4.1.1 最確値 (Most Probable Value) と最小 2 乗法

　誤差は統計的な性質のものであるから, 測定値
の**母集団** (Population of Measured Values) (調
査対象の集合全体のことをいう. 測定を多数回
行うことで, 母集団の性質を推定する) を考え
る. 図 1 は多数回 (測定回数 n が限りなく多い)

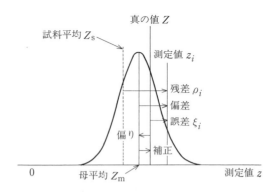

図 1　測定値の分布と真の値

の測定を行ったとき, 同じ測定値が現れる度数
を縦軸に, 測定値 z を横軸にとって測定値の分
布を示したものである. これは**ガウス分布** (**正
規分布**) (Normal Distribution) と呼ばれる曲線
である. 図 1 からわかるように, 母集団の平均
である**母平均** (Population Mean) (最も確から
しい値で**最確値**という) Z_m と真の値 Z とは一
般には一致しない (真の値はわからないので, 一
致を証明することはできない). 両者の差を**偏り**
という (系統誤差が残っていれば, この誤差も
寄与する). 測定値の母集団を考えるときは多数
回の測定値を得ることが必要条件である. しか
し, 一般に測定回数には限度があり, 母平均を
求めることはできない. これもまた神のみぞ知
る値である. われわれが実際に得られる測定値
はサンプルであり, 母集団の中からいくつかの
測定値を取り出し, それらの平均値を求めてい
る. これを**試料平均** (Sample Mean) Z_s, 測定値
z と試料平均との差を**残差** (Residual) という.

　図 2 は横軸に誤差 $\xi = z - Z$ をとり, 誤差 (厳
密には図 1 の偏差) の分布を描いたものである.
この曲線は**誤差分布関数**と呼ばれ

$$f(\xi) = \frac{h}{\sqrt{\pi}} \exp\left(-h^2 \xi^2\right) \tag{3}$$

で表される. この曲線は $\xi = 0$ に対して左右対
称で, $\xi = 0$ のとき最大値をとる. ピークの大
きさは h の値によって決まるので h を**精度定数**
(Precision Constant) という.

　図 2 には, 比較のために, 精度が悪い (精度定

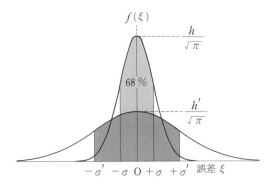

$f(\xi)$

$\dfrac{h}{\sqrt{\pi}}$

68 %

$\dfrac{h'}{\sqrt{\pi}}$

$-\sigma'$　$-\sigma$　0　$+\sigma$　$+\sigma'$　誤差 ξ

図 2　異なった感度による誤差の分布曲線

数 h') 場合の分布曲線も描いてある．この図では h' と h との比が 2.5 になっている．

前式より，誤差 $\xi_i = z_i - Z$ が発生する確率 $f(z_i - Z)$ は，

$$f(z_i - Z) = \frac{h}{\sqrt{\pi}} \exp\{-h^2 (z_i - Z)^2\} \quad (4)$$

で表される．ここで，何回かの測定を行って，最確値を求める方法を考えよう．各測定値に対応した誤差が 1 組になって現れる確率は，それぞれの誤差の発生する確率の積で与えられる．この確率の積が最大のときには，誤差の 2 乗和が最小となる．すなわち，確率の積を最大とするには，上式の指数部の肩にある $(z_i - Z)^2$ の合計 (S とする)

$$S = (z_1 - Z)^2 + (z_2 - Z)^2 + \cdots + (z_n - Z)^2$$

を最小にすればよい．それには，

$$\frac{\mathrm{d}S}{\mathrm{d}Z} = -2(z_1 - Z) - 2(z_2 - Z) - \cdots$$
$$- 2(z_n - Z) = 0$$

を満たす Z を求めればよく，

$$Z = \frac{z_1 + z_2 + \cdots + z_n}{n} \quad (5)$$

となる．Z は測定値の算術平均となる．この値が最確値であり，n が限りなく多い場合，母平均 Z_m となる．このようにして Z を求める方法を，**最小 2 乗法**という．最小 2 乗法は，実験データに対して複数の変数の最確値を求める場合など，さらに一般的な場合でも使用できる有用な方法である．

次に，この平均値 (n が限りなく多いものとして母平均と考えておく) がどれほど信頼できるか，を考察してみる．

4.2　2 乗平均誤差 (Mean Square Error)

これは別名，**標準偏差** (Standard Deviation) とも呼ばれ，各誤差 $\xi_i = z_i - Z$ の 2 乗を平均し，その平方根をとった次式，

$$\sigma = \sqrt{\frac{\sum \xi_i^2}{n}} \quad (6)$$

で定義される．個々の測定値のばらつきを示す指標である．この 2 乗平均誤差は，図 2 で塗りつぶされた $\pm\sigma$ (または $\pm\sigma'$) の範囲に含まれる確率が，全体の約 68 % となる．また，σ (または σ') は，図 2 の誤差の分布曲線の変曲点の位置である．

標準偏差の計算は，関数電卓やパソコンの表計算ソフトを用いると，比較的容易に行える．

4.3　確率誤差 (Probable Error)

確率誤差 ε は次式，

$$\varepsilon = 0.6745\sigma \quad (7)$$

で与えられる (0.6745 はムナシイと覚える)．これは誤差が $\pm\varepsilon$ の範囲に含まれる確率が，全体の 50 % であるように決めた誤差である．

4.4　誤差の実用的取り扱い (残差によって求められる誤差)

これまでの議論では，真の値 Z を仮定して 2 乗平均誤差や確率誤差を考えてきた．しかし，前述したように，真の値は神のみぞ知る値であるから，誤差を知ることさえも不可能である．そのため，このままでは実際のデータ処理には適用できない．しかし，測定値 z_i と試料平均 Z_s との差，すなわち，残差 ρ_i を用いることによって，2 乗平均誤差 σ や確率誤差 ε を求めることができる．式の導出については長くなるので章末の参考書に譲り，結論だけを述べる．

n 個の測定値 z_i が得られたとすると，次式の

ようになる.

試料平均　　　　$Z_s = \dfrac{\sum\limits_{i=1}^{n} z_i}{n}$　　　(8)

残差　　　　　　$\rho_i = z_i - Z_s$　　　　(9)

2 乗平均誤差　　$\sigma = \sqrt{\dfrac{\sum\limits_{i=1}^{n} \rho_i^2}{n-1}}$　　(10)

　平方根の中の分数の分子に残差を用いることにより, 分母が n から $n-1$ に変わった. もし無限回の測定を行うことができれば, 上式の残差は, 理想的な状況では誤差と読み替えることができ, 誤差を用いたときの 2 乗平均誤差の式と, 同等の表記に相当することになる.

確率誤差

$$\varepsilon = 0.6745\,\sigma = 0.6745\sqrt{\dfrac{\sum\limits_{i=1}^{n} \rho_i^2}{n-1}} \qquad (11)$$

　それでは, n 回測定して得られた試料平均の値の信頼性は, どのぐらいであろうか. それが次式の「平均値の 2 乗平均誤差」であり, **標準誤差 (Standard Error)** σ_m という.

$$\sigma_m = \sqrt{\dfrac{\sum\limits_{i=1}^{n} \rho_i^2}{n(n-1)}} \qquad (12)$$

測定回数が多くなるほど, 標準誤差は小さくなることがわかる. この標準誤差を用いて, 最終的な測定値を下記のように表記する.

$$z = Z_s \pm \sigma_m \qquad (13)$$

真の値は, 約 68 % の確率でこの誤差の範囲内に含まれる.

　測定回数が多くなるほど標準誤差は小さくなるが, $\sqrt{n}$ で効くので, 誤差を小さくするには多大な労力が必要になることがわかる. たとえば, 誤差を 1 桁小さくしたい場合, それまでの測定の 100 倍という多数回の測定を行う必要がある. そのため, 実際の測定回数は現実的な回数にとどめ (普通は数回から 10 回程度), 誤差を小さくしたい場合には, 測定法そのものを改良する方がよい.

　ここで, 測定器の分解能 (σ_R とする) と標準誤差 σ_m の大小関係を比べてみる. もし, $\sigma_R < \sigma_m$ の場合には, 測定回数を多くすることによって σ_m を小さくすることができるので, 測定回数がまだ十分ではないことになる.

　同様に「平均値の確率誤差」は次式のようになる.

$$\varepsilon_m = 0.6745\sqrt{\dfrac{\sum\limits_{i=1}^{n} \rho_i^2}{n(n-1)}} \qquad (14)$$

したがって, 求める測定値は, その信頼できる範囲を含めて

$$z = Z_s \pm \varepsilon_m \qquad (15)$$

と表すことができる.

　例　『水の粘性係数測定』の実験において毛細管の内径を測定した. 平均値 Z_s, 2 乗平均誤差 σ_m, 確率誤差 ε_m を求めてみよう.

2 乗平均誤差

$$\sigma_m = \sqrt{\dfrac{\sum \rho_i^2}{n(n-1)}} = \sqrt{\dfrac{0.003090}{10(10-1)}} = 0.0059$$

確率誤差　$\varepsilon_m = 0.6745 \times \sigma_m$

$$= 0.6745\sqrt{\dfrac{0.003090}{10(10-1)}} = 0.0040$$

表 1　読取顕微鏡によって測定した毛細管の内径と誤差の計算例

回 i	内径 [mm] z_i	残差 [mm] $\rho_i = z_i - Z_s$	残差^2 [mm^2] ρ_i^2
1	0.99	-0.009	0.000081
2	1.01	0.011	0.000121
3	1.02	0.021	0.000441
4	0.98	-0.019	0.000361
5	0.99	0.009	0.000081
6	1.00	0.001	0.000001
7	1.03	0.031	0.000961
8	1.01	0.011	0.000121
9	0.99	-0.009	0.000081
10	0.97	-0.029	0.000841
$n = 10$	平均値は $Z_s = \dfrac{\sum z_i}{n}$ $= \dfrac{9.99}{10}$ $= 0.999$ mm		$\sum \rho_i^2$ $= 0.003090$

ゆえに毛細管の内径は確率誤差を使って

$$z = Z_s \pm \varepsilon_m = 0.999 \pm 0.004 \,\mathrm{mm}$$

と表される.

4.5 あらい測定の場合の誤差の見積もり

普通の実験ではデータの数が少ない (5 回以下) か,または測定器の目盛によって測定精度が決まってしまうものが多い. このときは確率誤差が求めにくいので,測定器に示されている誤差,または読み取り可能な最小目盛の量 (または,その 1/2) を,誤差とすればよい (この章の最後の「参考 2」を参照せよ).

4.6 誤差の伝播：間接測定における誤差

求めたい物理量 w が,直接測定できる測定値 $x, y, z, \cdots$ の関数 $f(x, y, z, \cdots)$ で表せる場合, w は**間接測定**によって求められるという. このような例は,体積を求める場合なども含めて非常に多い.

w の最確値 w_s は,それぞれの測定値の最確値を $x_s, y_s, z_s, \cdots$ とし,確率誤差を $\varepsilon_x, \varepsilon_y, \varepsilon_z, \cdots$ とすると,

$$w_s = f(x_s, y_s, z_s, \cdots) \qquad (16)$$

で表され, w_s の確率誤差 ε_s への $\varepsilon_x, \varepsilon_y, \varepsilon_z, \cdots$ からの誤差の伝播は,

$$\varepsilon_s = \sqrt{\left(\frac{\partial f}{\partial x}\right)^2 \varepsilon_x^2 + \left(\frac{\partial f}{\partial y}\right)^2 \varepsilon_y^2 + \left(\frac{\partial f}{\partial z}\right)^2 \varepsilon_z^2 + \cdots}$$

$$(17)$$

で与えられる. 2 つの測定値 x_s, y_s の場合について具体的に考えた場合,その和,差,積,商の確率誤差は,各々下記のようになる.

$$(x_s \pm \varepsilon_x) + (y_s \pm \varepsilon_y) = (x_s + y_s) \pm \sqrt{\varepsilon_x^2 + \varepsilon_y^2}$$

$$(18)$$

$$(x_s \pm \varepsilon_x) - (y_s \pm \varepsilon_y) = (x_s - y_s) \pm \sqrt{\varepsilon_x^2 + \varepsilon_y^2}$$

$$(19)$$

$$(x_s \pm \varepsilon_x)(y_s \pm \varepsilon_y)$$
$$= x_s y_s \pm x_s y_s \sqrt{\left(\frac{\varepsilon_x}{x_s}\right)^2 + \left(\frac{\varepsilon_y}{y_s}\right)^2} \qquad (20)$$

$$\frac{x_s \pm \varepsilon_x}{y_s \pm \varepsilon_y} = \frac{x_s}{y_s} \pm \frac{x_s}{y_s} \sqrt{\left(\frac{\varepsilon_x}{x_s}\right)^2 + \left(\frac{\varepsilon_y}{y_s}\right)^2} \quad (21)$$

前式の誤差については,確率誤差だけでなく,2 乗平均誤差でも構わない.

例 『ユーイングの装置によるヤング率の測定』の実験において,ヤング率に伝播する確率誤差 ε_s の大きさを求める式を導いてみる. ヤング率は

$$E = \frac{Ll^3 Mg}{2a^3 bsd}$$

で与えられるから (17) 式を適用すると,

$$\varepsilon_s{}^2 = \left(\frac{l^3 Mg}{2a^3 bsd}\right)^2 \varepsilon_L{}^2 + \left(\frac{3Ll^2 Mg}{2a^3 bsd}\right)^2 \varepsilon_l{}^2$$
$$+ \left(\frac{Ll^3 g}{2a^3 bsd}\right)^2 \varepsilon_M{}^2 + \left(\frac{3Ll^3 Mg}{2a^4 bsd}\right)^2 \varepsilon_a{}^2$$
$$+ \left(\frac{Ll^3 Mg}{2a^3 b^2 sd}\right)^2 \varepsilon_b{}^2 + \left(\frac{Ll^3 Mg}{2a^3 bs^2 d}\right)^2 \varepsilon_s{}^2$$
$$+ \left(\frac{Ll^3 Mg}{2a^3 bsd^2}\right)^2 \varepsilon_d{}^2$$
$$= \left(\frac{E}{L}\right)^2 \varepsilon_L{}^2 + \left(\frac{3E}{l}\right)^2 \varepsilon_l{}^2 + \left(\frac{E}{M}\right)^2 \varepsilon_M{}^2$$
$$+ \left(\frac{3E}{a}\right)^2 \varepsilon_a{}^2 + \left(\frac{E}{b}\right)^2 \varepsilon_b{}^2$$
$$+ \left(\frac{E}{s}\right)^2 \varepsilon_s{}^2 + \left(\frac{E}{d}\right)^2 \varepsilon_d{}^2$$

ここで $\varepsilon_L, \varepsilon_l, \varepsilon_M, \varepsilon_a, \varepsilon_b, \varepsilon_s, \varepsilon_d$ はそれぞれ L, l, M, a, b, s, d の確率誤差である. もし,あらい測定のときは「参考 2」を利用してもよい.

課題 1 『水の粘性係数の測定』の実験で式 η は

$$\eta = \frac{\pi \rho g h a^4 t}{8 \, V l}$$

で与えられる. 誤差の伝播を表す式を求めよ.

課題 2 金属棒の直径をマイクロメータで測定し次のデータが得られた. 直径の平均値, 2 乗平均誤差,確率誤差を求めよ.

回数	直径 [mm]	回数	直径 [mm]
1	5.003	6	4.999
2	4.998	7	4.989
3	5.001	8	5.000
4	4.997	9	5.001
5	5.002	10	4.998

課題 3 縦が 2.50 ± 0.04 cm, 横が 3.20 ± 0.08 cm, 高さが 2.870 ± 0.003 cm の直方体がある. この物体の質量が 250.0 ± 0.5 g であったとして密度および 2 乗平均誤差,確率誤差を求めよ.

参 考 書

物理学辞典　培風館 (1984)

G.L. Squires (重川秀実ほか訳)：いかにして実験を行うか—誤差の扱いから論文作成まで—丸善 (2006)

参考1　温度計の露出部に対する補正計算

温度計の一部を実験装置に差し込んで測定する場合，外気に露出している部分の膨張率は違うので，検出した温度に $NK(t_2 - t_1)$ を加えることによって補正することが必要である．ここで N は露出している液柱の長さを度数で表した数，K はガラス中の感温液の見掛け上の線膨張係数，t_1 は露出液柱の温度 (外気温度)，t_2 は検出した温度である．

K の値は感温液の種類によって多少異なるが

水銀	0.000155	アルコール	0.00104
トルイン	0.00103	ペンタン	0.00145

と報告されているのでこれを用いる．

アルコール温度計を湯の中に $1.0\,°C$ の目盛まで差し込んで温度を測定したとき，$83.0\,°C$ を示した．外気の温度が $23.0\,°C$ であるとすると，補正されたお湯の温度は何度になるか考えてみる．

アルコール温度計であるから，

$$(83 - 1) \times 0.00104 \times (83 - 23) = 5.1\,°C$$

を加えればよい．よって正しい温度は

$$83.0 + 5.1 = 88.1\,°C$$

なお，水銀で計算すると加える温度が $0.7\,°C$ となりアルコール温度計が大きく影響されることがわかる．

参考2　あらい測定のときの誤差の見積 (ただし，①，②，⑤では読みの **1/2** を誤差とした場合)

① 1 mm 目盛のものさしを用いて，目分量で 1/10 mm の位まで測定した場合，誤差は ±0.05 mm と見積もる．

② ノギスによって長さを測定した場合 (1/20 mm 副尺のとき)，誤差は ±0.025 mm と見積もる．

③ class 1.5 の電圧計の定格 150 V の端子に接続して測定した場合，誤差は $150 \times 1.5/100 = 2.25\,[V]$ となり，±2.25 V と見積もる．

④ 天秤で質量を測定した場合，使用した分銅のうち最大の分銅の検定公差で見積もる．

⑤ 1/2 度目盛の温度計で目盛を目分量で 1 目盛の 1/10 まで読み取った場合，誤差は ±0.025 度と見積もる．

4. 関数方眼紙と実験式

　白熱電球の実験において，われわれは電流・電圧のデータを普通の方眼紙を用いて表し，データにほぼ適合する実験式を経験的に見出した．この講義においては，関数方眼紙を使ってさらによくデータに適合する実験式を求めてみよう．関数方眼紙は，実験データの表現と実験式の決定には欠かすことができないものである．以下において，最も頻繁に使用する両対数方眼紙と片対数方眼紙を中心に，関数方眼紙の基本的な考え方とその使い方について詳述する．

1. 関 数 尺

　ある関数 $f(x)$[*1]の値を，1つの直線上で，原点 O から P までの長さ X [cm] で表すような工夫をしてみよう．関数 $f(x)$ は，本来，単なる数値であるから，$f(x)$ の 1 単位を，何 cm で表すかは，前もって決めておかなくてはならない．いま，この関数の値の 1 単位を ξ [cm][*2]にとったとしてみよう．このような量を，今後，**スケール・ファクタ** (Scale Factor) と呼ぶことにする．1 単位の長さが決まれば，関数 $f(x)$ の長さ X ($=\overline{\text{OP}}$) は

$$X = \xi f(x) \, [\text{cm}] \qquad (1)$$

によって表される[*3]．このとき，点 P の上に関数 $f(x)$ の x の値を目盛ったものが関数尺[*4]である．図 1~3 に，その例が示されている．直線の上の目盛が関数尺目盛であり，下の目盛は 1 cm 刻みの物差しを示している．これらの図から，

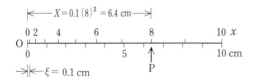

図 1　$f(x) = x^2$ ($0 \leqq x \leqq 10$) の関数尺
上の目盛は関数 x^2 の x の値を示し，下の目盛は cm 単位の物差しを表している．スケール・ファクタ ξ を 0.1 cm に選んであるから，関数 x^2 の長さは $X = 0.1x^2$ [cm] で表される．点 P (この場合 $x = 8$) の長さ X [cm] が図示されている．この関数は平方尺といわれている．

関数尺の目盛の刻み方をよく理解するとよい．

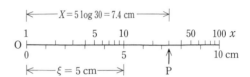

図 2　$f(x) = \log x$[*5] ($1 \leqq x \leqq 100$) の関数尺
スケール・ファクタを $\xi = 5$ cm に選んであるから，$X = 5 \log x$ [cm] である．点 P (この場合 $x = 30$) までの長さ X [cm] が示してある．$\log 1 = 0$ であるから，X を測る原点は $x = 1$ にある．この関数尺は対数尺と呼ばれている．

2. 関数方眼紙

　一般に，種類の異なる 2 つの関数尺を，縦横直角に組合せて作られる 2 次元的な座標を，関

[*1] ここでいう関数は，特に断らない限り，x の与えられた領域において，一価連続で，単調な実関数を指すものとする．

[*2] ここで，$f(x)$ は単なる数値として取り扱っているので，ξ は cm の単位である．たとえば，$f(x)$ が電流の単位 A で表されるような量であるときには，ξ は cm/A の単位となる．すなわち，X が長さの単位をもつように，ξ の単位を表さなければならない．

[*3] $f(x)$ が負のとき，X は原点から負の方向にとる．

[*4] 関数尺の歴史とその応用について興味のある学生は，小倉金之助：計算図表　岩波全書 (1969) p.16. S. ドレイク：ガリレオの計算器　サイエンス (1976) 6 月号 p. 96 を見よ．

[*5] 本節では 10 を底とする常用対数を $\log_{10} x$ を $\log x$ と表し，e = 2.71828…… を底とする自然対数 $\log_e x$ を $\ln x$ で表すことにする．これらの対数は，$\ln x = 2.303 \log x$ の関係にある．

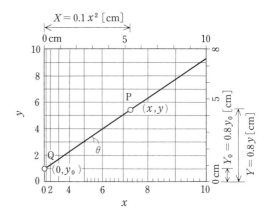

図3　$f(x) = 1/x$ の関数尺

　図は 1 から無限大までの x の範囲を示している．関数 $1/x$ は x が無限大で 0 となるから，X を測る原点は x の値が無限大のところである．x が 10 より大きい部分は目盛が細かくなるために描かれていない．点 P (この場合 $x = 1.5$) までの長さ $X = 6.7$ cm が示されている．この関数尺は逆数尺と呼ばれている．

数方眼紙[*6]といっている．横座標を x，縦座標を y で表現する慣わしがあるので，一般の関数方眼紙は

$$
\begin{aligned}
X &= \xi f(x) \,[\text{cm}] \\
Y &= \eta g(x) \,[\text{cm}]
\end{aligned}
\tag{2}
$$

という 1 組の長さ X, Y を計算することによって作ることができる．ここで，$f(x)$ と $g(y)$ は，横軸 (x 軸) と縦軸 (y 軸) の関数尺を作るために使われる関数であり，ξ と η は，それぞれの軸のスケール・ファクタを表している．関数方眼紙の中で最も簡単なものは，われわれが最も頻繁に使用する 1 mm 方眼紙である．この場合，$f(x) = x$，$g(y) = y$，$\xi = \eta = 0.1$ cm である．もう少し複雑な関数方眼紙を図 4 に示す．この方眼紙の x 軸は図 1 の平方尺そのものであり，$f(x) = x^2$ の関数尺になっている．y 軸は $g(y) = y$ の等間隔目盛の関数尺である．

　われわれがこのような関数方眼紙を必要とするのは，普通の方眼紙の上で曲線として表される式が，ある関数方眼紙の上では直線として表現されるからに他ならない．図 4 と図 5 を対比して見れば，このことは明らかであろう．両図とも同じ式 $y = (x^2/12) + 1$ を表したものである．直線はあらゆる曲線のうちで最も単純であり，われわれは直線の性質について既に十分な知識をもっている．したがって，ある曲線が 1 つの関数方眼紙の上で直線になることがわかれ

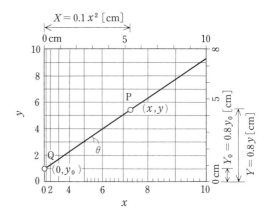

図4　関数方眼紙の一例

　この方眼紙の x 座標は，$f(x) = x^2$ の関数尺 ($0 \leqq x \leqq 10$)，y 座標は $g(y) = y$ の関数尺となっている．スケール・ファクタは，$\xi = 0.1$ cm，$\eta = 0.8$ cm であり，点 P の x, y の幾何学的長さは $X = 0.1x^2\,[\text{cm}]$，$Y = 0.8y\,[\text{cm}]$ で表される．方眼紙の上辺と右辺の目盛は，cm の物差しを表している．点 P の座標は $(7.3, 5.4)$ を，点 Q は $(0, 1)$ を表している．$x = 5$ 以下と，y 軸では，整数値以外の目盛を省略している．点 P，Q を通る直線は，$y = ax^2 + b$ という関数関係で表され，a はこの直線の幾何学的な傾き θ を測ることによって，(6) 式から決定される．b は，$x = 0$ のところの y の値 y_0 を読み取ることによって決められる．描かれている直線は，$y = (x^2/12) + 1$ を表している．

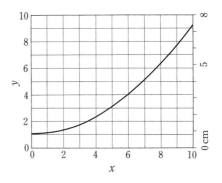

図5　方眼紙に描いた曲線 $y = (x^2/12) + 1$

　われわれが実験で得たデータが，どのような曲線になるかという傾向を見るのは，このような方眼紙である．x 軸は，そのまま cm の物差しであり，y 軸の目盛は，図 4 と同じく 8 mm を 1 単位として表している．

[*6] ここでの話は，直交座標のみに限定する．

ば，その曲線の性質を比較的容易に理解することができる．たとえば，実験で得られたデータが図5のような曲線になったとき，y が x のどんな関数であるかを決定するためには長い試行錯誤を繰り返さなくてはならない．しかしながら，図4のように，この関数方眼紙の上で直線になる関数は，疑いもなく

$$y = ax^2 + b \tag{3}$$

という式で表される．残る問題は，a と b をどのようにして決めるかということだけになる．その前に，まず，この方眼紙で直線となる関数が (3) 式によって表されることを明らかにしておこう．

図4の点 Q と，直線上の任意の点 P を考えるとき，点 P が直線上のどこにあっても，常に

$$\frac{Y - Y_0}{X} = \tan\theta \tag{4}$$

を満足していなければならない．ここで，$X = \xi x^2\,[\text{cm}]$，$Y = \eta y\,[\text{cm}]$，$Y_0 = \eta y_0\,[\text{cm}]$ であるから，(4) 式は

$$y = \left(\frac{\xi}{\eta}\tan\theta\right)x^2 + y_0 \tag{5}$$

となる．これは，まさに，(3) 式の形であり，(3) 式と (5) 式の対応より

$$a = \frac{\xi}{\eta}\tan\theta \tag{6}$$
$$b = y_0 \tag{7}$$

であることがわかる．

また，逆に，(3) 式のような関係はこの方眼紙の上で必ず直線となることを示しておこう．(3) 式の両辺にスケール・ファクタ η を掛けて変形すると次式を得る：

$$\eta y = \left(\frac{a\eta}{\xi}\right)(\xi x^2) + \eta b.$$

ここで，$\eta y = Y$，$\xi x^2 = X$，$\dfrac{a\eta}{\xi} = A$，$\eta b = B$ と置き換えると上式は

$$Y = AX + B \tag{8}$$

となる (証明終り)．

上に述べたことから，(3) 式の a, b の決定する

方法は明らかである．(7) 式より，$b = y_0$，すなわち，$x = 0$ のところの y の値を読み取ればよい．この図では，$b = 1$ である．a の値は，直線の傾きを分度器で測ることによって，(6) 式から求められる．この図では，$\theta = 33.5°$ であるから

$$a = \frac{\xi}{\eta}\tan\theta = \frac{0.1}{0.8}\tan 33.5° = 0.083$$

となる．この値は，$1/12 = 0.083$ と一致している．

実 例

上に述べた例題と同様な実験例を，図6と図7に示してある[*7]．これらの図は，絶対零度の近くで測定された白錫のモル比熱[*8]のデータである．縦軸は，モル比熱 C そのものではなく，モル比熱を絶対温度 T で割った C/T を表している．図6のように，等間隔の方眼紙にプロットしたのでは，C/T がどのように温度に依存しているのかを決定することは難しいが，図7のように，温度の軸を平方尺で表した関数方眼紙を使えば，データは1本の直線上にのる．このことから，モル比熱は

$$\frac{C}{T} = aT^2 + b \quad \text{すなわち} \quad C = aT^3 + bT$$

のように温度に依存していることがわかる．

このように，関数方眼紙を有効に使うことによって，データの実験式がわかり，その式から，自然の本性が解明されていくことを考えると，関数方眼紙の役割が，いかに大きいかがわかるであろう．

以下においては，最も頻繁に使用されている両対数方眼紙と片対数方眼紙について述べる．

[*7] H. R. O'Neal and N. E. Philips: *Low-Temperature Heat Capacities of Indium and Tin.* Physical Review **137** (1965) A748 のデータに基づいて描いた．

[*8] 1モルの物質の温度を1K高めるために必要な熱量をモル比熱という．一般に，比熱は温度とともに変化する．図に示されたデータは正確には超伝導状態にある白錫のモル比熱を表している．このような極低温における物質の振舞いについてはダビド. K. C. マクドナル (戸田盛和訳)：極低温の世界，河出書房 (1967)，アレック. T. スチュワート (三宅静雄訳)：永久運動の世界，河出書房 (1975) にやさしく解説されている．

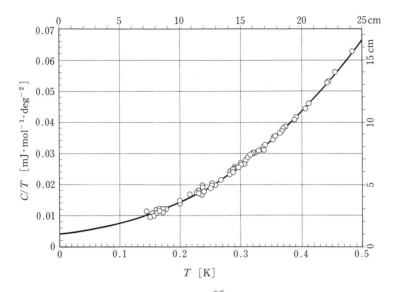

図 6 絶対零度近くにおける白錫のモル比熱 *C* の測定値

データは等間隔の方眼紙にプロットされている．縦軸には *C/T* の値が目盛られている．単位の mJ は，10^{-3} J を表す．

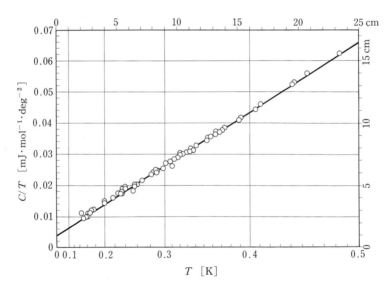

図 7 図 6 の測定値を関数方眼紙で表した場合

横軸のスケール・ファクタは $\xi = 100\,\mathrm{cm/K^2}$ であり，任意の温度 *T* の幾何学的な長さ *X* は，$X = 100T^2\,[\mathrm{cm}]$ によって表される．また，縦軸のスケール・ファクタは $\eta = 250\,\mathrm{cm/mJ \cdot mol^{-1} \cdot deg^{-2}}$ である．データの直線性は，*C/T* が $aT^2 + b$，すなわち，$C = aT^3 + bT$ で表されることを示している．*b* は，*T* = 0 の縦軸の目盛から，直ちに，$0.004\,\mathrm{mJ \cdot mol^{-1} \cdot deg^{-2}}$ と読むことができる．この直線の幾何学的な傾きは 31.5° であるから，(6) 式より

$$a = \frac{\xi}{\eta} \tan\theta = \frac{100}{250} \tan 31.5° = 0.245\,\mathrm{mJ \cdot mol^{-1} \cdot deg^{-4}}$$

である．したがって実験式は $C/T = 0.004 + 0.245T^2$ と表される．

(1) 両対数方眼紙

両対数方眼紙は，図 2 のような対数尺を，直角に組合せた関数方眼紙である．図 8 にその一例が示してある．このような方眼紙で直線になる x と y の関数関係は，どのような形であろうか．いま，この方眼紙の上に引いた 1 本の直線上の任意の 2 点 (x, y), (x_0, y_0) を考えると，これらの点は，常に次の条件を満足していなければならない：

$$\frac{Y - Y_0}{X - X_0} = \tan \theta.$$

x 軸, y 軸は対数尺であるから，$X = \xi \log x\,[\mathrm{cm}]$, $Y = \eta \log y\,[\mathrm{cm}]$ の関係がある．この関係を用いて，上式を次のように変形する：

$$\frac{\log y}{y_0} = \left(\frac{\xi}{\eta} \tan \theta \right) \log \frac{x}{x_0}.$$

この式は

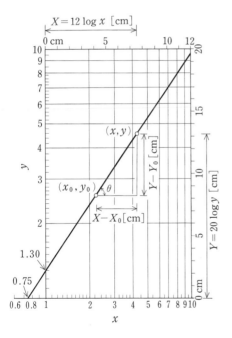

$X = 12 \log x\,[\mathrm{cm}]$

$Y = 20 \log y\,[\mathrm{cm}]$

図 8　両対数方眼紙の例

図は，$\xi = 12\,\mathrm{cm}$, $\eta = 20\,\mathrm{cm}$ で $0.6 \leqq x \leqq 10$, $1 \leqq y \leqq 10$ の範囲を示している．方眼紙の上辺り，右辺りの目盛は cm 単位の物差しである．x, y の幾何学的な長さは，それぞれ，$X = 12 \log x\,[\mathrm{cm}]$, $Y = 20 \log y\,[\mathrm{cm}]$ によって表される．$0.6 \leqq x < 1$ の範囲で X は負であることに注意しよう．

$$m = \frac{\xi}{\eta} \tan \theta \tag{9}$$

とおくことによって，

$$\frac{y}{y_0} = \left(\frac{x}{x_0} \right)^m \tag{10}$$

または

$$y = a x^m \tag{11}$$

のように表すことができる．ただし (11) 式で $y_0 / x_0{}^m$ を a とした．

この逆のこと，すなわち，「(10) 式あるいは (11) 式の形の関数関係は，両対数方眼紙で表すと直線になること」の証明は各自にまかせよう．

以上のことから，両対数方眼紙で直線になる関数関係は (10) 式あるいは (11) 式の形であることがわかった．残る問題は，(10) 式の m, x_0, y_0 や (11) 式の a, m といった定数をどのようにして決定するのかということである．まず，直線の傾きを分度器で測ると，$\theta = 55.3°$ である．したがって，m の値は，(9) 式より

$$m = \frac{\xi}{\eta} \tan \theta = \frac{12}{20} \tan 55.3° = 0.87$$

となる．(10) 式の場合，y_0 は普通 1 に選ぶことが多い．これに対応する x_0 の値は 0.75 である．また，(11) 式の場合の a の値は $x = 1$ に対応する y の値を読めばよい．この場合，$a = 1.30$ と読み取れる．したがって，この直線の式は，

$$y = \left(\frac{x}{0.75} \right)^{0.87} \quad あるいは \quad y = 1.28 x^{0.87}$$

と表すことができる．

実　例

図 9 は，電球の電流・電圧特性の実験で得られたデータ (基礎実験 2 の表 1) を，諸君の使用する市販の両対数方眼紙 (A4 判で $\xi = \eta = 6.25\,\mathrm{cm}$ で目盛られている) にプロットした例である．データを見ると，約 30 V を境にして異なった 2 本の直線で表されることがわかる．それぞれの直線は，

$$\frac{I}{I_0} = \left(\frac{V}{V_0} \right)^m \quad あるいは \quad I = a V^m$$

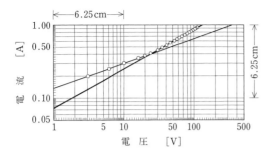

図9　白熱電球の電流・電圧特性

市販の A4 版の両対数方眼紙に描いた図を章末
(図16) に載せたので, 実習のときは参考にせよ.

と表すことができる. 30 V 以上の場合の直線の傾き
は, $\theta = 28.0°$ であるから,

$$m = \frac{\xi}{\eta} \tan\theta = \tan\theta = \tan 28.0 = 0.53$$

である. この方眼紙では, $\xi = \eta$ であるから, 測っ
た角度の tan がそのまま指数 m になることに注意
しよう. $I_0 = 1$ A と定めると, V_0 は 130 V である.
a は, $V = 1$ V のところの I の値から, 0.074 と読
み取ることができる. これらのことから, 実験式は
$V > 30$ V に対しては,

$$I = \left(\frac{V}{130}\right)^{0.53} \quad \text{あるいは} \quad I = 0.076V^{0.53}.$$

同様にして, $V < 30$ V に対しては,

$$I = \left(\frac{V}{360}\right)^{0.34} \quad \text{あるいは} \quad I = 0.135V^{0.34}$$

となる. 実験式には, 電流 I は [A] で, 電圧 V は
[V] の単位で表されていることを, 忘れずに付記し
ておくことである.

(2)　片対数方眼紙

片対数方眼紙は, 等間隔の関数尺 $f(x) = x$
と, 対数尺 $g(y) = \log y$ を直角に組合せた関数
方眼紙である. その一例が図 10 に示されてい
る. まず, 片対数方眼紙で直線になるような x
と y の関数関係はどのようなものであるかを明
かにしておこう. 両対数方眼紙のときと同じよ
うに, 直線上の任意の 2 点は

$$\frac{Y - Y_0}{X - X_0} = \tan\theta$$

を満足しなければならない. $X = \xi x$, $Y =
\eta \log y$ であるから, これらを代入して変形すると

$$\log y - \log y_0 = \left(\frac{\xi}{\eta} \tan\theta\right)(x - x_0)$$

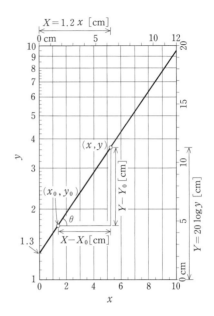

図10　片対数方眼紙の例

図は, $\xi = 1.2$ cm, $\eta = 20$ cm で, $0 \leqq x \leqq 10$,
$1 \leqq y \leqq 10$ の範囲を示している. 方眼紙の上辺
り, 右辺りの目盛は, cm 単位の物差しである.

$$\log \frac{y}{y_0} = \left(\frac{\xi}{\eta} \tan\theta\right)(x - x_0) \qquad (12)$$

となる. ここで,

$$\frac{\xi}{\eta} \tan\theta = h \qquad (13)$$

と書き換えると, (12) 式は

$$y = y_0 10^{h(x-x_0)} = (y_0 10^{-hx_0})10^{hx},$$

すなわち,

$$y = c10^{hx} \qquad (14)$$

となる. ここで, $y_0 10^{-hx_0} = c$ とおいた.

また, $\log_{10} x = \ln x / \ln 10$ の関係を用いると,
(12) 式は

$$\ln \frac{y}{y_0} = \ln 10 \left(\frac{\xi}{\eta} \tan\theta\right)(x - x_0)$$

と書き換えることができる.

$$\boxed{b = \ln 10 \left(\frac{\xi}{\eta} \tan\theta\right) = 2.303\frac{\xi}{\eta} \tan\theta} \qquad (15)$$

とおくと, 上式は

$$\boxed{y = ae^{bx}} \qquad (16)$$

となる. ここで, $y_0 e^{-x_0 b}$ を a で置き換えた.

すなわち，片対数方眼紙で直線になる関数は，(14) または (16) 式の形である．逆に，これらの関数は片対数方眼紙では直線となる (各自証明せよ)．

自然現象は，(14) 式の形よりも，(16) 式の関数で記述されることが多い．この理由から，以下においては (16) 式により話を進めることにする．

関数が (16) 式のように表されることがわかったとき，残された問題は定数 a と b の決定である．a は，(16) 式を見ればわかるように $x = 0$ のときの y の値である ($e^0 = 1$)．図 10 では，$a = 1.30$ と読み取ることができる．直線の傾きは，$\theta = 55.3°$ であるから

$$b = 2.303 \frac{\xi}{\eta} \tan\theta = 2.303 \frac{1.2}{20} \tan 55.3°$$
$$= 0.20$$

したがって，直線の式は

$$y = 1.30\, e^{0.20x}$$

と決定することができる．

実　例

図 11 は，諸君の使用する市販の片対数方眼紙 (A4 判で $\xi = 0.1$ cm，$\eta = 6.25$ cm で目盛られている) に，いろいろな厚さのアルミニウム板を通過してきた放射線のデータ[*9]をプロットしたものである．

放射線の強さは，ガイガー計数管によって，1 分間あたりのカウント数によって示されている．データ B は，データ A よりも放射線源が計数管から離れている場合の測定結果である．両データとも，アルミニウム板の厚さがおよそ 400 mg/cm^2 よりも薄い範囲内ではよい直線性を示している．したがって，この範囲内で実験式は，

$$c - c_0 = a e^{bx}$$

のように表すことができる．この図ではスケール・ファクタは $\xi = 0.02$ cm/(mg/cm^2)，$\eta = 6.25$ cm である．データ A の場合，b の値は，(15) 式より

$$b = 2.303 \frac{\xi}{\eta} \tan\theta = 2.303 \frac{0.02}{6.25} \tan(-43.0°)$$
$$= -0.0069 \text{ cm}^2/\text{mg}$$

となる．a は，$x = 0$ のときの $c - c_0$ の値より，2.1×10^4 min^{-1} であるから，実験式は，$x < 400$ mg/cm^2 に対して

$$c - c_0 = 2.1 \times 10^4\, e^{-0.0069x}$$

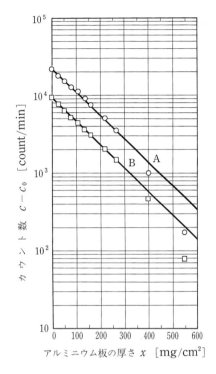

図 11　放射線の測定

縦軸はガイガー計数管による放射線のカウント数を表す：データ B はデータ A よりも放射線源が遠い場合の結果である．片対数方眼紙は市販のものを使用した．

となる．同様にして，データ B の場合は，

$$c - c_0 = 9.3 \times 10^3\, e^{-0.0069x}$$

である．これらの実験式には，x と $c - c_0$ の単位が何であるかを忘れずに付記しておくことである．

課　題

(1)　**自由落下と重力の加速度**　物体の落下の始まる点を原点とし，鉛直下方に y 軸の正の方向を選んだ場合，自由落下する物体の位置 y と時間 t の関係は，

$$y = \frac{1}{2} g t^2$$

で与えられる．

ここで，g は重力の加速度 9.80 m/s^2 である．表 1 には，0 から 10 秒まで，1 秒ごとの t，t^2，y が示されている．

(a)　はじめに図 12，図 13，図 14 と同じグラフを，2 mm 方眼紙を用いて一辺が 10 cm の正方形になるように作れ．図 13 の場合，横軸は平方尺になっ

[*9] 一般実験 14 の「GM 計数管による放射線吸収の測定」の実験を見よ．

ている．この図の
スケール・ファクタ
を単位を付して図
中に記せ．

(b) 表1における t,
t^2, y を測定値と見
なして，3種類の
グラフにプロット
し，データ点を直線
あるいは滑らかな
曲線で結んでみよ．
これらはすべて $y =$
at^2 を表している．
図13と図14のグ
ラフは全く同じ内
容の異なった表現

法である．図13で「t」と目盛を記入するとこ
ろに，図14では「t^2」の目盛を記入している．図
13のような関数方眼紙が，市販の対数方眼紙のよ
うに既製品としてあるならば，われわれはデータ
を直にそれにプロットすることができる．しかし，
そのような方眼紙が与えられていない場合，図14
のような表現で普通の方眼紙を使ってプロットす
る方が楽であろう．

(c) 図13より，直線の角度 θ を分度器で測り，$a =$
$\dfrac{\xi}{\eta}\tan\theta$ より a を計算し，重力の加速度 $g\,(= 2a)$
を求めよ．

**(2) 真空電球の電流・電圧特性とタングステン線の
抵抗率の温度変化** 表2に真空電球の電流・電圧
およびそのときのタングステン・フィラメントの
温度の測定値が与えられている．

(a) 電流・電圧特性を両対数方眼紙にプロットし
て，その実験式を求めよ．

(b) タングステン線の抵抗率 ρ と温度 T との関係
を，両対数方眼紙により決定せよ．（はじめに，そ

表1 $y = \dfrac{1}{2}gt^2$

$t\,[\mathrm{s}]$	$t^2\,[\mathrm{s}^2]$	$y\,[\mathrm{m}]$
0	0	0
1	1	4.9
2	4	19.6
3	9	44.1
4	16	78.4
5	25	122.5
6	36	176.4
7	49	240.1
8	64	313.6
9	81	396.9
10	100	490.0

表2 真空電球の電流・電圧特性

タングステン・フィラメントの長さと半径は，それ
ぞれ，1 cm，0.003 cm である．このデータのグラ
フは基礎実験2の図3に示されている．

W. E. Forsythe and A. G. Worthing ： *The Pro-
perties of Tungsten and The Characteristics
of Tungsten Lamps.* Astrophysical Journal **61**
(1925) 146 のデータによる．

温度 $T\,[\mathrm{K}]$	電流 $I\,[\mathrm{A}]$	電圧 $V\,[\mathrm{V}]$
1000	0.116	0.107
1200	0.167	0.188
1400	0.235	0.315
1600	0.305	0.485
1800	0.385	0.71
2000	0.465	0.98
2100	0.51	1.14
2200	0.55	1.30
2300	0.60	1.47
2400	0.65	1.68
2500	0.69	1.90
2600	0.74	2.10
2700	0.79	2.35
2800	0.84	2.65
2900	0.89	2.90
3000	0.95	3.20

れぞれの温度におけるタングステン線の抵抗 R を
オームの法則によって計算する．次に，$R = \rho L/S$
の関係より抵抗率を計算する．ここで，L と S は，
それぞれ，タングステン線の長さと断面積である．)

自 習 問 題

以下の問題は提出する必要はない．関数方眼紙に
ついて，さらに勉強したい学生のために与えておく．

(1) 熱電子放出 金属または金属酸化物を高温に熱

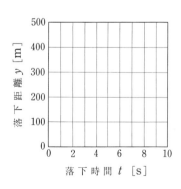

図12 落下距離と落下時間．

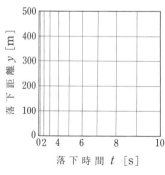

図13 落下距離と落下時間．t 軸
は平方尺に目盛られている．

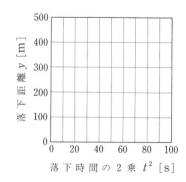

図14 落下距離と落下時間
の2乗．

すると，それらの表面から電子が飛び出してくる．この飛び出してくる電子を熱電子と呼び，このような現象を熱電子放出 (Thermionic Emission) と呼ぶ．この現象が，われわれの身近にある多くの電子機器に利用されていることは，諸君のよく知っているところである．この現象は，はじめ，リチャードソン (O. W. Richardson, 1913) によって研究[10]された．その後，ダッシュマン (S. Dushman, 1923) は，飛び出してくる熱電子の流れ (電流) i [A/cm^2] が次の式によって与えられることを示した[11].

$$i = AT^2 e^{-\frac{\phi}{kT}}. \tag{17}$$

この式は，現在リチャードソン・ダッシュマンの式として知られている．ϕ は電子が物体より真空中に出てくるために必要な最小のエネルギー (仕事関数) であり，k はボルツマン定数 $(1.381 \times 10^{-23}$ J/K$)$ である．表 3 にダッシュマンのデータの一部が示されている．このデータから片対数方眼紙を用いて，(17) 式の定数 A と ϕ を決定せよ．[注意] 片対数方眼紙では関数 $y = ae^{bx}$ が直線になるから，(17) 式の i と T をそのままプロットしても直線にはならない．このような場合には，(17) 式を変形して

$$\frac{i}{T^2} = Ae^{-\frac{\phi}{kT}} \tag{18}$$

として，i/T^2 を縦軸に表すとよい．また，温度 T は，$1/T$ の形で指数関数の中に含まれていることに注意しよう．方眼紙の横軸が図 3 のような逆数尺で表されているならば，温度 T の値をそのままプロットできるが，われわれの使う方眼紙では，$1/T$ の値を計算してプロットした方が容易であろう．図 15 を参考にしてデータをプロットせよ．参考のために，いくつかの金属の仕事関数を，表 4 に示した．

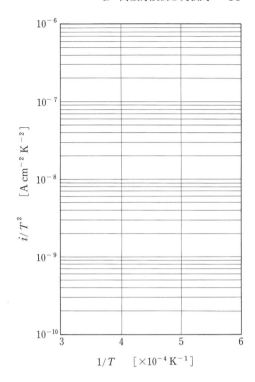

図 15　熱電子電流の温度依存性

表 4　金属の仕事関数

清浄な表面をもつ多結晶金属において，光電効果[12]より測定された値．C. Herring and M. H. Nichols: *Thermionic Emission.* Reviews of Modern Physics **21** (1949) 185 による．

1 eV $= 1.602 \times 10^{-19}$ J.

金属の種類	仕事関数 ϕ [eV]
W	4.49
Mg	3.62
Al	4.39
Mo	4.12
Ta	4.05
Zn	4.24

表 3　熱電子放出の温度依存性

S. Dushman and J. W. Ewald: *Graphs for Calculation of Electron Emission from Tungsten, Thoriated Tungten, Molybdenum and Tantalum,* General Electric Review **26** (1923) 154 のデータによる．

温度 T [K]	熱電子電流 i [A/cm^2]
2000	8.92×10^{-4}
2100	3.46×10^{-3}
2200	1.14×10^{-2}
2300	3.63×10^{-2}
2400	1.02×10^{-1}
2500	2.67×10^{-1}
2600	6.48×10^{-1}
2700	1.47
2800	3.21

(2)　**抵抗と断面積**　表 5 のデータより，電気抵抗が断面積に反比例することを両対数方眼紙により示せ．また，その比例定数より 1000 K のタングステンの抵抗率 ρ を算定せよ．両対数方眼紙で，直線の傾きが負となることに注意せよ．

---

[10] 矢島祐利：電磁気学史　岩波全書 (1952) p.185

[11] ダッシュマンの論文では $I = AT^2 e^{-\frac{b}{T}}$ となっている．

[12] 一般実験 13 の「光電管による光電測光」の実験を見よ．

表5 1000 K のタングステン線

半径 r [cm] のタングステン線が，真空中で 1000
K の温度になる電流と電圧を示している．
W. E. Forsythe and A. G. Worthing : *ibid* **61**
(1925) 146 のデータによる．

半径 r [cm]	電圧 V [V]	電流 I [A]
0.003	0.107	0.116
0.005	0.083	0.250
0.008	0.065	0.51
0.010	0.058	0.70
0.015	0.047	1.32
0.020	0.041	2.00
0.030	0.034	3.80
0.050	0.026	8.00
0.086	0.021	16.00

(3) ケプラーの第 3 法則 ヨハネス・ケプラー
(Johaness Kepler 1571~1630) がティコ・ブラェ
(Tycho Brahe 1546~1601) の惑星の観測結果を解
析し，のちにケプラーの法則といわれる 3 つの
法則を発見したことは，あまりにも有名な話であ
る[13]．現在，われわれはこれらの法則をニュート
ンの運動方程式と万有引力の法則から容易に導く
ことができる[14]．ここで問題とするケプラーの
第 3 法則[15]は，「惑星の公転運動の周期 T の 2 乗
は，楕円軌道の長半径 a の 3 乗に比例する」こと
を述べたものであり，次式によって表される．

$$T^2 = \frac{4\pi^2}{GM_\odot} a^3 \qquad (19)$$

ここで，G は万有引力の定数 (6.6720×10^{-11}
N・m^2/kg^2) であり，$M_\odot$ は太陽の質量である．
(a) 表 6 のデータと両対数方眼紙より，公転周期
T が長半径 $a^{\frac{3}{2}}$ に比例することを示せ．
(b) 比例定数より，太陽の質量 $M_\odot$ を求めよ．

表6 惑星の軌道長半径と公転周期．

いずれも地球に対する比率が示されている．
1 AU (天文単位) = 1.495×10^{13} cm. データは，
日本物理学会誌 **35** (1980) 641 による．

惑　星	軌道長半径 [AU]	公転周期 [年]
水　星	0.387	0.241
金　星	0.723	0.615
地　球	1	1
火　星	1.52	1.88
木　星	5.20	11.9
土　星	9.54	29.5
天王星	19.2	84.1
海王星	30.1	165
冥王星	39.5	249

[13] 発見の経過については C. ウイルソン：ケプラーの法
則はいかにして発見されたか．サイエンス (1972)
7 月号 p. 102, I. B. エーコン (吉本市訳)：近代物
理学の誕生．河出書房 (1974) p. 175, アーサー・
ケストラー (小尾，木村訳)：ヨハネス・ケプラー，
河出書房 (1977) に詳しい．

[14] たとえば小出昭一郎：物理学，裳華房を見よ．

[15] 第 3 法則の発見の過程をケプラー自身は次のよう
に述べている．「その際，ティコの行った観測につ
いての私の 17 年間の研究と私の当面の考察との間
に非常にすぐれた一致が現れたので，私は最初に，
自分が夢を見ていて，論拠に不自然なものを仮定し
ていた．と信じたのであった．しかし，**ある 2 つ
の惑星の運行周期の間に成立する比率は，平均距
離，すなわち軌道それ自体の比率の 1 カ 2 分の 1
乗に等しい，ということは全く確実でかつ完全で
ある．**」(ケプラー (島村福太郎訳)：『世界の調和』
第 5 巻．世界大思想全集 31 河出書房 p. 249)

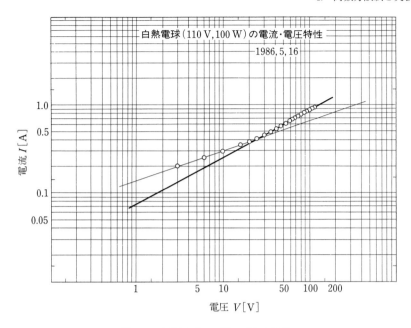

図 16　白熱電球の電流・電圧特性

5. レポートの書き方

　日常生活において，われわれは自分の考えや経験をだれかに知ってもらうという場面にしばしば出会う．だれに，何を伝え，どのように理解してもらうかということは，われわれにとって大事な行為の1つである．このような行為は，さまざまな形をとって行われるが，この過程の中で，われわれの考えはさらに整理され，新たな発展へと導かれる．ここでは，そのような過程の1つとしてレポートを取り上げ，事柄を的確に表現する考え方について学ぶ．

1. よいレポートを書くために

　レポートとは，一般に調査や実験等の報告書を意味する言葉である．その目的とするところは，書いた人の意図を，読む人に正しく伝え，読む人に働きかけることにある．したがって，レポートがよく書かれているかどうかは，そのねらいとする事柄の達成に関わる重要な要因となる．であるから，レポートの書き方について考え，訓練し，習得しておくことは，だれでもが経験すべき学習活動の1つである．

　ここでは，物理学実験という限られた状況のもとでのレポートを取り扱うが，その本質は一般のレポートと変わるところはない．単に物理学実験のレポートと軽く考えるようなことがあってはいけない．十分に時間をかけて考え，種々工夫をし，よいレポートの書き方を学びとってほしい．

　さて，よいレポートはどのようなものをいうのであろうか．前にも述べたように，レポートには

　(1)　自分の意図を，人に正しく伝える．

　(2)　レポートを読む人に働きかける．

という目的がある．したがって，この目的が遂げられるように書くことが何よりも大切である．

　ところで，物理学実験のレポートでは，実験に関して学んだ事柄(事前の学習，実験とその処理，実験結果の検討・考察等)に関しての報告を行う．実験指導に当るものはその報告書を読ん

で，実験に関する理解の度合いはどうか，実験は適切に進められたか，結果の処理や検討は正しく行われたか，といったことに対して判断をし，指導をする．この点は諸君が卒業後にたびたび書くことになるであろう一般の技術レポートとは異なっている．すなわち，学生実験のレポートの読み手は，その内容の大部分をよく知っている場合が多い．しかし，レポートを書く側では，その実験をよく知らない人が読む場合を想定して書くべきである．自分では理解したと思っても，他人に説明することは意外に難しいと感じることが多いと思うが，そのようなときには，本当に理解していたのではないことが多い．学生実験のレポートでも同じことで，自分でよく理解できたことについては比較的容易に筆が進むが，危ういところはなかなかうまく表現できないものである．そのような意味で，自分の学んだこと，自分の行ったことを，他の人にきちんと説明できて初めて理解が完全なものとなる．また，それができて初めて実験が完全に終了したことになる．

　このようなレポートを書くことは，最初はかなりたいへんな仕事であるかも知れない．それでも，手を抜かずに数回繰返すうちに，次第に要領よく作業を進めることができるようになる．また，レポートを構成する力や文章を書く力もついてくる．そのためには，何よりも自分の頭で考え，自分の言葉で表現することを怠っては

いけない.

　できれば2人あるいは3人で論じ合いながら, 作業を進めることが, 一段と書く力をつける上で効果がある. もっともそのとき, 2人あるいは3人のレポートが同じになってしまうことは問題である. それぞれの個性を生かしたレポートになるよう, お互いに注意をする必要があろう.

2.　レポートの作成

　物理学実験のレポートには前述のような目的がある. この目的を達成できるようなレポートを作成するためには, どのようにすればよいであろうか.

　さて, 物理学実験全体を通しての過程を見ると, およそ下の図のように表すことができる. そして, 実験のレポートもこの過程に沿って, 過程全体がわかるように書かれることが望ましい. そこで, これを能率的に進めるためには次のような手順を踏むのがよい. すなわち,

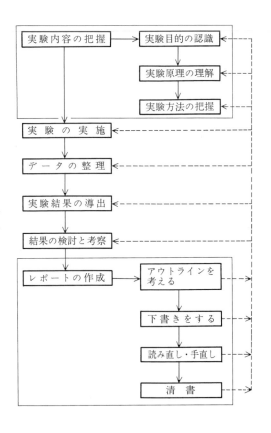

(1)　実験全体についての整理

(2)　書くべき内容の検討

(3)　下書きと推敲

(4)　清書

の順序によって仕事を進めるのがよい. 以下では, これらの要点について述べる.

2.1　実験全体の整理

　実験を通じて学びとった事柄を自分なりに整理してみること. 実験に先立って実験内容について学習したこと, 実施した実験の内実, 実験データの処理, そして実験結果の検討等を整理してみることが大切である. これは, われわれが何かを学んでいくときの基本的な態度の1つでもある. これらのことを行うときに, いろいろの方法はあろうが, 一枚の白紙に, 次のいずれかを行ってみるのがよい.

(1)　実験内容を箇条書きにして書き出してみる.

(2)　実験全体のフロー・チャートを書いてみる.

(3)　実験全体のブロック・ダイヤグラムを書いてみる.

　最初の段階では, 必ずしも順序立てていなくともよいから, 思いつくままにできるだけ沢山の事柄を書き出しておくこと. (2), (3)についても, 各パート毎にそれぞれ関連する事柄を書き出しておくこと. 実験中に気付いたことは, たとえそれが実験にとって直接関係がないと思われることや, 具合が悪いと思われることであっても書いておくことが大切である.

　このようにして書き込まれた紙をよく見ると, 実験ノートでは気付かなかったようなこともわかってくる. この紙をもとにして, 書き込まれたいろいろの事柄を関係づけたり, 順序を決めたりすると, 作業の見通しがよくきき, また, 見落し・書き落しなども少なくなる.

　この作業は煩わしいように思われるかもしれないが, 実験全体にわたっての理解がより完全

なものとなり，レポートを書く上での大きな手助けとなる．

2.2　レポート内容の検討

実験に際して学び，また測定したことのすべてをレポートにする必要はない．必要はないというよりも，全体が整理されて，その中の何分の一かがレポートに必要な内容として残るのが普通である．レポートの目的をよく考え，レポートに要求される．

(1) 正確さ　(2) 簡潔さ　(3) わかり易さ

を失わないように書くためには，書くべき内容を十分検討することが必要である．そのためには，前項に述べた箇条書きやフローチャート，ブロック・ダイヤグラムなどがたいへん役に立つはずである．これらが書き込まれた用紙をもとに作業を進め，レポートの内容を一覧できるような少し詳しい表を作成する．この一覧表をもとに文章を書くことによって，レポートに書くべき内容が漏れたり，順序が入れ変わったりすることを防ぐことができ，全体の整理がうまく行われる．

2.3　下書きと推敲

以上のような過程はすべてノートに記すか，別紙を用いたときにはノートに貼りつけて，記録として残すことを忘れてはならない．そして，これらをもとに下書きをする．面倒なようではあるが，このような過程を手を抜かずに繰返し，また，時折ふり返ってみることは，よいレポートを書くための最短距離である．

下書きの文章は，もちろん教科書や参考書の丸写しではなく，自分の文章で書かなければならない．下書きができ上ってから何度か読みなおして，全体を手直しすることをしなければならない．この作業は，できれば時間を置いてやった方がよい．しかし，学生実験のレポートではそうもいかないことが多いことであろう．それでも，下書きができてから1～2日後に，新しい

目でもう1度読み返してみることは是非してほしい．読み直すときに注意すべきことは，次のようなことである．

(1) レポートとして必要なことはすべて記載されているか．

(2) 必要のないことまで書いてはいないか．

(3) 意味の不明確な文章はないか．

(4) 図や表は適当に選択され，整理されているか．

(5) 記号や単位，誤字・脱字・仮名づかいなどが正しく書かれているか．

(6) 内容を知らない人が読んでもわかるように書かれているか．

(7) 全体として，自分の言いたいことがうまく表現されているか．

下書きや清書の段階で，記号や単位，術語の不明確なものや不確かなものについては，教科書や参考書で調べること．また，言葉の意味や漢字，仮名づかいなどについて危ういものがあるときには，国語辞典，漢和辞典で調べること．これらのことを面倒がらずに行う習慣をつけておくことは，諸君の将来にとって極めて有益であろう．

2.4　レポートの清書

前項までのようにして下書きができたら，提出すべきレポートの清書をする．このときには，次のような点に気をつけること．

(1) A4判のレポート用紙を用いる．

(2) 黒または青インクで書く．ボールペンでもよい．

(3) 図はレポート用紙に直接書いてもよいし，グラフ用紙やトレーシング・ペーパーに書いて貼りつけてもよい．

(4) グラフはグラフ用紙に書いて該当する場所に貼りつける．図やグラフもインク書きとする．グラフの書き方については**5. 表とグラフ**で改めて説明する．

(5) 書き終ったら，前項で述べた読み直すときの注意を思い起こしながら数回読み返す．

完全にでき上ったなら，所定のレポート用表紙に必要事項 (実験題目，実施日，学生番号，氏名など) を書き入れ，全体をとじる．この際，レポートのページが前後したり，上下や表裏が入れ替ったりしないように注意をすることはもちろんである．

3. レポートの文章

レポートを構成しているものの大部分は文章である．レポートの内容，構成がすぐれていることはもちろん，その文章がよい文章であることが，読み手に読んでもらうためには大事なことである．内容のすぐれたレポートであっても，頭をひねりながら読むようであっては，読み通すことを諦めてしまうかも知れない．そのようなことにならないためには，構成に十分注意を払うことはもちろん，簡明な，正しい文で書きつづることが必要である．

物理学実験のレポートや卒業論文におけるよい文章という意味は，小説や随筆などにおけるのとは少し趣きを異にしている．事実を誤りなく伝えることに最大の主眼をおき，いわゆる名文であるよりも，筋の通った正しい文章でなければならない．そのためには，比較的短い，平明な文で書くことが効果的である．もっとも，同じ調子の短い文だけを重ねていったのでは，レポート全体としては単調となり，読み手に飽きを感じさせるかも知れない．ときには，適当な長さの文を組み合わせて，全体としてのリズムを持たせるといった工夫も必要になる．しかし，これは文章を書く訓練が少し進んでからの作文技術であって，はじめは短い文で表現することを心がけた方がよい．

レポートの文章はもちろん口語文体で書くわけであるが，文体の統一という点から，次のような注意が必要である．

(1) 「である」と「です」とを混用しないこと．親しみをもたせるために「……であります．」「……です．」という文で書かれた本も多くなってきているが，レポートでは「……である．」を用いるのが普通である．

(2) 漢字・送り仮名・仮名づかいを統一すること．現在では常用漢字・現代仮名づかい・送り仮名についての定めがあるので，これに従うのがよい．

(3) 記号と術語を統一すること．1 つのレポートの中で，同じ物理量に対して 2 種類以上の記号を混用しないこと．また，同じ内容を表すのに，2 つ以上の術語を用いないこと．

つぎに，文章の意味を正しく伝え，また読みやすくするためには，句点は。読点は，である．句点はまだしも，読点の打ち方を誤ると違った意味になってしまう場合がある．

もう 1 つ大事なことは，英語やドイツ語と違って，日本語では，主語を省いても意味が通じるような文章を書くことができるという点である．これは，場合によってはたいへん都合のよいこともある．しかし，科学や技術における表現にとっては，あいまいさが残り，また，ねじれた文脈のまま提示されるというような場合が生ずるので，十分注意しなければならない．

日本語は，漢字・仮名まじり文 (漢字と仮名とを併用した文) という，他にあまり例のない言語体系をもっている．これは，われわれの意図を表現するためには極めて便利な体系である．この便利さを積極的に生かすことを心掛け，さらに，正しい，わかりやすい文章を書くよう努力すべきであろう．

とにかく，常に読み手にわかってもらうということを念頭において努力することが必要である．名文ではないにしても，よい文章は訓練によって書けるようになるものである．

参　考

次の文は，読み取り顕微鏡についての説明としてレポートに書かれていたものである．本節の注意に

従って，わかり易い文章に書き直してみよ.「直接
試料をはさんで測定できない場合，たとえば細い管
の内径や，試料を動かさないように遠くから測定し
たい場合，肉眼で判別できない極く短い距離の測定
には，顕微鏡あるいは望遠鏡を用いて拡大し，接眼
レンズ部内に張られている十字線を目じるしにして
顕微鏡あるいは望遠鏡を左，右または上下に移動さ
せ，その移動距離を副尺によって微小の長さまで読
み取ることができるような目的のために作られた.」

4. レポートの形式

レポートの形式は，ほぼ次のような項目から
なっていることが望ましい.

1. 年月日と気象条件	6. 経過
2. 目的	7. データ
3. 原理または理論	8. 計算
4. 実験方法	9. 結果
5. 実験装置および器具	10. 検討と考察

実験テーマが内容によっては，たとえば「原
理と方法」，「データと計算」などと，2つあるい
は3つの項目を併せて記述してもよい. 各項目
の具体的な内容と注意について，以下で述べる.

4.1 レポートの記述内容

4.1.1 年月日と気象条件

物理学実験では，直接に気象条件とは関係の
ない現象もある. しかし，その日の天候，気温
(室温)，湿度，気圧等の気象条件を記録する習慣
をつけておくことが望ましい. それは，これら
の条件を必要とするときに測り忘れたりしない
ためと，後日，思わぬことからそれらの条件を
必要とすることが往々にして生じるためである.

4.1.2 目 的

一般のレポートや論文であれば，「序文」ある
いは「はじめに」として，なぜそのような調査
や研究を行うに至ったのかという説明をも含め
て，実験の意義，目的，範囲などを書くところ
である. しかし，学生実験のレポートでは，目
的のみを簡潔に記述するだけでよい. 目的は1
つだけでないことも多いから，そのようなとき
には箇条書きにするのがよい.

4.1.3 原理または理論

行った実験がどのような原理に基づいている
のかを，

(1) 物理現象

(2) 測定原理

の両面について記述する. 学生実験では，たい
ていの場合，それらの原理がよくわかっている
テーマをとり上げている. したがって，実験に
先立って，実験の教科書や物理学の教科書・参
考書等についてよく勉強しておくこと，そして，
レポートにはそれらの内容を自分なりにまとめ
て，自分の言葉で書くことが大事である.

4.1.4 実験方法

実験をどのような方法によって，どのような
順序で進めたかについて書く. 主な装置の構造
や取り扱い方などについても，その要点を記す.
ときには，種々の電流計，電圧計の構造などまで
記述している例も見受けられるが，書くべき内
容はよく検討し，選択すること. 自分で勉強し
た内容は自分のノートに残っていればよい. レ
ポートの枚数を増すために，直接関係のないこ
とを書き加えることは無意味である.

4.1.5 実験装置および器具

実験に使用した装置，機械器具の形式・規格・
番号等を記す. 実際に使用した装置と教科書に
記載してある装置とが異なっている場合もある
が，実際に使用したものについて書くこと.

測定結果についての検討をする場合に，どの
ような装置を用いてその実験を行ったのかとい
うことは，大事な観点の1つである. その装置
の動作原理が異なれば異なった結果が得られる
こともある. また，装置や器具の精度は実験結
果の信頼性にも関与する. マイクロメータや電
流計・電圧計のように頻繁に用いられる器具も，
精度ぎりぎりまで測定しようとすると，零点は
もちろん，測定結果も個々の器具によって異な
ることがあり得る. したがって，できるだけ詳
しく記録しておくことが必要である. 電気計器
の型式を ➡ や 〓 などの記号で記すのではな

く，整流器型，可動鉄片型と言葉で示すことも必要である．

4.1.6　経　過

　実験の経過を簡単に述べる．実験の最初の段階で試みにやってみたこと，途中にあったトラブル，そのための再測定など，実験全体の様子がわかるように書くのがよい．

4.1.7　データ

　実験結果を得るまでに行った種々の測定についてのデータを示す．実験の根幹となるような大事なデータは，測定結果をそのまま表示する必要がある．その他については，ノートに記載されたデータをそのまま書き写すのではなく，よく整理して記述する．表だけではなく，グラフで表示できるものはグラフも添える．また，ある物体の長さの測定結果を示すような場合に，測った値のすべてを表示しないときではあっても，①どのような器具を用いて測定したか，②何回測定して得られた結果か，といったことがわかるように表すのがよい．

　グラフは，ノートに貼り付けてあるものの中から，レポートに添えるべきものを選んで，新たに書いて貼付する．よく，レポートに添えて提出したのでノートには残っていないという場合を見受けるが，これは，実験に対する基本的な態度が欠如しているといわなければならない．

　表・グラフ等についての具体的な注意は項を改めて述べる．また，この教科書中で各テーマ毎に示された表やグラフをよく注意してみてほしい．そのまま真似するだけではなく，自分で工夫をして，さらにわかりやすい表やグラフを書くことを心がけてほしい．

4.1.8　計　算

　測定した値がそのまま結果として用いられることは少なく，たいていの場合に，計算による処理を伴う．レポートには，計算の方法，過程がわかるように記述をする．この際，計算の細部にわたって書く必要はなく，適当に省略してよい．ただし，

(1)　計算の基礎になる式

(2)　計算をするときに用いた数値（単位も忘れないで添える）

は必ず書き記すこと．さらに，計算に使用した測定値に含まれる誤差，計算に伴う誤差などについても記述すること．

4.1.9　結　果

　これまでに述べた過程によって得られた結果について明記する．どのような実験条件のもとで得られた値かについても記述する．もちろん，単位がある場合には単位をつける．また，誤差についての見積もりを行った場合には，それについても書き添える．

　場合によっては，実験結果の項を設けないで，検討と一緒にした項で記述してもよい．

4.1.10　検討と考察

　得られた実験結果が妥当なものであるかどうかについて，必ず検討を行わなければならない．この過程は，実験そのものにあってはもちろん，レポートにおいても大事な過程である．そして，検討と考察が行われない場合には実験の価値が半減し，時には，ほとんど意味のない実験となることさえもあり得る．学生実験のレベルでは，ほとんどの実験はその結果がかなりの精度で予測できる．したがって，自分で得た結果が妥当であるかどうかは，比較的容易に見当がつく．

　検討すべきことは次のような事柄である．

(1)　結果がほぼ妥当であるとき：結果が偶然そうなったものではないことを，そのような結果が得られた根拠を挙げて示すことが必要である．

(2)　結果が予想と異なったとき：その原因を次のような種々の面から検討しなければならない．

(ア)　予想は正しいか？

(イ)　比較をする基準にした値はどのような条件の下で得られたものか？　自分が行った実験の条件と異なっていないか？

(ウ)　計算の誤りはないか．（数値と桁数の

検討)

(エ)　単位の間違いはないか.

(オ)　測定器や器具による読み取りで, 目盛の読み誤りはないか. 特に二重目盛の装置を用いたときや, 測定範囲切り換えスイッチによって切り換えたとき, 電流計, 電圧計の端子を変えて測定したとき, 目盛を逆向きに読んだときなどには注意が必要である.

(カ)　偶然誤差・系統誤差に対する検討.

　要するに, 自分が得た結果が予測されたものと一致した場合にもその正当性について検討しなければならない. また, 予想に反する結果に対しては, 考えられるすべての点についてその原因を追求しなければならない. 簡単に,「実験は失敗であった」とか,「不一致は装置の不備や精度のせいである」というふうに片付けてしまってはいけない. このような検討のときに, 種々のグラフは判断の材料として大変役に立つ.

5.　表とグラフ

5.1　表

　データは, できるだけ表の形にして示すのがよい. この方がわかりやすいし, 測定値の読み誤りなどもチェックしやすいからである.

　表を示すときには, 次のような点に注意すること.

(1)　何をあらわす表か, がすぐわかるような表題をつける.

(2)　主な実験条件を付記する.

(3)　略語や記号を用いるとき, できるだけ一般に用いられているものを用いる. また, 略語, 記号の意味を表の説明またはレポートの中で述べておくこと. 極めて一般的な単位記号などについては, 必ずしもその必要はない.

(4)　自分で測定したものか, 他からの引用かがわかるようにする.

5.2　グラフ

　種々のデータを示すときに, 表よりも図表であらわす方がわかりやすさを増すことは, 誰でも経験していることである. レポートの場合には, 図表といってもグラフが特に多く用いられるので, ここではグラフに関することがらについて述べる.

5.2.1　グラフ化の利点

(1)　測定した物理量間の関数関係が容易に察知できる. ある2つの量が互いに比例するといった簡単な関係は表からもわかるが, やや複雑な関係であってもグラフ化することによって判断しやすくなる. しかも, 各測定値の誤差が比較的大きいような場合にも可能である.

(2)　実験をしながらグラフを作っていくことによって,

(ア)　変化の様子がよくわかる.

(イ)　測定間隔のとり方が適当かどうかの判断ができる.

(ウ)　目盛の読み誤り, 実験条件の変化などがすぐチェックできる.

(3)　読み取った値に含まれる誤差がチェックできる.

(4)　グラフを見ることによって実験式の見当がつき, 実験式を作成することが容易になる.

(5)　平均値を求めることが比較的簡単にできる.

(6)　外挿あるいは内挿することによって測定しなかった値を推察することができる. また, 測定できないような状態での値を予測できる.

5.2.2　グラフの書き方

(1)　縦軸と横軸の選び方
　一般には独立変数としてとった物理量を横軸に, 測定によって得られた従属変数の物理量を縦軸にとることが多い. しかしグラフの表す意味をわかりやすく表すた

めには反対にとった方がよいこともある.

(2)　縦軸と横軸の目盛のとり方

　物理量の間の関係を表現するのに適当な大きさであること.

　(ア)　個々の実測値を読み取れる程度にするのが第一の目安.

　(イ)　目盛を大きくとりすぎると, 実測値に含まれている誤差が必要以上に拡大され, 測定があまりよく行われていないような印象を与える.

　(ウ)　縦軸, 横軸の目盛の割合が適当でないと, 関数関係の判断を誤る.

　(エ)　座標軸の原点を 0 にとる必要はない.

(3)　縦軸, 横軸は何を表しているのか, その物理量と単位を記す.

(4)　測定点は, 含まれる誤差の範囲がグラフから判断できるような表し方がよい.

(5)　いくつかの測定値群を同時に示すときには, 測定点を表す記号を変える. 通常は, 次のような記号を用いる. ○, □, △, ×, ●, ◎ など. これらの記号は, 少し大きめに表すのがよい.

(6)　測定点を結ぶときには, 正しい測定が行われ, しかも, 誤差がないときに得られ

るであろうと思われる曲線 (直線も含む) を描く. その方法としては, 次のようなことが考えられる.

　(ア)　曲線 (直線) により測定点がほぼ二分されるように描く.

　(イ)　各点を結んだ折線と, なめらかな曲線とで囲まれた面積の凹凸が全体として相殺されるような曲線を描く.

　(ウ)　隣り合う 2 個の測定点の中間を結ぶような曲線を描く. ただし, 一度描いてから, 全体をみて修正する.

さらに,

　(エ)　最初は, フリー・ハンドで曲線を描いてみるよう努力すること. (特に実験中はこのような注意が大事である.) ほぼ望ましい曲線が得られたら雲形定規を用いて描く. レポートのグラフは雲形定規を用いて描く.

(7)　表と同様にグラフの表題, 実験条件, グラフ中に使用した略語, 記号などの説明をつける.

　グラフの実例については, 教科書中に沢山示されているから, これらを参考にするのがよい.

一般実験

46

1. 精密化学天秤による質量測定

　天秤による質量の測定は，力のモーメントのつり合い*1 を利用したものである．すなわち，試料と分銅のモーメントをつり合せて，既知である分銅の質量から試料の質量*2 を求めようというものである．
　この実験では，精密化学天秤の構造と原理を学ぶとともに，試料である硬貨の質量を振動法から求めて，その結果を比例法に従って整理する．

理　　論

1. 天秤の原理

　図1に示す簡単な模型で，天秤の原理を考えてみる．左右の皿が空であるとき，棹 AOB は水平となり，指針は目盛板の中央で静止したとする．次に，右の皿に質量 M の分銅を，また左の皿に質量 $(M+\Delta M)$ の分銅を載せたとき，棹は角度 θ だけ左に傾いて静止したとする．この

とき，支点 O の回りのモーメントのつり合いを考えると，空気による浮力や支点での摩擦抵抗を無視するなら，

$$Mgl'\cos\theta + mgh\sin\theta = (M+\Delta M)gl\cos\theta \tag{1}$$

となる．ここで，m は支点 O の回りを振動する部分の棹と指針との質量であり，h はその部分の重心と支点 O との間の距離である．いま，$l=l'$ として，また ΔM を微小質量とするなら，振れ角 θ は微小角となるから，(1) 式は，近似的に

$$\frac{\Delta Ml}{mh} = \tan\theta \fallingdotseq \theta \tag{2}$$

となる．θ は，微小質量 ΔM に対して，天秤が感応した角度である．同じ微小質量 ΔM に対して，感応する振れ角 θ が大きいほど，天秤は鋭敏であるといえる．そこで，単位質量あたりで傾く振れ角の大きさをもって天秤の鋭敏さを表し，これを天秤の感度 (Sensibility) S という．

$$S = \frac{\theta}{\Delta M} = \frac{l}{mh} \tag{3}$$

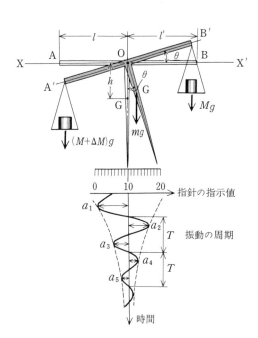

図1 天秤のつり合い
G：天秤の振動部分の重心
m：天秤の振動部分の質量
h：天秤の振動部分の重心と支点 O との間の距離

---

*1 力のモーメントのつり合いであるから，モーメントの腕の長さを等しいとすれば，これは試料と分銅の重さをつり合わせていることになる．
　厳密には，重力加速度は場所によって異なる．しかし，天秤の広がりは地球の大きさに比べれば無視し得る．したがって，試料と分銅を同一場所で比較しているとして，分銅の重さ＝試料の重さは，分銅の質量＝試料の質量といえる．

*2 質量という概念についての解説書としては，瀬川洋：質量 物理学 One Point-3 共立出版 (1979)，M. ヤンマー (大槻他訳)：質量の概念 講談社 (1977) などがある．

一般には θ を角度で表さずに，指針の振れた目盛数で表すことが多い．また，天秤の感度 S の逆数を，天秤の感量 (Sensibility Reciprocal) R という．

$$R = \frac{1}{S} = \frac{\Delta M}{\theta} = \frac{mh}{l} \qquad (4)$$

感量 R は指針を一目盛傾けるのに要する質量であり，これが小さいほど，わずかな質量の差に対しても，天秤は鋭敏に感応する．

2. 測定の原理

天秤で質量を測定する場合，天秤の支点回りの振動は空気抵抗や支点の摩擦などのために次第に減衰していく．そして最後に，指針は目盛板上のある位置を指して止まる．だが，指針が自然に止まるのを待っていたのでは時間を要して能率的でない．また，指針の静止位置は，支点 O における刃先と受け台との間の摩擦や刃先の形の影響のために，振動中心に一致するとは限らない．そこで，指針の振動回帰点 (図 1 の a_1, a_2 など) から，振動中心つまり指針の真の静止点を求めようというのが，振動法 (Method of Swing) である．いま，天秤を自由に振動させ，振動が安定した後の任意の時刻から，指針の回帰点を連続して 5 回読み取り，その読み取り値を，$(a_1, a_2, a_3, a_4, a_5)$ とする．たとえば，左から読み始めたとすると，左側回帰点は，(a_1, a_3, a_5)，右側回帰点は，(a_2, a_4) となる．

指針の振動は，厳密には指数関数的に減少するが，振動が安定した後の短い時間内では，ほぼ直線的に減少すると見なされる．

したがって，(5) 式に示すように左側回帰点の平均値と，右側回帰点の平均を求めれば，指針の真の静止点が決定される．

$$n = \frac{1}{2}\left(\frac{a_1 + a_3 + a_5}{3} + \frac{a_2 + a_4}{2}\right) \qquad (5)$$

天秤の両皿が空であるときの静止点，つまり零点と，天秤に試料と分銅を載せたときの静止点とが一致すれば，試料の質量は，分銅の質量に等しい．しかし，これは一致しないのが普通である．

いま，図 2 に示すように，左右の皿が空であるときの静止点，つまり零点を n_0 とする．左の皿に未知質量 M_x を載せ，また，右の皿に，これに見合う分銅 M_a を載せたときの静止点を n_a とする．さらに，右皿へ微小質量 ΔM[*3] を追加したときの静止点を n_b とする．

このとき，$n_a > n_0 > n_b$ の関係にあるように，M_a と ΔM を選ばなければならない．

図 2 では，未知質量 M_x は，M_a より $(n_a - n_0)$ 目盛分だけ大きいことを示している．天秤の感量を R とすれば，この目盛分に相当する質量は，$R(n_a - n_0)$ である．したがって，

$$M_x = M_a + R(n_a - n_0) \qquad (6)$$

となる．また，微小質量 ΔM の範囲では，指針の振れ角は質量差に比例するとして，感量 R は，

$$R = \frac{1}{S} = \frac{\Delta M}{n_a - n_b} \qquad (7)$$

と表せるから，(7) 式を (6) 式に代入すると，

---

*3 一般に，追加する微小質量 ΔM は，天秤の感量に相当する質量が選ばれる．

図 2 零点と静止点

$$M_x = M_a + \left(\frac{n_a - n_0}{n_a - n_b}\right) \Delta M \qquad (8)^{*4}$$

となる.

また，微小質量 ΔM を左の皿に載せたとき，$n_a < n_0 < n_b$ の関係をもつときは，M_x は，M_a から $\Delta M(n_a - n_0)/(n_a - n_b)$ だけ減じたものに等しい.

予 習 問 題

(1) 天秤の両皿に何も載っていないときの指針の回帰点は，次の値であった．このときの天秤の零点を求めよ.

　　　　左 (5.6　　5.9　　6.1)
　　　　右 (　　12.3　　12.0　　)

(2) 天秤の零点を測ったら，(1) のようであった．左の皿に試料を載せて，右の皿に 10 g, 2 g, 1 g, 500 mg, 20 mg, 5 mg の分銅を載せたときの静止点は，12.0 であった.

　　さらに，1 mg の分銅を右皿へ追加したら，静止点は 7.7 となった．この試料の質量を，比例法に従って求めよ.

3.　精密化学天秤の構造

図3に，精密化学天秤 (Chemical Balance) の構造を示す．天秤は，大きく分けて，支柱 (Column) A と棹 (Beam) B，そして2枚の皿 (Scale pan) D_1, D_2 から成り立っている.

棹の中央には，下向きの鋭利な刃 (Knife edge) K_0 がはめ込まれており，これは，支柱の上端に設けた刃受け C_0 の上で，天秤の振動する部分を支えている．また，棹の中央には，指針 I があり，これと目盛板 J によって，天秤の傾きを

---

*4 このような計算法は，天秤に限らず多くの場合に用いられているもので，一般に比例法，または内挿法という.

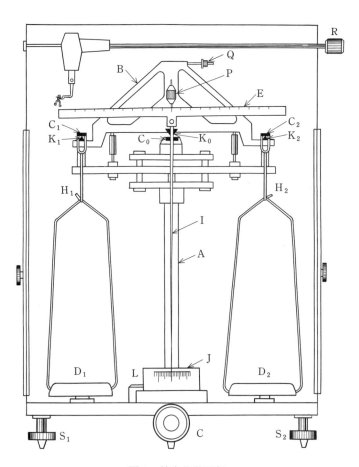

図3　精密化学天秤

知ることができる.

棹は,天秤の感度を高めるために,なるべく長く,かつ軽くてたわまぬこと,そして,刃 K_0 と,天秤の振動部分の重心との間の距離を短かくするために,このような形がとられている.

棹の両端には,上向きの刃 K_1, K_2 があり,その上に刃受け C_1, C_2 が載っている.左右の皿 D_1, D_2 は,この C_1, C_2 から下がる掛け金 H_1, H_2 に吊るされている.

天秤の最も大切な部分は刃先である.これは,棹の回転軸であると同時に荷重も支えているので,ころがり抵抗が小さく,硬くて鋭利であり,常に一定の形状を保つことが要求される.

試料や分銅を載せたり取り去ったりするときの衝撃から刃先を守るために,天秤には抑え装置 (Arrester, Clamp) C が付いている.ハンドル C を回すと,棹は持上げられて,K_0 は C_0 から離れ,同時に K_1, K_2 も C_1, C_2 から離れて,各刃先は,衝撃から守られる.

天秤は,支柱に対してほぼ対称であるから,棹が水平であるとき,その重心は,K_0 の真下近くにある.重心の位置は,天秤の感度と振動周期に影響する.重心の上げ下げは,重心玉 P で調節する.

右上のハンドル R は,ライダー (Rider) と呼ばれる分銅を目盛板 E に掛けたり,取り去ったりするときに使用する.たとえば,ライダーを目盛板の右側の 10 に掛けたときは,右皿に 10 mg の分銅を載せたのに等しい.

天秤は,極めて敏感であるから,実験台の揺れはもちろんのこと,実験室の空気の流れや,測定者の吐く息にも影響される.このため,天秤は,左右に扉の付いたガラス箱の中に納められている.

この箱には,水準器 L と水平調節用ネジ S_1, S_2 が付いているので,箱を水平にすることができる.

なお,この実験で使用する精密化学天秤の最大秤量は 200 g であり,感量は 1 mg である.

4. 1級精密分銅

分銅は,計量法に基づいて,検定を受けている.分銅は,法規上許される誤差,つまり公差 (Tolerance) をもっている.分銅は,参考 (3) に示すように,公差の大きさによって等級別に分類されている.

1級精密分銅は,木製の分銅箱の中に,図 4 に示すような配置で納められている.手前のピンセットは,分銅をつまむためのものである.500 mg 以下の分銅は,ニッケルまたはアルミ合金製の薄い板分銅であり,その表面には,質量を表す刻印が打ってある.各々の板分銅の右上の角は,ピンセットでつまみやすくするために,少し折り曲げてある.5 mg 以下の板分銅は,小さくて刻印を打つ余裕がないので,その形で区別する.すなわち,1 mg は四角形,2 mg は三角形,5 mg は六角形と約束されている.

ライダーは,細いアルミ合金の針金を曲げて作られており,図 3 の目盛板 E の任意の位置に掛けることで,10 mg 以下の分銅の代りに用いられる.

分銅は,これを傷つけたり,錆させないためにも,必ず付属のピンセットで取り扱い,直接,素手で触ってはならない.また,分銅を汚したり,紛失しないためにも,常に分銅箱の定められた所に置くことが大切である.

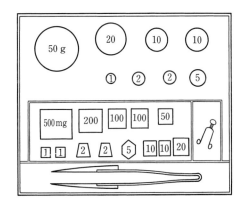

図 4 分銅の配置

実　　　験

1.　実 験 器 具

精密化学天秤，1級精密分銅，試料の硬貨．

精密化学天秤使用上の注意

(1)　天秤は，日光が直射する窓ぎわや，室内の熱源，振動源に近い場所を避けて，防振台の上で使用する．

(2)　試料や分銅を，天秤の皿 D_1, D_2 に載せたり，取り去ったりするときは，必ず抑えハンドル C を回して，皿を固定してから行う．この操作を怠ると，天秤の刃 K_0 は，衝撃を受けて，刃こぼれを起こす可能性がある．

(3)　試料や分銅の出し入れは，ガラス箱の左右の扉をあけて行う．また，天秤を振動させるときは，左右の扉を必ず閉じてから行う．

(4)　正面のガラス戸は，天秤を調整するとき以外はあけてはならない．

(5)　質量を測定する場合は，利き腕と反対側の皿に試料を載せて，利き腕側に分銅を載せるのが普通である．このとき，大きな分銅は皿の中央に，そしてその周囲に小さな分銅をなるべく対称に置いていく．

(6)　天秤を振動させるには，ハンドル C を静かに回して，抑えを下げてやる．逆に，振動を止めるには，指針が目盛板 J の中央付近を通過するときに，ハンドル C を静かに回して，抑えを上げてやる．

(7)　分銅は，大きいものから順番に載せていき，これをノートに記録する．また，測定が終ったら，記録と照合しながら，小さい分銅から順番に降ろし，分銅箱の元の場所へ納める．

(8)　10 mg 以下の分銅の代わりに，ライダーを利用してもよい．

(9)　天秤の最大秤量 (ここでは 200 g) 以上の試料や分銅を載せてはならない．

(10)　測定がすべて終ったら，ライダーを外し，皿の上に何も載っていないことを確認した後，ハンドル C を回して抑え状態にしておく．

2.　実 験 方 法

(1)　天秤の調整

(a)　支柱を鉛直にする調整：天秤を納めたガラス箱に付いている水準器と水平調節用ネジ S_1, S_2 を使って調整する．

(b)　天秤の振動周期の調整：天秤の左右の皿 D_1, D_2 を軟かい刷毛で払って，何も載せていない状態でハンドル C を回し，抑えを下げる．このとき，目盛板 E にライダーが載っていないことも確認しておく．指針 I が，目盛板 J の範囲で振動するように，ハンドル C の回し加減で適当に調節する．ついで，指針 I が，支柱 A を同じ側から 10 回横切るのに要する時間を測り，振動周期 (一往復に要する時間) を求める．周期は，天秤の感度と測定の迅速さとの兼合いから，10〜15 秒程度が適当であるが，大きく異なるようなら，重心玉 P を上げ下げして調整する．

　なお，学生実験では，天秤はすでに調整してあるので，いきなり調整部分に手を触れてはならない．調整の必要があるときは，速やかに実験担当の教員に申し出て，指示を受ける．

(2)　零点の測定

　天秤の零点を，振動法で測定する．まず，ハンドル C を静かに回して，一度，抑えの状態にする．皿に何も載っていないことを確認してから，振動周期を求めたのと同じ要領で，天秤を振らせる．振動開始後，2, 3 回見送って，正常に振動していることを見届けたら，指針の回帰点を連続 5 回読み取り，これを記録する．このとき，視差 (Parallax) による誤差の発生を避けるために，回帰点は，必ず天秤の正面から観測する．指針目盛の読み方は，図 1 のように，目盛板の中央線を 10 として，左から 1, 2, 3, …, 19, 20 と読む．指針の振れ

は，1目盛の1/10まで読み取るものとする．読み取った回帰点を，(5)式に代入すれば，零点 n_0 が求まる．以上の操作を3回繰返して，平均の零点 n_0 を求める．零点が，目盛板中央の2〜3目盛の範囲にあればよいが，大きく外れているようなら，調子玉Qで調整する．この場合も，実験担当の教員に申し出て，指示を受ける．

(3) 質量の測定

まず，ハンドルCを回して，抑えの状態にしてから，測定者が右利きの場合には，左の皿 D_1 の中央に試料である硬貨を置く．右の皿 D_2 には，これに見合うと思われる分銅を載せる．測定者が，左利きの場合には，以上と左右逆になる．

次に，ハンドルCを少し回して，指針の振れる方向を見る．指針の振れ方から，分銅が過大なら，その次の大きさの分銅に換える．また過小なら，適当な小分銅を選び，これを追加する．こうして，分銅とライダーを使って，指針の振動中心を，先に求めた零点 n_0 に近づけていく．そして，ライダーを使って，1mgを加えるか加えないかで，指針の振動中心が，零点 n_0 を前後するまでにもっていく．振動法から求めた，最後の1mgを加える前の静止点を n_a，加えた後の静止点を n_b とする．ここで，$n_a > n_0 > n_b$，または，$n_a < n_0 < n_b$ の関係になければならない．

以上が終ったら，天秤を抑えの状態にして，両皿から試料と分銅を取り去り，もう一度，零点を求める．これと先に求めた零点 n_0 が，1目盛以上異なっているときには，測定はやり直しである．得られた n_a，n_0，n_b を，(8)式を一般化した(9)式に代入すれば，試料の質量 M_x が求まる．

$$M_x = M_a + \left(\frac{n_a - n_0}{n_a \sim n_b}\right)\Delta M \qquad (9)$$

3. 結果の整理

表1に，零点を求めるために読み取った回帰点の一例を示す．

表 1　振動法による零点の測定

質量測定前の回帰点			測定後の回帰点
6.8	6.3	7.3	7.2
	12.5	13.0	11.8	12.0
7.0	6.5	7.5	7.5
	12.2	12.8	11.5	11.8
7.3	6.8	7.7	7.8
9.7	9.7	9.6	9.7

$$n_0 = \frac{1}{3}(9.7 + 9.7 + 9.6) = 9.7$$

次に，試料である硬貨の質量を，零点測定と同じく振動法から求めたところ，分銅の質量 M_a が 4572mg のとき，静止点 n_a は 10.2 であった．さらに，天秤の感量に相当する 1mg を右へ追加したところ，静止点 n_b は 9.2 となり，$n_a > n_0 > n_b$ の関係を得た．したがって，空気中での硬貨の質量は，4572mg から 4573mg の間にあることとなる．

空気中での試料の質量 M_x は，M_a，ΔM，n_a，n_b，n_0 を (9) 式に代入することで求まる．すなわち，

分銅の質量　　　$M_a = 4572\,\text{mg}$

追加した質量　　$\Delta M = 1\,\text{mg}$

天秤の零点　　　$n_0 = 9.7$

初めの静止点　　$n_a = 10.2$

あとの静止点　　$n_b = 9.2$

試料の質量　　　$M_x = 4572 + \left(\dfrac{10.2 - 9.7}{10.2 - 9.2}\right)$
$$= 4572.5\,\text{mg}$$

厳密には，空気中での質量に対して，空気の浮力についての補正や，天秤の左右の棹の長さの違いによる器械的誤差についての補正が必要である．これらの補正法については，参考 (1)，(2) に示す．

参　考

(1)　2重秤量法

　天秤の左右の棹の長さは，必ずしも等しくない．この違いによる質量測定への影響を取り去るには，次の方法がある．

　左の皿の質量を D_1，右の皿の質量を D_2 として，両皿が空であるときの，棹が水平線をなす角を θ とするとき (図1を参照)，支点の回りのモーメントのつり合いから，

$$D_1 gl\cos\theta = D_2 gl'\cos\theta + mgh\sin\theta \tag{10}$$

を得る．次に，左皿には，質量 M の試料を載せ，右皿には，これとつり合う分銅 M_1 を載せたとする．このときの天秤は，両皿が空であるときと同じ角度でつり合うはずであるから，

$$(D_1 + M)gl\cos\theta = (D_2 + M_1)gl'\cos\theta$$
$$+ mgh\sin\theta \tag{11}$$

となる．(10), (11) 式から，

$$Ml = M_1 l' \tag{12}$$

を得る．次いで，右皿へ試料を移し，左皿には，これとつり合う分銅 M_2 を載せたとき，このつり合い式から，

$$M_2 l = Ml' \tag{13}$$

を得る．したがって，(12), (13) 式から，

$$M = \sqrt{M_1 M_2} \tag{14}$$

となる．ところで，M_1 と M_2 の差は極めてわずかであるから，(14) 式の M についての相乗平均は，近似的に相加平均とみなせる．したがって，

$$M \fallingdotseq (M_1 + M_2)/2 \tag{15}$$

となる．以上の天秤の左右の棹の長さの差による誤差に対する補正方法を，ガウスの2重秤量法という．

(2)　空気中にある質量に対する浮力の補正

　試料が空気中にあるときは，空気による浮力を受けている．一般に，試料と分銅の体積は異なるから，各々に作用する浮力は等しくない．

　したがって，真の質量を求めるには，浮力についての補正が必要である．いま，天秤の棹の左右の長さは等しいものとして，試料の真の質量を M，これにつり合う分銅の質量を M' とする．また，空気，試料，分銅の密度をそれぞれ ρ_a, ρ, ρ' とすれば，天秤の左右のつり合い関係から，

$$M = M'(1 - \rho_a/\rho')/(1 - \rho_a/\rho)$$
$$\fallingdotseq M'(1 - \rho_a/\rho')(1 + \rho_a/\rho)$$
$$\fallingdotseq M' + M'\rho_a(1/\rho - 1/\rho')$$

を得る．

　したがって，真の質量 M を得るには，分銅の単位質量あたり $\rho_a(1/\rho - 1/\rho')$ だけの空気浮力を補正しなければならない．

　常温では，$\rho_a = 1.20 \times 10^{-3}\,\mathrm{g/cm^3}$ であり，本実験に使用する1級精密分銅の密度は，$\rho = 8.40\,\mathrm{g/cm^3}$ である．

(3)　分銅の公差

　分銅の質量は，指定してある値にかならずしも一致していない．

　分銅の質量は，法令上の許容誤差—公差をもっている．

分 銅 の 公 差

計量器分銅の検定公差および使用公差表

表す量	一級精密分銅		二級精密分銅		普通分銅	
	検定公差	使用公差	検定公差	使用公差	検定公差	使用公差
mg	mg	mg				
0.5	0.05	0.075				
1	0.05	0.075				
2	0.05	0.075				
5	0.05	0.075	mg	mg	mg	mg
10	0.05	0.075	0.2	0.3	1	1.5
20	0.05	0.075	0.2	0.3	1	1.5
50	0.1	0.15	0.3	0.45	1	1.5
100	0.2	0.3	0.4	0.6	2	3
200	0.3	0.45	0.5	0.75	3	4.5
500	0.5	0.75	1	1.5	5	7.5
g	mg	mg	mg	mg	mg	mg
1	0.5	0.75	2	3	7	10
2	0.5	0.75	2	3	10	15
5	1	1.5	4	6	20	30
10	1	1.5	4	6	25	38
20	1	1.5	6	9	35	53
50	2	3	10	15	50	75
100	5	7.5	20	30	100	150
200	10	15	40	60	150	230
500	20	30	80	120	300	450
kg	mg	mg	mg	mg	mg	mg
1	40	60	120	180	500	750
2	70	105	200	300	750	1.2 g
5	120	180	400	600	1.25 g	1.9
10	200	300	750	1.125 g	2	3
20			1.5 g	2.25	3	4.5
30			2	3	4	6
50			3	4.5	5	9

2. 金属棒の線膨張率の測定

よく知られているように，鉄道の線路の継ぎ目にすき間があるのは，線路の温度が高くなったとき，線路が伸びて，曲がってしまうのを防ぐためである．また，電気製品などの温度コントロール用に使用されているバイメタルは，温度が上昇したときの2枚の金属板の伸びの違いを利用したものである．これらの例のように，一般に金属はその温度が上昇すると熱膨張して長さが伸びる．また温度が下降すると可逆的にもとにもどる．このような熱膨張にともなう金属の長さの変化は線膨張率 α を用いて表すことができる．また，この金属の線膨張率 α の値は金属の種類によって異なる．

本実験では，鉄，銅，アルミニウムなどの棒の中から1本を選んで，その金属の線膨張率 α を測定する．この測定では，長さの微小変化 Δl の測定を行うが，この Δl は，「光学テコとスケール付望遠鏡を使用した微小変化測定法」を用いて測定する．

理 論

1. 線膨張率とは

金属は一般に温度が上昇すると熱膨張し，その長さが伸びる．このとき金属の温度上昇と長さの伸びとの関係はその金属の線膨張率 (Coefficient of Linear Thermal Expansion) α で表される．この線膨張率 α は，金属棒の長さを l，その温度変化 dT に対する伸びを dl とすると，

$$\alpha = \frac{1}{l}\frac{dl}{dT} \tag{1}$$

で定義されている．ここで，金属の線膨張率 α の値は一般に，$\alpha \fallingdotseq 10^{-5}1/{}^\circ\mathrm{C}$ と小さく，また温度 T による変化も少なくほぼ一定である．このため金属棒の長さ l と温度 T の関係は線膨張率 α を用いて，近似的に

$$l_T = l_0(1 + \alpha T) \tag{2}$$

$$\left[\begin{array}{l} l_0 : 温度0\,{}^\circ\mathrm{C} における金属棒の長さ \\ l_T : 温度 T\,[{}^\circ\mathrm{C}] における金属棒の長さ \end{array}\right]$$

と表すことができる．

2. 線膨張率の測定原理

温度 T_1 で長さが l_{T_1} の金属棒を加熱して温度を T_2 まで上昇させたとき，長さが l_{T_2} になった

とすると，l_{T_1} と l_{T_2} は (2) 式により，

$$l_{T_1} = l_0(1 + \alpha T_1)$$

$$l_{T_2} = l_0(1 + \alpha T_2)$$

で表される．これから，このときの温度の変化 $\Delta T = T_2 - T_1$ に対する金属棒の伸び $\Delta l = l_{T_2} - l_{T_1}$ は，

$$\Delta l = \alpha \cdot l_0(T_2 - T_1) \tag{3}$$

で表され，また線膨張率 α は

$$\alpha = \frac{\Delta l}{l_0(T_2 - T_1)} \tag{4}$$

で与えられる．ここで金属の線膨張率 α は $\alpha \fallingdotseq 10^{-5}1/{}^\circ\mathrm{C}$ と小さいため，(4) 式の l_0 の代りに l_{T_1} を代入しても，それによる α の誤差は，Δl の測定限界による誤差よりはるかに小さくなる．したがって，(4) 式の l_0 の代りに l_{T_1} を代入すれば α は

$$\alpha = \frac{\Delta l}{l_{T_1}(T_2 - T_1)} = \frac{\Delta l}{l_{T_1}\Delta T} \tag{5}$$

とおける．これから，金属の線膨張率 α は，l_{T_1}，$\Delta T = T_2 - T_1$，それに Δl を測定し，(5) 式に代入して求めることができる．

3. 金属棒の長さの微小変化 Δl の測定原理

(5) 式から線膨張率 α を求めるには (5) 式中の金属棒の長さの微小変化 Δl を正確に測定し

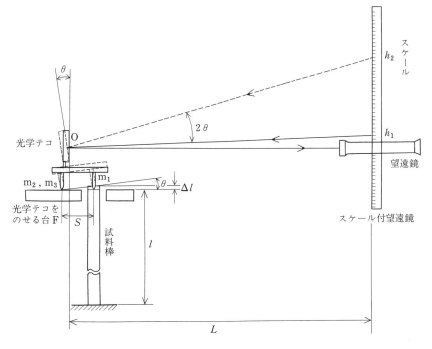

図1 光学テコとスケール付望遠鏡による長さの微小変化 Δl の測定原理図

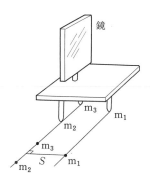

図2 光学テコ

なければならない．この微小変化 Δl は光学テコとスケール付望遠鏡を使用する方法で正確に測定することができる．この測定法の原理図は図1に示すとおりである．金属棒が温度変化 $\Delta T = T_2 - T_1$ にともない長さが微小長さ Δl だけ伸びたとする．これにともない図1の光学テコの鏡ははじめの位置から θ だけ傾く．このため光学テコの鏡に映るスケールの目盛を望遠鏡を通して読み取ると，目盛の値ははじめの値 h_1 から h_2 に変化する．このときこの目盛の値の変化 $\Delta h = h_2 - h_1$ と金属棒の長さの変化 Δl

との関係は，

$$\Delta l = k \cdot \Delta h = k \cdot (h_2 - h_1) \qquad (6)$$

と表すことができる．これから金属棒の長さの微小変化 Δl は，上式の比例定数 k が知れれば，スケールの目盛の変化 $\Delta h = h_2 - h_1$ を測定することにより求めることができる．

ここで比例定数 k の値はこの測定の原理図(図1)の幾何学から定められる．光学テコの鏡からスケールまでの距離を L，光学テコの脚 m_1, m_2, m_3 の先端がつくる二等辺三角形の高さを S (図2)とすると，$\angle h_1 O h_2 = 2\theta$ であり，

$$\Delta h = h_2 - h_1 = L \tan 2\theta$$

$$\Delta l = S \tan \theta$$

が成立する．また，Δl が小さく，$\theta \ll 1$ ラジアンとみなせるので

$$\Delta h = h_2 - h_1 \fallingdotseq 2L\theta$$

$$\Delta l \fallingdotseq S\theta$$

とおける．これから比例定数 k は

$$k = \frac{\Delta l}{\Delta h} = \frac{S\theta}{2L\theta} = \frac{S}{2L} \qquad (7)$$

となる．すなわち，比例定数 k は，L と S から (7) 式で定められる．

(7) 式を (6) 式に代入すれば

$$\Delta l = \frac{S}{2L}(h_2 - h_1) \qquad (8)$$

が得られる．これから，金属棒の長さの微小変化 Δl は $S, L, (h_2 - h_1)$ を測定し，(8) 式に代入して求められる．

4. 光学テコとスケール付望遠鏡を用いた線膨張率の測定原理

金属棒の線膨張率 α は，「**2.** 線膨張率の測定原理」の (5) 式

$$\alpha = \frac{\Delta l}{l_{T_1}(T_2 - T_1)} \qquad (5)$$

より求められる．またこのとき，金属棒の温度変化 $\Delta T = T_2 - T_1$ にともなう長さの変化 Δl を，光学テコとスケール付望遠鏡を用いる方法で測定すれば，「**3.** 金属棒の長さの微小変化 Δl の測定原理」の (8) 式から

$$\Delta l = \frac{S}{2L}(h_2 - h_1) \qquad (8)$$

となる．(8) 式を (5) 式に代入して

$$\alpha = \frac{S(h_2 - h_1)}{2l_{T_1}L(T_2 - T_1)} \qquad (9)$$

が得られる．これから，金属の線膨張率 α は，$l_{T_1}, L, S, h_1, h_2, T_1, T_2$ を測定し，(9) 式に代入して求めることができる．

予 習 問 題

(1) 線膨張率について簡単に説明しなさい．また，銅，鉄，アルミニウムの線膨張率を付録 C の表 9「元素の線膨張係数」で調べ，大きい順に書きなさい．

(2) 温度が $T_1 = 25.2\,{}^\circ\mathrm{C}$ のとき，アルミニウム棒の長さが $l_{T_1} = 0.415\,\mathrm{m}$ であった．このアルミニウム棒の温度を $T_2 = 94.4\,{}^\circ\mathrm{C}$ に上昇させると，長さが $\Delta l = 8.15 \times 10^{-4}\,\mathrm{m}$ だけ伸びた．このアルミニウム棒の線膨張率 $\alpha\,[1/{}^\circ\mathrm{C}]$ を計算せよ．

(3) 光学テコとスケール付望遠鏡を使用して，金属棒の長さの伸び Δl を測定した．このとき使用した光学テコの脚 $\mathrm{m}_1, \mathrm{m}_2, \mathrm{m}_3$ がつくる二等辺三角形の高さが $S = 0.0312\,\mathrm{m}$，光学テコの鏡からスケールまでの距離が $L = 1.44\,\mathrm{m}$ である．スケールの目盛の変化 $\Delta h = h_2 - h_1 = 0.044\,\mathrm{m}$ のとき金属棒の長さの伸び $\Delta l\,[\mathrm{m}]$ を求めよ．

実　　　験

1. 実験装置および器具

加熱装置，蒸気発生装置 (三角フラスコ，ヒータ)，スケール付望遠鏡，光学テコ，温度計 2 本，

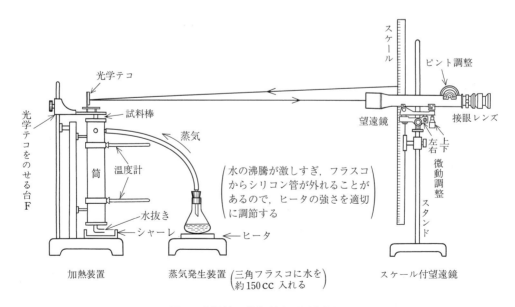

図 3　金属棒の線膨張率の測定装置

試料金属棒 (鉄, 銅, アルミニウム), 直尺 (1.5 m, 60 cm).

2. 実験方法

金属棒の線膨張率 α の測定は (図 3) を参照し, 次の手順で行う.

(1) 三角フラスコに水を約 150 cc 入れる.

(2) 室温 T_1[*1]における金属試料棒の長さ l_{T_1} を測定する.

(3) 試料棒の両端の断面を調べて, 断面の平らな方を上にして加熱装置に挿入する.

(4) 試料棒の上端と光学テコを載せる台 F の面がほぼ平らになるように台 F の位置を調整する. 正しく調整すると, 加熱装置の筒と台 F は接触しない.

(5) 光学テコの 3 本の脚 m_1, m_2, m_3 (図 2) のうち脚 m_2, m_3 を台 F の上に, 脚 m_1 を試料棒の上に載せる.

(6) 光学テコの前方 1〜1.5 m の距離にスケール付望遠鏡を置く.

(7) 望遠鏡をのぞきながら, ガイドにそって接眼レンズを前後に動かし, 視野にはっきりと十字線が見えるようにする.

(8) 望遠鏡の上から, 肉眼で鏡筒の延長上に光学テコを見て, 鏡にスケールが映るように, 光学テコの向きまたは, 望遠鏡の位置を調整する.

(9) 鏡にスケールが映るのが見えたら, 望遠鏡をのぞき, 鏡の中に映るスケールの目盛がはっきり見えるように望遠鏡のピントを合わせる. (このとき, 鏡に映るスケールの像は, 鏡とスケールとの距離の 2 倍のところにあることに注意する.)

(10) 以上の調整ができたら, 加熱装置の上下の温度計を読み, それらの平均値を T_1 とする[*2]. そして, このときのスケールの目盛を読み h_1 として記録する.

(11) (10) の測定が終わったら, 加熱装置の蒸気送入口と蒸気発生装置とをシリコン管でつなぎ, ヒータのスイッチを入れて, 金属試料棒を加熱する.

(12) 1 分ごとに, 上下の温度計の読みとスケールの目盛の読みとを記録する. (表 1 参照)

(13) 温度が上昇し, 上下の温度計の読みの差がほとんどなくなり, 時間的にも変化しなくなったときの上下の温度計の読みの平均値を T_2 として記録する. また, このときのスケールの目盛の読みを h_2 とする. (蒸気発生装置のヒータのスイッチを切る.)

(14) 光学テコの鏡とスケールとの距離 L を測定する.

(15) 光学テコの脚 m_1, m_2, m_3 の先端がつくる二等辺三角形の高さ S を測定する. (光学テコの脚を軽くノートに押し, 脚 m_1, m_2, m_3 のあとをつけて測定すると測定しやすい.)

3. 実験結果の整理

(1) 上下の温度計の読みの平均値とスケールの目盛の読みを時間に対して, 同一グラフにプロットし, 温度, スケールの目盛が時間的にどのように変化したかを知る. (図 4 参照)

(2) 上のグラフ上で, h_1, T_1, h_2, T_2 の値を読み取り, それらをグラフ上に目盛っておく.

(3) 金属試料棒の線膨張率 α は, 測定原理の (9) 式

$$\alpha = \frac{S(h_2 - h_1)}{2l_{T_1} L(T_2 - T_1)} \tag{9}$$

から求められる. (9) 式に測定値 l_{T_1}, L, $(T_2 -$

[*1] 室温計の設置場所や性能によって, (10) の平均値 T_1 と異なる場合がある. その際は (10) の値を T_1 として用いる.

[*2] 上下の温度計の読みの差が大きすぎるときは放置してその差が小さくなるまで待つ.

表 1 温度とスケールの目盛の時間変化 (例)

時　刻	スケールの目盛	上の温度計の読み	下の温度計の読み	平均温度	備　考
(時分)	[mm]	[℃]	[℃]	[℃]	
11：05	204	25.0	25.0	25.0	
11：06	205	25.0	25.0	25.0	
11：07	206	25.0	25.0	25.0	
11：08	208	30.0	25.0	27.5	
11：09	216	75.0	26.0	50.5	
11：10	228	91.0	26.0	58.5	沸とう
11：11	238	93.0	26.0	59.5	
11：12	246	93.5	29.0	61.3	
11：13	253	94.0	59.0	76.5	
11：14	254	94.0	80.0	87.0	
11：15	256	94.0	93.0	93.5	
11：16	258	94.5	94.0	94.3	
11：17	258	94.5	94.0	94.3	
11：18	259	94.5	94.0	94.3	
11：19	259	94.5	94.0	94.3	
11：20	259	94.5	94.0	94.3	
11：21	259	94.5	94.0	94.3	
11：22	259	94.5	94.0	94.3	
11：23	259	94.5	94.0	94.3	
11：24	259	94.5	94.0	94.3	
11：25	259	94.5	94.0	94.3	ヒータを切る

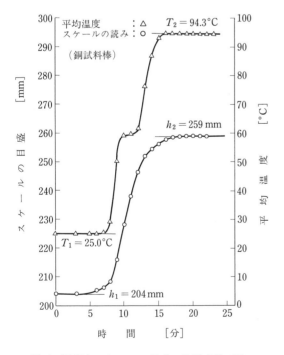

図 4 温度とスケールの目盛の時間変化 (例)

T_1), S, $(h_2 - h_1)$ を代入し，線膨張率 α の値を計算する．(「実験結果の整理 (例)」参照)

4．結 果 の 検 討

(1)　得られた金属の線膨張率 α の値を定数表 (巻末付録) の値と比較してみる．

(2)　実験で得た温度とスケールの目盛の時間変化のグラフから，温度上昇，スケールの目盛の変化の様子で特に異常がないか，また，T_2, h_2 が熱平衡状態 (時間的に変化しない状態) で測定されているか等々につき検討する．

実験結果の整理 (例)

試料棒の長さ

$l_{T_1} = 51.0\,\mathrm{cm} = 0.510\,\mathrm{m}$ [銅]

光学テコの脚のつくる二等辺三角形の高さ S

$S = 3.00\,\mathrm{cm} = 3.00 \times 10^{-2}\,\mathrm{m}$

光学テコの鏡とスケールとの距離 L

$L = 152\,\mathrm{cm} = 1.52\,\mathrm{m}$

スケールの目盛の読み

$h_2 = 259\,\mathrm{mm} = 25.9 \times 10^{-2}\,\mathrm{m}$

$h_1 = 204\,\mathrm{mm} = 20.4 \times 10^{-2}\,\mathrm{m}$

温度の読み

$T_1 = 25.0\,℃$

$T_2 = 94.3\,℃$

銅の線膨張率 α

$$\alpha = \frac{S(h_2 - h_1)}{2l_{T_1} \cdot L(T_2 - T_1)}$$

$$= \frac{3.00 \times 10^{-2} \times (25.9 - 20.4) \times 10^{-2}}{2 \times 51.0 \times 10^{-2} \times 1.52 \times (94.3 - 25.0)}$$

$$= \frac{16.5 \times 10^{-4}}{1.08 \times 10^2} = 15.3 \times 10^{-6}\quad 1/℃$$

3. 粒状物体の比重の測定(比重びんによる方法)

　ある温度で，ある体積を占める物体の重量と，それと同体積のある標準物体の重量との比を比重という．普通は標準物体として 4℃ における水[*1] が採用される．同じ場所で測れば両者の重量の比は質量の比と同じ値となる．また，ある物体の単位体積あたりの質量を密度という．1970 年に制定されたメートル法では質量の単位は 4℃ における水 1cm^3 の質量が 1g となるように定めたので，比重の値は CGS 単位で示した密度の値に等しくなる[*2]．比重の測定は測定試料の固体，気体の違いや，試料の多孔性，液体への溶解性などに対応して種々の方法が考えられている．

　本実験においては，細かく砕いた鉱石の比重や液体の比重の測定に昔からよく用いられてきた比重びんを用いて，金属や砂などの粒状物体の比重の測定を行なう．

理　　論

　ある物体の t [℃] のときの比重 (Specific Gravity) を S とすれば，定義により，

$$S = \frac{物体の重量}{物体と同体積の 4℃ の水の重量} \quad (1)$$

である．

　しかし，実際の測定においては，必ずしも，水温を 4℃ に保つ必要はなく，用いた水に対する物体の比重を測定し，次のような温度補正を行えばよい．

　すなわち，t [℃] の水に対する比重を S_a，t [℃] の水の比重を S_t とすれば，

$$S_a = \frac{物体の質量}{物体と同体積の t [℃] の水の質量}$$

$$S_t = \frac{t [℃] の水の質量}{t [℃] の水と同体積の 4℃ の水の質量}$$

であるから，

$$S = S_a \cdot S_t \quad (2)$$

と書け，測定した S_a と定数表より求めた S_t より S を得ることができる．

予 習 問 題

(1) 水の比重は G. S. Kell：J. Chem. Eng. Data **20** (1975) によれば 0〜29℃ までの間で表 1 のように変化する．これから，比重の変化をグラフに表してみよ．

表 1 水温による比重 S_t の変化

温度[℃]	0	1	2	3	4	5	6	7	8	9
0	.99984	.99990	.99994	.99996	.99997	.99996	.99994	.99990	.99985	.99978
10	.99970	.99961	.99949	.99938	.99924	.99910	.99894	.99877	.99860	.99841
20	.99820	.99799	.99777	.99754	.99730	.99704	.99678	.99651	.99623	.99594

実　　験

1. 実験器具

金属試料　Al, Cu, しんちゅうなどの直径約 0.3cm，高さ約 0.3cm の円柱

比重びん　25mL

水流ポンプ

上皿電子天秤　秤量 600g，感量 0.01g

温 度 計　1/2℃

ふ る い

滴 び ん

洗浄びん

ピンセット

ドライヤー (100V, 1000W)

---

*1 水は以後，すべて純水を意味するものとする．

*2 現在では，4℃ における水の密度 (Density) は 0.99973g/cm^3 であることが知られている．したがって，比重の 0.99973 倍が CGS 単位で示した密度に等しい．しかし，実用上多くの場合には，本文で定めたものとの差異は無視してさしつかえない．

2. 実 験 方 法

(1) 比重びん (Pycnometer) の番号と磨り合わせになるべき毛管栓の番号をまず照合し, 同じ番号であることを確かめた後, ともに十分に水道水で洗ってから蒸溜水ですすぐ.

(2) 測定試料も十分に流水で洗ってよごれを落した後, 蒸溜水ですすぐ.

(3) 水道の蛇口につけてある水流ポンプ (金属アスピレーター) に取り付けられた吸気用の管を比重びんの中に挿入し, 中の空気を吸い出しながら, 比重びんに外部からドライヤーで温風を吹きつけ, 内部も十分乾燥させる. 毛管栓も同様の方法で乾燥させる (図1).

(4) 試料をふるいの上にピンセットでのせ, ドライヤーで温風を吹きつけ乾燥させる.

(5) 比重びんに毛管栓をしてその質量を天秤で $0.01\,\mathrm{g}$ まで測り, これを M_0 とする.

(6) 同種類の試料 (40~50 個くらい) をピンセットで, 比重びんに入れ毛管栓をしてからこれを秤量し, その質量を M_s とする.

(7) さらに, これを比重びんの 8 分目位まで, ピペットを使って蒸溜水をいれ, 軽く振って試料についている気泡をなくす.

(8) さらに蒸溜水を口もとまで加えて, 毛管栓をはめ, 溢れた水を完全に拭きとって外側が乾燥したとき秤量し, その質量を $M_\mathrm{s+w}$ とする.

(9) 比重びんの内容物を全部だし, 内部を蒸溜水でのみ満して毛管栓をはめ, (8) の場合と同様にして秤量し, その質量を M_w とする. このときの水温を測り, それを $t\,[\mathrm{℃}]$ とする.

(10) $t\,[\mathrm{℃}]$ の水に対する試料の見かけの比重は次の式で求められる.

$$S_\mathrm{a}' = \frac{M_\mathrm{s} - M_0}{(M_\mathrm{w} - M_0) - (M_\mathrm{s+w} - M_\mathrm{s})} \quad (3)^{*3}$$

3. 検 討 事 項

(1) 本実験では, 質量測定には天秤として上皿電子天秤が用いられているので空気の浮力補正は, 被測定体についてのみ考える. さて, (3) 式において, 分子は試料の質量, 分母はそれと同体積の $t\,[\mathrm{℃}]$ の水の質量であるが, 実際に行われる空気中での測定で得られる実測値は, 試料と同体積の空気の質量だけ少ない値になっている. いま, $M_\mathrm{s} - M_0 = M$, および $(M_\mathrm{w} - M_0) - (M_\mathrm{s+w} - M_\mathrm{s}) = m$ とおくと, (3) 式は $S_\mathrm{a}' = M/m$ となる.

試料の体積を v, 空気の密度を $\sigma\,[\mathrm{g/cm^3}]$ とすれば, $t\,[\mathrm{℃}]$ の水に対する比重 S_a は $S_\mathrm{a} = \dfrac{M + \sigma v}{m + \sigma v}$ となる. ここで水の密度は $1\,\mathrm{g/cm^3}$ であるとしてよいので, $m = v$ であり, したがって,

$$S_\mathrm{a} = \frac{M + \sigma m}{m(1 + \sigma)} \fallingdotseq \frac{M}{m} + \sigma\left(1 - \frac{M}{m}\right)$$
$$= S_\mathrm{a}' + \sigma(1 - S_\mathrm{a}') \quad (4)$$

となる. S_a' に補正量 $\sigma(1 - S_\mathrm{a}')$ を加えることを浮力補正という.

(2) (4) 式で求めた S_a に温度補正を行えば,

$$S = S_\mathrm{a} \cdot S_t$$

となる.

---

*3 空気中の測定では (3) 式の M_0 は実際の質量より, 比重びんのガラスの実質部の体積と同体積の空気の質量だけ少なく測定され, $M_\mathrm{s} - M_0$ 試料の体積と同体積の空気の質量だけ少なく測定され, 分母の $(M_\mathrm{w} - M_0) - (M_\mathrm{s+w} - M_\mathrm{s})$ も, 同じだけ少なく測定されることになる.

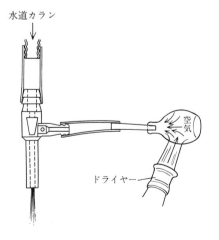

図 1 水流ポンプを使って比重びんを十分乾燥する.

(3) 付録 C の「元素と合金の密度」の表から，試料の物質名を確かめる.

実験データと計算 (例)

質量 [g]	試料 1	試料 2
比重びんの番号 (容積)	100 (25 mL)	29 (25 mL)
M_0	14.53	14.53
M_s	38.35	16.90
M_{s+w}	64.83	45.25
M_w	43.67	43.68
$M_s - M_0$	23.82	2.37
$(M_w - M_0) - (M_{s+w} - M_s)$	2.67	0.80
S_a'	8.92	2.96

$t = 23.0\,^\circ\text{C}$ における水の比重 $S_t = 0.99754$
空気の密度 * $\sigma = 0.00111\,\text{g/cm}^3$
(室温 20 °C, 湿度 80 %, 気圧 733.7 mmHg)

○ 浮力補正

試料 1 $S_a = 8.92 + 0.00111(1 - 8.92)$
$= 8.92 - 0.01 = 8.91$

試料 2 $S_a = 2.96 + 0.00111(1 - 2.96)$
$= 2.96$

○ 温度補正

試料 1 $S = S_a \cdot S_t = 8.91 \times 0.998 = 8.89$
試料 2 $S = S_a \cdot S_t = 2.96 \times 0.998 = 2.95$

* σ の求め方

i) 室温 $t\,[^\circ\text{C}]$ に対する水の飽和蒸気圧 $p_s\,[\text{mmHg}]$ を表 2 から求める.

表 2 水の飽和蒸気圧 [mmHg] の温度変化

温度 [°C]	0	1	2	3	4
0	4.58	4.93	5.29	5.68	6.10
10	9.21	9.84	10.51	11.23	11.98
20	17.53	18.65	19.82	21.07	22.38
30	31.38	33.70	35.67	37.73	39.90
40	55.34	58.36	61.52	64.82	68.28

温度 [°C]	5	6	7	8	9
0	6.54	7.01	7.51	8.04	8.61
10	12.78	13.63	14.53	15.47	16.47
20	23.76	25.21	26.74	28.35	30.04
30	42.18	44.57	47.08	49.70	52.45
40	71.90	75.67	79.63	83.75	88.06

ii) 相対湿度が $R\,[\%]$ のときの水蒸気圧 $p_m\,[\text{mmHg}]$ は

$$p_m = p_s \times \frac{R}{100}$$

iii) 大気圧が $h\,[\text{mmHg}]$ のとき，$(h - p_m)\,[\text{mmHg}]$ の圧力の乾燥空気の密度 $\sigma_0\,[\text{g/cm}^3]$ は

$$\sigma_0 = \frac{0.001293}{1 + 0.00367t} \times \frac{h - p_m}{760}$$

iv) $p_m\,[\text{mmHg}]$ の水蒸気を含んだ $t\,[^\circ\text{C}]$ の空気の密度 $\sigma\,[\text{g/cm}^3]$ は

$$\sigma = \sigma_0 \left(1 - \frac{p_m}{h - p_m}\right)$$

4. ユーイングの装置によるヤング率の測定

　針金に力を加えて引っ張るとわずかに伸びるが，この伸びが余り大きくない場合は，力を除くと針金はもとの長さにもどる．このような性質を弾性という．力が余り大きくない範囲では，加えた力と針金の伸びは比例する．これをフックの法則という．同じ材料の針金に同じ力を加えた場合，伸びは針金の長さに比例し，断面積に反比例する．そこで，長さ l，断面積 S の針金に F の力を加えて引っ張ったときの伸びを Δl としたとき，これらの間の関係を

$$F/S = E\,\Delta l/l$$

の式で表すと，比例係数 E は，針金の長さや断面積に関係なく，針金の種類と温度だけで定まる定数となる．この E をヤング率という．ヤング率は，固体材料を引っ張ったり，圧縮したりしたとき，変形に対する抵抗の大きさを示すもので，機械装置や構造物などの部材としての性能に関係する重要な量である．

　ヤング率を測定するには，サールの装置を用いて，針金に錘を吊したときの伸びを測定し，上式により求める方法もあるが，本実験ではユーイングの装置を用いて，ヤング率を測定する．

理　　論

1. 棒のたわみ

　図1のように，長方形の断面をもった板を2本の刃で水平に支え，その中央に錘を吊すと，板は図のように曲がる (図中で，錘を吊す前の板の形と位置は点線で示してある)．このような変形をたわみという．針金を引っ張って伸ばした場合と異なり，たわみの場合には，板の内部の変形は一様ではなく，場所によって変形の様子が異なる．図の変形後の形からもわかるように，板の上半分では板はその長さ方向に縮んでおり，逆に下半分では伸びている．その境の所，すなわち上下面の丁度中間には伸び縮みのない面があり，これを中立層と呼んでいる．この中立層から離れるに従って伸び縮みは大きくなる．弾性体の伸び縮みはヤング率 E が関係するから，た

わみもヤング率が関係していることがわかるが，たわみの場合にこの関係式を導くのは多少むずかしいのでここでは結果だけを記しておく．板の上下の厚さを a，水平方向の幅を b，2本の刃の間の距離を l，錘によって板の中央に下向きに加わる力を W とすると，板の中央部の下がり h は

$$h = \frac{l^3}{4a^3bE}W$$

となる．これから，a, b, l, h, W を測定すればヤング率 E は

$$E = \frac{l^3}{4a^3bh}W \tag{1}$$

によって求められる．

2. 光学テコ

　錘を吊したための板の中央部の下がり h は非常に小さい量 (通常1mm以下) なので，これを正確に求めるために光学テコで拡大して測定する．

　光学テコは図2に示すように3本の脚のついた台の上に鏡を立てたもので，これをスケール付望遠鏡と組合わせて使うと，薄い板の厚さや，物体の微小変位を測定することができる．

　次に薄板の厚さを測定する場合について説明する．図3(a) のように，水平な台の上に光学テ

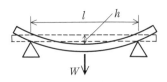

図1 棒のたわみ

コを置く．光学テコの
3本の脚は図3(a)の左
下に示すように，二等
辺三角形をなしている
が，その高さをsとす
る．光学テコの鏡の前
方に，図3(a)のように
スケール付望遠鏡を置
き，鏡とスケールの距
離をLとする．

図2 光学テコ

いま望遠鏡から見て図3(a)のようにスケール
が鏡に映って見えたとする．次に光学テコの後
脚の位置を動かさないように注意して，前脚の
下に，図3(b)のように，厚さtの板をはさむ．
このとき光学テコは，$\theta = t/s$だけ傾く．このた
め，望遠鏡から見たとき，鏡に映るスケールの
位置は，前よりも$d = 2L\theta$だけ上になる（θは
小さいとして近似した）．したがって，s, L, dを
測定することにより，

$$t = \frac{s}{2L}d \tag{2}$$

によって，薄い板の厚さtを，かなり正確に求
めることができる．

なお，図3(a)で鏡に写るスケールの位置が，
望遠鏡と同じ高さでなくても，板を入れる前と
後で，鏡に映るスケールの位置の間の距離dを

測定すれば，(2)式によりtが求まる．

物体の微小変位を測定する場合は，光学テコ
の2本の後脚を固定台の上にのせ，前脚を変位
を測ろうとする物体の上に置く．物体の変位は
上下方向に起こるようにする．また物体と固定
台とは，ほぼ同じ高さにしておく．板の厚さを
測る場合と同様に，望遠鏡から見て，物体が変
位する前と後での鏡に映るスケールの位置の間
の距離をdとすれば，物体の変位hは

$$h = \frac{s}{2L}d \tag{3}$$

から求まる．

予 習 問 題

(1) 板が図1のようにたわむ場合，上半分は長さ
方向に縮み，下半分では伸びる．銅，鉄，アルミ
ニウム，黄銅の板の下半分に着目したとき，伸び
やすい材料を順に書きなさい．ヤング率は付録C
の表10.「弾性に関する定数」で調べなさい．

(2) 光学テコで薄板の厚さを測る．光学テコの3脚
がつくる二等辺三角形の高さを$s = 3.10\,\mathrm{cm}$，鏡
とスケールの距離は$L = 150\,\mathrm{cm}$である．薄板を
はさんだとき，望遠鏡から見たスケールの読みは
薄板をはさむ前の値より$d = 4.55\,\mathrm{cm}$上であった．
薄板の厚さ$t\,[\mathrm{cm}]$を計算しなさい．

(3) ユーイングの装置を用いて実験を行い，次
の測定値を得た．材料を載せるエッジ間の距離
$l = 40.0\,\mathrm{cm}$，試料の厚さ$a = 6.10\,\mathrm{mm}$，試料の幅
$b = 16.20\,\mathrm{mm}$，吊り下げた重量$W = 1.962\,\mathrm{N}$，試
料のたわみ$h = 0.206\,\mathrm{mm}$，この試料のヤング率
$E\,[\mathrm{N/m^2}]$を求めなさい．

実 験

1．実 験 器 具

支持台，試料板（黄銅，鋼，銅など），光学テ
コ，金属カギ，錘皿，錘，スケール付望遠鏡，ノ
ギス，マイクロメータ，スチール製直尺（1.5 m，
60 cm）．

2．実 験 方 法

(1) 図4のように，支持台上部の2つの刃A，
Bに，ヤング率を測定しようとする金属板（た

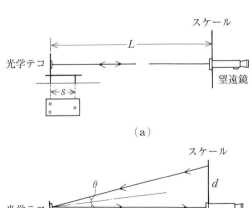

（a）

（b）

図3 光学テコを用いた薄板の厚さの測定

とえば銅板) C と，これと同形の板 D を図のようにおく．C は手前に，D は後方に，いずれも刃の方向と直角になるようにおく．金属板 C の色やさびの有無を記録する．

(2)　中央に光学テコ E を図のように置く．2 本の後脚は，試料板に平行になるよう D 上に載せ，前脚は C 上に載せ，その下に金属かぎ F および錘皿 G を吊り下げる．この際，光学テコ E の前脚と 2 本の後脚がそれぞれ，板 C と D の幅の中央に載るように，板 C と D の間隔を調整する．さらに，光学テコの前脚は，2 つの刃 A, B の丁度中央の位置にあるようにする (スチール製直尺を用いる)．また鏡がほぼ正面を向いているようにする．正面から肉眼で見て，見ている眼が鏡に映ればよい．

(3)　スケール付望遠鏡 T を，光学テコの前方 1~2 m の所におく．望遠鏡の高さは，光学テコとほぼ同じ高さにする．望遠鏡をのぞきながら，図 4 の写真にあるガイドにそって接眼レンズを前後に動かし，視野にはっきりと十字線が見えるようにする．

(4)　望遠鏡をのぞかず，望遠鏡のすぐ上から肉眼で見て，スケール S が鏡の中央に映って見えるようにする．そのためにはスケール付望遠鏡を左右に動かしてその位置をさがす．

(5)　望遠鏡を光学テコの方に向け，望遠鏡をのぞいて鏡の表面にピントを合わせ，鏡が視野の中央に来るようにする．つぎに望遠鏡の方向はそのままにして鏡に映るスケールの目盛にピントを合わせる．その際，接眼レンズを前に出すと，鏡の像はぼやけて消え，その位置にスケールの目盛が徐々に見えてくる．

(6)　十字線の中央の位置のスケールの目盛を読む．つぎに錘皿 G に錘を 1 つずつ載せていき，そのつどスケールの目盛を読む．錘を全部載せ終えたら，今度は 1 つずつ錘を取り除いたときの，スケールの読みを記録する．これを 2 回繰返す (スケールの読みの記録についてはデータの整理の項参照)．

(7)　光学テコの鏡の表面からスケール付望遠鏡のスケールまでの距離 L，および支持台の 2 つの刃 A, B 間の距離 l をスチール製直尺で測る．表 3 では，支持台の上にスチール製直尺を置き，刃 A, B の位置から l を測定している．試料板の厚さ a をマイクロメータで，幅 b をノギスで，それぞれ 3 ケ所について 2 回ずつ測り平均する．数枚重ねた紙の上に光学テコの 3 脚を軽く圧して，その 3 脚の跡をしるし，その三角形の高さ s を求める．この三角形の底辺の長さの測定値を p，他の 2 辺の長さの測定値を q, r とすると，q と r の値がほぼ等しい場合，s は次の近似式から求めることができる．

$$s = \frac{1}{2}\sqrt{(q+r)^2 - p^2}$$

(8)　錘の質量は錘に記してある (1 kg/5=200 g)．1 個の質量を M とすると，ヤング率 E は (1) 式に (3) 式を代入することにより，次の式で求まる．

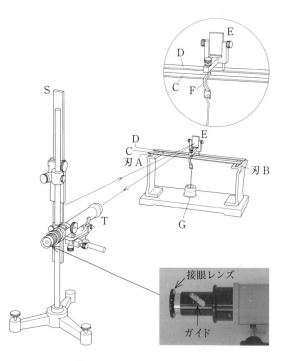

図 4　ユーイングの装置

$$E = \frac{l^3}{4a^3bh}W = \frac{Ll^3Mg}{2a^3bsd} \qquad (4)$$

ただし，この式で W, h, d はそれぞれ，錘 1 個
をのせたときの，試料板にかかる力，試料中央部
の変位，スケールの読みの差を表す．$W = Mg$
で，g は重力加速度である．$g = 9.80\,\mathrm{m/s^2}$ と
する．d の求め方については，次のデータの
整理の項参照する．

3. データの整理 (測定例)

(1) スケールの読みは表 1 のように記録し，それ
ぞれの錘の個数に対する読みの平均値を出す．

(2) この平均値から，d は表 2 のようにして求
める．

(3) 錘を加えていったとき，および減らしていっ
たときのスケールの読みと錘の個数の関係を
グラフに表す．

表 1　錘の個数とスケールの読み [単位 mm]

錘の個数	1 回目 増↓	1 回目 減↑	2 回目 増↓	2 回目 減↑	平均
0	153.0	153.5		153.5	153.3
1	164.5	165.0	165.0	165.0	164.9
2	176.5	177.0	176.5	176.5	176.6
3	188.0	188.5	188.5	188.0	188.3
4	199.5	200.5	200.0	199.5	199.9
5	211.0	212.0	211.5	211.0	211.4
6	223.0	223.5	223.5	223.0	223.3
7	235.0		234.5		234.8

表 2　d の導出 [単位 mm]

錘の個数	読みの平均	錘の個数	読みの平均	差 (4d)
0	153.3	4	199.9	46.6
1	164.9	5	211.4	46.5
2	176.6	6	223.3	46.7
3	188.3	7	234.8	46.5
			平均	46.58

$$d = 46.58 \div 4 = 11.65\,\mathrm{mm}$$

表 3　エッジ間の距離 l の測定 [単位 cm]

図 4 刃 A の位置	図 4 刃 B の位置	l(差)
12.35	52.35	40.00
13.40	53.40	40.00
	平均　$l = 40.00\,\mathrm{cm}$	

表 4　試料の厚さ a の測定

測定位置	零点 [mm]	読み [mm]
左	−0.003	4.981
	−0.005	4.983
中央	−0.005	4.985
	−0.005	4.982
右	−0.004	4.976
	−0.005	4.973
平均	−0.0045	4.9808

$$a = 4.9808 - (-0.0045) = 4.9853\,\mathrm{mm}$$

表 5　試料の幅 b の測定

測定位置	零点 [mm]	読み [mm]
左	0.00	16.05
	0.00	16.05
中央	0.00	16.05
	0.00	16.05
右	0.00	16.00
	0.00	16.00
平均	0.000	16.033

$$b = 16.033 - 0.000 = 16.033\,\mathrm{mm}$$

その他の量の測定記録例は省略するが

$$L = 142.5\,\mathrm{cm}, \quad s = 30.0\,\mathrm{mm}$$

の測定結果が得られたとすると，試料 (銅板の場合) のヤング率は次のように求まる．

$$E = \frac{Ll^3Mg}{2a^3bsd} = \frac{1.425 \times 0.4000^3 \times 0.2000 \times 9.80}{2 \times (4.9853 \times 10^{-3})^3 \times 1.6033 \times 10^{-2} \times 3.00 \times 10^{-2} \times 1.165 \times 10^{-2}}$$

$$= 1.29 \times 10^{11}\,\mathrm{N/m^2} = 129\,\mathrm{GPa}$$

5. サールの装置によるヤング率の測定

材料に力を加えて変形すると，力が余り大きくない範囲では，力を除けば変形は元にもどる．しかし，材料に加わる力がある限度，つまり弾性限度を越すと，力を除いても変形は元にはもどらない．力を除けば元にもどる変形を弾性変形といい，力を除いても元にもどらない変形を塑性変形という．

一般に，弾性限度内の力を加えた場合，材料の変形量は加えた力に比例する．この関係をフックの法則という．

この実験では，針金に弾性限度内の引っ張り力を加え，これによる伸びの量と力との関係をサールの装置を用いて，精密に測定して，その結果をヤング率の概念の下に整理する．

理　論

図1に示すような，垂下する針金に，弾性限度 (Elastic Limit) 内の力 F を加えた場合を考える．フックの法則 (Hooke's Law) によれば，力 F とこれによって生じる針金全体の伸びの量 δ とは，比例関係にあるから

$$F = K\delta \tag{1}$$

となる．ここで，K は，針金の断面積，長さ，そして針金の種類によって定まる比例定数である．

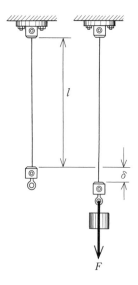

図1 針金の上端を固定して，下端に分銅による力 F を加えたときの伸びの量 δ

このとき，針金の中央に印を付けておいたとすると，その点は $\delta/2$ だけ伸びるはずである．また，上の取り付け部から測って 3/4 の位置では $3\delta/4$ だけ伸びるはずである．このように，一般に伸びの量は元の長さに比例する．したがって，針金全体の伸び具合を表すには，全伸び量 δ を針金の全長 l で除した値 δ/l，すなわち 歪 (Strain) で表した方がいかなる長さの針金を使っても伸び具合を同等に評価できることになり，一般的である．また，針金を2本一緒に束ねて同じ量だけ伸ばすには，力は1本のときの2倍を必要とする．したがって，針金の断面積を A として，加わる力を F/A すなわち応力 (Stress) で表すと，どのような太さの針金を使っても，力は変形に対して一定の効果をもつことになる．以上を考え合せると，(1) 式を

$$\frac{F}{A} = E\frac{\delta}{l} \tag{2}*1$$

と表した方が力と伸びの関係を論ずるには好都合である．(2) 式の比例定数 E は，断面積 A や長さ l に関係なく，針金の種類によって定まり，これをその材料のヤング率 (Young's Modulus) という．

---

*1 一般に，金属のような結晶性物質では，弾性域における応力と歪みは比例関係にある．しかし，ゴムのような交錯した長い鎖状分子からなる非結晶物質では，応力と歪みは比例関係にない．したがって，ゴムのような物質ではフックの法則は成立しない．

(2) 式で，右辺の歪の単位は無次元であるから，ヤング率 E の単位は，左辺の応力の単位と同じく $[\mathrm{N/m^2}]$ となる．(2) 式を，ヤング率 E について変形すると，

$$E = \frac{Fl}{A\delta} = \frac{Mgl}{A\delta} = \frac{4Mgl}{\pi d^2 \delta} \qquad (3)$$

となる．すなわち，長さ $l\,[\mathrm{m}]$，直径 $d\,[\mathrm{m}]$ の針金に，分銅の質量 $M\,[\mathrm{kg}]$ によって引っ張り力 $Mg\,[\mathrm{N}]$ を加えたときの伸びの量 $\delta\,[\mathrm{m}]$ を測ることで，(3) 式からヤング率 E が求まる．

応力 (Mg/A) を縦軸にとり[*2]，歪み (δ/l) を横軸にとって，(3) 式の関係をグラフ化すると，図2に示すような原点を通る直線グラフになる．この直線グラフの勾配は，針金の寸法形状には関係なく，針金の種類によって定まる．つまり，この勾配は針金のヤング率に相当するから，この勾配が急であるほど針金のヤング率は大きいといえる．また，ヤング率[*3]は，弾性限度内で材料に単位量の歪を与えるのに必要な応力であるとも考えられるから，ヤング率が大きいものほど，弾性変形しにくい材料であるといえる．

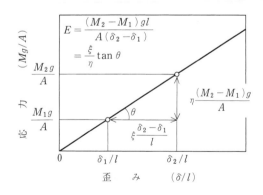

図2 弾性域における応力—歪グラフとヤング率の関係

ここで ξ と η は，それぞれ，グラフ上で歪と応力の1単位を表す幾何学的な長さである．

予 習 問 題

(1) ヤング率の定義式と単位を書き，その物理的意味を簡単に説明しなさい．また，銅，鉄，アルミニウム，黄銅 (真ちゅう) で伸びやすい材料から順に書きなさい．ヤング率は付録 C の表 10．「弾性に関する定数」で調べなさい．

(2) 長さ $1.10\,\mathrm{m}$，直径 $0.495\,\mathrm{mm}$，ヤング率 $9.60 \times 10^{10}\,\mathrm{N/m^2}$ の黄銅製針金の上端を固定し，下端に質量 $0.600\,\mathrm{kg}$ の分銅を吊るしたときの針金の伸びの量 $\delta\,[\mathrm{m}]$，応力 $F/A\,[\mathrm{N/m^2}]$ を求めなさい．

(3) 断面積 $1.00\,\mathrm{mm^2}$，長さ $50\,\mathrm{cm}$ の黄銅線の一端を固定し，他端に力 $F\,[\mathrm{N}]$ を加えて引っ張り，伸び $\delta\,[\mathrm{mm}]$ を測定した結果，次の表のようなデータが得られた．次の問に答えなさい．

(a) 横軸に伸び，縦軸に引く力の大きさをとり，グラフに書きなさい．その中に，弾性限界 (比例限界) と思われる点を×印で示しなさい．

(b) この黄銅線のヤング率 $E\,[\mathrm{N/m^2}]$ を求めなさい．

表 黄銅線の引く力 $F\,[\mathrm{N}]$ と伸び $\delta\,[\mathrm{mm}]$ の関係

引く力 $F\,[\mathrm{N}]$	80	200	290	390	420	450	480
伸び $\delta\,[\mathrm{mm}]$	0.40	1.00	1.45	1.95	2.20	2.60	3.20

実　　　験

1．実験器具

サールの装置，黄銅，鉄などの針金，直尺，マイクロメータ．

サールの装置について

図3にサール (Searle) の装置を示す．a は，伸びを測定する試料の針金であり，b は補助用の針金である．サールの装置を用いて伸びを測定する場合，針金の熱膨張からくる誤差を除くた

[*2] 厳密には，針金が伸びれば，断面積は縮小する．しかしここでは，それは無視できるほど小さいものとして，断面積一定としている．

[*3] ヤング率は，結晶中の原子の振る舞いからも説明できる．これについての解説は，ジョン・ウルフ (永宮健夫監訳)：材料科学入門 III 機械的性質 岩波書店 (1967)，C. R. ダレット (井形他訳)：材料科学 1, 2 培風館 (1979) を見よ．

めに，針金a, bは同じ材質のものが選ばれ，長さも等しくとられる.

サールの装置は2個の金属枠I, Jとこれらの間に橋渡した水準器C，そしてD, E, Lからなるマイクロメータによって構成されている．I, Jの上部には針金a, bのしめつけ用ネジA, Bが付いている．また下部には分銅を載せる皿H, Kを掛けるフックが付いている．IとJは，互いにねじれないように側板Gによって連結されている．またIとJは，互いに自由に上下でき，IとJの上下方向の差によって水準器Cが傾く．右の枠内にあるマイクロメータを回すと，水準器の一端Fを支えるダイヤル軸の先端Eが上下移動する．その上下移動量は，マイクロメータで

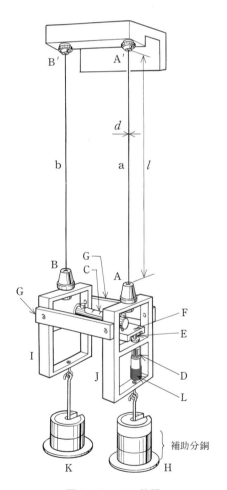

図3 サールの装置

最小目盛の $1/100\,\mathrm{mm}$，目分量では $1/1000\,\mathrm{mm}$ まで読むことができる．このようにして，水準器内の気泡の動きを目安に枠内のマイクロメータを調節することで，針金の締結部AとBの相対的な上下移動量を知ることができる.

2. 実 験 方 法

(1) 測定を始める前に，針金a, bの曲がりを伸ばすために，皿HとKにそれぞれ $0.4\,\mathrm{kg}$ 相当の補助分銅を静かに載せる．なお，実験台に備えてある分銅は，各々，$0.2\,\mathrm{kg}$ の普通分銅である.

(2) 伸びを測定する試料用針金aの長さ $l\,[\mathrm{m}]$ を，直尺で3回測って，その平均値を求める.

(3) 針金aの直径 $d\,[\mathrm{m}]$ をマイクロメータで測る．このとき，針金の断面が円形であるとは限らないから，同じ場所でマイクロメータの方向を90°変えて，2度測る．これを3ヶ所について繰り返し，その平均値を求める．針金の直径 d の測定精度が，後で求めるヤング率に大きく影響するので，特に，細心の注意を要する.

(4) 水準器Cを水平にするために，水準器内の気泡が中央の目盛の間へ来るように，J内のマイクロメータを調整する．気泡の大きさと目盛の間隔に差があるときは，気泡の一端を一方の目盛線に寄せて，これを基準としてもよい．調整が済んだら，マイクロメータを読み，これを記録する．このときの測定値を z_0 とする.

(5) 両皿の補助分銅はそのままで，さらに，皿Hには，$0.2\,\mathrm{kg}$ の分銅1個を追加する．このとき，針金aは $0.2g\,[\mathrm{N}]$ の引っ張り力を受けて伸びるが，針金bの長さは不変である．したがって，水準器Cは針金aの伸びの量に対応して傾き，気泡ははじめの位置からずれることになる．ここで，再び(4)の操作を繰り返して，水準器を基準にもどす．このときの測定値を z_1 とする．$(z_1 - z_0)$ は，$0.2\,\mathrm{kg}$ の分

銅によって，点Aが点Bに対して下がった量であり，これは針金aの伸びの量に相当する．

(6) さらに，皿Hに分銅を1個ずつ追加していき，そのたび毎に (5) の操作を繰り返して，測定値 (z_2, z_3, z_4, z_5) を読み取り，これを記録する．

(7) 次に，皿Hの分銅を，1個ずつ減らしていき，そのたび毎に (5) の操作を繰り返して，測定値 ($z_4', z_3', z_2', z_1', z_0'$) を読み取り，これを記録する．

(8) そして，分銅を追加していった場合と，減らしていった場合の荷重—伸びグラフを書き，直線グラフになることを確認する．

(9) 分銅を追加していく場合と，減らしていく場合の，同じ荷重に対する読み取り値 z_1 と z_1' の平均値 $\bar{z}_1$ を求め，これらを ($\bar{z}_0, \bar{z}_1, \bar{z}_2, \bar{z}_3, \bar{z}_4, \bar{z}_5$) とする．次いで，($\bar{z}_5 - \bar{z}_2$)，($\bar{z}_4 - \bar{z}_1$)，($\bar{z}_3 - \bar{z}_0$) を計算し，これらの平均値 δ [m] を次式に代入して求める．

$$\delta = \frac{1}{3}\{(\bar{z}_3 - \bar{z}_0) + (\bar{z}_4 - \bar{z}_1) + (\bar{z}_5 - \bar{z}_2)\} \tag{4}$$

(4) 式から求まる δ は，分銅3個の引っ張り力 $0.6g$ [N] によって生じる針金aの伸びの量である．

(10) (4) 式から得られた値を，(3) 式に代入することによって，試料のヤング率 E が求まる．

3．実験結果の整理

　測定結果の一例を，表1と表2に示す．図4には，横軸に分銅による引っ張り力を，縦軸にマイクロメータの読み取り値をとって，表2のデータをグラフ化したものを示す．このグラフによれば，実験の範囲では，引っ張り力と針金の伸びの量は直線グラフとなり，フックの法則が成り立つ弾性域にあることがわかる．

表1　針金の長さと直径の測定値

| 針金の長さ l [cm] | | 針金の直径 d [mm] | |
上端	下端		
155.6	45.6	0.001	0.495
155.6	45.6	−0.002	0.495
155.6	45.6	0.000	0.496
		−0.001	0.495
		0.001	0.497
		0.001	0.494
針金の長さの平均値		針金の直径の平均値	
$l = 110.0$ cm		$d = 0.495$ mm	

表2　針金に加えた分銅の質量とマイクロメータの読み取り値

加えた分銅の質量 M [kg]	分銅を加えるとき z_i [mm]		分銅を減らすとき z_i' [mm]		z_i と z_i' の平均値 $\bar{z}_i$ [mm]	
0.000	z_0	0.115	z_0'	0.119	$\bar{z}_0$	0.117
0.200	z_1	0.229	z_1'	0.239	$\bar{z}_1$	0.234
0.400	z_2	0.350	z_2'	0.354	$\bar{z}_2$	0.352
0.600	z_3	0.467	z_3'	0.475	$\bar{z}_3$	0.471
0.800	z_4	0.581	z_4'	0.589	$\bar{z}_4$	0.585
1.000	z_5	0.701	z_5'	0.701	$\bar{z}_5$	0.701

0.600kg に対する針金の伸び量 δ [mm]

$$\delta = \frac{1}{3}\{(\bar{z}_3 - \bar{z}_0) + (\bar{z}_4 - \bar{z}_1) + (\bar{z}_5 - \bar{z}_2)\}$$
$$= \frac{1}{3}(0.354 + 0.351 + 0.349)$$
$$= 0.351 \text{ mm}$$

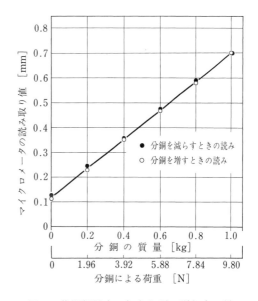

図4　黄銅製針金に加えた引っ張り力に対するマイクロメータの読み取り値

得られた以下のデータを (3) 式に代入して，黄銅のヤング率 E を求める．

分銅の質量　　　　　$\Delta M = 0.600\,\mathrm{kg}$

針金の長さの平均値　$l = 1.10\,\mathrm{m}$

針金の直径の平均値　$d = 4.95 \times 10^{-4}\,\mathrm{m}$

針金の伸びの量　　　$\delta = 3.51 \times 10^{-4}\,\mathrm{m}$

ヤング率

$$E = \frac{4Mgl}{\pi d^2 \delta}$$

$$= \frac{4 \times 0.600 \times 9.80 \times 1.10}{3.14 \times (4.95 \times 10^{-4})^2 \times 3.51 \times 10^{-4}}$$

$$= 95.8 \times 10^9\,\mathrm{N/m^2}$$

$$= 95.8\,\mathrm{GPa}$$

6. ねじれ振子による剛性率の測定

　材料のねじれの弾性は，昔からいろいろな精密測定に利用されてきた．クーロン*1 は，銀線のねじれを利用して，電磁気学の基本法則であるクーロンの法則を確立した．またキャベンディッシュ*2 は，細いファイバーのねじれを利用して，万有引力定数を求めた．このような精密測定ばかりでなく，ねじれは実用的にも重要である．自動車に使われているトーションバーは，棒のねじれにより車輪の振動を緩和するための装置として役立っている．現在使用されている多くの動力機器は，動力を伝達するためのシャフトを使っている．それを回転させようとする動力と，回転をさまたげようとする負荷によって，シャフトはねじれを起こす．そのために，材料のねじれの知識なしに機械を設計することは不可能に近い．この実験でわれわれは，材料のねじれの性質の基本について学び，材料の力学的性質を特徴づける定数の1つである剛性率を針金のねじれの実験から求める．

理　論

1. せん断歪，せん断応力，剛性率

　直方体の物体*3 の上下左右の面に，それぞれの面に平行に f[Pa]*4 の力を図1(a)のように加えてみる．このとき側面から見て長方形であった物体は，図1(b)のように変形する．変形前の物体に描かれた格子模様からわかるように，物体のどの部分も全く同じように変形していることに注意しよう．このような変形はせん断歪 (Shearing Strain) といわれ，伸び (Tensile Strain) または縮み (Contractive Strain) とともに材料の基本的な変形の1つである．せん断歪の大きさは物体の傾いた角度 $\overset{\text{ガンマー}}{\gamma}$[rad] で表される（図1(b)）．

　いま，この変形した物体の中からその一部分を取り出してみる（図1(c)）．取り出した部分は全体と全く同じ変形をしているのであるから，この部分も外部から加えられた力 f[Pa] と等しい大きさと向きの力をうけていなければならない．このような力は，この部分と隣り合っている部分によって及ぼされている力であり，せん断応力 (Shearing Stress) と呼ばれている*5．応力という言葉は外部から加えられた力 f（外部せん断力）に応じて物体内部に生じた力という

意味であり，f と区別して今後 $\overset{\text{シグマ}}{\sigma}$ で表す．

　多くの材料において，せん断応力 σ[Pa] はある値を超えない限りせん断歪と比例関係にある．すなわち

$$\sigma = \mu\gamma \tag{1}$$

が成り立つ．この関係はフックの法則 (Hooke's Law) として知られている．ここで比例定数 μ[Pa] は材料がどこまでもフックの法則にし

---

*1 C.A. de Coulomb (1736〜1806) フランスの物理学者．クーロンの法則の確立のいきさつについては矢島祐利：電磁気学史　岩波全書 (1952) p.52 に詳しい．また逆2乗の法則の歴史についての解説は A.S. ゴールドハーバー，M.M. ニート：光子に質量はあるか，サイエンス (1976) 7月号 p.28 を見よ．

*2 H. Cavendish (1731〜1810)．その人物と業績についてはレピーヌ・ニコル (小出昭一郎訳編)：キャベンディッシュの生涯，東京図書 (1978) を見よ．彼は測定した万有引力定数を用いて，地球の平均密度を決定している．

*3 ここで述べている物体とは特に断らない限り，力学的に等方的な物体，すなわち物体内の1点から見て，どの方向をとっても力学的な性質が同じである物体を意味している．

*4 1 Pa = 1 N/m². 力 f は「応力」と呼ばれる．各側面に平行に加わる力の大きさを F[N]，各側面の面積を A[m²] とすると，$f = F/A$ で与えられる．

*5 この部分は，隣の部分へ，f と同じ大きさで，逆の向きの力を及ぼしている（作用・反作用の法則）．

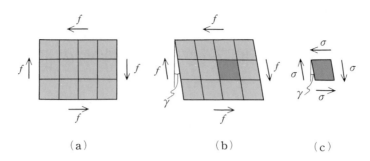

図1　物体のせん断変形

(a)　直方体の物体の上下左右の面に，それぞれの面に平行で，かつ一様な力 f [Pa] が作用している．このような力を外部せん断力という．

(b)　この力により，物体は変形を起こす．このような変形は，せん断歪と呼ばれ，その大きさは角 γ [rad] で表される．

(c)　変形した物体の内部からその一部分を取り出すと，この部分は，隣り合った他の部分から，外部せん断力 f と同じ大きさの力をうけていると考えなければならない．このような力 σ [Pa] はせん断応力と呼ばれる．

たがって変形するとした場合の，1 rad のせん断変形に対応するせん断応力を表しており，剛性率 (Shear Modulus) と呼ばれている．剛性率の小さな材料ほど容易にせん断変形をすることができる．

2.　ねじれと力のモーメント

　本章で行うねじれの実験が，上に述べたせん断変形とどのような関係にあるかを以下において考えてみよう．いま，1 本の針金の上端を固定し，下端を右へねじってみる．図2(a) はこのような針金であり，図2(b) と (c) はその一部分を拡大したものである．図2(b) はねじれ変形する前の状態を示し，図2(c) は変形後の様子を示している．針金の側面に描いた格子模様の変化に注意せよ．

　いま，この変形後の針金を図3(a) に示されているように薄い同心円筒に分割し，一番外側の円筒 (半径 R [m]) を図2(c) の線 O–O′ に沿って切り開き，平面に展開してみる．図3(b) はこのようにして展開された円筒を示している．このとき，この図は図1(b) のせん断変形をうけた物体と同じ形になっていることに気がつくであろう．ねじれは，薄い円筒をせん断変形させた

結果として生じたものであると考えてよい．

　上と同じ手順で，外側の円筒から順番に切り開き，これを次々に展開してみる．図4は，半径が r [m] の円筒の場合を表している (また図3(a) を見よ)．ここで図4(b) の γ は，一番外側の展開を表す図3(b) の γ より小さくなっていることに注意せよ．図4(b) において，円筒のせん断歪 γ とねじれの角 θ との関係は，γ が非常に小さいとき

$$\frac{r}{L}\theta = \tan\gamma \fallingdotseq \gamma \qquad (2)$$

で示される．このようなせん断歪を生じさせるため，この展開面の各側面に加わっている力を dF [N] とすると，せん断応力 σ は

$$\sigma = \frac{dF}{2\pi r \cdot dr} \qquad (3)$$

で表される．したがってフックの法則 (1) 式より

$$\frac{dF}{2\pi r \cdot dr} = \mu \frac{r}{L}\theta \qquad (4)$$

なる関係を得る．しかし，これは展開された図についての話であり，実際は円筒であるから，dF は図4(a) のように作用しているはずである．このような力は円筒の中心軸に対して対称であるから，その合力は 0 となるが，円筒をねじろうとするモーメントを生じる．このモーメント

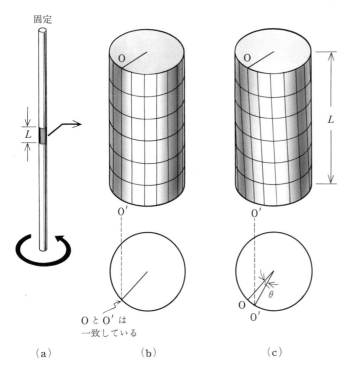

固定

L

OとO′は
一致している

θ

（a）　　　　　　　　　（b）　　　　　　　　　（c）

図2　針金のねじれ

(a)　針金の上端を固定して，その下端を矢印のようにねじる．

(b)　針金の長さ $L\,[\mathrm{m}]$ の部分の拡大図．ねじる前の状態を表している．

(c)　ねじった後の状態．(b) から (c) の状態に移るとき，この部分は全体として回転するが，それは描かれていない．上面に対する底面の相対的な回転（ねじれ）が，下の円によって表されている．この図では，相対的に底面が θ だけねじれている．

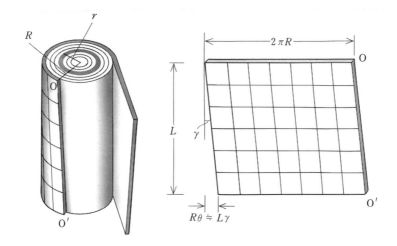

r

R

O

O'

$2\pi R$

O

L

γ

O'

$R\theta \fallingdotseq L\gamma$

図3　針金の分割と展開

(a)　ねじれた半径 $R\,[\mathrm{m}]$ の針金を薄い円筒に分割する．O–O′ に沿って切れ目を入れ，1 番外側の円筒を切開いて展開し，これを (b) に示す．

(b)　展開された様子を表面側から見ると，図1(b) と同じ変形をしていることがわかる．

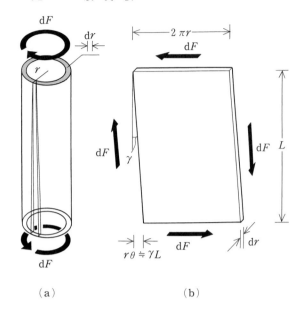

（a）   （b）

図4 半径 r の円筒とその展開
  (a) 図3(a) の半径 $r\,[\mathrm{m}]$ の円筒のみを取り出すと，
       その上面と下面には，図のような力がこの円筒
       の上と下の部分から働いている．
  (b) 半径 r の円筒の展開図を示す．各面に作用し
       ているせん断応力は $\mathrm{d}F/(2\pi r \cdot \mathrm{d}r)$ である．

の大きさ $\mathrm{d}N$ は

$$\mathrm{d}N = r\,\mathrm{d}F = \frac{2\pi\mu\theta}{L}\,r^3\mathrm{d}r \tag{5}$$

によって表される．これを，すべての分割した
円筒について加え合せると

$$N = \int_0^R \frac{2\pi\mu\theta}{L}\,r^3\mathrm{d}r = \frac{\pi\mu R^4}{2L}\theta \tag{6}$$

となる．この式は，半径 R，長さ L の針金を θ
だけねじるには，この角に比例した力のモーメ
ントを上面と底面に加えなければならないこと
を示している．また作用・反作用の法則から，針
金にこれだけのモーメントを加えている物体は，
針金から同じ大きさの反対のモーメントをうけ
ることになる．

3. 剛 性 率

ある軸のまわりの慣性のモーメントが I であ
る物体が，その軸のまわりに力のモーメント N
の作用をうけて回転するとき，物体の運動方程
式は

$$I\,\frac{\mathrm{d}^2\theta}{\mathrm{d}t^2} = N \tag{7}$$

によって与えられる．ここで，θ は，軸に垂直
な面内での，物体の回転角である．いま，この
物体が，角度 θ に比例して

$$N = -k\theta \tag{8}$$

で表される力のモーメントをうけているとき，物
体の軸のまわりの回転運動は，(7)，(8) 式より，

$$\theta = \theta_0 \sin(\omega t + \alpha) \tag{9}$$

と表される．この場合，物体は軸のまわりに周
期的な振動を行うことになる．ここで，θ_0 は最
大回転角，α は初期位相である．ω は角周波数
であり

$$\omega = \sqrt{\frac{k}{I}} \tag{10}$$

を表す．したがって，この振動の周期は

$$T = \frac{2\pi}{\omega} = 2\pi\sqrt{\frac{I}{k}} \tag{11}$$

で表される．

本実験で用いる実験装置 (図5 参照) の場合，
われわれが調べようとする運動は，輪と軸の支
持器 (2 本のピンも含めて) とを一体とした物体
の運動である．したがって，(7) 式の I は針金
のまわりの輪の慣性モーメントと，支持器の慣
性モーメント (ピンまで含めて) I_0 の和になって
いなければならない．図5(a) と (b) の場合の
輪の慣性のモーメントを，それぞれ I_v, I_h とす
ると

$$I = \begin{cases} I_v + I_0 & \text{図 5(a) の場合} \\ I_h + I_0 & \text{図 5(b) の場合} \end{cases} \quad (12)$$

となる．また，針金から輪とその支持器へ作用する力のモーメントは，(6) 式より

$$M = \frac{\pi \mu R^4}{2L} \theta = -k\theta \quad (13)$$

となる．負の符号は，このモーメントが $|\theta|$ の小さくなる向きへ作用するためである．これより

$$k = \frac{\pi \mu R^4}{2L} \quad (14)$$

であることがわかる．したがって，(11), (12) 式より次式を得る．

$$T_v{}^2 = \frac{8\pi L(I_v + I_0)}{R^4 \mu}, \quad (15)$$

$$T_h{}^2 = \frac{8\pi L(I_h + I_0)}{R^4 \mu}. \quad (16)$$

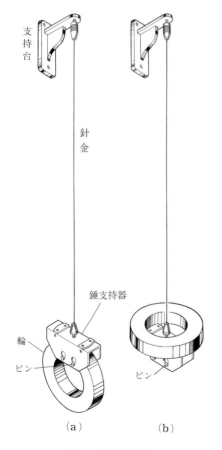

図 5　ねじれ振子
(a) の状態で周期 T_v を測定する．
(b) の状態で周期 T_h を測定する．

この 2 式より I_0 を消去することで，剛性率 μ は

$$\mu = \frac{8\pi L(I_h - I_v)}{R^4(T_h{}^2 - T_v{}^2)} \quad (17)$$

となる．また

$$I_h - I_v = \frac{1}{4}M(a^2 + b^2) - \frac{M}{12}d^2$$

であることは

$$I_v = \frac{M}{4}(a^2 + b^2) + \frac{M}{12}d^2$$

$$I_h = \frac{M}{2} - (a^2 + b^2)$$

より得られる．

予 習 問 題
(1)　**単位の換算とせん断歪**　純粋な白錫 (Sn) の剛性率[6]は 2.01×10^{11} dyn/cm² である．いま，この材料に 40 gw/mm² のせん断応力が加えられているとする．
  （ⅰ）　白錫の剛性率を，Pa, GPa の単位で表せ．
  （ⅱ）　加えられているせん断応力を Pa, MPa の単位で表せ．
  （ⅲ）　このときのせん断歪は何 rad か．計算の過程も示しなさい．
(2)　**針金に加えられている力のモーメント**　直径 1 mm，長さ 1 m の針金 ($\mu = 40$ GPa) の上端を固定し，その下端を 30° 回転させた．この状態でつり合いを保つとき，下端に加えられている力のモーメントは何 N·m か．計算の過程も示しなさい．

実　　　験

1. 実 験 器 具

針金の支持台，輪，輪の支持器 (2 本のピンがついている)，マイクロメータ，ノギス，秤，タイマー，直尺 (60 cm) 2 本．

2. 実 験 方 法

実験装置は，図 5 に示すように，剛性率を測定しようとする材料の針金に鉄製の輪を吊りさ

*6 E. W. Kammer, L. C. Cardinal, C. L. Vold, and M. E. Gicksman : *The Elastic Constants for Single Crystal Bismuth and Tin from Room Temperature to The Melting Point*, J. Phys. Chem. Solids. **33** (1972) 1891.

げたものである．実験は，測定例を参考にしながら，次の順序で行うとよい．

　注意　輪の下で作業をしてはならない！
　針金が切れて輪が落下すると怪我をするおそれがある．

(1)　**周期 T_v の測定**：図 5(a) のように輪を取り付け，針金を軸として約 30° ほど回転させてから手を放す．このとき，輪は針金を軸とする回転振動を起こす．30 回振動するのに要した時間 $30\,T_\mathrm{v}$ をタイマーで測定せよ．ここで，T_v は 1 往復の時間，すなわち 1 周期を表す．

(2)　**周期 T_h の測定**：次に，輪をはずし，図 5(b) のように支持器の上に静かに載せる．このとき，針金をはずしてはならない．また，2 本ピンも忘れずに支持器のもとの位置に取り付けておく．前と同様に回転させて，30 回の振動に要した時間 $30\,T_\mathrm{h}$ を測定する．

(3)　**針金の直径と長さの測定**：針金に輪をつるしたままで，針金の直径 $2R$ (R は半径) と長さ L を測る．直径はマイクロメータで測る．このとき，ある個所の直径を測定したら，次はそれと直角の方向に測るようにするとよい．L は直尺で測る．

(4)　**輪についての測定**：輪をはずし，その内径 $2a$，外径 $2b$，厚さ d をノギスで測り，質量 M を秤で測定する．

　以上の測定結果より，剛性率を次式に従って計算する．

$$\mu = \frac{8\pi LM}{R^4(T_\mathrm{h}{}^2 - T_\mathrm{v}{}^2)}\left(\frac{a^2+b^2}{4} - \frac{d^2}{12}\right)$$

(18)

3.　測　定　例

針金 (材料：銅) の剛性率の測定

(1)　周期 T_v の測定

表 1　周期 T_v の測定

測定回数	30 回の振動時間 $30\,T_\mathrm{v}$ [s]
1	289
2	280
3	286
平均	285

$$T_\mathrm{v} = \frac{285}{30} = 9.50\,\mathrm{s}$$

(2)　周期 T_h の測定

表 2　周期 T_h の測定

測定回数	30 回の振動時間 $30\,T_\mathrm{h}$ [s]
1	387
2	382
3	383
平均	384

$$T_\mathrm{h} = \frac{384}{30} = 12.8\,\mathrm{s}$$

(3)　針金の直径 $2R$ と長さ L の測定

表 3　針金の直径 $2R$ の測定

1/1000 mm のマイクロメータ使用

回数	零点 [mm]	読み [mm]	直径 $2R$ [mm]
1	−0.002	0.985	0.987
2	−0.001	0.985	0.986
3	−0.003	0.982	0.985
4	−0.002	0.984	0.986
5	−0.002	0.985	0.987
6	−0.002	0.985	0.987
平均			0.986

針金の半径 $R = 0.493\,\mathrm{mm} = 4.93 \times 10^{-4}\,\mathrm{m}$

表 4　針金の長さ L の測定

最小目盛 1 mm の直尺使用

回数	上端の読み [cm]	下端の読み [cm]	長さ L [cm]
1	122.2	41.4	80.8
2	122.3	41.5	80.8
平均			80.8

針金の長さ $L = 80.8\,\mathrm{cm} = 8.08 \times 10^{-1}\,\mathrm{m}$

(4) 輪の内径 $2a$, 外径 $2b$, および厚さ d の測定：1/20 mm のノギス使用

表5 輪の内径 $2a$ の測定

回数	零点 [mm]	読み [mm]	直径 $2a$ [mm]
1	0.00	129.80	129.80
2	0.00	129.80	129.80
3	0.00	130.00	130.00
4	0.00	129.85	129.85
5	0.00	129.75	129.75
平均			129.84

輪の内半径 $a = 64.92\,\text{mm} = 6.492 \times 10^{-2}\,\text{m}$

表6 輪の外径 $2b$ の測定

回数	零点 [mm]	読み [mm]	直径 $2b$ [mm]
1	0.00	190.00	190.00
2	0.00	190.15	190.15
3	0.00	190.30	190.30
4	0.00	190.10	190.10
5	0.00	190.25	190.25
平均			190.16

輪の外半径 $= 95.08\,\text{mm} = 9.508 \times 10^{-2}\,\text{m}$

表7 輪の厚さ d の測定

回数	零点 [mm]	読み [mm]	直径 d [mm]
1	0.00	29.05	29.05
2	0.00	29.10	29.10
3	0.00	29.00	29.00
4	0.00	29.05	29.05
5	0.00	29.10	29.10
平均			29.06

輪の厚さ $d = 29.06\,\text{mm} = 2.906 \times 10^{-2}\,\text{m}$

(5) 輪の質量の測定：竿秤 (さおばかり) 使用

輪の質量 $M = 3085\,\text{g} = 3.085\,\text{kg}$

(7) 式より

$$
\begin{aligned}
\mu &= \frac{8\pi LM}{R^4(T_{\text{h}}{}^2 - T_{\text{v}}{}^2)}\left(\frac{a^2 + b^2}{4} - \frac{d^2}{12}\right) \\
&= \frac{8 \times 3.142 \times 8.08 \times 10^{-1} \times 3.085}{(4.93 \times 10^{-4})^4 (12.8^2 - 9.50^2)} \\
&\quad \times \left[\frac{(6.492 \times 10^{-2})^2 + (9.508 \times 10^{-2})^2}{4}\right. \\
&\qquad\qquad \left. - \frac{(2.906 \times 10^{-2})^2}{12}\right] \\
&= 46.4 \times 10^9\,\text{N/m}^2 \\
&= 46.4\,\text{GPa}
\end{aligned}
$$

　最後の結果は，有効数字の桁数より 1 桁多く書いておくとよい．計算が繁雑なため桁数を間違えやすい．(桁数の間違いはほとんどが単位の不統一から生じる.)

7. ジョリーのばね秤による水の表面張力の測定

　水道の蛇口よりしたたり落ちる水滴の形や，コップの辺で盛り上っている水の形を見ていると，水面には何か弾力性のある膜の力と類似の力が働いているように思われる．これらの性質は，水の特異な凝集力*1 によるものであり，われわれは，このような力を表面張力と呼んでいる．水にこのような性質がなければ，われわれをとりまく世界は随分と変わったものになっていたであろう．土壌の中の水の移動も，植物がその根より水を吸いあげる能力も，水の表面張力と，深い関係にあるからである．

　表面張力は静的な方法や動的な方法で，古くから多くの研究者によって測定されてきた．本節で行う実験は，感度のよいばね秤をもちいる測定法で，「リング法」などともいわれている．この方法は，多少の熟練を必要とするが，実際に水の膜の切れる様子が観察されるため，表面張力を実感をもって味わうことができる．

理　　論

1. 水の表面とそのエネルギー

　雨の降ったあとなどに，葉の上の水が丸まって水滴となっているのを見かける．水がこのように，自発的に丸まった形になるということは，そのような形が「最も安定した状態」であるからに他ならない．

　ここで，「安定」という意味をもう少し明確にするために，簡単な力学現象について考えてみる．たとえば，高い所におかれた物体は，低い所におかれた物体よりも不安定である．したがって，高いところにある物体は，支えがなくなると，安定な位置に向かって自発的に落下し始める．この場合，「安定」，「不安定」という内容は，われわれのよく知っている「位置のエネルギー」を使って表現することができる．これを使って，上に述べたことを言い換えると，次のようになる．物体は，位置のエネルギーの高いところから自発的に運動を始め，最終的には，許された条件のもとで位置のエネルギーの最も低いところに落ち着く．逆に，物体を位置のエネルギーの最も低い状態から，位置のエネルギーの高い状態へもっていくためには，われわれが物体に仕事—物体を手で持ち上げてやるというような—をしなければならない．

　このような考え方を，水の場合にあてはめてみると，およそ次のようになる．水滴が丸くなっている状態，すなわち，その表面積が最も小さくなっている状態は，エネルギー*2 の最も低い状態に対応しているにちがいない．したがって，表面積の大きな状態にある水滴は，表面積の最も小さな状態に向って，自発的に，その状態を変えるであろう．また逆に，その表面積を増加させるためには，われわれが，水滴に仕事をしなければならない．

　それでは，表面積を増加させるために，何故われわれが仕事を与えなければならないのだろうか．この問題に答えるためには，水を構成している分子の立場から考えてみることである．まず，図1のような水の薄い膜を考えてみよう．水の表面積が大きくなるためには，それまで水の内部にいた分子が，表面に出て来なければならない．水の内部にある分子は，平均として，まわりの分子から，等方的な力をうけている．し

---

*1 水のこのような特異性について，K. S. ディヴィス，J. A. デイ：水の伝記　河出書房 (1969) にやさしい，すぐれた解説がある．

*2 正確には，自由エネルギーという．ここでは位置のエネルギーに相当するものと考えておいてよい．

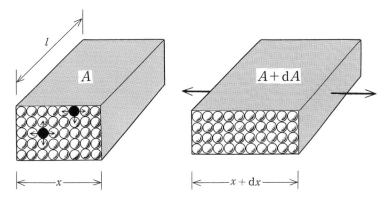

図 1　水の膜を構成している分子と表面積の増加

(a)　表面積 $A = lx$ の薄い水の膜の断面が描かれている．実際の水の分子は，このように規則的に並んではいない．水の内部で分子は等方的な力をうけている．(b)　x 方向に dx だけ引き伸ばされた膜．このとき，なされた仕事は $2dG$ である．表面積は $2dA = 2l\,dx$ だけ増加した．この図では，1 枚の原子面につき上に 2 個，下に 2 個の分子が，内部から表面に現れた．はじめ内部にあった分子は，表面に出て来ると内部に向う力をうけることになる．

かし，表面にある分子は，外側に分子が存在しないために，常に水の内部に向う力をうけることになる．すなわち，ある分子が表面に出て来るためには，この内部に向う力に打ち勝つエネルギーを得なければならない．そのためのエネルギーを，われわれが外部から与えてやらなければならない．この図の場合，われわれが，膜を引っ張ること―仕事をする―によって，分子にそのエネルギーを与えているのである．

2. 表面張力

表面積を広げるために，われわれのしなければならない仕事は，表面積の増加に比例している[*3]（なぜ！　分子の立場からその理由を考えてみよ）．すなわち面積の増加を $2dA$，仕事を $2dG$ とすると

$$2\,dG = \gamma \cdot 2\,dA \qquad (1)$$

である．膜は上下 2 面あるので 2 がついている．dG は片側の表面を dA だけ増加させる仕事[*4]と考えてよい．上式の比例定数 γ は単位面積だけ，表面積を増加させるのに必要なエネルギーを表している．したがって，その単位は，J/m^2 で表される．一方，J は N・m であるから，γ の単位は N/m[*5]と書くこともできる．すなわち，γ

は，単位長さあたりの力という単位で表すこともできる．

図 1(b) で，面積の増加は，

$$2\,dA = 2l(x + dx) - 2lx = 2l\,dx$$

であるから，(1) 式は

$$2\,dG = 2(\gamma l)\,dx \qquad (2)$$

となる．仕事 ＝ 力 × 力の働いた距離，という定義と合せて考えると，γl は，力に対応していることがわかる．このとき，γ は，l の単位長さあたり，表面に沿って作用している力，として解釈することができる．γ を表面張力 (Surface Tension) と呼ぶ理由はここからきている．このように，液体の表面で作用する張力，という仮想的な力を導入することによって，われわれは，液体の分子がその内部に引っ張られて凝集しようとする性質を，簡潔に表現しているのである．しかも，このような力を仮定することにより，多くの複雑な表面現象が，簡単な静力学のつり合

[*3] この表現は，表面が平面の場合についての定義である．曲面の場合の γ については，小野周：表面張力 共立出版 (1980) p.22 を見よ．

[*4] 正確には，自由エネルギーを意味している．

[*5] γ の単位として mN/m（ミリニュートン）も使用される．

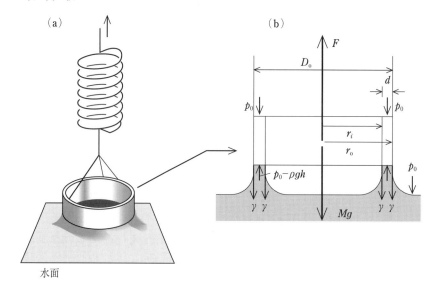

図2 表面張力の測定の原理

(a) リングを水に浸してから，静かにばねを上にあげていく．このとき水の膜がリングについてくる．実際の装置では，ばねの上端を固定し，水面を下げていくことになる． (b) 水の膜が切れる直前の，リングに作用する力のつり合い．

いの問題として，解くことができる．次に述べる本節の実験のための理論式も，その1つの応用である．

3．表面張力測定の原理

　本節で行う実験では，図2(a)に示したように，ばねに吊るした金属板のリングを，水面から引きあげることによって，表面張力を測定する．リングを水に浸し，静かに引き上げていくと，リングに円筒形の水の膜が追従してくる．リングが，ある高さのところまでくると，水の膜は切れてしまい，リングは飛び上る．図2(b)は，この膜が切れる直前の様子を描いたものである．この状態で，表面張力は，リングの真直下向きに作用している．このとき，リング (質量 M，内半径 r_i，外半径 r_o) に作用する力は

(1) Mg：重力．

(2) $p_0(\pi r_o{}^2 - \pi r_i{}^2)$：リングの上面にかかる大気圧の力．

(3) $(p_0 - \rho gh)(\pi r_o{}^2 - \pi r_i{}^2)$：リングのすぐ下の水の膜の圧力の力；ここで，$\rho$ は水の密度，h は膜の高さを表す．

(4) F：ばねからの力

(5) $2\pi r_o\gamma + 2\pi r_i\gamma$：表面張力による力

ここで，圧力は単位面積に，表面張力は単位長さあたりに作用する力であることに注意せよ．これらの力によるリングのつり合いは

$$F - Mg - p_0(\pi r_o{}^2 - \pi r_i{}^2) + (p_0 - \rho gh)(\pi r_o{}^2 - \pi r_i{}^2) - \gamma(2\pi r_o) - \gamma(2\pi r_i) = 0 \qquad (3)$$

によって表される．

　これを γ について解くと，

$$\gamma = \frac{F - Mg}{2\pi(r_o + r_i)} - \rho gh\frac{r_o - r_i}{2}$$

となる．少し書き換えて，次のようにする．

$$\boxed{\gamma = \frac{f}{\pi(D_o + D_i)} - \frac{1}{2}\rho ghd} \qquad (4)$$

　ここで　D_o：リングの外径 $(= 2r_o)$
　　　　　D_i：リングの内径 $(= 2r_i)$
　　　　　d：リングの厚さ $(= r_o - r_i)$
　　　　f：ばねの伸びによる力
　　　　　　　　$(= F - Mg)$
を表す．

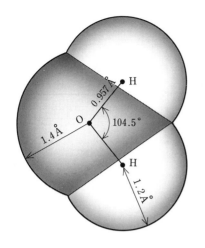

図3 水の分子の外形

Pauling が定めた O, H の van der Waals 半径,
1.4 Å と 1.2 Å をもちいた水の分子の形が示され
ている. 全体は, 1.5 Å の球形に近い. 鈴木啓三：
水および水溶液　共立全書 (1980) p.29 による.

予習問題

(1)　表面張力について簡単に説明しなさい. また,
10 ℃, 20 ℃, 40 ℃ での水の表面張力はいくらか,
付録 C の表 12.「水の表面張力」から求めなさい.

(2)　水の表面張力 γ の値は単位長さあたりの水の
表面に沿って作用している力 [N/m] を表してい
る. また, この値 γ は水の表面を単位面積あたり
増加させるのに必要なエネルギーの量 [J/m²] も
表している. 理論の図 1(b) のようにして, 20 ℃
の水の表面積を 1 cm² だけ増加させるのにどれだ
けのエネルギーを必要とするか計算しなさい (付
録 C の表 12.「水の表面張力 (γ)」を参照).

(3)　フックの法則に従うばねがある. 1.5 g の分銅
を吊るしたとき 5.0 mm 伸びた. このばねのばね
定数 k [N/m] を求めなさい.

(4)　(a) 表面張力の測定の際, 非常に薄いリングを使
用したとすると, 理論中の (4) 式はどのように書き
換えられるか. (ヒント $d \to 0$, $D_o \to D$, $D_i \to D$
とする.) (b) 上の薄いリング ($D = 20$ mm) に上
の問題 (3) で与えられたばねを取り付け, 10 ℃ の
水の表面張力を測定すると, 表面張力によるばね
の伸びは何 mm になるか計算しなさい.

実　　験

1. 実 験 器 具

　ジョリーのばね秤 (支柱にはスケール付鏡が
ついている. また, ばね, リング, 分銅皿, 指
標が付属している. 図 4 を見よ). シャーレ[*6],
分銅 (500 mg　5 個), ノギス, 直読式マイクロ
メータ, 超音波洗浄器.

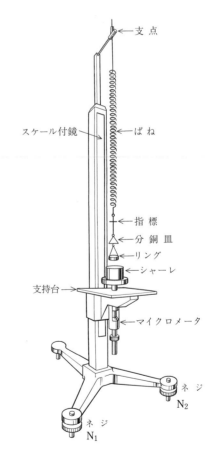

図 4 ジョリーのばね秤

[*6] Schale (独) 皿　この他 Culture dish (培養皿) とか
Petri dish (ペトリ皿) ともいう. 後者はドイツの細
菌学者 J.R. Petri の名にちなむ.

2.　実 験 方 法

　上手な測定をするには，前もって，次の2点
に注意せよ．

(a)　油，脂肪は水の表面張力を著しく低下させ
るため，シャーレにとってきた純水に，手を
触れてはならない．

(b)　同様の理由により，測定が終わるまで，リ
ングに手を触れてはいけない．実験のはじめ
に，リングの超音波洗浄を行う．超音波洗浄
器の使用は机上にある補足説明を参考にして
実施する．

　以上のことに留意しながら，次の順序で実験
する．なお，測定例に記載されている測定値は
一例であり，これらの値は最初の指標の読みや
マイクロメータの読みに依存する．

(1)　**調整**：まず，図4のようにばねの一端に指
標，分銅皿，リングを取り付ける．次に，支
柱の後ろにあるネジを緩めて，ばねの支点の
高さを指標が読みやすい位置となるように調
整する．このとき，ネジを大きな力で締め付
けないように注意すること．なお，後で支点
を下げる手順があるため，**支点を20cm程度**

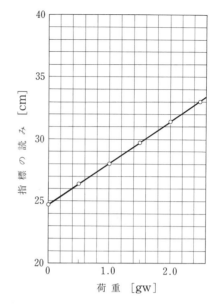

図5　指標の読みと荷重の関係
ばねはフックの法則に従っていることを示している．

上に伸ばした状態にする．また，支持台に取
り付けられているマイクロメータは**ゼロの位
置**にする．

(2)　**ばね定数の測定**：図6(b)の状態で，指標
の位置uを読み取る．このとき，指標の針と
その鏡像が重なる位置に目をおいて読む．安

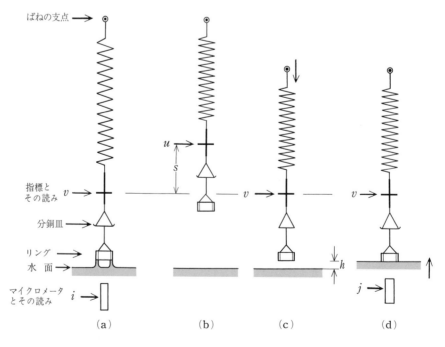

図6　測定の順序と測定量

定した状態では，mm 以下まで読み取ることができるが，時間的な制約のため，mm の桁で止めてよい．数回読み取りの練習をした後，実際の測定を行う．次に，分銅皿に 500 mg の分銅を次々と載せ，そのつど，指標の位置を記録する．5 個の分銅まで載せたら，今度は，1 個ずつ取り去りながら記録する．これらの測定値をグラフにすると，図 5 のようになる．表 1 にならってばね定数 k を求めよ．なお，表 1 の加えた分銅の荷重における単位 [gw] (グラムウエイトと読む) は力の単位であり，$1\,\mathrm{gw} = 9.8 \times 10^{-3}\,\mathrm{N}$ に相当する．

(3) **水の膜の観察**：支持台を支柱に沿って上げ，リングがシャーレ内の水に少し浸るようにする．次に，支持台の下にあるマイクロメータを使って，シャーレを徐々に下げていく．やがてリングが水の膜から切れて離れる．このときの膜の変化をよく観察する．

(4) **膜の切れる位置の測定**：(3) と同じことを繰り返し，膜の切れる直前の，最も下った位置 v を指標で読む．同時に，支持台の下のマイクロメータの目盛の読み i を記録する (図 6(a))．
　この測定には，多少の熟練が必要である．何度か試みた後，記録を始める (表 2)．なお，この読みが適切に行われないと，測定結果は悪くなる．

(5) **膜の高さの測定**：次に，ばねの支点を下げ，指標が v の平均値に一致するよう調整する (図 6(c))．マイクロメータにより，水面がリングに触れるまで，水面を上昇させる．水面がリングに触れた瞬間，リングは水中に引きずり込まれる．この直前のマイクロメータの読み j を記録する (表 3, 図 6(d))．これが終ったところで，水温 T を測る．

(6) **リングの寸法の測定**：リングをはずし，その厚さ d を，直読式マイクロメータで測る (直角な位置にある 4 個所)．また，ノギスにより，外径 D_o を測る (直角 2 方向)．このとき，リングを歪ませないよう注意する．寸法を測る

箇所については図 2(b) を参照する．そして結果を表 4 のようにまとめる．

　以上の測定が終ったところで，(4) 式より表面張力を求める．得られた値が，定数表の値と著しく異なるときは，単位の不統一がなかったかどうかを確認する．それでも異なるときは，s, h の読み取りによる不確かさが原因と思われる．

測定例

表 1　ばね定数の測定

| 加えた分銅の荷重 [gw] | 指標の読み | | z_i と z_i' の平均値 $\bar{z}_i$ [cm] |
	分銅を加えるとき z_i [cm]	分銅を減らすとき z_i' [cm]	
0	z_0 24.7	z_0' 24.7	$\bar{z}_0$ 24.7
0.5	z_1 26.4	z_1' 26.4	$\bar{z}_1$ 26.4
1.0	z_2 28.0	z_2' 28.0	$\bar{z}_2$ 28.0
1.5	z_3 29.7	z_3' 29.7	$\bar{z}_3$ 29.7
2.0	z_4 31.4	z_4' 31.4	$\bar{z}_4$ 31.4
2.5	z_5 33.0	z_5' 33.0	$\bar{z}_5$ 33.0

荷重 1.5 gw に対するばねの伸び量 δ [cm] は

$$\delta = \frac{1}{3}\{(\bar{z}_3 - \bar{z}_0) + (\bar{z}_4 - \bar{z}_1) + (\bar{z}_5 - \bar{z}_2)\}$$
$$= \frac{1}{3}(5.0 + 5.0 + 5.0)$$
$$= 5.0\,\mathrm{cm}$$

よってばね定数は

$$k = \frac{1.5\,\mathrm{gw}}{5.0\,\mathrm{cm}} = 0.30\,\mathrm{gw/cm} = 30 \times 10^{-3}\,\mathrm{kgw/m}$$

表 2　膜の切れる位置

回数	膜の切れるときの指標の読み [cm]	マイクロメータの読み [mm]
1	27.9	34.33
2	27.9	34.31
3	27.9	34.28
4	27.9	34.38
5	27.9	34.28
平均　$v = 27.9\,\mathrm{cm}$		$i = 34.32\,\mathrm{mm}$

$$s = v - u = 27.9 - 24.7 = 3.2\,\mathrm{cm}$$

したがって $f = ks = 30 \times 10^{-3} \times 3.2 \times 10^{-2}$
$$= 96 \times 10^{-5}\,\mathrm{kgw}$$
$$= 96 \times 10^{-5} \times 9.8 = 9.4 \times 10^{-3}\,\mathrm{N}$$

表3 膜の高さの測定

回数	マイクロメータの読み [mm]
1	31.79
2	31.81
3	31.72
4	31.79
5	31.85

平均 $j = 31.79$ mm

したがって，膜の高さ h は

$$h = i - j = 34.32 - 31.79$$

$$= 2.53 \, \text{mm}$$

水の温度 $T = 19.9 \, ^\circ\text{C}$

表4 リングの寸法の測定

環の厚さ d [mm]		環の外径 D_o [mm]	
零点 [mm]	読み [mm]	零点 [mm]	読み [mm]
0.000	0.319	0.00	19.90
0.000	0.280	0.00	19.90
0.000	0.327		平均 19.90 mm
0.000	0.270		

平均 0.300 mm

表面張力の計算

$$D_i = D_\text{o} - 2d = 19.90 - 2 \times 0.300 = 19.30 \, \text{mm}$$

$$
\begin{aligned}
\gamma &= \frac{f}{\pi(D_\text{o} + D_i)} - \frac{1}{2}\rho dhg \\
&= \frac{9.4 \times 10^{-3}}{3.14 \times (19.90 \times 10^{-3} + 19.30 \times 10^{-3})} - \frac{1}{2} \times 998 \times 0.300 \times 10^{-3} \times 2.53 \times 10^{-3} \times 9.80 \\
&= 76.4 \times 10^{-3} - 3.71 \times 10^{-3} \\
&= 72.7 \times 10^{-3} \, \text{N/m} \\
&= 72.7 \, \text{mN/m}
\end{aligned}
$$

フックの法則の確認

算出した γ の値の妥当性とフックの法則の関係について，図5を描いて，確認する．

参 考

本実験で求めた表面張力は，1気圧の空気に接する水面での表面張力である．したがって，多くの異なった種類の分子 (窒素, 酸素 etc.) が，水中，空気中，そして水面にあることになる．その意味でわれわれは，いろいろの種類の分子を含む，気相と液相の境界面 (多成分系2相の境界面) での表面張力を測定したことになる．空気に接している効果は，大きいものではないが，無視できるほど小さくはない[7]．たとえば，20°C におけるエチルアルコールとその蒸気との境界 (一成分系2相) の表面張力は 22.75 ± 0.3 mN/m であるが，空気中では 22.27 ± 0.1 mN/m である．

---

[7] C. N. Lewis & M. Randall：Thermodynamics McGraw-Hill (1961) p.474.

8. 水の粘性係数の測定

　液体中を固体が流れ (層流) に相対的に移動する場合，つねにその固体の前進をさまたげる方向に抵抗力が働く．この抵抗力を流体による粘性力といい，さらに固体の移動をさまたげる性質を粘性という．粘性力は流体の種類によって異なる．これを定量的に表すため粘性係数が定義された．ここでは一様な直径の細管中を一定時間に流れる水の体積を測ることにより水の粘性係数を求める．

理　　論

　流体が円管内を定常的に流れている場合，液体の粘性 (Viscosity) によって管壁に接している部分の流速は 0 と考えられるが，管の中心へ近づくに従って速くなる．このときの速度分布を図1に示す．いま注目している流速 v の方向に x 軸をとれば，この v は液体の粘性によって y 方向に変化している．流れの速い部分は遅い部分を前方に引きずろうとする力をおよぼし，遅い部分は速い部分を止めようとする力をおよぼす．単位面積あたりのそのような力の強さ τ は，流体の速度 v の y 軸方向の変化率 dv/dy に比例し，

$$\tau = \eta \frac{dv}{dy} \tag{1}$$

と表せる．このとき，比例定数 η をその流体の粘性係数という．粘性をもつ流体を定常的に流すためには管の両端に圧力差が必要である．そこで，管の両端の圧力を P_1 および P_2 とすると，時間 t の間に管のある断面を流れる流体の体積 V は次式で与えられる (式の導出は〈参考〉を見よ).

$$V = \frac{\pi a^4 (P_1 - P_2)}{8 \eta l} t \tag{2}$$

ここで，a は円管の半径，l は管の長さである．この式はハーゲン–ポアズイユ (Hagen–Poiseuille) の式という．いま，図2に示すような装置を使って水の粘性係数を測定する．図において，長さ l，内半径 a の細管 C 中に水を流す．大気圧を P_0 とすれば，$P_2 = P_0$，水面から管 C の入口までの深さを h とし，水の密度を ρ とすると，P_1 は $P_1 = P_0 + \rho g h$ となる．これらより

$$P_1 - P_2 = \rho g h \tag{3}$$

となる．したがって，粘性係数 η は (3) 式を (2) 式へ代入して整理すると

$$\eta = \frac{\pi \rho g h a^4 t}{8 V l} \tag{4}$$

となる．

　以上の理論的記述は，細い円管を流れる流体が層流[*1]の場合である．水の流れが速くなると管内に不規則な渦 (乱流) が生じ，このとき，上の理論は成立しなくなる．流れが層流から乱流に変る境い目はレイノルズ (Reynolds) 数といい，次式で表せる．

$$R = \frac{\rho \bar{v} a}{\eta} = \frac{\rho^2 g h a^3}{8 \eta^2 l} \tag{5}$$

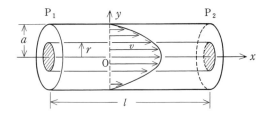

図1　円筒内層流と速度分布

*1 流体中，局所的に着色液を流し続けると線状の流線がみられる．このような流れを層流という．流速が速くなると流れが乱れ線状の着色液の線は乱れ見えなくなる．このときの流れを乱流という．

となり，R の値は 1000〜2000 程度である．ここで，$\bar{v}$ は流体の平均速度で，(2) 式によって与えられる体積を $\pi a^2 t$ で割った量である．層流で実験を行うためには (5) 式の R が大きくならないよう，h, a, l を適当な値に選ぶべきである．

粘性係数の単位は MKS 系では $[\mathrm{N \cdot m^{-2} \cdot s}]$ である．CGS 単位系では $[\mathrm{dyn \cdot cm^{-2} \cdot s}]$ である．また，液体に粘性の考えを初めて取り入れたポアズイユ (M. Poiseuille フランスの物理学者) にちなんで 1 ポアズ (poise) が用いられる．この場合

$$1\,\mathrm{poise} = 1\,\mathrm{dyn \cdot cm^{-2} \cdot s}$$
$$= 1\,\mathrm{g \cdot cm^{-1} \cdot s^{-1}}$$

なる関係が成立する．MKS 単位系では圧力の単位は $1\,\mathrm{Pa}$ [パスカル] であるが，これは $1\,\mathrm{N \cdot m^{-2}}$ なので粘性係数の単位は

$$1\,\mathrm{Pa \cdot s} = 1\,\mathrm{N \cdot m^{-2} \cdot s} = 10\,\mathrm{poise}$$

である．

純水の粘性係数は 20 ℃ で約 0.01 poise である．

予 習 問 題

(1) 図2でガラス管から水面までの高さ $h = 20\,\mathrm{cm}$，1 分間に流出した水の質量 14 g，ガラス管の長さ 13 cm，内直径 1 mm とすれば水の粘性係数はいくらか．

(2) 面積 $100\,\mathrm{cm^2}$ の平面板を水平におかれた大きな固定板の上方 1 mm 離してこれに平行におき，その間に水を満たす．平面板を 10 cm/s の速さで固定板に平行に動かすのに必要な力はいくらか．水の粘性係数を $1 \times 10^{-2}\,\mathrm{dyn \cdot cm^{-2} \cdot s}$ とする．

実　　　験

1．実 験 器 具

アクリル水槽，細いガラス管 (毛細管)，ビーカー，天秤，分銅，タイマー，温度計，スタンド，読み取り顕微鏡．

2．実 験 方 法
2.1　水の流出量測定

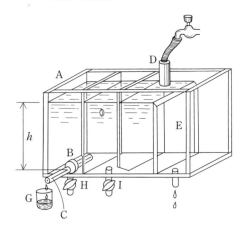

図2　水の粘性係数の測定装置

(1) 図2の水槽 A の底近くの栓 B を通してガラス管 C を水平に取り付ける．(注意：ガラス管にゴムのパッキングを付けたまま，取り付ける．また，取り外す場合も同様にする．)

(2) 水道の蛇口から水を D より入れる．仕切り板 E の上端より水が常に極く少量外へ流れ出るように蛇口を調節する．

(3) あらかじめ質量を測っておいたビーカー G に C より流出する水を 1 分間受ける．このビーカー G に水が入ったままで質量を測り，1 分間に流れ出た水の質量を求める．これから体積 V を求める．

(4) ガラス管 C の中央から水面までの高さ h を測定する．また，このときの水温を記録する．

(5) 水槽 A の水を下に付いているコック H および I から抜き，ガラス管を外し，次の **2.2** の方法によって管の内径を測定する．それぞれの測定値を (4) 式へ代入し，粘性係数 η を計算する．

2.2　読み取り顕微鏡によるガラス管の内径の　　測定

(1) まず図3のネジ S_1, S_2 を適当にまわし台 A 上の水準器 E により台 A を水平にする．このとき，D は鉛直になる．顕微鏡 M を水平にする．つぎに，顕微鏡 M の接眼レンズ L_E を調

整して十字線が明瞭に見えるようにする．このとき，十字線が水平および鉛直方向を正しく向くようにする．

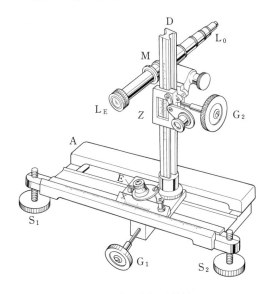

図 3　読み取り顕微鏡

(2)　ガラス管をスタンドに取り付け，水平にする．ガラス管の切り口面に顕微鏡のピントを合わせる．このとき，切口面と対物レンズの距離はほぼ 3 cm 程度となる．

(3)　G_1 および G_2 を回転させて図 4 のように顕微鏡の十字線とガラスの切口面の円弧 (図 4 の点 a) が接するようにする．このときの目盛を X で読み取り，この測定を繰り返す．このとき，常に G_1 を回し顕微鏡を一方向に移動させながら顕微鏡の十字線を被測定点に一致させる．もし，行きすぎた場合はもとにもどして，あらためて同一方向に動かして測定する．なお，目盛は副尺で 1/100 mm まで読み取る．点 a の位置を 3 回測定せよ．

　つぎに，G_1 を回し図 4 中の点 b に十字線を一致させ，このときの目盛を読み取る．点 b の位置も顕微鏡を a の場合と同じ方向に動かして 3 回測定する．点 b の読みと点 a の読みとの差を求め，ガラス管の内径 D_1 を求める．

(4)　G_2 を用いて，(3) と同じ方法で縦方向の内径 D_2 を求める．

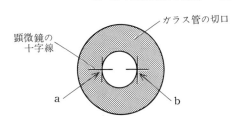

図 4　ガラス管の内径と読み取り　顕微鏡の十字線の合せ方

(5)　D_1 と D_2 との平均値をガラス管の内径 $D(= 2a)$ とする．

3．データの整理

(1)　水槽内のはじめの水温 θ_1 (最小目盛 1/10 ℃ の水銀温度計を使用)

$$\theta_1 = 17.0\ ℃$$

(2)　水の質量の測定 (感量 0.01 g の上皿電子天秤使用)

容器の質量　　　　$m_0 = 48.48$ g

容器と水の質量　　$m_1 = 69.15$ g

水の質量　　　　　$m = m_1 - m_0$

$$= 69.15 - 48.48$$

$$= 20.67\ \text{g}$$

(3)　水の放出時間 t (ストップウオッチを使用)

水の放出時間　　　$t = 185$ s

(4)　水槽内の終わりの水温

$$\theta_2 = 17.0\ ℃$$

(5)　ガラス管の長さ l とガラス管より水面までの高さ h (最小目盛 1 mm のものさしを使用)

ガラス管の長さ　　$l = 15.0$ cm

水面までの高さ　　$h = 20.4$ cm

(6)　ガラス管の内半径 a (読み取り顕微鏡を使用)

表 1　ガラス管の横方向の内径 D_1 の測定

[単位 mm]

回数	点 b の読み	点 a の読み	内径 D_1
1	120.44	119.58	0.86
2	120.44	119.60	0.84
3	120.44	119.59	0.85
平均			0.85

表2 ガラス管の縦方向の内径 D_2 の測定

[単位 mm]

回数	点 d の読み	点 c の読み	内径 D_2
1	105.66	104.91	0.75
2	105.62	104.90	0.72
3	105.63	104.94	0.69
平均			0.72

ガラス管の内半径 a は

$$a = \frac{D_1 + D_2}{4} = \frac{0.85 + 0.72}{4} = 0.39\,[\text{mm}]$$

水の体積の算出

はじめの水温 θ_1 と終わりの水温 θ_2 の平均温度 $\theta = 17.0\,℃$

このときの水の密度

$$\rho = 0.99877\,\text{g/cm}^3$$

よって，水の体積

$$V = m/\rho = 20.70\,\text{cm}^3$$

以上の測定データより粘性係数 η とレイノルズ数 R は次のように求められる．

(4) 式より

$$\eta = \frac{\pi \rho g h a^4}{8Vl}\,t$$
$$= \frac{3.142 \times 0.99877 \times 980 \times 20.4 \times 0.039^4}{8 \times 20.70 \times 15.0} \times 185$$
$$= 1.08 \times 10^{-2}\,[\text{g} \cdot \text{cm}^{-1} \cdot \text{s}^{-1}]$$

$$R = \frac{\rho^2 g h a^3}{8\eta^2 l}$$
$$= \frac{0.99877^2 \times 980 \times 20.4 \times 0.039^3}{8 \times (1.08 \times 10^{-2})^2 \times 15.0}$$
$$= 85$$

参考　(2) 式の導出

図1に示すように，内半径 a，長さ l の細管内を密度 ρ の流体が層流をなして流れている．管内の速度分布は図に示すように中央で最も速く周辺で0で，中心軸に対して対称な分布を示している．管の両端における流体の圧力は，それぞれ P_1 および P_2 であり，その差を $\Delta P(= P_1 - P_2)$ とする．

いま，この管の中に図に示すような半径 r の円柱の部分を考える．定常流であるので，この部分の流体に外から働く力はつり合っている．外力のうちその両端に働く圧力の差は $\pi r^2 \Delta P$ であり，これは右方に働いている．一方，その両側に働いている力は $2\pi r l \eta(\mathrm{d}v/\mathrm{d}r) < 0$ であり，これは流れと逆の方向に働いている．その和は0であるから

$$\eta r^2 \Delta P + 2\pi r l \eta \frac{\mathrm{d}v}{\mathrm{d}r} = 0$$

となる．したがって，

$$\frac{\mathrm{d}v}{\mathrm{d}r} = \frac{-\Delta P}{2l\eta}\,r$$

より

$$v = -\frac{\Delta P}{4\pi\eta}\,r^2 + C$$

となる．ここに C は積分定数であるが，$r = a$ で $v = 0$ であることを考えると

$$v = \frac{\Delta P}{4l\eta}(a^2 - r^2)$$

となる．この式は流体の速度分布を示し，図1に示したような放物線となる．このとき，t 秒間に流れる流体の体積を V とすれば

$$V = \int_0^a 2\pi r\,\mathrm{d}r \cdot v \cdot t$$
$$= 2\pi t \int_0^a r\left[\frac{\Delta P}{4l\eta}(a^2 - r^2)\right]\mathrm{d}r$$
$$= \frac{\pi t\,\Delta P\,a^4}{8l\eta}$$

となる．(2) 式はこのようにして求めたものである．

参 考 書

一色尚次：わかりやすい熱と流れ　森北出版 (1980)

9. レンズの焦点距離の測定

　レンズという言葉は，両凸レンズに似たひら豆を意味するラテン語の lentil に由来している[1]．レンズはガラスやプラスチックのような透明な材料でできており，光の屈折により物体の像を作る働きがある．いまやレンズはわれわれの日常生活に必要な光学的道具となり，めがね，望遠鏡，拡大鏡，カメラその他の多くの光学機器に使用されている．一般に，レンズは，周辺より "中央が厚い" 凸レンズ (集束レンズ) と，中央より "周辺が厚い" 凹レンズ (発散レンズ) の 2 つに大別できる．本実験では，光の幾何学的な内容，すなわち，凸レンズと凹レンズが光に対してどのような働きをするか理解することを目的として，凸レンズおよび凹レンズの焦点距離の測定を行う．

理　論

　図1(a) のように，両側の面が同じ半径 R (この半径を曲率半径と呼ぶ) をもつ 2 つの球面の一部であるような球面レンズ，すなわち両凸レンズと両凹レンズを考えてみよう．図1(a) で表現したこれらの両凸レンズと両凹レンズをさらに描き直して図1(b) のように見た場合，凸レンズでは光軸に平行に来た光線が光軸に近づくように屈折する．ここで，これらの屈折した光線と光軸とが交差した点を焦点 (F) という．また，レンズの中心から焦点 F までの距離が焦点距離 (f) となる．

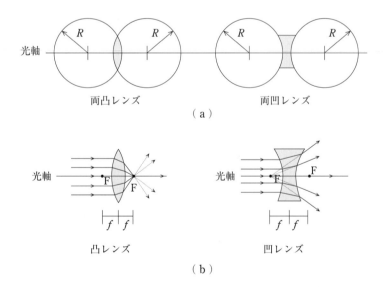

図1 球面レンズ[1]

(a)　両凸レンズおよび両凹レンズ．
(b)　凸レンズ：光軸に平行な入射光線は屈折後レンズの反対側の焦点 F に収束する．
　　　凹レンズ：光軸に平行な入射光線は屈折後，入射側の焦点 F から発散して広がる．

*1 レンズの由来および球面レンズの説明には J.P. Shipman 著：シップマン自然科学入門新物理学 (勝守　寛・吉福康郎訳) 学術図書出版社 (1999) を引用した．

それに対して，凹レンズでは，光軸に平行な光線が光軸から離れるように屈折し，入射側の点 F から発散したような光線となる．図 1(b) に示した凹レンズのように，この発散した光線と光軸との交差した点を凹レンズの焦点 (F) と呼び，凹レンズの中心から焦点 F までの距離が焦点距離 (f) となる．

焦点距離とレンズには，レンズの光軸に沿ってレンズの中心から物体までの距離を l_1，レンズの中心から像までの距離を l_2 とし，レンズの焦点距離を f とすると

$$\frac{1}{f} = \frac{1}{l_1} + \frac{1}{l_2} \tag{1}$$

の関係がある．そこで，この関係を用いてレンズの焦点距離を求めることができる．なお，一般に薄いレンズでは，焦点がレンズの両側にでき，焦点距離は等しい (図 1(b) 参照)．

予 習 問 題

(1) 凹レンズと凸レンズの形を書きなさい．これらのレンズに太陽光を当て，レンズの焦点に物体を置いたとき，物体が焦げるのはどちらのレンズですか．

(2) 図 2 のように T 字型測定棒および凸レンズを光学支持台に置き，P および R に位置する T 字型測定棒の中心の光学支持台の目盛を読んだところ，それぞれ 700.0 mm および 555.0 mm であった．測定棒の長さ a が 139.5 mm のとき凸レンズの厚さ $t\,[\text{mm}]$ を求めなさい．

(3) 図 3 のように光学支持台に目盛付きガラス，凸レンズおよびスリガラス板を置いた．OR 間 $d_1 = 82.0$ mm，PQ 間 $d_2 = 225.0$ mm，測定棒の長さ $a = 139.5$ mm，凸レンズの厚さ $t = 5.0$ mm のとき，凸レンズの屈折度を求めなさい．なお，屈折度の説明については p.92 の "参考" を見なさい．

(4) (3) のときの凸レンズの焦点距離を求めなさい．

実　　　験

1．実 験 装 置

実験には，凸レンズおよび凹レンズ (これらはレンズ支持台に固定されている)，目盛付きガラス板およびスリガラス板 (これらもガラス板支持台に固定されている)，電球，電源 (スライダック)，ノギス，光源支持台および測定棒を使用する．実験では 1 つの測定棒を使用してこれを所定の位置に移動させることで目盛を読む．したがって，各図のように測定棒が多数あるのではない．

2．測定棒の使用法

実験を始めるにあたり実験装置の測定棒の使用法について理解しよう．

まず，図 2 のように光学支持台 MM′ にレンズを置く．このとき，レンズの位置を A とする．

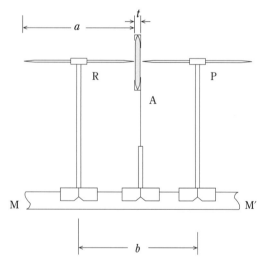

図 2　測定棒の使用法

表 1　光学支持台の位置およびレンズの厚さ t および t'

	a の長さ [mm]	P の位置 [mm]	R の位置 [mm]	PR 間 $b\,(= \text{P} - \text{R})$ [mm]	レンズの厚さ [mm]
凸レンズ (t)	139.5	761.0	615.5	145.5	6.0
凹レンズ (t')	139.5	730.5	587.2	143.3	3.8

さらに，図示した位置 P の近傍に測定棒を置く．

レンズの厚さを測定するには，測定棒の高さをレンズの中央の高さに合わせて，測定棒の左端がレンズ中央に軽く接するまで光学支持台のレールに沿って滑らせて，測定棒の左端がレンズに接した位置 P を光学支持台 MM′ に付いている目盛により読む．次に，測定棒が R 近傍に位置するように移動させて，測定棒の右端とレンズの中央が接したときの R の位置を MM′ に付いている目盛により読む．さらに，測定棒の長さ a をノギスで測定する．このときの P および R の位置における目盛の差 b と測定棒の長さ a を用いて，凸レンズと凹レンズの厚さはそれぞれ

$$t = b - a \qquad (2a)$$

$$t' = b - a \qquad (2b)$$

で求めることができる．それでは実際に，図 2 の使用法に示した位置を参考にして P および R の目盛を読み，表 1 のように値を記入して凸レンズおよび凹レンズにおけるレンズの厚さ t および t' をそれぞれ求めてみよう．

3．実 験 方 法

3.1　凸レンズ (convex lens) の焦点距離の測定

図 3 に示すように，光学支持台上に光源となる白熱電球を置き，目盛付きガラス板を B の位置に，凸レンズおよびスリガラス板を A および C の位置にそれぞれ置く．

次に，白熱電球の電源を入れ，電球を光らせる．B に位置する目盛付きガラスを光が通過し，かつ凸レンズ中を光が通過して，C に位置するスリガラスに目盛が投影されるように凸レンズの位置 A を移動し，AB 間および AC 間の間隔を調節する．なお，これらの間隔については AB 間 < AC 間とする．このとき，C のスリガラスには B の目盛付きガラス板の目盛の像が明瞭に結ばれていることを確認する．

C のスリガラスに像が得られていることを確認した後，測定棒を AB 間に入れ，測定棒の左端が B の目盛付きガラスに触れるまで測定棒を滑らす．目盛付きガラスに触れた位置 O を x_1 とする．さらに，測定棒を A に位置する凸レンズへ滑らせ，測定棒の右端が凸レンズの中央に触れるようにする．ここで，測定棒の右端が触

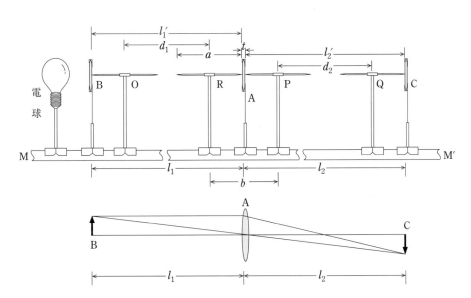

図 3　凸レンズの焦点距離を測定するときの電球，ガラス板，レンズ，測定棒の位置 (上) および凸レンズの原理図 (下)．

れた位置 R を x_2 とする．x_1 および x_2 から図 3 に示す d_1 を次式で求めることができる．

$$d_1 = x_2 - x_1 \tag{3}$$

次に，測定棒の長さ a を用いることにより，光学支持台の B に位置する目盛付きガラス板の右面と A に位置する凸レンズの左面の距離は次式で求めることができる．

$$l_1' = a + d_1 \tag{4}$$

したがって，レンズの中心と目盛付きガラス板の右面の距離 l_1 は

$$l_1 = l_1' + \frac{t}{2} = d_1 + \frac{a+b}{2} \tag{5}$$

で求めることができる．

上記の方法を AC 間にも適用し，l_2 を測定しよう．測定棒を AC 間に置いて，測定棒の右端が C に位置するスリガラス板に触れるまで測定棒を滑らす．スリガラス板に触れた位置 Q を x_4 とする．さらに，測定棒を A に位置する凸レンズ側へ滑らせ，凸レンズの中央に測定棒の左端が触れるようにする．ここで，測定棒の左端が触れた位置 P を x_3 とする．

x_3 および x_4 から図 3 に示す d_2 を次式で求めることができる．

$$d_2 = x_4 - x_3 \tag{6}$$

測定棒の長さ a を用いて，光学支持台の C に位置するスリガラス板の左面と凸レンズの右面の距離は次式で求めることができる．

$$l_2' = a + d_2 \tag{7}$$

したがって，レンズの中心とスリガラス板の距離 l_2 は次式で求めることができる．

$$l_2 = l_2' + \frac{t}{2} = d_2 + \frac{a+b}{2} \tag{8}$$

これらの方法により A に位置している凸レンズの焦点距離 (focal length) f_1 は次式で求めることができる．

$$\frac{1}{f_1} = \frac{1}{l_1} + \frac{1}{l_2} \tag{9}$$

上記の操作を 5 回行い，f_1 の値の平均を求めて凸レンズの焦点距離を求めよう．

参考として，測定結果例を表 2 に示す．

＊参 考

焦点距離 f をメートルで表し，その逆数 $1/f_1$ を屈折度と呼ぶ．この屈折度をレンズの強さともいう．このときの単位をディオプトリー (dioptory) といい，Dptr で表す．また，焦点距離をインチで表し，その屈折度を求めてレンズの強さを表すこともある．インチで表したレンズの強さの単位を度 (degree) という．

注 意

(1)　C に位置しているスリガラス板の表面に明瞭な像を作る際には，スリガラス板を前後に数回移動させながら像を観察することにより，最も明瞭な像が見える位置 C を決定することが必要である．
(2)　目盛の像が明瞭でないときにはレンズ A に絞りを入れるとよい．
(3)　l_1 および l_2 までの距離を測定する場合は，必ず測定棒を使用すること．

測定例

表 2　凸レンズにおける焦点距離の測定結果

回	x_1	x_2	x_3	x_4	l_1	l_2	$\dfrac{1}{l_1}$	$\dfrac{1}{l_2}$	$\dfrac{1}{f_1}$*	f_1
	[mm]	[mm]	[mm]	[mm]	[mm]	[mm]	[m^{-1}]	[m^{-1}]	[Dptr]	[mm]
1	296.5	378.6	525.0	750.1	224.6	367.6	4.452	2.720	7.172	139.4
2	296.5	378.5	525.2	750.5	224.5	367.8	4.454	2.719	7.173	139.4
3	296.5	379.5	525.5	750.9	224.5	367.9	4.435	2.718	7.153	139.8
4	296.5	378.2	525.5	751.0	224.2	368.0	4.460	2.717	7.177	139.3
5	296.5	378.5	525.2	750.5	224.5	367.8	4.454	2.719	7.173	139.4

屈折度の平均値　$1/f_1 = 7.167$ Dptr
焦点距離の平均値　$f_1 = 139.5$ mm

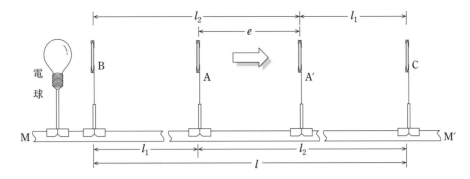

図 4　ベッセルの方法による凸レンズの焦点距離を測定するときの凸レンズの位置 A および A′

測定例

表 3　ベッセルの方法による凸レンズの焦点距離の測定結果 (表 2 の測定値 $l = 592.5$ mm を用いた)

回	A の位置	A′ の位置	e (A′ − A)	f_1	$\dfrac{1}{f_1}$
	[mm]	[mm]	[mm]	[mm]	[Dptr]
1	457.5	601.0	143.5	139.4	7.174
2	456.0	599.1	143.1	139.5	7.168
3	456.5	601.0	144.5	139.3	7.179
4	456.9	601.5	144.6	139.3	7.179
5	457.5	601.0	143.5	139.4	7.174

ベッセルの方法により求めた屈折度の平均値　$1/f_1 = 7.175$ Dptr
ベッセルの方法により求めた焦点距離の平均値　$f_1 = 139.4$ mm

3.2　ベッセル (Bessel) の方法による凸レンズの焦点距離の測定

　凸レンズの焦点距離の測定 (3.1) で像が得られたときの B および C の位置をそれぞれ動かさずに固定し, 図 4 に示した距離 l_1 および l_2 を交換させるように凸レンズを A の位置から A′ の位置に滑らせても像は C に位置するスリガラス上に投影される. このときの凸レンズの移動距離 AA′ 間を e とし, BC 間の距離を l とすれば

$$l = l_1 + l_2 \tag{10}$$

$$f_1 = \frac{(l-e)(l+e)}{4l} \tag{11}$$

で焦点距離が与えられる. このように凸レンズの焦点距離を測定する方法をベッセル (Bessel) の方法と呼ぶ. 図 4 を参考にして, 実際にベッセルの方法により焦点距離を求めてみよう. この実験も 5 回行い, 焦点距離の平均値を算出し, 前頁の表 2 に示した測定例ならって測定した諸君の焦点距離の値と比較してみよう. なお, l の

値についても, もし前の「凸レンズの焦点距離の測定」で B および C の位置を動かさなければ, 「凸レンズの焦点距離の測定」で求めた l の値 (l_1 と l_2 の和) を使用してもよい.

参考　ベッセルの方法における理論

　この理論は光学支持台の長さが凸レンズの焦点距離の 4 倍より大きいときに精密に焦点距離 f を求める方法である. 図 4 のように光学支持台の両端に目盛付きガラス B と像の位置 (すなわちスリガラスの位置) C をあらかじめ固定しておく. BC からそれぞれ l_1 および l_2 (ただし $l_1 < l_2$) の距離に凸レンズ A を置いたときに, 目盛付きガラス B の像が C に位置するスリガラスに投影され, 次に凸レンズの位置 A から右側に距離 e だけ移動したときに B の目盛が再び C に位置するスリガラスに投影されたとき, この 2 つのレンズの位置には, すなわち A および A′ の位置を考えると, A に対して B と C を入れ替えた関係となる. ゆえに, BC の距離を $l\,(= l_1 + l_2)$ とすれば, l_1, l_2 および e との間には

$$l_1 = \frac{l-e}{2}, \quad l_2 = \frac{l+e}{2} \tag{12}$$

の関係が成立する. したがって, l_1 および l_2 の代

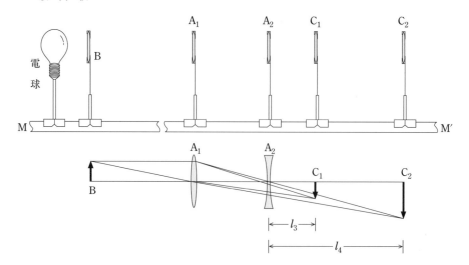

図5 凹レンズの焦点距離を測定するときの電球, ガラス板, レンズの位置 (上) および
凹レンズの原理図 (下)

わりに l および e を測定して焦点距離 f が計算できる. すなわち, (9) 式は

$$\frac{1}{f_1} = \frac{1}{l_1} + \frac{1}{l_2}$$

であることより,

$$\frac{1}{f_1} = \frac{1}{l_1} + \frac{1}{l_2} = \frac{2}{l-e} + \frac{2}{l+e} = \frac{4l}{l^2 - e^2} \tag{13}$$

ゆえに,

$$f_1 = \frac{(l-e)(l+e)}{4l} \tag{14}$$

が導出できる.

3.3 凹レンズ (concave lens) の焦点距離

次に, ここでは凹レンズの焦点距離を測定する. この測定にあたっては図5を参照するとよい. まず, 凸レンズ A_1 および B に位置する目盛付きガラス板を用いて C_1 に位置するスリガラス板に目盛の像を作る. 次に図5のように焦点距離測定用の凹レンズ A_2 を A_1 と C_1 との間に置くと目盛の像が C_1 より遠方にできる. このときのスリガラス板の位置を C_2 とする. A_2 と C_1 および A_2 と C_2 との距離をそれぞれ l_3 および l_4 とする. このとき A_2 に位置する凹レンズの焦点距離 f_2 と凹レンズの位置 A_2 と C_1 および C_2 の位置との間には次の関係が成り立つ.

$$\frac{1}{f_2} = \frac{1}{l_3} - \frac{1}{l_4} \tag{15}$$

それでは, 実際に焦点距離の測定をしてみよう. 測定にはこれまでに使用した測定棒の操作方法を活用するだけである.

まず, 凸レンズの焦点距離の測定と同様に, 凸レンズ A_1 およびスリガラスを用いて像を作り, このスリガラスの位置を C_1 とする. このとき, 凹レンズを光学支持台には置かないこと. 測定棒を A_1 と C_1 の間に置き, 右側へ滑らせてスリガラスの左面が触れたときの測定棒の位置の目盛 x_2 を読む. 次に, 凸レンズの位置 A_1 とスリガラスの位置 C_1 の間に凹レンズを置き, かつ C_1 に位置しているスリガラスを右側へ滑らす. 凹レンズおよびスリガラスを適当に移動し, スリガラスに像が映るようにする. なお, このとき A_1 に位置している凸レンズを移動してはならない. ここで, 凹レンズおよびスリガラスの位置が決定したときの位置をそれぞれ A_2 および C_2 とする. 測定棒を凹レンズ A_2 およびスリガラス C_2 の間に置き, 左側へ滑らす. 測定棒の左端が凹レンズの右面に触れたときの測定棒の位置の目盛 x_1 を読む.

次に, 測定棒を右側に滑らせて, C_2 に位置しているスリガラスの左面に測定棒の右端が触れ

たときの測定棒の位置 x_3 を読む.

　上記の操作を 5 回行い, f_2 の値の平均を求めて凹レンズの焦点距離を求めよう. (ただし, x_2 を読む操作を x_1 および x_3 の値を読む前にあらかじめ先に 5 回行うと実験が要領よく進む.)

　l_3 および l_4 の値については a および t' を用いて次の計算方法でそれぞれ求めることができる.

$$l_3 = a + (x_2 - x_1) + \frac{t'}{2} \qquad (16)$$

$$l_4 = a + (x_3 - x_1) + \frac{t'}{2} \qquad (17)$$

　参考として, 測定例を表 4 に示す.

測定例

表 4　凹レンズにおける焦点距離の測定結果

回	x_1 [mm]	x_2 [mm]	x_3 [mm]	l_3 [mm]	l_4 [mm]	$\dfrac{1}{l_3}$ [m^{-1}]	$\dfrac{1}{l_4}$ [m^{-1}]	$\dfrac{1}{f_2}$ [Dptr]	f_2 [mm]
1	736.2	759.8	882.5	165.0	287.7	6.061	3.476	2.588	386.4
2	736.2	759.8	882.2	165.0	287.4	6.061	3.479	2.582	387.3
3	736.5	759.9	882.5	164.8	287.4	6.068	3.476	2.589	386.2
4	736.5	760.0	882.5	164.9	287.7	6.064	3.476	2.585	386.8
5	736.2	759.8	882.1	165.0	287.3	6.061	3.481	2.580	386.6

屈折度の平均値　　$1/f_2 = 2.585$ Dptr

焦点距離の平均値　$f_2 = 386.9$ mm

10. 見かけの深さを利用する屈折率の測定

　君達が幼かった頃，小川に足を踏み入れたときに，思ったより深いのに驚いたことはなかったろうか．これはよく知られているように，水の見かけの深さが，実際の深さの 3/4 ほどになって見えるためである．この現象を利用して，透明な液体やガラス板の屈折率を測定することができる．ここでは，水およびガラスの屈折率を見かけの深さを利用して測定し，実験を通して
　　(1) 物質の屈折率に対する理解を深める，
　　(2) 読み取り顕微鏡[*1] の使用法を理解する，
ことをねらいとしている．

理　論

1. 屈折率

　図1のように，媒質1 (たとえば空気) 中を進んでいるある波長の光線 AO が，なめらかな表面をもつ媒質2 (たとえば水) に入射すると，その一部は表面で反射して OB 方向に進み，残りの光線は媒質2中に浸入して OC の方向に進む．AO, OB, OC の方向に進む光線をそれぞれ入射光線，反射光線，屈折光線という．それぞれの光線が境界面の入射点 O に立てた法線 ON となす角を θ_1, θ_1', θ_2 とすると

　(1)　AO, OB, OC, ON は同一平面内にあり，

　(2)　$\theta_1 = \theta_1'$

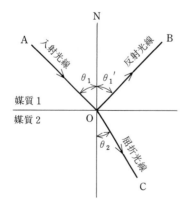

図1 光の反射と屈折

　(3)　$\dfrac{\sin\theta_1}{\sin\theta_2} = n_{12} = \dfrac{1}{n_{21}} = 一定$

である．θ_1, θ_1', θ_2 をそれぞれ入射角，反射角，屈折角という．n_{12} は媒質の組合わせが決まれば定まり，これを媒質1に対する媒質2の屈折率 (相対屈折率) という．これに対し，真空に対するある媒質の屈折率をその媒質の屈折率 (絶対屈折率) という．(1) および (2) を反射の法則，(1) および (3) を屈折の法則 (Snell の法則) という．

　空気の屈折率は 15 ℃, 0.1013 MPa (1 気圧) で 1.0003 程度なので，実際上は，ある物質の空気に対する屈折率をそのままその物質の屈折率として用いることが多い．以下では，空気に対するある物質の屈折率を単に n と表すことにする．

2. 見かけの深さ

　液体中の1点 P からの光はいろいろな方向に進み，一部は境界面で反射し，また，一部は屈折して空気中に出てくる．この屈折してきた光がわれわれの眼に入ると，われわれは，P を光線の逆延長線群がつくる包絡線上にあるように認識する (図2)．そして点 P の真上から見た場合には，P が P_0 にあるように見える．このときの深さ $OP_0 = d'$ を，真の深さ $OP = d$ に対して，見かけの深さという (図3)．

　さて，いま図3で O′ は O に極めて近い点と

*1 遊尺顕微鏡，遊動顕微鏡ともいう．

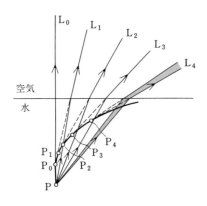

図2　水中のPから出た光線の経路と点Pの像

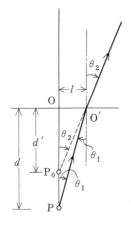

図3　見かけの深さ

し，$OO' = l$とする．また，入射角をθ_1，屈折角をθ_2とすると，

$$\angle OPO' = \theta_1,$$

$$\angle OP_0O' = \theta_2$$

であることは，図からすぐにわかる．ここで，

$$\tan\theta_1 = l/d \quad および \quad \tan\theta_2 = l/d'$$

であるから，見かけの深さd'は

$$d' = d\frac{\tan\theta_1}{\tan\theta_2}$$

となる．ところで，θが小さいときには$\tan\theta \approx \sin\theta$と見なすことができるから，見かけの深さ$d'$は，液体の屈折率を$n$とすると

$$d' \cong d\frac{\sin\theta_1}{\sin\theta_2} = \frac{d}{n}$$

となり，真の深さの$1/n$に見えることになる．したがって，dおよびd'を測定することにより，屈折率nが

$$n = \frac{d}{d'}$$

として求められる．

予 習 問 題

(1)　1930年頃，摩周湖および猪苗代湖の最大透明度はそれぞれ41.6mおよび27.5mであったという．それぞれ見かけの深さはいくらであったか計算しなさい．ただし水の屈折率を1.33としなさい．

(2)　屈折率1.53の透明なガラスで作った厚さ$d = 50\,\mathrm{mm}$の平面板を本の上に置いた．本の活字を真上から見た場合，本の活字は何mm浮き上って見えるか計算しなさい．

(3)　(2)の問題で入射角が6°の入射光線に対する屈折角はいくらか．また，この場合，本の活字が何mm浮き上って見えるかを図3に倣って作図によって求めなさい．このとき，図3のlの値がいくらになるか計算しなさい．

実　　　験

1．実 験 装 置

読み取り顕微鏡，ビーカー（50〜100mL），ガラス板，水，チョークの粉，洗浄びん．

図4　読み取り顕微鏡

2．実 験 方 法

2.1 読み取り顕微鏡の取り扱い方

読み取り顕微鏡は，図4のように，測定台上を水平に移動できる台に垂直に支柱が取り付けられており，この支柱に沿って顕微鏡Mを上下に移動することができるようになっている．G_1 および G_2 はそれぞれ顕微鏡を左右方向および上下方向に移動させるためのネジである．測定台および支柱にはそれぞれ $0.5\,\mathrm{mm}$ 目盛の主尺 X_1X_2 および Z_1Z_2 が取り付けられており，24.5 mm を50等分した副尺を用いて，顕微鏡の位置を $1/100\,\mathrm{mm}$ まで決めることができる．

使用に際しては，次の手順による．

(1)　水準器Eを見ながらネジ S_1, S_2 を適当に回して測定台を水平にする．この操作で支柱は鉛直になる．

(2)　顕微鏡を少し離れた位置から眺めて支柱と顕微鏡が平行になっていることを確かめる．平行でないときには，ネジ S_3 をゆるめて平行にし，再び S_3 をしめる．

(3)　顕微鏡をのぞきながら，接眼鏡 L_E の最上部を静かに回し，視野に十字線がはっきり見えるように調節する．

(4)　ネジ G_1 および G_2 を操作して，目的の物体がはっきり見えるようにする．このとき，顕微鏡を横から見ながら，物体に当たる少し手前で下げる．つぎに顕微鏡を上に向かって移動させながら，十字線の像と物体の像とが同じ位置に生じるようにする．

注　意

両者の位置がずれているときには，眼をわずかに左右に動かしてみると，十字線と物体の像は左右にずれてみえる．物体の像が正しい位置にできているときには，眼を左右に動かしても十字線と物体の像はずれない．

以下では，この正しい位置に物体の像を作る操作を "ピントを合わせる" と表現する．

顕微鏡を常に下から上に向って移動させながら焦点を合わせるということは，次の2つの注意も考慮した上での操作である．

①顕微鏡を移動させるためのギアの微小のガタ (バック・ラッシュという) が測定値に及ぼす影響をできるだけ小さくする．

②不注意に対物レンズを水中に浸入させたり，ガラスにうち当てたりしない．

なお，①の注意は，他の実験で顕微鏡を水平に移動して使うときにも当然考慮しなければならない．

(5)　ルーペを調節して，目盛が明瞭に読み取れるようにし，目盛を副尺を用いて $1/100\,\mathrm{mm}$ まで読み取る．

注　意

読み取り顕微鏡では，主尺と副尺の1目盛りの差が極くわずかなので，ルーペを用いてもその一致しているところがなかなか判断しにくいことが多い．そのときは，一致しているところから少し離れて，主尺と副尺の目盛りのずれがはっきりわかるところを見る．一致している目盛の両側で目盛の差が次第に小さくなる様子を追いかけていき，最もよく合っているところを決める．また，このとき，ルーペの光軸から外れた方向からのぞき込むと視差のために正しい値が読み取れない．眼を少し動かしてみて，正しい方向を探す注意も必要である．

2.2 ガラスの屈折率

(1)　測定台上の小さな傷 (できるだけ小さい方がよい) に顕微鏡のピントを合わせる．

顕微鏡は，横から見ながら，測定台に当たる少し手前まで下げ，つぎに上に向けて移動させながらピントを合わせる．そのときの顕微鏡の位置の読み h_1 を読み取り記録する．この操作を5回繰り返す．

(2)　目印とした傷の上にガラス板をおき，その傷に顕微鏡のピントを合わせる．そのときの顕微鏡の位置の読み h_2 を読み取り記録する．

この操作を 5 回繰り返す.

(3) ガラスの上の表面に顕微鏡のピントを合わせる.（よく注意して見ると，ガラスの表面の傷が見える.）そのときの顕微鏡の位置の読み h_3 を読み取り記録する．この操作を 5 回繰り返す.

(4) h_1, h_2, h_3 のそれぞれの平均値からガラス板の厚さ d および見かけの深さ d' を求め，ガラスの屈折率 n を計算する.

$$n = \frac{d}{d'} = \frac{h_3 - h_1}{h_3 - h_2}$$

2.3 水の屈折率測定

(1) 測定台上に，ビーカーを載せる.

(2) 顕微鏡の高さを，ビーカーの底の内面がはっきり見えるように調節する[*2]．このとき，できるだけ小さいものを目印とするのがよい．このときの顕微鏡の位置の読み h_1 を読み取り記録する．この操作を 5 回繰り返す.

(3) 顕微鏡を上げ，ビーカーの位置を動かさないように注意しながら，水を数 cm の深さに注ぎ入れる．顕微鏡を横から見ながらゆっくりと下げ，水面の少し上で止める．つぎに，顕微鏡をゆっくり上げながら，先の目印に顕微鏡の焦点を合わせる．このときの顕微鏡の位置の読み h_2 を読み取り記録する．この操作を 5 回繰り返す.

(4) 水の表面にチョークの粉をわずかに浮かし，この粉に顕微鏡のピントを合わせる．このときの顕微鏡の位置の読み h_3 を読み取り記録する.

(5) h_1, h_2, h_3 のそれぞれの平均値から水の真の深さ d および見かけの深さ d' を求め，水の屈折率 n を計算する.

$$n = \frac{d}{d'} = \frac{h_3 - h_1}{h_3 - h_2}$$

(6) 水を足し，深さを変えて水の屈折率 n を測定してみよ.

3. 測定例

(1) ガラスの屈折率

測定回	Z_1Z_2 の読み h_1 [mm]	Z_1Z_2 の読み h_2 [mm]	Z_1Z_2 の読み h_3 [mm]
1	29.69	38.15	54.35
2	29.72	38.18	54.37
3	29.70	38.16	54.32
4	29.69	38.16	54.33
5	29.71	38.15	54.34
平均	29.70	38.16	54.34

$$n = \frac{d}{d'} = \frac{h_3 - h_1}{h_3 - h_2} = \frac{24.64}{16.11} = 1.529$$

(2) 水の屈折率

測定回	Z_1Z_2 の読み h_1 [mm]	Z_1Z_2 の読み h_2 [mm]	Z_1Z_2 の読み h_3 [mm]
1	31.70	37.32	54.18
2	31.74	37.33	54.20
3	31.72	37.33	54.19
4	31.73	37.31	54.16
5	31.75	37.35	54.18
平均	31.73	37.33	54.18

$$n = \frac{d}{d'} = \frac{h_3 - h_1}{h_3 - h_2} = \frac{22.45}{16.85} = 1.332$$

4. 検討

有効数字の点からは，h_1, h_2, h_3 の最小位の数字の揃い具合にもよるが，およそ 4 桁が得られる．したがって，屈折率も 4 桁の数値で表してよい．しかし，この点については，次の事柄も考慮しなければならない．すなわち，屈折率は波長によって異なり，長波長側で小さく，短波長になるほど大きくなる．そして，小数点以下第 3 位，ときには第 2 位にその影響が現れる（表 1 参照）．したがって，有効数字 4 桁，すなわち，小数点以下第 3 位までの値を得たいときには，測定に際して，波長の定まった単色光を光源として用いなければならない．実験では白色光を光源としているから，結果は小数点以下第 2 位までにとどめなければならない．もっとも，

[*2] 底が見えにくいときには，マジックインキで底の内面に印をしておく.

表 1 屈折率の波長依存

(理科年表から)

波長 [nm]	色	ガラスの屈折率	水の屈折率
768.2	赤	1.5125	—
656.3	赤	1.5155	1.3311
589.3	黄	—	1.3330
587.6	黄	1.5182	—
546.1	緑	1.5203	1.3345
486.1	青	1.5243	1.3371
435.8	藍	1.5291	1.3402
404.7	菫	1.5331	1.3428

光源を単色光としても，この装置による測定としては小数点以下第 2 位くらいまでが限度で，さらに詳しい値を必要とするときには他の方法によらなければならない．これらの点から，測定例として示したガラスおよび水の屈折率は，

ガラス：$n = 1.53$

水　：$n = 1.33$

とするのが適当である．

参 考 書

(1) 見かけの深さ

1. 児玉帯刀；光　槇書店 (1964) p.450–451.

2. M. L. Warren；Introductory Physics, Freeman (1979) p.409–410.

(2) 実験

1. 吉田卯三郎・武居文助；四訂物理学実験，三省堂 (1958) p.162–164.

2. L. H. Greenberg；Discovery in Physics, W. B. Saunders (1968) p.17–19.

3. C. N. Wall, R. B. Levine and F. E. Christensen；Physics Laboratory Manual. 3rd ed., Prentice–Hall (1972) p.274–276.

11. 分光計によるガラスの屈折率の測定

　空気中を直進している光が，水やガラスのような物質に当たると，その一部は反射されるが，同時に一部は物質中に入りこむ．このとき，投射光が境界面に垂直でないと，入射光線は方向を変えて進む．これは水やガラス中での光速が，空気中での光速と違っているために起こるのである．このような屈折現象はわれわれの身近なところでよく経験することである．たとえば，太陽光線を一点に絞ろうとするとき，われわれは凸レンズを使用する．これは，空気とレンズ (正確にはレンズを構成しているガラス) の2つの違った物質の境界面での屈折現象を利用した応用例である．そこで本実験では，プリズムに光を入射させて，その屈折現象を観察しながら，プリズムを構成しているガラスの屈折率を求める手法を学ぶ (水の屈折率の測定は，一般実験の「見かけの深さを利用する屈折率の測定」を参照).

理　論

　プリズムの表面に，図1のように単色光線 I が入射した場合，入射光線はプリズム AB 面で屈折し，再び AC 面で屈折して透過光線 T となる．プリズムがなければ，I は I′ 方向へ直進するはずであるが，プリズムがあるために進路が曲げられる．このとき入射光線と透過光線の間の角 δ をふれの角 (Angle of Deviation) という．この角は入射光線の波長によって異なるが，ここではまず一定の波長の光線，すなわち単色光線が入射した場合について考える．ふれの角 δ は入射角 i によって変化する．いま AB, AC 両面における入射角および屈折角をそれぞれ図に示したように i, r, i', r' とする．また AB 面でのふれの角を β，AC 面でのふれの角を γ と

する．すると全体のふれの角 δ は

$$\delta = \beta + \gamma$$
$$= (i-r) + (r'-i') = (i+r') - (r+i') \quad (1)$$

となる．プリズムの頂角を α とすると

$$r + i' = \alpha \quad (2)$$

であるので，δ は

$$\delta = (i+r') - \alpha \quad (3)$$

となる．

　空気に対するガラスの屈折率を n とすれば，

$$n = \frac{\sin i}{\sin r} = \frac{\sin r'}{\sin i'} \quad (4)$$

となる (スネル (Snell) の屈折の法則). よって

$$\sin i = n \sin r, \ \sin r' = n \sin i'$$

より，i, r' は

$$\left.\begin{array}{l} i = \sin^{-1}(n \sin r) \\ r' = \sin^{-1}(n \sin i') = \sin^{-1}\{n \sin(\alpha - r)\} \end{array}\right\} \quad (5)$$

となる．図1のプリズムを回転させ，入射角 i の変化に対するふれの角 δ の変化の様子を (3), (5) 式より求めて示すと，図2のようになる．δ は入射角 i の値が小さい場合には，i が増加するにつれて減少し，一度最小値に達した後，再び増加をはじめる．このときの δ が最小になる条

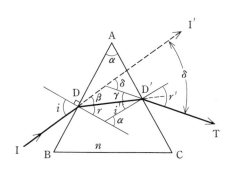

図1　プリズムによる光の屈折

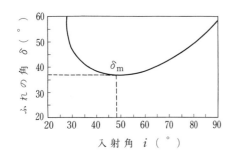

図 2 最小ふれの角 $\alpha = 60°$, $n = 1.50$ のとき $\delta_{\mathrm{m}} = 37.2°$, $i = 48.6°$

件およびそのときのふれの角 δ_{m} を次に求める.

(5) 式を (3) 式に代入すると δ は

$$\delta = \sin^{-1}(n \sin r) + \sin^{-1}\{n \sin(\alpha - r)\} - \alpha \tag{6}$$

となる. δ の最小値を求めるために, (6) 式を屈折角 r で微分[*1]すると

$$\frac{\mathrm{d}\delta}{\mathrm{d}r} = \frac{n \cos r}{(1 - n^2 \sin^2 r)^{\frac{1}{2}}} - \frac{n \cos(\alpha - r)}{\{1 - n^2 \sin^2(\alpha - r)\}^{\frac{1}{2}}} \tag{7}$$

となる. ここで $r = \alpha/2$ とおくと (7) 式の右辺の第 1 項と第 2 項は等しくなり

$$\mathrm{d}\delta/\mathrm{d}r = 0$$

となる. (2) 式から $r = \alpha/2 = i'$ となり, このとき δ は最小値をとる. すなわち光線がプリズムを対称的に通過するとき, ふれの角は最小となる. このときの δ を最小ふれの角といい δ_{m} で表す. $r = i'$ のときは $i = r'$ となるので, (3) 式の δ を δ_{m} とすると

$$i = r' = \frac{\alpha + \delta_{\mathrm{m}}}{2} \tag{8}$$

となる. プリズムのガラスの屈折率[*2] n は (4), (8) 式より

$$n = \frac{\sin i}{\sin r} = \frac{\sin \dfrac{\alpha + \delta_{\mathrm{m}}}{2}}{\sin \dfrac{\alpha}{2}} \tag{9}$$

で与えられる. したがって, プリズムの頂角 α と最小ふれの角 δ_{m} を測定すれば, ある波長に対する屈折率が求められる (ただし, 光の波長により, プリズムを対称に通過するための入射

角 i は異なるので注意を要する).

予 習 問 題
(1) 実験方法「2.2 頂角の測定」をよく読み, 図 6 の, 主尺, 副尺, 主尺+副尺, の読みを答えなさい.
(2) 角度の単位記号「°」は度, 「′」は分を表し, 1° = 60′ であることに注意し, 以下の角度の計算をしなさい.
    (a) $59°57' + 51°49'$ (b) $59°57' \div 2$
(3) 水銀の 546.1 nm (ナノメートル) (1 nm $= 1 \times 10^{-9}$ m) のスペクトル線 (緑色) について, 2 種類の三角プリズムの頂角 α と最小のふれの角 δ_{m} を測定したところ, 次の値が得られた. (9) 式を用いて, それぞれのガラスの屈折率を計算しなさい.
    (a) $\alpha = 60°02'$ $\delta_{\mathrm{m}} = 38°54'$
    (b) $\alpha = 59°57'$ $\delta_{\mathrm{m}} = 51°49'$

実　　　験

1. 実 験 器 具
分光計, プリズム, 光源 (水銀 (Hg) ランプ), スペクトル光源スタータ, 電気スタンド.

2. 実 験 方 法
本実験では頂角 α, 最小ふれの角 δ_{m} を測定するのに分光計を用いる. 分光計を正しく使用するためには, 分光計本体 (図 3 参照) の調整を入念に行う必要がある. しかし実験時間の都合上, 分光計はあらかじめ調整しておくので, 光源の点灯から実験を始めてよい.

2.1 光源の点灯
コリメータには図 3 のようにスリット S が付けてある. この前方約 1 cm ほどのところに図 5 のように光源 (Hg ランプ) をおく. Hg ランプは黒い円筒状のカバーで覆われていて, このカバーの中央部分の穴から光がでるようになって

[*1] $\dfrac{\mathrm{d}}{\mathrm{d}x} \sin^{-1} x = \dfrac{1}{\sqrt{1 - x^2}}$ の関係を用いた.

[*2] 光が媒質 1 と媒質 2 との境界面に入射して屈折するとき, (4) 式が成立する. この n を媒質 2 の媒質 1 に対する相対屈折率という.

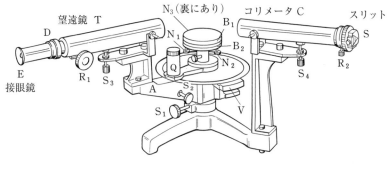

図3　分　光　計

図4　スリット

いる．次に光源を点灯する．点灯方法は，Hgラ
ンプとコードで結ばれた起電装置の電源スイッ
チを入れ，次に起電ボタンスイッチを押し，フィ
ラメントが赤熱するまで約20秒待ち，ボタンス
イッチをはなす．すると Hg ランプは放電を開
始し，青白くひかる．

2.2　頂角の測定

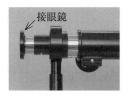

　まず最初に，望遠鏡
をのぞきながら接眼
鏡を前後に動かし，視
野にはっきりと×状
の線が見えるように
調節すること．

　次に，図5に示すようにプリズムを回転台 B_1
にのせ，頂角をコリメータの方向に向け，プリズ
ムの頂角をはさむ二面に平行光線をあてる．こ
のときプリズムは図5のように中心より少しず
らしておいた方がよい．次にプリズムの左の面
から反射した光 (スリット像) を望遠鏡 T を動
かして探し，その位置 T_1 を測定する．このと
き，プリズムからの反射光の方向を肉眼で観測
しておき，そこに望遠鏡をもってくると容易に
スリット像を観測できる．このとき，望遠鏡内

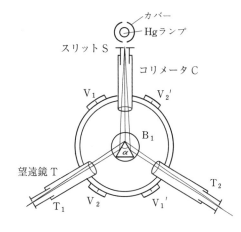

図5　プリズムの頂角の測定

※コリメータ C は，常に Hg ランプに向けておき，
望遠鏡 T を，T_1 または T_2 の位置に移動すること．

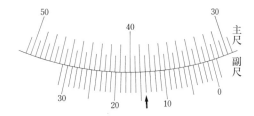

図6　分光計の副尺の読み方

の×状の線の交点に合った所で図3に示すネジ
S_1 を締め，微動ネジ S_2 で正確に×状の線の交点
にスリット像を合わせる．このときの望遠鏡の
位置を2つの副尺 V_1，V_1' を使って目盛円板上
で読む．副尺はルーペ Q を用いて読めるように
なっている．このときルーペと目盛円板の間を
横から電灯でてらすと測定が容易である．副尺
の読み方は図6を参考にせよ．たとえばこの図
では，副尺の0の位置が主尺の $31°30'$ と $32°00'$

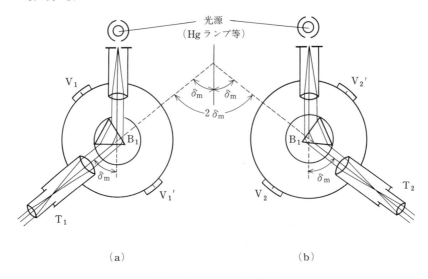

図 7　最小ふれの角の測定

の間にあり，主尺と副尺は 14′ のところで一致
しているので，この場合 31°30′ + 14′ = 31°44′
と読める (単位記号 ° は度，′ は分を示す)．測定
値はデータの整理の表 1 を参考にしてまとめよ．

　次にプリズムを動かさないように注意しなが
ら望遠鏡を T_2 の位置にまわして，プリズムの
右の面からの反射によるスリット像を×状の線
に合わせて，そのときの副尺の位置 V_2, V_2' を
読む．望遠鏡が T_1 から T_2 まで回転した角は
$V_1 - V_2$ および $V_1' - V_2'$ の平均値として求め
られる．両方の読みの差が頂角 α の 2 倍になっ
ている．

2.3　最小ふれの角の測定

　プリズムを載せた回転台 B_1 を回転して図7(a)
のようにセットする．この場合，光はプリズム
内を通過するため分光され，望遠鏡 T を適当に
左右に移動すると数種類の色 (Hg ランプの場合，
黄，緑，青緑，むらさき青，青紫) のスペクトル
線が見えるはずである．その中の強い 1 本のス
ペクトル線 (緑，または青紫) を選ぶ．スペクト
ル線が望遠鏡の視野の中央に見える位置で望遠
鏡を止め，つぎに回転台 B_1 を回転すると，スペ
クトル線の位置も移動する．この場合，スペク
トル線が左側に動く場合には，回転台を逆に回

すと右側に動く．さらに回転台を同方向に回し
つづけると像はついにUターンして左側に動き
始める．このとき像が最も右側にきたとき回転
台を止める．次に望遠鏡を回転して，その×状
の線をスペクトル線の位置に合わせ，望遠鏡の
位置を副尺を用いて目盛円板上で読み取る．こ
のときの値を V_1, V_1' とする．測定値はデータ
の整理の表 2 を参考にしてまとめよ．

　次に (a) の場合の位置とちょうど対称の位置
に回転台と望遠鏡を回転して，図 7(b) のように
する．このときプリズムは (a) の場合と同じ頂
角を使うことに注意する．(a) の場合と同様に
回転台を左右に回転して，スペクトルのUター
ンする位置を探し，その読みを V_2, V_2' とする．
両方の読みの差が最小ふれの角 δ_m の 2 倍とな
る．ゆえに δ_m は $V_1 - V_2$ と $V_1' - V_2'$ との平
均値の 1/2 である．

3.　データの整理

(1)　頂角の測定と計算例 (表 1)

(2)　最小ふれの角の測定と計算例 (表 2)

表1　プリズムの頂角の測定

目盛板の副尺の位置	T₁ の位置				T₂ の位置				望遠鏡の位置の差 $(T_1 - T_2)$
	主 尺	副尺	主尺 + 副尺		主 尺	副尺	主尺 + 副尺		
左側	248°30′	5′	V₁	248°35′	128°00′	14′	V₂	128°14′	$V_1 - V_2 = 120°21′$
右側	68°30′	8′	V₁′	68°38′	308°00′	15′	V₂′	308°15′	$V_1′ - V_2′ = 120°23′^{(注1)}$

$$\therefore \ \alpha = \frac{120°22′}{2} = 60°11′$$

平均
120°22′

(注1) $V_1′ - V_2′$ がマイナスの角度になる場合，360°(= 0°) を加えプラスの角度にすることができる.

表2　最小ふれの角の測定 (546.1 nm の緑色のスペクトル線)

目盛板の副尺の位置	T₁ の位置				T₂ の位置				望遠鏡の位置の差 $(T_1 - T_2)$
	主 尺	副尺	主尺 + 副尺		主 尺	副尺	主尺 + 副尺		
左側	231°30′	18′	V₁	231°48′	128°00′	24′	V₂	128°24′	$V_1 - V_2 = 103°24′$
右側	52°30′	12′	V₁′	52°42′	309°00′	16′	V₂′	309°16′	$V_1′ - V_2′ = 103°26′$

$$\therefore \ \delta_{\mathrm{m}} = \frac{103°25′}{2} = 51°42.5′$$

平均
103°25′

ガラスの屈折率は (9) 式に α と δ_{m} を代入すると求まる.

$$n = \frac{\sin\dfrac{\alpha + \delta_{\mathrm{m}}}{2}}{\sin\dfrac{\alpha}{2}} = \frac{\sin\dfrac{60°11′ + 51°42.5′}{2}}{\sin\dfrac{60°11′}{2}} = \frac{\sin 55°56.75′}{\sin 30°5.5′} = 1.652 \quad \left(\begin{array}{l}\text{使用したガラスプリズムはフ}\\\text{リントであることがわかる.}\end{array}\right)$$

4. 結果の検討

　最小ふれの角を用いて求めたガラスプリズムの屈折率と，本書巻末にある定数表 (付録Cの表15) と比較し，使用したガラスプリズムはクラウンかフリントか判定せよ. Hg の場合，緑色の光 (波長 546.1 nm)，青紫の光 (435.8 nm)，紫の光 (404.7 nm) についての値が与えられている. 青紫と紫の光はそれぞれ 2 本が接近して見える.

付 録　分光計の調整 (図3，図4参照)

(I)　回転台および望遠鏡の光学調整 (オートコリメーション)

　(1)　コリメータ C と望遠鏡 T を一直線に向い合わせ，上から見てその光軸がほぼ回転台 B₁ の中心を通っていることを確め，次に横からながめてコリメータと望遠鏡が回転軸に垂直かどうかを確める. これらが目でみて明らかにずれているときは，上下左右に C と T を調節して目測でほぼ合うようにする.

　(2)　望遠鏡 T をのぞいてまず×状の線が自分の目ではっきり見えるように接眼鏡 E だけを前後させて調節する.

　(3)　平行平面ガラスをホルダーにはさみ回転台 B₁ にたてる (図8参照). この際，平面ガラスは回転台の下の 3 本のネジ N₁, N₂, N₃ に対し，図8のようにセットすると調整が容易となる. 電灯を全反射プリズム D の上におき，光を望遠鏡の中に入れる. 回転台 B₂ を左右に少し回してみると，図9(a) のような □ 形の明るい光束が望遠鏡の視野の中に現れる. もし回転台を左右に回しても現れないときは，図8の回転台上の平面ガラスが望遠鏡の光軸に対して垂直でないためである. この原因は回転台 B₁ が水平でないためか，望遠鏡の軸が水平でないかである. このときはネジ N₁, N₂ を調節して平面ガラスを前後に傾けるか，またはネジ S₃ (図3) で望遠鏡を上下に傾けるかして像が現れるように交互に両方を調節する.

　(4)　(3) の操作で図9(b) のように視野の中央に □ 形の光束が出たとする. ここで望遠鏡のラックピニオン R₁ を回し，□ 形の中に図9(c) のような点線の部分 (×状の線の平面ガラスによる反射像) が現れるように調整する.

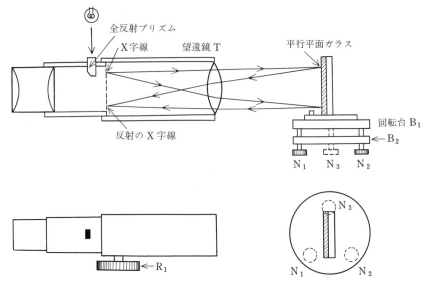

図 8 Abbe 接眼鏡によるオートコリメーション

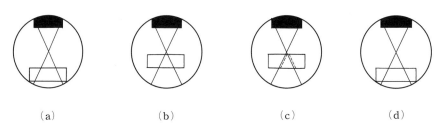

(a)   (b)   (c)   (d)

図 9 平面ガラスによる反射像

(5) 次に回転台のネジ N_1 を回して，□ 形の光束の位置を視野の下端に対して半分だけ下げる．次に望遠鏡の水平ネジ S_3 (図 3) を回して □ 形の位置を図 9(a) のように視野の下端につける．

(6) 回転台を 180° 回転し，視野中に □ 形の反射像を見い出す．分光計の調整が大きくずれてない限り，この像はすぐ見つかるはずである．全然それらしい像が見つからないときは，再度目測で平面ガラスや望遠鏡の傾きを調節する．

反射像が見つかったら回転台のネジ N_1, N_2 を調節して図 9(d) のように×状の線と反射した×状の線とを一致させる．次に回転台を 180° 回転して再び×状の線と反射×状の線とを一致させる．この操作を数回繰り返せば，ガラスのどちらの面でも反射像は一致するようになる．このとき×状の線と反射した×状の線とに視差がないかどうか確め，もし視差があれば望遠鏡の筒長を R_1 (図 3) で再び調節する．この調節が終われば，望遠鏡を平行光線に合わせたことになる．以後は R_1, S_3, N に触れてはならない．このような調整法をオートコリメーションと

いう．

(II) コリメータの調整

最初，望遠鏡とコリメータをほぼ一直線上に置き，そのスリット S の前に光源 (Hg ランプなど) を置く．そして望遠鏡をのぞいてスリット像を見る．スリットがはっきり見えるようにコリメータのネジ R_2 を回して，スリット筒を前後して調整する．像がぼけているとき，望遠鏡のラックピニオン R_1 で焦点を合わせてはならない．必ずコリメータの方で修正する．次にスリットの部分の◁ 形のくさびを移動してスリットを点状とし，その像が×字線の中央にくるようにネジ S_4 によって調節する．調節が終わったら，くさびは元の位置に戻してスリットを線状にしておく．これで分光計の調整は終わる．

(III) 予備調整

最初，実験室を明るくして，まず分光計の中央にある回転台 B_1 と B_2 の 2 枚の円板の間の間隔が大体一定であることを目測で確かめる．(もし著しく違っている場合は，B_2 についているネジ N_1〜N_3 で調整せよ)．次に分光計全体を横から見て，望遠鏡

T およびコリメータ C の光軸が回転台の回転軸に垂直になっていることを目測で確かめる．これが目でみて明らかにずれているときは，目測でほぼ合うようにネジ S_3, S_4 を用いて調整する．(ただし前の実験者が調整を狂わしている場合もあるので，そのときは付録を参照して調整する必要がある．このときは担当の先生に申し出た上で行うこと)

(IV)　スリットの調整

コリメータ C と望遠鏡 T を一直線に向かい合わせ，上から見てその光軸がほぼ回転台 B_1 の中心を通っていることを確かめる．コリメータには図4のようなスリットが付けてある．A の部分を回転してC のすき間を約 0.5 mm 程度にする．このスリットの前方約 1 cm ほどのところに図5のように光源 (Hg ランプ) をおく．Hg ランプは円筒状のカバーで覆われていて，このカバーの中央部分の穴から光が出る

ようになっている．次に光源を点灯する．点灯方法は，Hg ランプとコードで結ばれた起電装置の電源スイッチを入れ，次に起電ボタンスイッチを押し，フィラメントが赤熱するまで約 20 秒待ち，起電ボタンスイッチをはなす．すると Hg ランプは放電を開始し，青白くひかる．この状態で実験室を暗くし，望遠鏡をのぞいて見る．すると視野内にかなり幅広い白色のスリット像が見える．もしスリット像が見えないときは，ネジ S_1 をゆるめてから，支持腕 A をもって望遠鏡を左右に少し動かしてみよ．このとき鏡筒 T をもって回転しないこと．**次にスリット像を見ながらスリットの幅を狭くする**．このときあまり細くするとスリット像が途中で切れることがある．これはスリットにゴミなどがついているために起こるので，掃除をした上で，できる限り細く調整する．

12. 回折格子による光の波長の測定

　われわれの日常の経験から，水面を伝わる波や弦を伝わる波のように，光も波であることを直感的に認識することはそれほど容易ではない．われわれは波の性質として，反射，屈折，干渉，回折などがあることを知っている．日常の経験では，光は直進してはっきりした物体の陰を作るので，波に特有な回折現象が光では起こらないように思われる．しかし，非常に狭いすき間を作り，そこに平行光線をあてると，通過した光はすき間よりも拡がって，ぼんやりした幅の光になってみえるようになる．さらに，明暗のしま模様も見えてくる．これは光による回折現象であり，光の波動性を示す1つの有力な証拠である．そこで本実験では，光の波動性に着目し，この回折現象を用いて光の波長とはどの程度の長さなのかを実際に求めてみる．光の回折には回折格子 (本文で詳述) を用いる．回折格子の格子定数が既知ならば，波長の測定が可能である．

理　論

　図 1(a) のように，光をとおさない平板で狭いすき間 S_0 (スリット) を作り，そこに左から平行光線をあてると，光は図の右側のように拡がりをもって進む．すなわち回折 (Diffraction) を起こす．そこで図 1(b) のように幅 b のスリットが d の間隔で並んだ回折格子[*1]を考える．格子面に垂直に入射した光は，それぞれのスリットで図 1(a) に示したような回折を起こす．その中で入射方向と θ_1 の角をなす方向に進む波 (光) について考えてみよう．B において，θ_1 方向に回折した光線に A から下した垂線の足を L とすると，B から θ_1 方向への光路は，A から θ_1 方向への光路に比べて，溝の間隔を d (格子定数と呼ばれる) とすれば，$BL = d\sin\theta_1$ だけ長い．入射光線として一定波長 λ (ラムダ) の単色光を用いたとき，距離 BL が波長 λ と等しければ，θ_1 方向に進む平行光線 AA′ と BB′ は同じ位相になる．したがって，光路差 (距離 BL) が λ の場合，すなわち

$$d\sin\theta_1 = \lambda$$

が満足されるとき，θ_1 方向に強い回折光が観測される．この回折光は 1 次回折線と呼ばれる．光路差 $d\sin\theta_m$ が 2λ, 3λ, $\cdots$, $m\lambda$, $\cdots$ と λ の

整数倍である場合にも，角度 θ_m の方向に強い回折光が観測される．すなわち，回折線の方向は

$$\left. \begin{array}{l} d\sin\theta_1 = \lambda, \quad d\sin\theta_2 = 2\lambda, \\ d\sin\theta_3 = 3\lambda, \quad \cdots, \quad d\sin\theta_m = m\lambda \end{array} \right\} \quad (1)$$

などを満足する θ_m の方向である．それぞれの方向の回折線はそれぞれ 1 次，2 次，3 次，$\cdots$, m 次の回折線と呼ばれている．これら以外の方向に進む光は互いに干渉してほとんど打ち消されてしまう．そこで，回折格子から十分遠く離れたところに観察面としてスクリーンを置くと，(1) 式を満足した回折光だけが観察できる．ただし本実験では，これらの回折光を図 1(c) に示すように凸レンズのついた望遠鏡で受けとめ，各回折線ごとに集光させて観察する．すると $m = 0$ に対応する 0 次の回折線 (透過光) の両側に対称的に $m = 1, 2, 3, \cdots$ に対応する回折が生じる．m を回折の次数という．回折格子の 1m あたりの溝の数を n とすれば，$d = 1/n$ (単位；m) であるから，それぞれの回折線に対する回折角 θ_m を測定すれば波長 λ が求まる．すなわち (1) 式

[*1] 回折格子 (Diffraction Grating) とは，ガラスなどの平面上に同じ型の溝を等間隔で平行に多数刻んだものである．この回折格子に光をあてると，線を刻んだ部分は光をとおさないが，その間の部分は光をとおす．これは等しい幅の多数のスリットを等間隔に並べたものだと考えることができる．

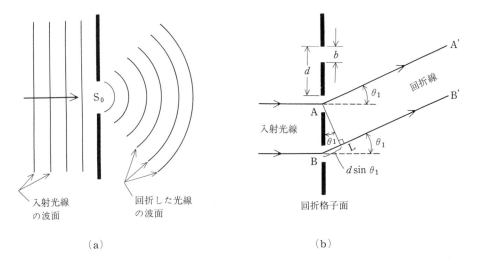

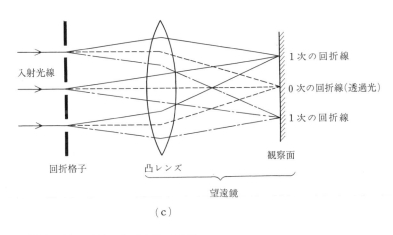

図1　(a)　スリットでの光の回折

　　　　(b)　回折格子面での光の回折

　　　　(c)　回折格子で回折した平行な回折線を，凸レンズのついた望
遠鏡で受けとめ，各回折線ごとに集光させ，観察する．

より

$$\lambda = \frac{d\sin\theta_m}{m} = \frac{\sin\theta_m}{nm} \tag{2}$$

となる．

予 習 問 題

(1)　1cm あたり 1000 本の細隙が刻まれた回折格子の格子定数はいくらか.

(2)　格子定数 $d = 2.00 \times 10^{-5}$ m の回折格子に，波長 577.0 nm，546.0 nm，435.8 nm の3種類の波長の光を入射させたとき，1次および2次の回折角はそれぞれいくらか. ただし 1 nm $= 1 \times 10^{-9}$ m である.

実　　　験

1. 実 験 器 具

　分光計，回折格子，回折格子ホルダー，光源 (水銀 (Hg) ランプ)，光源スタータ (起電装置)，電気スタンド.

2. 実 験 方 法

2.1　分光計の調整

　本実験で回折角 θ_m を測定するために図2に示す分光計を用いる. 分光計を正しく使用する

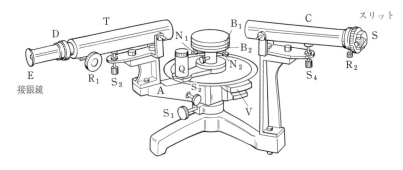

図2 分 光 計

ためには，分光計本体の調整を入念に行う必要
がある．しかし実験時間の都合上，分光計はあ
らかじめ調整しておくので，以下の予備調整の
みを行った上で実験を始めてよい．

2.1.1 予 備 調 整

最初に実験室を明るくして，分光計の中央に
ある回転台 B_1 と B_2 の2枚の円板の間の間隔
が大体一定であることを目測で確かめる（もし
著しく違っている場合は，B_2 についているネジ
N_1～N_3 で調整せよ）．次に分光計全体を横から
見て，望遠鏡 T およびコリメータ C の光軸が回
転台の回転軸に垂直になっていることを目測で
確かめる．これが目で見て明らかにずれている
ときは，目測でほぼ合うようにネジ S_3, S_4 を用
いて調整する（ただし前の実験者が調整を狂わ
している場合もあるので，そのときは一般実験
の「分光計によるガラスの屈折率の測定」の付
録を参照して分光計を調整する必要がある．こ
のときは担当の先生に申し出た上で行うこと）．

2.1.2 回折格子のセット

図2の分光計の回転台 B_1 にホルダーにはさ
んだ回折格子を図3のように置き，回折格子の
格子面をコリメータの光軸に垂直にする（ただ
し，本実験では，後述のように左右の回折線の間
の角を測定し，その1/2を回折角としているの
で，厳密に垂直入射でなくてもよい．したがっ
て，この調整は目測で十分である）．次に望遠鏡
とコリメータとがほぼ一直線になるようにする．
このとき回折格子の溝の切られている面は回折
格子の格子定数が記されている面である．

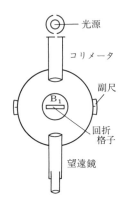

図3 回折格子の位置

2.1.3 光源の点灯

コリメータには図2のようにスリット S が付
けてある．この前方約1cm ほどのところに図
3のように光源 (Hg ランプ) をおく．Hg ランプ
は黒い円筒状のカバーで覆われていて，このカ
バーの中央部分の穴から光がでるようになって
いる．次に光源を点灯する．点灯方法は，Hg ラ
ンプとコードで結ばれた起電装置の電源スイッ
チを入れ，次に起電ボタンスイッチを押し，フィ
ラメントが赤熱するまで約20秒待ち，ボタンス
イッチをはなす．すると Hg ランプは放電を開
始し，青白くひかる．

2.2 回折線の観察[*2]

まず最初に，望遠鏡
をのぞきながら接眼鏡
を前後に動かし，視野

[*2] 暗室は天井灯をつけて少し明るくした方が実験しや
すい．

にはっきりと×状の線が見えるように調節すること.

　望遠鏡をのぞくと, 視野の中央に非常に明るいコリメータのスリット像 (0 次の回折線) が見える (白色のスリット像が見えない場合は, ネジ S_1 をゆるめてから, 支持腕 A をもって, 望遠鏡を左右に少し動かしてみよ. このとき鏡筒 T をもって回転しないこと). またスリット像が著しく広い場合は, スリット S の横にあるツマミを回して細く調節せよ. このときあまり細くするとスリット像が途中で切れることがある. これはスリットにゴミなどがついているために起こるので, 掃除をした上で, できる限り細く調整する. このとき×状の線の交点と像との間に視差[*3] のないことを確かめる. この 0 次の回折線を中心に, 図 4 のように左右対称に 1 次, 2 次, … の線状の回折線 (スペクトル線) 群が並んで発生している[*4]. 望遠鏡を左右に移動してこれらを観察する. 水銀ランプからの 1 次の回折線には青紫, 緑, 橙などの光が含まれている. 2 次, 3 次にも同じ色の光が含まれている (0 次と 1 次回折線の間に非常に弱い回折線[*5] が観察されることもあるが, これは測定しない).

の回折線に合わせる. このとき望遠鏡の D の位置を電灯などでてらすと×状の線と回折線との一致点が容易に見い出せる. ×状の線と回折線に視差のないことがわかったら, 副尺 V を用いてこのときの値を読む. このときルーペ Q を副尺上に回転移動させ, ルーペと目盛円板の間を横から電灯でてらすと測定が容易になる. 副尺の読み方の例が図 5 に示してある. 図 5 において副尺の 0 (ゼロ) の位置の読みは 31°44′ である. このようにして左右の副尺で 1 次の回折線の回折角を測定する. 0 次の回折線の左側と右側の回折線の読みの差の 1/2 が 1 次についての回折角となる. **これらの測定を 2 次の回折線, 3 次の回折線についても行う**. 測定値はデータの整理の表 1 を参考にしてまとめよ.

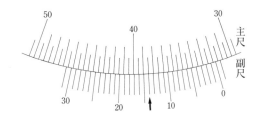

図 5 分光計の目盛板の読み方

副尺の 0 (ゼロ) の位置が主尺の 31°30′ と 32°00′ の間にあり, 主尺と副尺は 14′ のところで一致しているので, この場合, 31°30′+14′ = 31°44′ となる. ここで単位の記号 ° は度, ′ は分を示す. 1° = 60′ であることに注意. (本書巻末の付録 B の表 5 を参照)

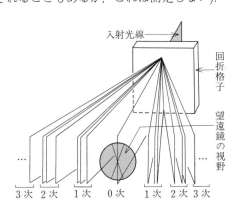

図 4 望遠鏡で観察される回折線群

2.3 回折角の測定

　これらの回折線の左側と右側の同じ次数のものの回折角を測る. まず最初に図 2 の分光計のネジ S_1 を締め, ネジ S_2 を回し×状の線を 1 次

[*3] 人間の右の眼と左の眼は物を異なった角度から見ている. それゆえ片眼ではその像は少し違ってみえる. このように物を見る位置によって像が変化することを視差という.

[*4] 使用する回折格子によっては, 図 4 のように 1 次の回折線が望遠鏡の視野に入らない. このときは望遠鏡を左右に移動して, 回折線を観察せよ.

[*5] この領域は本来何も見えないはずのところであるが, 使用したガラス製の回折格子の溝の間隔に多少のバラツキがあるため, 弱い回折線が生じる. この回折線をライマンゴーストという.

3. データの整理

波長の算出

1 次の回折角 θ_1 の平均値は $1°34'$ であるから，$\sin\theta_1 = 0.02733$ となる．よって 1 次の回折線から求めた緑色光の波長 λ は

$$\lambda = \frac{d\sin\theta_1}{1} = \frac{2.00 \times 10^{-5}\,\text{m} \times 0.02733}{1}$$
$$= 546.6 \times 10^{-9}\,\text{m} = 546.6\,\text{nm}$$

2 次の回折角 θ_2 から求めた緑色光の波長 λ は

$$\lambda = \frac{d\sin\theta_2}{2} = \frac{2.00 \times 10^{-5}\,\text{m} \times 0.05465}{2}$$
$$= 546.5\,\text{nm}$$

3 次の回折角 θ_3 から求めた緑色光の波長 λ は

$$\lambda = \frac{d\sin\theta_3}{3} = \frac{2.00 \times 10^{-5}\,\text{m} \times 0.08194}{3}$$
$$= 546.3\,\text{nm}$$

緑色光の波長の平均値は $546.5\,\text{nm}$ となる．

表 1 回折格子 ($n = 500$ 本/10 mm, $d = 2.00 \times 10^{-5}$ m) による緑色光の回折角の測定例

回折次数	回折線の位置*	目盛板の読み	
		左側	右側
1 次	左側	$9°40'$	$189°39'$
	右側	$6°32'$	$186°32'$
	目盛板の読みの差 $2\theta_1$	$3°08'$	$3°07'$
	θ_1 の平均値	$1°34'$	
2 次	左側	$11°14'$	$191°13'$
	右側	$4°59'$	$184°58'$
	目盛板の読みの差 $2\theta_2$	$6°15'$	$6°15'$
	θ_2 の平均値	$3°08'$	
3 次	左側	$12°47'$	$192°47'$
	右側	$3°25'$	$183°24'$
	目盛板の読みの差 $2\theta_3$	$9°22'$	$9°23'$
	θ_3 の平均値	$4°42'$	

* 望遠鏡の視野内での 0 次回折線に対して左右を示す．

4. 結果の検討

水銀 Hg の各々の色のスペクトル線について，その波長 λ を求め，その平均値と本書巻末の主要スペクトル線の波長 (付録 C の表 18) の値とを比較せよ．また参考に電磁波の波長と振動数，および可視光線の色と波長の関係を示したので，観察したスペクトル線を色で分類してみよ．さらに図 6 のように横軸に波長 λ をとり，得られた平均波長 λ の平均値を記入せよ．図 6 には Hg の主要なスペクトル線の波長が示されている．

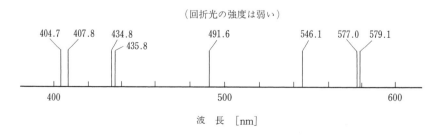

図 6 Hg の主要なスペクトル線

参考

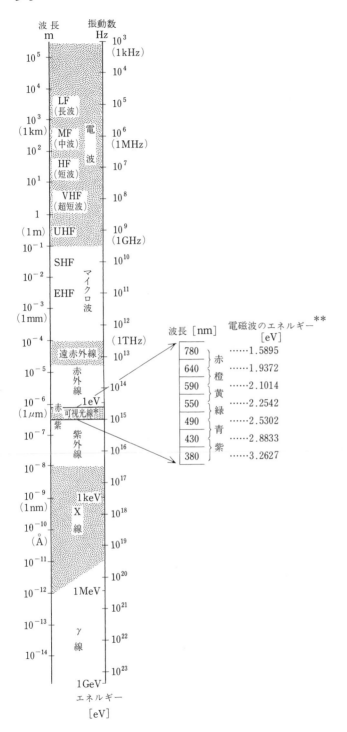

---

* 可視光線の範囲ならびに色の境界は人の眼によって
　違う．ここには大略の値があげてある．

** 電磁波のエネルギーは，振動数とプランク定数の積
　で与えられる．1 eV は 2.41797×10^{14} Hz に相当す
　る．

13.　光電管による光電測光

　現代の科学技術の分野では多くの物理量や情報を一度電気信号に変えて測定したり，処理したりすることが多い．このためいろいろな物理量を電気信号に変える検出器が用いられている．ここでは，この検出器として光電管を取り上げて光電測光の基本について学ぶ[*1]．光電管は光を検出する感度が高く，応答速度も早いため，分光学の実験や精密測光に，また照明技術や写真伝送技術などの光利用技術に用いられている．この光電管を使って光電測光を行うときには，標準電球を用いた光電管の特性試験が必要となる．このとき，問題となる測光量は，光のエネルギー (物理量)[*2] そのものでなく，人間の眼によって光の明るさを評価した量であることを理解する必要がある[*3]．

理　　論

1.　測光量について

　光は「視覚に刺激を与える放射エネルギー」と定義されている．放射エネルギーを直接測定することが困難であるため，測光学では光が人間の眼に与える刺激の大きさを定義し測定する．測光学が取り扱う主な測光量は，光束，光量，照度，光度，輝度などである．ここでは，これらについて解説する．

1.1　光束，光量，照度

　光源から放射された光がある面を通過するとき，その通過エネルギーのうち，波長が λ (ラムダ) から $\lambda + d\lambda$ の範囲内のものが単位時間内に通過する量を $\phi(\lambda)\,d\lambda$ とする．上述の面を目の網膜面と考えて，その光による明るさを $\Phi(\lambda)\,d\lambda$ と表すことにすると，これらの比の値は波長 λ によって連続的に変化する．これを

$$\frac{\Phi(\lambda)\,d\lambda}{\phi(\lambda)\,d\lambda} = K_m V(\lambda) \tag{1}$$

と表す．ここで K_m は定数で，$V(\lambda)$ は比視感度と呼ばれる関数である．図1に示されるように，$\lambda = 555\,\mathrm{nm}$[*4]の場合，$V(\lambda)$ は最高の値となる．これを1とする ($V(555) = 1$) と，

$$\frac{\Phi(555)}{\phi(555)} = K_m$$

となる．この式より K_m は放射パワー ϕ と明暗の感覚量 Φ の単位系の取り方によって決まる定数であって，この比の最高値となることがわかる．この K_m は最大視感度[*5]と呼ばれる．

　可視光線の波長範囲は $\lambda = 380 \sim 750\,\mathrm{nm}$ なので，光源からの全放射スペクトルを見たとき眼が感じる明るさ Φ は

$$\Phi = \int_{380}^{750} \Phi(\lambda)\,d\lambda = K_m \int_{380}^{750} V(\lambda)\phi(\lambda)\,d\lambda \tag{2}$$

と書ける．この Φ が光束と定義されている．また，この光束 Φ が考えている面を時間 t の間にわたって通過するとき，この間に面を通過する

[*1] 光を電気信号に変える主な素子としては，ここで取り上げる光電管の他に光電池 (光があたると起電力が生じる) や光導電セル (光があたると電気抵抗が変化する) などがある．これらを使って光の明るさを測定することを光電測光という．

[*2] 光のエネルギーを熱電対を使って直接測定する方法 (放射測光) があるが，実際に精度のよい測定をするのはむずかしい．

[*3] 測光については，久保田広：光学　岩崎 (1975)，磯部孝編：物理測定と標準　共立出版 (1975) などに詳しく書かれている．

[*4] $1\,\mathrm{nm} = 1 \times 10^{-9}\,\mathrm{m}$

[*5] K_m の値として $680\,\mathrm{lm/W}$ が得られている．lm はルーメン，W はワット，各々光束，放射パワーの単位である．K_m は光当量とも呼ばれる．

全光束は

$$Q = \int_0^t \Phi\, \mathrm{d}t \qquad (3)$$

で与えられ，この Q を光量と呼ぶ．

一方，光で照らされている面の明るさを表すため，単位面積あたりの光束を考え，照度と呼

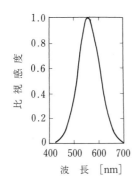

図1 本文中で述べたような一定条件下で各波長の光に対する多くの人の明るさの感覚の平均をとり決定された比視感度曲線

555 nm の光の波長に対する感覚を 1 として基準化して表す．このような比視感度曲線を持つ人が観測した値が測光値であると約束される．(国際度量衡委員会 1933 年)

び E で表す．いま，微小面積 $\mathrm{d}A$ を考え，この面に入射する微小光束を $\mathrm{d}\Phi$ とすれば

$$E = \frac{\mathrm{d}\Phi}{\mathrm{d}A} \qquad (4)$$

である．よく知られているように，点光源から出る光線に垂直な面の照度は光源からの距離の 2 乗に反比例して減少する．

1.2 光度，輝度

一般に照度 E は光源から離れるに従って減少する．したがって，これらを使って光源本来の明るさを示すことはできない．そこで単位立体角あたりの光束を考え，これをその光源の光度と呼び，I で表す．

いま，点光源から見た微小立体角 $\mathrm{d}\omega$ (ω はオメガと呼び，立体角を表す) 中に含まれる光束を $\mathrm{d}\Phi$ と書けば，点光源の光度 I は，

$$I = \frac{\mathrm{d}\Phi}{\mathrm{d}\omega} \qquad (5)$$

で与えられる．図2に立体角の説明とこれらの関係を示す．

(4) 式で求めた照度 E を (5) 式で与えられる

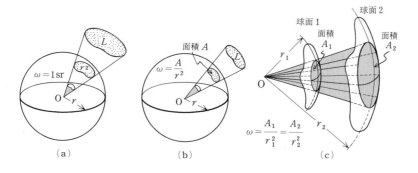

図2 立体角と光度の説明

(a), (b) に示されるように，1 点 O (頂点) から閉曲線 L 上のすべての点に引いた直線によってかこまれる空間の部分を立体角と呼び，ω (オメガ) で表す．立体角は頂点 O から閉曲線を見るときの空間的な視角である．立体角の単位は sr (steradian, ステラジアン) で表され，1 sr とは (a) に示されるように「半径 r の球の中心を頂点とし，半径を 1 辺とする正方形の面積と等しい面積 (r^2) をその球面上で切り取る立体角」と定義される．したがって，(b) に示すように，半径 r の球面上で面積 A を切り取る立体角 ω は $\omega = \dfrac{A}{r^2}$ となる．さらに，(c) の 2 つの同心球の中心 O から面 A_1, A_2 を見るときの立体角を考える．点 O から面 A_2 を囲む閉曲線上のすべての点に引いた直線は面 A_1 を囲む閉曲線上のすべての点を通るので，点 O から A_1, A_2 を見るときの立体角 ω は等しいことがわかる．(c) の中心 O に点光線をおいたとき，A_1 を通る光束はすべて A_2 を通るので，$\phi/\omega = I$ は中心からの距離に無関係で一定となる．

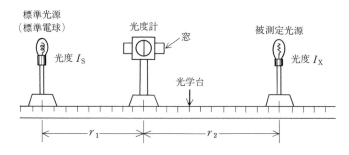

図 3 光度計の説明

ここでは構造の簡単なジョリーの光度計について説明する．2 つのパラフィンブロック
の間に錫箔をはさみ，両面に光度計の窓を通して光をあてる．光学台上で光度計を移動
させて，錫箔で仕切られた左右のパラフィンの明るさが等しくなり，境界線の区別がつ
かなくなる位置を求める．(7) 式を用いて未知光度 I_X を求める．

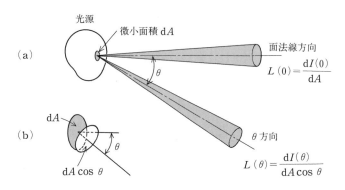

図 4 輝度 $L(\theta)$ の
説明

(a) 光源の微小部分 (面積
dA) の面法線方向とこ
の面法線から角度 θ を
なす方向の光度と輝度
の関係を示す．

(b) $dA\cos\theta$ は面積 dA を
θ 方向から見たときの
有効面積を表している．

光度で書き表すと，

$$E = \frac{I}{r^2} \qquad (6)^{*6}$$

となる．この (6) 式を用いると異なる 2 つの光
源の光度の比較ができる．

図 3 に示すように，一直線上に標準光源 (光
度 I_S)，被測定光源 (光度 I_X) と光度計を置く．
それぞれの光源による光度計の左右の明るさが
同じ位置を探すと，この位置では，

$$\frac{I_S}{r_1^2} = \frac{I_X}{r_2^2}$$

が成り立つ．

この関係式より未知光度 I_X は

$$I_X = \left(\frac{r_2}{r_1}\right)^2 I_S \qquad (7)$$

と求まる．

さらに，光源が有限の面積を持ち，われわれが
光源の各部を見つめることができる場合に，眼
が認める明るさは輝度 L を用いて表される．輝

度 L は「視線に直角の面上での単位面積あたり
の光源」と定義され，図 4 で示されるように，光
源の微小部分の面積を dA，この面の法線から角
度 θ をなす方向の光度を $dI(\theta)$ とすれば，輝度
$L(\theta)$ は，

$$L(\theta) = \frac{dI(\theta)}{dA\cos\theta} \qquad (8)$$

で定義される．

1.3 測光量の単位系

式 (2)～(8) で定義される全ての測光量は光束
Φ を基本量として理論が組立てられている．し
かし実際にはこれらのどれか 1 つを基本量にと

---

*6 光度 I の点光源から半径 r の球面上で面積 dA を通
過する微小光束 $d\Phi$ を考える．面 dA が中心に対し
て張る立体角は $d\omega = dA/r^2$ であるので，(4)，(5)
式より $d\Phi = E\,dA = I\,d\omega = I\dfrac{dA}{r^2}$ と変形できる．
この式より $E = I/r^2$ が得られる．

れば他は自動的に決まる．その1つとして光度単位が採用されている[*7]．

光度の単位としてカンデラ (cd) を採用すると，光束は (5) 式より求まる．この積分値は光束の単位ルーメン (lm) で表される．この単位系では光度と光束の関係は次のように表現される．

「全方向に 1 cd の光度をもつ点光源が 1 sr の立体角内に放出する光束を 1 lm とする」．光束および光度，その他の測光量について定義と単位を一覧表にして示す．

表1　測光量の定義と単位

測光量	定　　義	単　　位
光束 Φ	$\Phi = K_m \displaystyle\int_{380}^{760} V(\lambda)\phi(\lambda)\,\mathrm{d}\lambda$	ルーメン [lm]
光量 Q	$Q = \displaystyle\int_0^t \Phi\,\mathrm{d}t$	ルーメン・秒 [lm・s]
照度 E	$E = \dfrac{\mathrm{d}\Phi}{\mathrm{d}A}$	ルーメン毎平方メートル [lm・m^{-2}][*8]
光度 I	$I = \dfrac{\mathrm{d}\Phi}{\mathrm{d}\omega}$	カンデラ [cd]
輝度 $L(\theta)$	$L(\theta) = \dfrac{\mathrm{d}I(\theta)}{\mathrm{d}A\cos\theta}$	カンデラ毎平方メートル [cd・m^{-2}]

1.4　光度の標準

1.4.1　測光の第1次標準器

国際的に採用された[*9]光度の単位 “カンデラ” は「101325 Pa (パスカル) の圧力のもとでの白金の凝固温度にある完全放射体[*10]の 60 万分の 1 m^2 の平らな表面の垂直方向の光度を 1 カンデラとする」と定義される．この定義を実現するための完全放射体標準を図5に示す．

1.4.2　測光の第2次標準器

測光の第1次標準器は標準状態の持続時間 (約20分) が限られているうえに，操作，測定が困難である．そこで第1次標準器と比較して検定[*11]された光度標準電球が第2次標準器として設定されている．さらにこの第2次標準器によって検定された工業用標準電球が作られている．この実験では工業用標準電球を用いる．

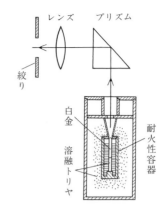

図5　完全放射体標準器

耐火性容器中の白金が高周波誘導加熱で溶融されたあと冷却する．すると一部が凝固しはじめてから全部凝固し終わるまで一定温度に保たれる．このときふたの小穴から出る光が標準として用いられる．この小穴の輝度が 60 万 cd/m^2 である．光は上方に出るので全反射プリズムで曲げ，レンズで小穴の像を拡大して結像させる．溶融トリヤは保温と保護のために使われる．

2.　光電効果について

光の作用による物体 (主として金属) の表面から電子が飛び出す現象を光電効果という．飛び出した電子は光電子と呼ばれる．この効果はヘルツが初めて発見 (1887 年)[*12]し，その後レナード (1902 年)[*13]，ミリカン (1916 年)[*14]によって詳しく調べられた．実験装置の概略を図6に示す．光電効果の実験結果をまとめると，

[*7] 光度単位の方が光束単位より標準器の設定が容易であり，(7) 式を用いて光度の比較が簡単にできることによる．

[*8] ルックス (lx) とも呼ばれる．

[*9] 1948 年の国際度量衡会議で採択され，1967 年に修正された．わが国では 1951 年 3 月 1 日より施行されている．

[*10] 完全黒体，または単に黒体とも呼ばれる．

[*11] (7) 式を用いて検定する．

[*12] Heinrich Hertz : Annalen der Physik Bd. **31** (1887) 983

[*13] P. von Lenard : Annalen der Physik Bd. **8** (1902) 149

[*14] R. A. Millikan : Physical Review vol. **7** (1916) 355

(1) 光電子放出を生じるための光の最小振動数 ν_0 (限界振動数) が存在する.したがって光の振動数 ν (ニュー) が ν_0 以上のときのみ光電子放出が認められる.

(2) 光電子の運動エネルギーの最大値は光の振動数のみによって決まり,その強さには無関係である.

(3) 金属表面に光が当たると同時 (3×10^{-9} 秒以内) に光電子放出が認められる.

(4) 光の振動数が一定のときは,光電流は入射光の強さに正確に比例する.

これらの実験事実は光が電磁波であるということと矛盾する.この光電効果の統一的説明は 1905 年にアインシュタインによって与えられた[*15].

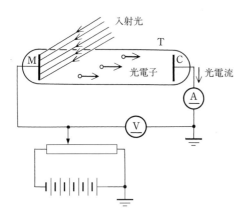

図 6 光電効果の実験装置
　ガラス製の真空管 T に金属板 M とコレクタ C が取り付けてある.M に光を当てると光電子が放出される.C が M に対して正の電位にあると光電子は C に集まり,光電流が観測される.一方,C に負の電圧をかけると大きい運動エネルギーをもつ光電子だけが C に到達して微小光電流となる.
　光電流をゼロにする電圧の値から光電子の運動エネルギーの最大値が決定される.

アインシュタインは振動数 ν の光はエネルギー $h\nu$[*16]のエネルギー量子[*17]で構成されていると仮定した.さらに,この 1 個の光量子[*17] が物体中の電子に衝突することによって $h\nu$ のエネルギーが全部いちどに放出され,これによって

電子が加速されると考えた.放出されたエネルギーが全部吸収されると,光電子の運動エネルギーが最大となり,これを E とすれば,

$$E = h\nu - W$$

である.この式はアインシュタインによって導かれたものである.ただし W は電子を金属内部から取り出すのに必要な最小のエネルギー (仕事関数) である.$h\nu < W$ のときは光電効果は観測されない.電子のエネルギーと光電効果の関係を図 7 に示す.この光電効果は光電管に応用され光の検出,測定に広く利用されている.

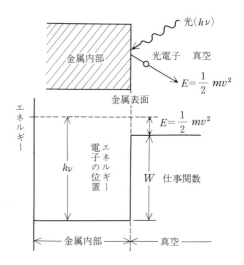

図 7 電子のエネルギー状態図と光電効果
　金属内部の自由電子はそのままでは外部に出られない.光量子のエネルギー $h\nu$ が仕事関数 W を越えたときに光電子放出が起こる.

3. 光電管について

　光電管の代表的構造を図 8 に示す.光電管は管内に封入する気体の有無と光電面に使用する金属の種類によって分類される.光電管の分類と特長を説明する.

---

*15 A. Einstein : Annalen der Physik, Bd. **17** (1905) 132

*16 h はプランクの定数で 6.626×10^{-34} J·s である.

*17 Lichtquant (独語) の訳.光子ともいう.英語では photon.

図8　光電管の構造

光電管は光をうけて光電子を放出する陰
極 (光電面) と光電子を集める陽極から
なる二極管である.

3.1　真空光電管とガス入り光電管

　管内は真空にするか, あるいは低圧のガス (10
Pa 程度のヘリウムやアルゴンガス) を封入して
ある. ガスを入れるのは, 光電子と気体分子の
衝突によってガスがイオン化して光電流が多く
とれるためである. ガス入り型の特長は光に対
する感度が真空型に比べ約 10 倍高いことであ
る. 一方, 真空型は光電流が安定し入射光に正
確に比例する. また高周波 (約 10 MHz) で光強
度が変化する光に対しても使用できるので精密
測光に用いられる. 真空型とガス入り光電管の
特性を図9と図10に示す.

3.2　銀–セシウム (Ag–Cs), アンチモン–セシウ
　　　ム (Sb–Cs) 光電管

　光電管は光電面に使用する金属によっても分
類される. 可視光の範囲 (光の波長が 380～750
nm の間) で利用する場合は仕事関数 W の小さ
なアルカリ金属[18]やこれらの金属を含む合金が
光電面に用いられる. Ag–Cs, Sb–Cs 光電管の
分光感度 (異なる波長の光に対する感度) 特性を
図11に示す.

　Sb–Cs 光電管の分光感度特性は人間の眼の感
度 (比視感度) に近いので, 適当なフィルタと組
合わせることにより, 比視感度に近似した特性

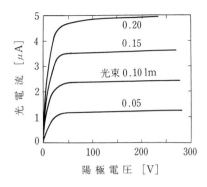

図9　真空光電管 (東芝 PV-13) の
　　　特性曲線

陽極電圧が約 90 V を越えると光電流は
ほとんど一定となり, 光束に比例する.
光電面の劣化防止のため, 常時使用する
ときは 2 μA 以下で使用する. 1 μA =
10^{-6}A である.

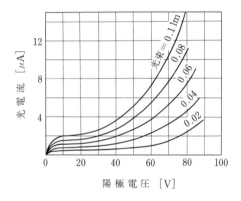

図10　ガス入り光電管 (東芝 6953)
　　　の特性曲線

光電流が一定の範囲を超えると電流は増
加し始め約 80 V 以上で急に増大する.
90 V を越すと放電が起こり破壊する.

を得ることができる. このため光電測光に利用
される. この実験でもこの Sb–Cs 型の光電管を
使用する.

予　習　問　題

　光度 160 cd の標準電球から放射された光が 1.00
m 離れた所で面積が 1.5×10^{-4} m² の面を垂直に通
過する場合について次の問に答えよ. ただし, 光源

---

[18] 普通の金属 (Ag, Al, Au, Cu など) の仕事関数の
値は約 4～5 eV (エレクトロンボルト) であるが, ア
ルカリ金属 (K, Li, Na, Cs など) では約 2 eV で
ある. 1 eV = 1.60×10^{-19} J である.

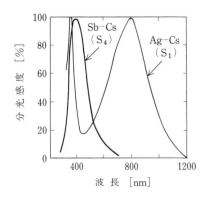

図 11 光電管の分光感度

Ag–Cs, Sb–Cs 光電面をもつ光電管の分光感度を示す. これらの曲線は S ナンバーで呼ばれる. 分光感度の値は最大感度を 100 として相対値で目盛られている.

分光感度の長波長側は光電面自体の特性より, また短波長側は管に使用するガラスの種類によって決定される.

は点光源と見なしてよい.

(1) この面を通過する光束はいくらか.

(2) この面の照度はいくらか.

(3) 光源からの距離を $0.50 \sim 1.60\,\mathrm{m}$ まで変化させたときの光束と距離の関係をグラフに表せ.

(4) フィルタと組合わせた光電管の感度が $50\,\mu\mathrm{A/lm}$ である[19] とき, 光源から任意の距離はなれた所で光束を測定する. 光電管の許容光電流値が $3\,\mu\mathrm{A}$ である場合, 測定可能な光束の最大値とこの値を与える光源からの最小距離を求めよ.

実　　験

1. 実 験 器 具

1.1 器具の説明

光電測光のために使用する器具とこれらについての説明を以下に述べる.

(1) 真空光電管 (浜松テレビ株式会社製 PV–13)

規格を表 2 に示す. 分光感度の記号の意味は図 11 を見ること.

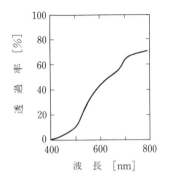

図 12 色ガラスフィルタの透過率

(2) 色ガラスフィルタ

(東芝硝子株式会社製 A-73B)

光電管の分光感度を標準視感度に近似させるのに用いる. 光透過率の波長依存性を図 12 に示す.

(3) 金属製容器

この中に光電管とフィルタが入っている. また小窓の先端には光を遮断できるシャッターがついている. 標準電球を点灯した状態でこの容器カバーをはずして光電管に直射光線をあてないこと.

(4) 標準電球 (中村理科工業株式会社製, ガス入熱電球)

$100\,\mathrm{V}$, $100\,\mathrm{W}$ で $150 \sim 160\,\mathrm{cd}$. 色温度は $2856\,\mathrm{K}$ である[20]. ただし, 個々の電球については試験成績書がついているから, これを見ること. 試験成績書は実験室内の机上に置

---

[19] 光電管に $1\,\mathrm{lm}$ の光束を入射させたとき $50\,\mu\mathrm{A}$ の光電流が流れることを意味する. 実際には光電管が破損してしまうので, $1\,\mathrm{lm}$ もの強い光を光電管にあてることはできない.

[20] 色温度とは光源の色を数値で表す方法の 1 つ. 完全黒体から放射される光の色が温度だけで決まることを利用する. 問題にする光の色をそれと同色の光を出す黒体の温度で示す. 蛍光灯の色温度は約 $5000\,\mathrm{K}$ である.

表 2 光電管 (PV-13) の規格　† この値は (2) のフィルタを使うと約 1/3 となる.

ガラス材質	光電面	光電面の面積 [m²]	分光感度特性	陽極電圧 90 V での標準感度 [μA/lm]	最大陽極電圧 [V]	平均陰極電流 [μA]
硼硅酸ガラス	Sb–Cs	1.5×10^{-4}	S–4	$120 \sim 160$†	250	2

いてある．色温度については脚注と図 13 を参考にすること．

(5) 光学台

(6) マイクロアンメータ

(横河電機製作所製 1.0 級)

(7) 直流電圧計 (〃 1.0 級)

(8) 交流電流計 (〃 1.5 級)

(9) 交流電圧計 (〃 1.5 級)

(10) スライダック (東京芝浦電気株式会社製 0〜130 V，5 A)

(11) 直流電源装置 (メトロニクス株式会社製 MODEL5244)

装置の外観を図 14 に示す．また使用法を以下に述べる．説明を省略してあるつまみと端子はこの実験では使用しない．

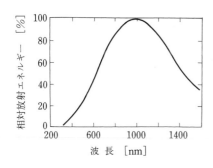

図 13 2856K の黒体の放射エネルギー
最大のエネルギー値を 100 とし
て表してある．

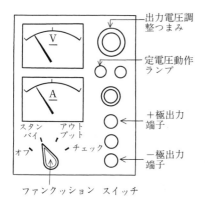

図 14 直流電源装置の正面パネル

1.2 電源装置の作動方法

(1) 出力電圧調整つまみを反時計方向にまわし切る．

(2) 電源プラグをコンセントに入れる．

(3) ファンクション・スイッチをオフ位置から順次スタンバイ，アウトプットにする．

(4) 出力電圧調整つまみを時計方向に回転して電圧を増加させる．

停止法

(1) 出力電圧調整つまみを反時計方向に回し切る．

(2) ファンクション・スイッチをアウトプットから順次スタンバイ，オフにする．

(3) 電源プラグをコンセントから抜く．

2. 実 験 方 法

2.1 測定回路と配置

測定回路を図 15 に，配置を図 16 に示す．

2.2 測 定 準 備

(1) 光学台上の金属製容器と標準電球の配置．次々頁のフロー・チャートに従って準備をする．

(2) 結線，図 15 と図 16 を見て結線する．

(3) 標準電球を光学台上で 69 cm の位置にセットする．これ以上光源を光電管に近づけてはいけない[21]．つぎにスライダックで規定の電圧値に保ち点灯する．このとき，使用する標準電球の試験成績書を参考にする．

(4) 直流電源を作動させる．室内灯を消す．

---

[21] 標準電球の光度が 160 cd であり，光電面の受光面積が $1.5 \times 10^{-4}\,\mathrm{m^2}$ であるとすると，光源から 69 cm の位置で光電管の受光面を通過する光束 Φ は

$$\Phi = 160 \times \frac{1.5 \times 10^{-4}}{(0.69)^2} = 5.0 \times 10^{-2}\,\mathrm{lm}$$

となる．フィルタと組合わせた光電管 (PV-13) の標準感度は約 $50\,\mu\mathrm{A/lm}$ なので，このとき流れる光電流は $2.5\,\mu\mathrm{A}$ と見積られる．この値は PV-13 の平均陰極電流値 $2\,\mu\mathrm{A}$ をこえているので，長時間の連続照射で光電管が損なわれる可能性が大きい．もし光源の光度が 160 cd 以上で，光電管の標準感度が $50\,\mu\mathrm{A/lm}$ 以上であれば，この可能性はさらに増大することになる．

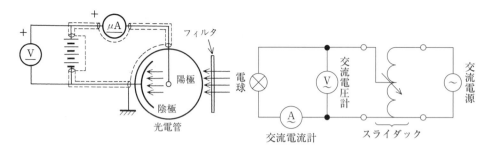

図 15 測定回路
光電流の流れる部分は光電管以外の部分を通して流れる漏えい電流
や，外部からの雑音を除去するため，シールド線で結線する．

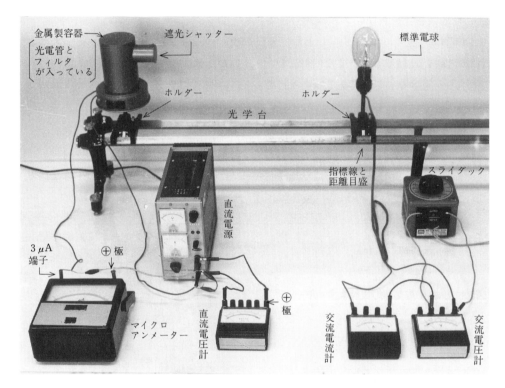

図 16 測定器具の配置
光電管は金属製容器の中央にあり，この位置はホルダーの指標値の位置と
一致している．標準電球を点灯した状態で，この容器のカバーをあけると
光電管を損傷する．交流電圧計は 150 V 端子を，交流電流計は 1 A の，ま
たマイクロアンメータは 3 μA の端子を使用する．直流電圧計は電圧の値
に応じて端子を使いわける．

(5) 光電管の入っている金属製容器のシャッ
ターをあける．

2.3 測定

光電流と陽極電圧の関係を何種類かの光束に
ついて求める．光束は標準電球を光電管から遠
ざけて変化させる．このとき光電管の位置は固
定させておく．

測定は表 3 に従って行う．このとき，表中の
光束を与える光源と光電管の間の距離をあらか
じめ計算してから測定を始めること．

測定が終了したら光電管の入っている容器の
窓のシャッターを閉じ，直流電源を停止させる．

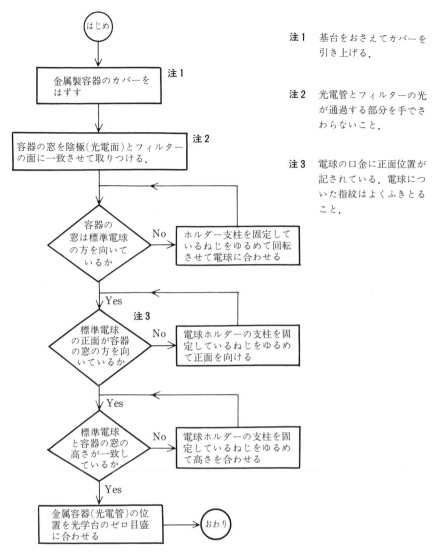

注1　基台をおさえてカバーを
　　　引き上げる.

注2　光電管とフィルターの光
　　　が通過する部分を手でさ
　　　わらないこと.

注3　電球の口金に正面位置が
　　　記されている. 電球につ
　　　いた指紋はよくふきとる
　　　こと.

表3 光電流を測定するための表

光束 [lm]		5.0×10^{-2}	4.0×10^{-2}	3.0×10^{-2}	2.0×10^{-2}
光源と光電管の間の距離 [cm]*22		(69.3)	(77.5)	(89.4)	(110.0)
陽極電圧 [V]*23	1〜250				

つぎに室内灯をつけて, 標準電球を消灯する.

3. 結果の整理と検討

(1) 測定データをもとにして, 光電流と陽極電
圧の関係をグラフに表す. このとき図17を参
考にせよ. 各自のデータとこの図を比較して
みよ. ただし, 電圧と電流の絶対値は, 使用
する光電管によって少しずつ異なるので傾向

を比較すること.

(2) 陽極電圧が100V, …, 200Vのときの光

*22 ここに( )で記した数値は光源の光度が160cdの
　　場合である. なお, この実験では光源は点光源と
　　見なしてさしつかえない.

*23 陽極電圧は250V以上かけてはいけない. 陽極電
　　圧の値は電源に組込まれている電圧計を使わずに,
　　結線した1級のメータで読み取ること. なお, こ
　　のとき電圧の値に応じて測定端子を変更する.

電流と光束の関係をグラフに表せ. このとき,
図 18 を参考にせよ. 各自の結果とこの図を比
較せよ. 光電流と光束の比例関係が見い出せ
たか, 比例定数を求めよ. この比例定数が光
電管の感度である.

(3) (2) で求めた光電流と光束の関係を光電流
と照度の関係に直してグラフ化する. 照度は
光束を光電面の面積 ($1.5 \times 10^{-4}\,\mathrm{m}^2$) で割れば
得られる. 照度計はこのグラフを使って, 光
電流の値を照度の値に置きかえることによっ
て作られる.

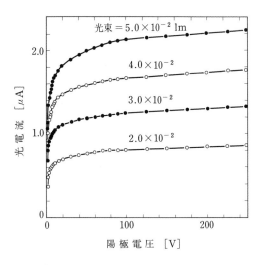

図 17　光電管 (PV-13) の光電流-陽極電圧特性

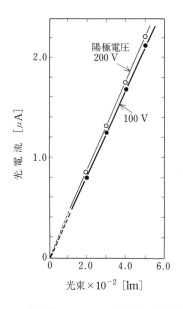

図 18　光電管 (PV-13) の光電流-光束特性
　　　この図で横軸の値が 2.0 の場合, 光
　　　束は $2.0 \times 10^{-2}\,\mathrm{lm}$ である.

14. GM計数管による放射線吸収の測定

　レントゲン (Roöntgen) が真空放電の実験で X 線 (γ 線) の存在を発見したのが 1895 年である．その翌年ベクレル (Becquerel) はある特殊な物体からも放射線が出ているのを見い出した．これらの放射線は磁界との相互作用の違いから α 線，β 線，γ 線の 3 種類に分類された．また，1902 年ラザフォード (Rutherford) らによって，放射線源の原子は α 線や β 線を出すたびにもとの元素から異なった元素へと原子が変わっていくことが実証され，放射性崩壊という考えが確立された．放射線は物体の透過能力によっても区別され，γ が最も大きく空気中ではほとんど減少しない．次に β 線で，空気 1 cm の層で 30〜50 ％のエネルギーを失う．α 線の空気中での透過能力は β 線と同程度であるが，金属中などでは β 線に比べて，きわめて低い．

　これらの放射線を検出するには電離箱，GM 計数管，半導体検出器などがある．これらの検出器は測定したい放射線の種類によって使い分けられている．

　本実験はストロンチウム 90 ($_{38}^{90}$Sr) の崩壊による β 線の点状線源を使用し，アルミニウム板の吸収特性を GM 計数管によって測定する．

理　論

1. GM 計数管 (ガイガー・ミュラー計数管)

　GM 管は，一種のガス入り二極管である．その主要部は図 1 に示すように，1 本の細い線 (陽極) と，それをとりまいている金属円筒 (陰極) から構成されており，その中にガスが比較的低圧で入っている．放射線 (ここでは β 線) が入射するとガスはイオン化され，電子は中心の線 (陽極) に集まる．電子は強い電界で加速され，速度が大きくなるとガスと衝突し再び電子 (二次電子) を発生させる．これが繰り返されて電子ナダレが起こり，放電電流が流れて信号電圧として計数回路に加わる．そのあとで電流が自動的に止まり，次の荷電粒子の入射を待つ状態に戻る．この機構を GM 管自身で行わせる自己消滅型と外部回路によって行わせる外部消滅型とがあるが，前者が普通で，実験で使用する GM 管も自己消滅型である．このような機能を持たせるために，GM 管に封入するガスは，アルコールなどの有機ガスをアルゴンなどの不活性気体に加えたものが用いられている．

　図 2 は計数管の特性曲線で計数管に入射する放射線の状態を一定に保っておいて，電極間の電圧のみを変えたときの計数管の 1 分間のカウント数を示している．電圧が 1.1〜1.4 kV の範囲では，正しく放射線の入射数を示すが，それ以外の電圧ではカウント数は過大になったり過小になったりする．この正しい計数領域をプラトー (計数域) と呼ぶ．

　したがって，GM 計数管を正しく動作させるためには GM 管の電極間電圧はプラトーの範囲

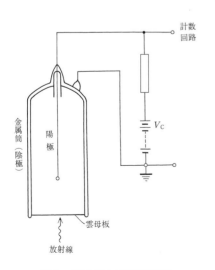

図 1 GM 管と高電圧回路

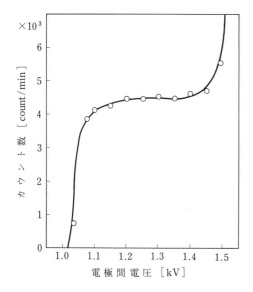

図 2 計数管特性曲線

にある電圧を選ばなければいけない．放射線源と GM 管の窓の間にアルミニウム板をおき，その厚さを順次増加して，そのたびごとにカウント数を測定するとアルミニウムの放射線吸収特性が求まる．

2. ^{90}Sr の崩壊

危険の少ない放射性同位元素 (アイソトープ) はプラスチック容器に入れられ市販されている．本実験に使用する ^{90}Sr はその種のものである．図 3 に示すように半減期 (崩壊粒子数が初めの半分に低下する期間) が 27.7 年で β 線を放出し

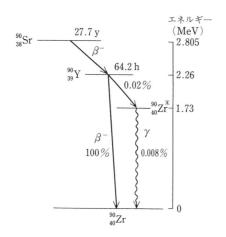

図 3 $^{90}_{38}$Sr の崩壊

^{90}Y になる．^{90}Y も放射性同位元素で β 線を放出し安定な核 ^{90}Zr になる．その半減期は 64.2 時間である．^{90}Y の約 0.02％は内部転換 (電子放出) と γ 線を放射し ^{90}Zr になる．これらの β 崩壊は原子核内の中性子 n が陽子 p に変換して陰電子 β^- と中性微子 ν を放出するためで次のように表せる．

$$n \longrightarrow p + \beta^- + \nu$$

この過程は β^- 崩壊と呼ばれる．

3. β 線の物質による吸収

β 線が物質中を通るとき原子をイオン化したり励起させたりする．このとき β 線はエネルギーを失い，同時に散乱される．β 線が物体を通過するとき，物体の厚さとともに指数関数的に減少する．β 線の入射数を C，厚さ x [mg/cm^2][*1] の物体を通過して出てくる数 C' は，

$$C' = Ce^{-\mu x} \qquad (1)$$

となる．ここで μ を質量吸収係数 [cm^2/mg] と呼ぶ．

片対数グラフ用紙の縦軸にカウント数，横軸に厚さをとり，その傾きより μ を求めることができる．ただしカウント数は自然計数 (Back Ground) を差し引かなければならない．この自然計数とは宇宙線および空気中などの放射能などに起因するものである．検出器のまわりの遮へいなしの状態で自然計数は GM 計数管で約 30 [カウント/min] である．

---

*1 物体の厚さを表す単位とし g/cm^2 がしばしば使われるのは次の理由による．物質内を通過する β 線はエネルギーを失う．その量は物質内の単位体積中の電子の数 n に比例する．物質の原子番号を Z，原子量を A，単位体積内の原子数を N とすると，物質の密度 ρ は $N \cdot A$ に比例するから，単位長さ (g/cm^2) あたりのエネルギー損失は次式となる．

$$dE/dx = dE/d(\rho y) = k(n/\rho) = kN_0(Z/A)$$

ここで，k は比例定数で N_0 はアボガドロ数である．また，y は cm 単位とした厚さである．すなわち，水素を除く多くの物質について Z/A はほぼ 1/2 であるので dE/dx は物質の種類によらないという便利さがある．

表1　アルミニウム板の厚さとカウント数

番号	厚さ x [mg/ cm^2]	カウント数 [カウント /min]	番号	厚さ x [mg/ cm^2]	カウント数 [カウント /min]
C_1	0	26100	C_6	130	13200
C_2	25	23200	C_7	160	11500
C_3	50	20500	C_8	220	8400
C_4	75	18100	C_9	260	6400
C_5	100	15500	C_{10}	400	2500

予 習 問 題

(1)　放射線には α 線, β 線, γ 線などがある. 放射線源ストロンチウム ^{90}Sr からは主にどんな放射線が放射されますか.

(2)　表1のデータは厚さ x [mg/cm^2] のアルミニウム板を透過した β 線を GM 計数管で測ったときのカウント数を示す. 片対数方眼紙の縦軸にカウント数, 横軸に厚さ x をとり図5のように描き, その勾配より質量吸収係数を求めよ. ただし, 自然放射線のカウント数 C_0 を 40 カウント/min とする.

(3)　放射線の入射強度を半分に減少させるのに必要な物質の厚さ $x = T$ [mg/cm^2] を半価層という. β 線に対するアルミニウム板の半価層 T の値を理論 (1) 式より求めよ. ただし, β 線に対するアルミニウム板の質量吸収係数は $\mu = 0.005\,\mathrm{cm}^2/\mathrm{mg}$ である.

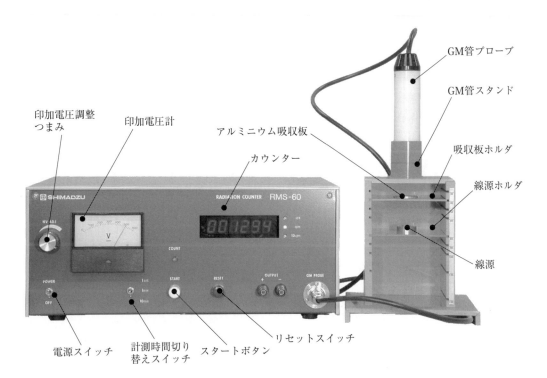

印加電圧調整つまみ　印加電圧計　アルミニウム吸収板　GM管プローブ

カウンター　GM管スタンド

吸収板ホルダ

線源ホルダ

線源

SHIMADZU　RADIATION COUNTER RMS-60

電源スイッチ　計測時間切り替えスイッチ　スタートボタン　リセットスイッチ

図4　線源箱と計数装置

実 験

1. 実 験 装 置

GM 管プローブ, GM 管スタンド, 計数装置, 放射線源 (^{90}Sr), アルミニウム吸収板セット, 吸収板ホルダ, 線源ホルダ.

2. 実 験 方 法

2.1 準備および動作テスト[*2]

(1) GM 管プローブが計数装置と接続してあり, GM 管スタンドに差し込まれていることを確認する.

(2) 電源スイッチを ON にし, 電圧調節つまみを調節して, GM 管印加電圧を 500 V に設定する.

(3) 計数時間切り替えスイッチを "1 min" にする (cpm の緑色の LED が点灯する).

(4) スタートボタンスイッチを押す. COUNT. の赤い LED が点灯し, 計数が始まる. 検出音が鳴り放射線検出のカウント数が表示されることを確認する. (注:まだ線源は入っていないので, カウント数は 10～30 cpm 程度である.) 1 分間経つと放射線の計測は自動的に終了し, COUNT. の赤い LED が消灯する. リセットボタンを押して, 表示をゼロにする.

(5) 以上で動作テストは終わりであるが, 計数装置が上述のように作動しない場合には, 担当教員に申し出ること.

2.2 吸収の測定およびデータの整理

(1) 吸収板ホルダ (穴のあいたアクリル板) を GM 管スタンドの 30 mm の位置に入れて蓋を閉じ, 動作テストと同様に 1 分間の放射線計測を行いカウント数を記録する. このカウント数はいわゆるバックグラウンド値であり, C_0 とする.

(2) 蓋を開け, 線源ホルダ (透明のアクリル板)

の中央に放射線源 (担当教員から受け取ること) を載せ, GM 管スタンドの 40 mm の位置に入れる (ピンセットを使用し, 線源の表裏に注意する).

(3) 蓋を閉じ, 計測を行う. 激しく音が鳴り, カウント数が急増するだろう. 1 分間の計測を行った後にノートに記録する. このカウント数を C_1 とする.

(4) 吸収板ホルダに最も薄いアルミニウム吸収板を入れたのち, GM 管スタンドの 30 mm の位置に再び入れ直して測定を行う. このカウント数を C_2 とする. 以後, アルミニウム吸収板を厚いものに変えながら順次同様の測定を行い, それぞれのカウント数 C_3, C_4, $\cdots$, C_n が吸収板の厚みでどのように変わるかを調べる.

(5) 次に, 線源ホルダの位置を 40 mm から 50 mm の位置に変えて (3) から (4) の測定を繰り返し行い, C_1', C_2', $\cdots$, C_n' を得る. 実験結果が線源ホルダの位置でどう変わるかがわかるだろう.

(6) データを表にまとめ整理する (表 2 を参考にする). また, 各カウント数から C_0 を引いた値 ($C_n - C_0$, $C_n' - C_0$) をアルミニウム吸収板の厚み $x\,[\mathrm{mg/cm^2}]$ の関数として片対数方眼紙にプロットする.

2.3 実験上の注意

(1) この実験で使用している放射線源はかなり弱く, プラスチックケースに密封されているので, 人体への影響は比較的問題はないが, 実験後はただちに鉛のケースに収納すること.

(2) 線源のプラスチックケースは傷つけないこと. 万一破損した場合は回収しなくてはならないので, 動かさないこと. 付近のゴミなどもかたづけないで担当教員に連絡すること. 破損した線源は机上には置かず鉛のケースに

---

*2 FUJI NHS 3 型の計数装置を使用する場合は参考を見て動作テストを行う.

収納すること.

(3) 放射線源から GM 管の窓まで 4 cm, 吸収板のないときの計数 C_1 の値を机上の日誌に日付と一緒に置く. 前回の C_1 値と比較して破損してないかを確認する.

3. 吸収係数ならびに実験式の導出

質量吸収係数, 実験式などを以下の例に従って求める.

(1) アルミニウム板による質量吸収係数 $\mu\,(\beta$ 線) の計算式 (1) と, 図 5 の直線 A より,

$$-\mu = \frac{\log_e C_n - \log_e C_m}{\Delta x}$$
$$= \log_e 10\,\frac{\log_{10} C_n - \log_{10} C_m}{\Delta x}$$
$$= 2.303\,\frac{\log_{10} 50 - \log_{10} 500}{\Delta x}$$
$$= 2.303\,\frac{(-1)}{492} = -0.0047$$

したがって, $\mu = 0.0047\,\mathrm{cm^2/mg}$ となる.

(2) 実験式[*3]

直線 A (距離 4 cm のとき)

$$C - C_0 = 5.6 \times 10^2\,e^{-0.0047x}\ [カウント/min]$$

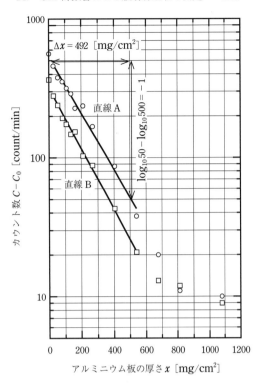

図 5 Al 板による β 線の吸収特性

[*3] 片対数方眼紙で直線になる関数の実験式の作り方は **関数方眼紙と実験式** に詳しく説明してある.

表 2 β 線の Al 板による吸収

カウント番号	吸収板番号	厚さ x [mg/cm²]	カウント数 C_n (距離 4 cm)	カウント数 $C_n{}'$ (距離 5 cm)	$C_n - C_0$	$C_n{}' - C_0$
C_0 (バックグラウンド値)	なし		16	16		
C_1	なし	0.00	579	382	563	366
C_2	9	25.92	475	297	459	281
C_3	10	52.40	395	256	379	240
C_4	11	80.20	370	210	354	194
C_5	12	106	335	191	319	175
C_6	13	135	306	164	290	148
C_7	14	161	244	170	228	154
C_8	15	209	253	119	237	103
C_9	16	268	184	104	168	88
C_{10}	17	404	103	59	87	43
C_{11}	18	539	54	37	38	21
C_{12}	19	674	36	29	20	13
C_{13}	20	813	27	28	11	12
C_{14}	21	1081	26	25	10	9

C_n (カウント/min)

直線 B (距離 5 cm のとき)

$$C - C_0 = 3.7 \times 10^2\, e^{-0.0050x}\, [\text{カウント}/\text{min}]$$

ただし，x は吸収板の厚さ $[\text{mg/cm}^2]$ で，上の実験式は $x < 600\,\text{mg/cm}^2$ の範囲で成立する．

(3)　厚さ 1.0 cm の空気層の相当するアルミニウム板の厚さ

図 5 の直線 A を左方に約 $100\,\text{mg/cm}^2$ 平行移動させると，直線 A は直線 B とほぼ重なる．このことは厚み 1.0 cm の空気層が，約 $100\,\text{mg/cm}^2$ の厚さのアルミニウム板と同程度の β 線を吸収することを示している．アルミニウム板 $100\,\text{mg/cm}^2$ の厚さを mm 単位の厚さに換算すると，アルミニウムの密度 $\rho = 2.7\,\text{g/cm}^3$ を用いて，次の値となる．

$$d = \frac{x}{\rho} = \frac{100 \times 10^{-3}}{2.7} = 0.037\,\text{cm}$$
$$= 0.37\,\text{mm}$$

参　　考

図 6 の FUJI NHS3 型の計数装置の動作テストは，つぎのようにする．

(1)　POWER スイッチを ON にする．

(2)　PRE (SET) TIME デジタルスイッチを 5 秒にする．

(3)　TEST スイッチを ON にする．

(4)　RESET スイッチを押して，数字表示を "0" にリセットする．

(5)　START スイッチを押す．RUN ランプが点灯し，テストパルスを計数する．

(6)　5 秒たつと計数は停止し，RUN ランプが消える．このとき計数値は 500000 となり，タイマーは 5.0 秒で停止していることを確認する．

図 6　FUJI NHS 3 型計数装置

15. 電流による熱の仕事当量の測定

熱は 18 世紀まで，測ることのできないほど小さな質量をもつ一種の物質 (＝カロリック) であると考えられていた．カロリック説は確かに，熱の伝導といった純粋に熱的な現象については，うまい説明を与えることができた．しかし，物をこすれば熱が生じるといった力学の関係する現象においては，力学と熱の関係を結びつけることができなかった．ジュール (J. P. Joule 1818〜1889) は，純力学的エネルギーが熱量に変わるとき，両者の関係は普遍定数で結びついていることを実験的に確かめた．すなわち，仕事 W によって発生した熱量[*1] を Q としたとき，$W = JQ$ の関係がある．J の値は[*2] 1843 年の Joule の実験以来，種々の方法で測定され，いずれも相当よく一致している．この J を熱の仕事当量という．

本実験では，電気的エネルギーと熱的エネルギーとの交換を利用して J の値を測定する[*3]．

理　論

純力学的な仕事を直接熱に変換して，熱の仕事当量を測定することは容易ではない．ここでは電流の発熱作用を利用して，J の値を求める．

電気抵抗 R [Ω] の電熱線に I [A] の電流が流れている場合，毎秒 $P = I^2R$ [J/s] の電力が消費されて熱が発生する．したがって，t 秒間に消費されるエネルギー (仕事) W [J] は，

$$W = Pt = I^2Rt \tag{1}$$

である．電熱線の両端の電位差を E [V] とすれば，$W = EIt$ である．この仕事は，すべて発熱のみに消費されるから，この熱量 Q [cal] を正確に測定すれば，仕事当量 J は，

$$J = \frac{EIt}{Q} \tag{2}$$

から求められる．

図 1 は，仕事が水の温度上昇に変換されて，熱量として測定されるまでの流れを示したものである．

図 2 は，この目的のために作られた熱量計である．この熱量計は，発熱量 Q を水の温度上昇の測定から求めるので，水熱量計 (カロリーメータ) という．

熱量計は，電気的発熱量以外の熱が，外部から

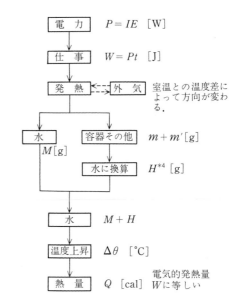

図1 測　定　系

水に出入しないようにするために，水の容器は保温材でかこまれている．しかし，若干の熱の

---

*1 1 g の純粋な水の温度を 1 気圧の下で，14.5 ℃ から 15.5 ℃ まで上昇させるに要する熱量を 1 カロリー (cal) という．これを 15 度カロリーともいう．SI 単位系では，熱量の単位はジュール [J] で表す．

*2 温度を指定しない場合は $J = 4.18605$ J/cal である．

*3 J の測定は，ジュール単位で水の比熱を測定すると考えてもよい．

*4 容器，その他の質量を，水の質量に換算した値を，水当量 H で表す．H は，容器その他の質量 m，m' に，それぞれの比熱を掛けた値の総和である．

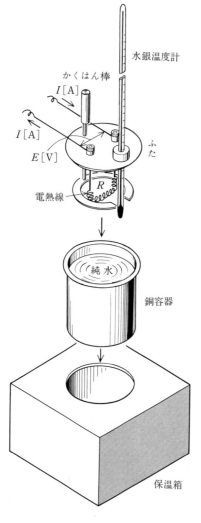

水銀温度計

かくはん棒

$I[\mathrm{A}]$

$I[\mathrm{A}]$

ふた

$E[\mathrm{V}]$

電熱線

R

純 水

銅容器

保温箱

図 2 水 熱 量 計

出入は避けられない. (本実験では, 発熱量を正確に測定するために, 図 6 に示すような θ_1, θ_2 の水温を選択することにより, 外気の熱の出入を自動的に打ち消すように工夫した.)

さて, 電熱線 (ニクロム線) に電流 I を流したとき, 時間 $\mathrm{d}t$ 秒間に発生する熱量 $\mathrm{d}Q$ は,

$$\mathrm{d}Q = \frac{1}{J} IE \, \mathrm{d}t \tag{3}$$

で与えられる. ただし, J は, J/cal 単位で表した仕事当量の値である. I, E は直流[*5]で, 時間的に変化しないものとすると, 時刻 t_1 から t_2 まで電流を流したとき発生する熱量 Q は

$$Q = \frac{1}{J} \int_{t_1}^{t_2} IE \, dt = \frac{1}{J} IE(t_2 - t_1) \tag{4}$$

となる. この熱量によって, 銅容器 (質量 $m\,[\mathrm{g}]$) に入れた純水 $M\,[\mathrm{g}]$ の水温が, $\theta_1\,[℃]$ から $\theta_2\,[℃]$ に上昇したとすると, 上式は

$$c\left\{(m+m')\frac{c'}{c}+M\right\}(\theta_2-\theta_1) = \frac{1}{J}IE(t_2-t_1) \tag{5}$$

となる. ただし, m' は銅製かくはん棒の質量, c' は銅の比熱 ($c' = 0.0919\,\mathrm{cal/g\cdot K}$), c は $\mathrm{cal/g\cdot K}$ 単位で表した水の比熱で, 通常 $1\,\mathrm{cal/g\cdot K}$ である[*6]. また $(m+m')c'/c = H\,[\mathrm{g}]$ とおいて, これを水当量という.

したがって, 仕事当量 J は,

$$J = \frac{IE(t_2 - t_1)}{c(H + M)(\theta_2 - \theta_1)} \tag{6}$$

により求められる.

ただし, 温度計およびニクロム線の水当量は, 銅容器などに比べて 1/10 以下なので無視した. 正確に求めるときは, アルコール温度計の水当量は次のようにして求める. エタノールとガラスについて比熱と密度の積を考える. 両者の $c \times \rho$ は, 表 1 に示したように約 $0.4\,\mathrm{cal/cm^3}$ であるから, エタノール温度計の水当量は, 水につかった部分の温度計の体積と, $0.4\,\mathrm{cal/cm^3}$ の積によって求められる. また, ニクロム線の比熱は, $0.10\,\mathrm{cal/g\cdot K}$ である. 以上から求めた水当量を H に加算すればよい.

表 1 エタノールとガラスの比熱と密度

	比熱 $c\,[\mathrm{cal/g\cdot K}]$	密度 $\rho\,[\mathrm{g/cm^3}]$	$c \times \rho$ $[\mathrm{cal/cm^3}]$
エタノール	6.16×10^{-1}	0.789	0.486
ガラス	1.88×10^{-1}	2.4	0.451

エタノールの比熱の出典 (社) アルコール協会のホームページに記載の実測値 ($20℃$, $90\,\mathrm{wt\%}$) より

[*5] 交流の場合は I, E に実効値を用いればよい. 交流用のメータは, 実効値が目盛ってあるので, この値を使う.

[*6] 温度によって変わる (表 5 を参照). SI 単位系では, 比熱の単位は $\mathrm{J/kg\cdot K}$ である.

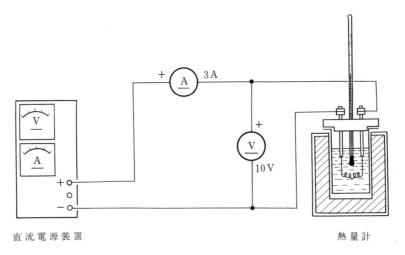

図3 配 線 図

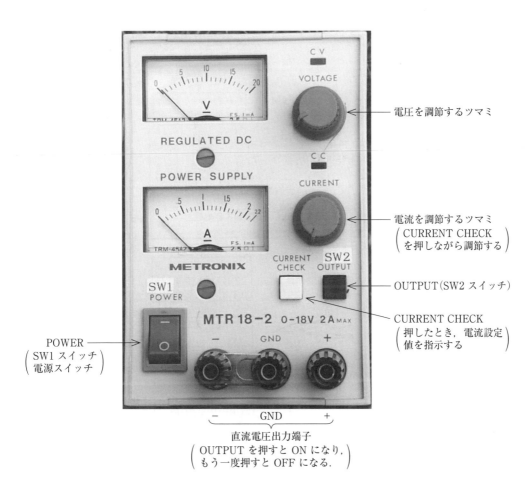

図4 直流電源装置

予 習 問 題

(1) 熱の仕事量 J の定義と単位を示しなさい.

(2) 水当量 H の物理的意味と単位を示しなさい.

(3) 本実験と同様の方法によって熱の仕事当量の実験を行い，次のデータを得た．仕事当量 J を計算しなさい.

$$H = 15.0\,\text{g} \qquad \theta_1 = 25.0\,^\circ\text{C}$$
$$m = 104.5\,\text{g} \qquad \theta_2 = 33.6\,^\circ\text{C}$$
$$M' = 316.5\,\text{g} \qquad I = 2.93\,\text{A}$$
$$t_2 - t_1 = 10\,\text{min} \qquad E = 6.26\,\text{V}$$

ただし M' は銅容器 (質量 m) に水を入れたままの総質量である.

実 験

1. 実 験 結 果

直流電源装置　定電流セット方式

　　(MTR18-2) 0〜20 V, 3.0 A　(最大)

直流電圧計　class 1.5,

　　　　レンジ 0.3/1/3/10/30 V

　　　　内部抵抗　10 kΩ/V

直流電流計　class 1.5,

　　　　レンジ 0.3/1/3/10/30 A

　　　　内部抵抗　0.14/0.04/0.014/0.004/

　　　　　　　　　0.001 Ω

水 熱 量 計

温　度　計　0〜50 ℃ 1/10 度目盛　1 本

温　度　計　0〜100 ℃ 1/2 度目盛　2 本

ビーカー　500 cc　2 ケ

ドライヤー

電 子 天 秤　秤量 500 g，感量 500 mg

リード線　6 本

ニクロム線　(約 4.5 Ω または 1.75 Ω)

スイッチ　(直流電源装置にある)

時計 (タイマー)

氷

2. 実 験 方 法

実験は以下のフローチャートに従って行う.

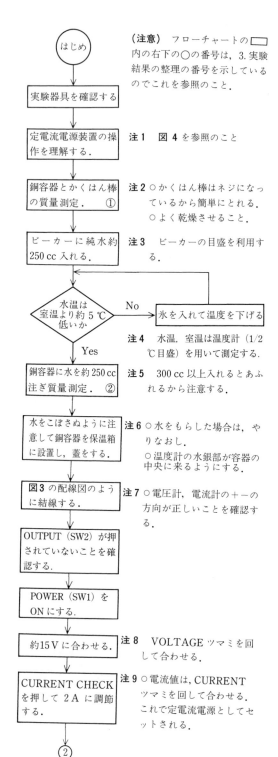

（**注意**）フローチャートの □ 内の右下の ○ の番号は，3. 実験結果の整理の番号を示しているのでこれを参照のこと.

注1　図4を参照のこと

注2　○かくはん棒はネジになっているから簡単にとれる.
　　　○よく乾燥させること.

注3　ビーカーの目盛を利用する.

注4　水温，室温は温度計 (1/2 ℃目盛) を用いて測定する.

注5　300 cc 以上入れるとあふれるから注意する.

注6　○水をもらした場合は，やりなおし.
　　　○温度計の水銀部が容器の中央に来るようにする.

注7　○電圧計，電流計の＋−の方向が正しいことを確認する.

注8　VOLTAGE ツマミを回して合わせる.

注9　○電流値は，CURRENT ツマミを回して合わせる．これで定電流電源としてセットされる.

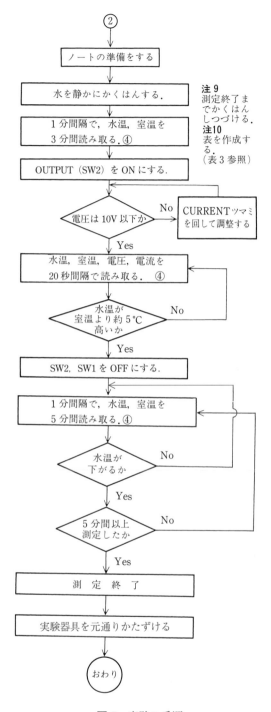

図5　実験の手順

[Flowchart content:]

② → ノートの準備をする

水を静かにかくはんする．

1分間隔で，水温，室温を3分間読み取る．④

OUTPUT（SW2）をONにする．

電圧は10V以下か → No → CURRENTツマミを回して調整する

Yes ↓

水温，室温，電圧，電流を20秒間隔で読み取る．④

水温が室温より約5℃高いか → No

Yes ↓

SW2，SW1をOFFにする．

1分間隔で，水温，室温を5分間読み取る．④

水温が下がるか → No

Yes ↓

5分間以上測定したか → No

Yes ↓

測　定　終　了

実験器具を元通りかたずける

→ おわり

注9
測定終了までかくはんしつづける．
注10
表を作成する．
（表3参照）

3.　実験結果の整理 (実験例を参照せよ)

　ただし，図6を見ればわかるように抵抗線に1.75 Ωを使うと，1回のデータをとるのに90分が過ぎてしまうので4.5 Ωを使うこと．実験は図5実験の手順の指示に従って行うこと．

① 銅容器の質量 m [g]，かくはん棒の質量 m' [g] を求める (表2参照)．

② 銅容器に水約250 cc入れたときの質量 M' [g] を求める (表2参照)．

③ 水の質量 M [g] を $M = M' - m$ から求める (表2参照)．

④ 水温の温度上昇を図6の例にならって描く．

⑤ 銅容器，かくはん棒の水当量 H を $H = c'(m + m')$ から求める．両者は，銅でできており，その比熱 c' は $c' = 0.0919$ cal/g·℃ である．(水当量には，温度計やニクロム線についても考慮しなくてはならないが，小さいので無視する.)

⑥ 室温の上，下約3℃のところの温度 θ_1 [℃]，θ_2 [℃] および時刻 t_1 [s]，t_2 [s] を読み取る (図6参照)．

⑦ t_1 から t_2 間の電圧 E [V]，電流 I [A] の平均値を求める[*7]．

⑧ 次式により J [J/cal] を計算する．

$$J = \frac{IE(t_2 - t_1)}{c(H + M)(\theta_2 - \theta_1)} \tag{7}$$

$$c = 1\,\text{cal/g·K とする．}$$

⑨ 測定値の最小の読みを誤差として，相対誤差の最大値を

$$\left|\frac{\Delta J}{J}\right| \leqq \left|\frac{\Delta M}{H + M}\right| + \left|\frac{\Delta \theta}{\theta_2 - \theta_1}\right| + \left|\frac{\Delta I}{I}\right| + \left|\frac{\Delta E}{E}\right| + \left|\frac{\Delta t}{t_2 - t_1}\right| \tag{8}$$

から求めなさい．

---

*7 定電流電源装置を用いた場合，I は変化しない．また，E はニクロム線の抵抗変化で変化するが，ニクロム線の温度係数が $\alpha \simeq 0.3 \times 10^{-3}$ K^{-1} と小さいので，E の変化はわずかである．

実 験 例 (ニクロム線の抵抗が 1.75 Ω の場合)

表2 質量の測定

名　　称		質量 [g]
かくはん棒	m'	10.0
銅容器	m	101.5
銅容器と純水	M'	399.0
純水　$M = M' - m$		297.5

表3 水温および電圧, 電流の測定*

時間 [min]	水温 [℃]	室温 [℃]	電流 [A]	電圧 [V]	備　考
0					かくはん始める
3	16.4	25.3	—	—	
8	16.8	25.3	—	—	
13	17.1	25.2	2.00	3.50	SW₂ON
15	17.8	〃	〃	〃	
17	18.6	25.3	〃	〃	
19	19.2	〃	〃	〃	
⋯	⋯	⋯	⋯	⋯	
71	35.3		〃	〃	
73	35.8	24.8	〃	〃	SW₂OFF
78	35.5	24.8	—	—	
83	35.2	24.7	—	—	

* 水温, 室温の変化は, 図6 のグラフ参照のこと

4. 検 討

① このようにして得られた結果を, 信頼できる値と比べて著しく異なるとき, 次のことを検討してみなさい.

○ 計算の際, 単位の不統一がなかったか.

○ 電圧計や電流計の目盛の読み違いがないか.

② この実験で, 結果の有効数字が何桁になるか検討しなさい. もう1桁精度を上げるとしたら, 何をどこまでくわしく測定すればよいかを考えなさい.

③ SI 単位で水の比熱 c を求めてみなさい. c [J/g·k] は次式から求められる.

$$c = \frac{IE(t_2 - t_1)}{(H + M)(\theta_2 - \theta_1)} \qquad (9)$$

表5 と比較してみなさい.

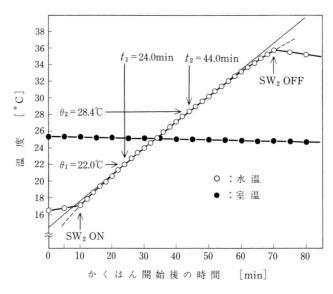

図6 水熱量計の水温変化の測定例
($R = 1.75\,\Omega$ のニクロム線に $I = 2.0\,\text{A}$ の電流を流した場合)

計　算

$$H = \frac{c'}{c}(m + m') = 0.0919(101.5 + 10.0)$$

$$= 10.2\,\mathrm{g}$$

$$J = \frac{IE(t_2 - t_1)}{c(H + M)(\theta_2 - \theta_1)}$$

$$= \frac{2.00 \times 3.50 \times (44.0 - 24.0) \times 60}{1.00 \times (10.2 + 297.5) \times (28.4 - 22.0)}$$

$$= \frac{8.40 \times 10^3}{1.97 \times 10^3} = 4.3\,\mathrm{J/cal}$$

最大誤差の見積

$$\frac{\Delta J}{J} = \frac{\Delta M}{H + M} + \frac{\Delta \theta}{\theta_2 - \theta_1} + \frac{\Delta I}{I}$$

$$+ \frac{\Delta E}{E} + \frac{\Delta t}{t_2 - t_1}$$

$$= \frac{0.05}{10.2 + 297.5} + \frac{0.05}{28.4 - 22.0}$$

$$+ \frac{3 \times 0.015}{2.0} + \frac{10 \times 0.015}{3.5}$$

$$+ \frac{1}{(44 - 24) \times 60}$$

$$= 0.074$$

$$\Delta J = 4.3 \times 0.074 = 0.3\,\mathrm{J/cal}$$

$$J = 4.3 \pm 0.3\,\mathrm{J/cal}$$

注意すべき点：相対誤差の半分以上は電流と電圧のデータから入る誤差である．したがって，電流と電圧の測定精度を上げる工夫が必要である．

表4　J の測定の経緯

測定者	年　代	方　法	$J\,[\mathrm{J/cal}]$
Callendar Barnes	1899	電気的	4.1834
Iaeger Steinwehr	1921	電気的	4.1841
Laby Hercus	1927	機械的	4.1853
Osborn Stimson Ginnings	1939	電気的	4.1858

表5　水の比熱 $[\mathrm{J/g \cdot K}]$（理科年表より）

℃	0	1	2	3	4	5	6	7	8	9
0	4.2174	4.2138	4.2104	4.2074	4.2045	4.2019	4.1996	4.1974	4.1954	4.1936
10	4.1919	4.1904	4.1890	4.1877	4.1866	4.1855	4.1846	4.1837	4.1829	4.1822
20	4.1816	4.1810	4.1805	4.1801	4.1797	4.1793	4.1790	4.1787	4.1785	4.1783
30	4.1782	4.1781	4.1780	4.1780	4.1779	4.1779	4.1780	4.1780	4.1781	4.1782
40	4.1783	4.1784	4.1786	4.1788	4.1789	4.1792	4.1794	4.1796	4.1799	4.1801

16. 固体の比熱の測定

　多くの場合，物質は熱を吸収することによって，その温度を変化させる．しかし，極端な場合，熱を吸収しなくとも，その温度は変わり得る．すなわち，一定の温度変化をもたらすために，物質が吸収しなければならない熱量は，一義的には定まらない．まず始めに，われわれが比熱と呼んでいるものは，どのような場合について，定義されているものかを，明らかにしておかなければならない．実験では，水熱量計を用いて，金属の比熱を測定する．この熱量計は，他の熱量計と較べて，決して精度の高いものではない．しかし，本節の目的は，精度の高い測定値を得ることではなく，この簡単な装置を使って，物質による熱の吸収や放出，熱平衡といった熱力学の基本を，実験を通して理解することにある．

理　　論

1. 熱容量

　ある物質が，ΔQ [J][*1]の熱量を吸収[*2]し，その温度が T_1 [K] から T_2 [K] に変わったとする．このとき，

$$\overline{C} = \frac{\Delta Q}{T_2 - T_1} \ [\mathrm{J \cdot K^{-1}}] \tag{1}$$

を，その物質の，温度 T_1 から T_2 までの，平均の熱容量 (Mean Heat Capacity) という．一般には，T_2 を T_1 に近づけた極限を考えて，(1) 式を次のように表す．

$$C = \left. \frac{\delta Q}{\mathrm{d}T} \right|_{T_1} \ [\mathrm{J \cdot K^{-1}}] \tag{2}$$

このとき C を，温度 T_1 における，その物質の熱容量 (Heat Capacity)[*3] という．すなわち，熱容量とは，物質がある温度で，その温度を 1 K 高めるために，吸収しなければならない熱量のことである．

　ところで，(2) 式において，物質によって吸収される熱量を普通の微分記号のように $\mathrm{d}Q$ と書かないで，δQ と表したのは次のような理由による．物質がある温度 T で，その温度を $\mathrm{d}T$ だけ上昇させるために吸収しなければならない熱量は，実験条件によって異なる．たとえば，ある物質に一定の圧力を加えながらその温度を

$\mathrm{d}T$ だけ高めた場合と，その物質の体積を一定に保ちながら同じ温度 $\mathrm{d}T$ だけ高めた場合を考える．このとき，物質は，後者の場合よりも前者の場合においてより多くの熱量を吸収する．極端な場合[*4]，物質は熱を吸収することなしに，その温度を $\mathrm{d}T$ だけ高めることができる．この場合，その物質の熱容量は 0 ということになる．このように，**物質によって吸収される熱量は，実験条件によって異なる**．実験条件は無限にあるから，吸収される熱量も無限に異なった値が

---

*1 従来まで，熱量の単位は，cal で表現されてきた．現在でも，この単位で表現している定数表は少なくない．cal と J の換算は，cal の定義によって多少異なる．しかし，有効数字が 3 桁程度であれば，どの定義によっても問題は生じない．

$$1\,\mathrm{cal}_{15} = 4.1855\,\mathrm{J}\,(15°カロリーともいう)$$
$$1\,\mathrm{cal}_{\mathrm{IT}} = 4.1868\,\mathrm{J}\,\begin{pmatrix} \mathrm{IT}\,カロリーまたは国際 \\ 蒸気表カロリーともいう \end{pmatrix}$$
$$1\,\mathrm{cal}\,(\mathrm{thermochem}) = 4.1840\,\mathrm{J}$$
$$(熱化学カロリーともいう)$$
$$1\,\mathrm{cal} = 4.18605\,\mathrm{J}\,(計量法による)$$

　表は，小岩昌宏：国際単位系 SI について　日本金属学会報 **14** (1975) 921 による．

*2 物質が熱を吸収するとき $\Delta Q > 0$，熱を放出するとき $\Delta Q < 0$ とする．

*3 真の熱容量 (True Heat Capacity) と呼ぶこともある．

*4 このような実験条件は断熱変化によって実現する．断熱変化については，譽田・蓬田・紺野共編：工科系の基礎物理学　学術図書 (2018) 第 III 編を見よ．

ある——それゆえに，同じ物質について，無限に異なった熱容量があることになる．このような訳で，吸収される熱量は，実験条件を指定しない限り，一義的には定まらない．このことから，「この物質は熱量 Q をもっている」というような言い方はできないことがわかる．なぜならば，われわれは，この物質が，過去にどのような実験条件を経て，いま，われわれの前にあるかを知ることができないからである．したがって，「ある量 x があって，それが dx だけ増加する」という数学的表現と同じように，「熱量 Q があって，それが dQ だけ増加する」という表現はできないのである．δQ は，単に，物質によって吸収される熱量を表しているにすぎない．

上に述べたように，実験条件を指定しないと，同じ物質でありながら，無限に多くの異なった熱容量があることになり，たいへん不便である．そこで，通常，われわれは次の 2 つの場合についてのみ，物質の熱容量を定義する．

(1)　外部の圧力を一定に保った場合

(2)　物質の体積を一定に保った場合

2.　定圧比熱と定積比熱

物質の吸収する熱量は，その質量によっても異なる．したがって，いろいろの物質の熱容量を比較したいときには，同じ質量の熱容量で比較するのが一番よい．

(1) 式において ΔQ を $M\,[\mathrm{kg}]$ の質量の吸収する熱量とすると，

$$\bar{c} = \frac{1}{M}\frac{\Delta Q}{T_2 - T_1}\ [\mathrm{J \cdot kg^{-1} \cdot K^{-1}}] \qquad (3)$$

を温度 T_1 から T_2 までの，平均の比熱 (Mean Specific Heat Capacity) といい

$$c = \frac{1}{M}\frac{\delta Q}{dT}\ [\mathrm{J \cdot kg^{-1} \cdot K^{-1}}] \qquad (4)$$

を比熱[*5] (Specific Heat Capacity) という．

すなわち，「比熱は，ある温度にある 1 kg の物質が，その温度を 1 K 高めるために吸収しなけ

[*5] 1 kg の物質ではなく，1 mol の物質についての熱容量は，**モル比熱** (Molar Specific Heat Capacity) といわれる．ΔQ，δQ を $M\,[\mathrm{mol}]$ の物質の吸収する熱量と考えれば，(3)，(4) 式はそのままモル比熱を表すことになる．ただし，その単位は $\mathrm{J \cdot mol^{-1} \cdot K^{-1}}$ である．

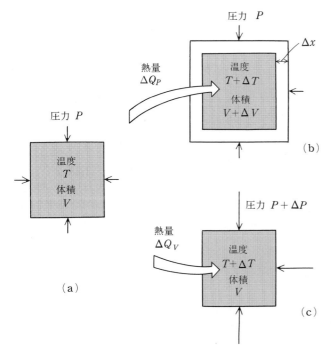

図 1　物質の吸収する熱量

(a) 圧力 $P\,[\mathrm{Pa}]$ のもとで，質量 $M\,[\mathrm{kg}]$，体積 $V\,[\mathrm{m^3}]$ の物質が温度 $T\,[\mathrm{K}]$ に保たれている．この物質が (a) → (b)，(a) → (c) のそれぞれの過程で異なった熱量を吸収し，その温度が $T + \Delta T$ になる．(b) 定圧のもとで，物質は $\Delta Q_P = Mc_P\Delta T$ の熱量を吸収する．このとき，この物質は ΔV だけ膨張する．この物質の表面の微小面積 $dS\,[\mathrm{m^2}]$ に作用する力は $P\,dS\,[\mathrm{N}]$ である．表面が一様に $\Delta x\,[\mathrm{m}]$ だけ膨張するとすれば，物質が圧力に抗してする仕事は

$$\int P\,dS\,\Delta x = P\,\Delta x \int dS = P(S\,\Delta x)$$
$$= P\,\Delta V$$

となる．ここで S は物質の全表面積である．(c) 一定体積のもとで，物質は $\Delta Q_V = Mc_V\Delta T$ の熱量を吸収する．体積を一定に保つためには，外部の圧力を ΔP だけ増してやらなければならない．

ればならない熱量」を表している.

　前節で述べた理由により，われわれは，次の
2つの実験条件のもとで得られる比熱を，物質
の比熱として採用する (図1).

(1)　定圧比熱　c_P：外部の圧力 P を一定に
保ちながら，1kg の物質の温度を，1K 高め
るために必要な熱量. この場合，物質は，温
度の上昇とともにその体積を膨張し，外部
の圧力 P に抗して仕事をすることになる.
そのときの物質のする仕事は $P\Delta V$ である.
ここで，ΔV は，膨張した部分の体積である.

(2)　定積比熱[*6]　c_V：1kg の物質の体積 V を
一定に保ちながら，その物質の温度を 1K
高めるために必要な熱量. この場合，物質
が膨張しないように，温度が高くなるにつ
れて，外部からそれだけ大きな圧力を加え
てやらなければならない.

　これらの2つの比熱[*7]のうち，定圧比熱の測
定の方が容易であることはいうまでもない (な
ぜか！). 固体の場合，定積比熱を実験的に求め
ることは困難である. 多くの場合，定積比熱 c_V
は，測定された c_P より理論的に求められる[*8].

3. 固体の比熱の温度による変化

　一般に，固体の定圧比熱は温度と圧力によっ
て変化する. しかし，圧力による変化は極めて
小さいので，ここでは温度による変化のみに注
目する.

　アルミニウムの定圧比熱の温度による変化が，
図2に示されている. 図からわかるように，お
よそ，273K より 800K 位までの温度範囲で，ア
ルミニウムの定圧比熱は，温度とともに直線的
に増加している. したがって，この温度範囲で，
定圧比熱は，次のような実験式で表される.

$$c_{P(\mathrm{Al})} = 765 + 0.460T\,[\mathrm{J \cdot kg^{-1} \cdot K^{-1}}] \quad (5)$$

一方，273K 以下で，アルミニウムの定圧比

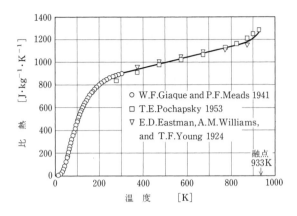

図2　アルミニウムの定圧比熱
1atm のもとでの定圧比熱の温度変化を示
す．Y. S. Touloukian and E. H. Buyco
Ed：*Thermodynamical Properties of Mat-
ter* Vol. 4, |F|/Plenum (1970) p. 1. のデー
タにもとづいて描いた.

熱は急激に減少し，絶対零度では 0 に近づいて
いる[*9].

　このようにして，c_P が温度の関数として決定
されると，物質の温度が T_1 から T_2 まで変化す
る間，その物質が吸収する熱量 ΔQ は (4) 式を
積分することによって求められる.

$$\Delta Q = \int_{T_1}^{T_2} \delta Q = \int_{T_1}^{T_2} M c_P \, \mathrm{d}T \quad (6)$$

[*6] 定容比熱ともいう.

[*7] モル比熱のときには，**定圧モル比熱，定積モル比熱**
という.

[*8] 熱力学によれば，定圧比熱と定積比熱の差は次の関
係によって与えられる：

$$c_P - c_V = \frac{TV\beta^2}{K},$$

ここで，T は c_P の測定温度，V は温度 T における
物質 1kg あたりの体積，β と K は，それぞれ温度
T における物質の，体積膨張率と体積圧縮率である.

[*9] 低温での固体の比熱は，一般に，次のような式で表
される：

$$c_P \approx c_V = \frac{12\pi^4 R}{5\theta_{\mathrm{D}}} T^3,$$

ここで，R は気体定数，θ_{D} はデバイ温度といわれ，
アルミニウムの場合には，$\theta_{\mathrm{D}} = 390\mathrm{K}$ である. P.
Debye：*Zur Thorie der spezifischen Wärmen* Ann.
Physik **39** (4) (1912) 789.

4. 水熱量計による定圧比熱の測定原理

図3に見られるように，水熱量計は，断熱材で囲まれた銅の容器と，温度計，かくはん棒からなる簡単な装置である．いま，質量 M_C の容器に M_W の水が入っていて，温度 T_W で熱平衡にあるものとする．次に，この中に質量 M_S，温度 T_S ($> T_W$) の比熱を測定しようとする試料を入れたとしよう．試料が熱を放出し，容器と水がこの熱を吸収することにより，最終的には，全体が温度 T で熱平衡になるであろう．外界からの熱の出入りがないとすると，上に述べたことは次式によって表される．

$$M_S \bar{c}_S(T_S - T) = M_W \bar{c}_W(T - T_W)$$
$$+ M_C \bar{c}_C(T - T_W), \qquad (7)$$

この式で，$\bar{c}_S$, $\bar{c}_C$, $\bar{c}_W$ は，それぞれ，試料，容器，水の平均の定圧比熱である．上式で，$M_C \bar{c}_C$ は，容器の熱容量であるが，これを次のように書き直してみる．

$$M_C \bar{c}_C = \bar{c}_W \left(M_C \frac{\bar{c}_C}{\bar{c}_W} \right) = \bar{c}_W H \qquad (8)$$

ここで，

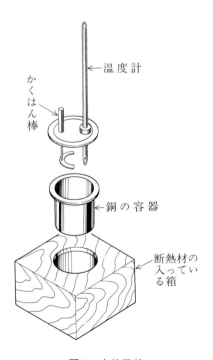

図 3　水熱量計

$$M_C \frac{\bar{c}_C}{\bar{c}_W} = H \qquad (9)$$

と置き換えた．(8) 式は，$M_C \bar{c}_C$ という容器の熱容量が，H [kg] の水の熱容量と等価であることを示している．すなわち，熱的には，M_C [kg] の銅の容器があると考える代りに，H [kg] の水があると考えてもよい——ということを表している．この理由から，H を熱量計の**水当量**と呼んでいる．この水当量を用いると (7) 式は

$$M_S \bar{c}_S(T_S - T) = \bar{c}_W(M_W + H)(T - T_W)$$
$$(10)$$

となる．この式は，試料の放出した熱量が，熱容量 0 の熱量計の中にある $(M_W + H)$ [kg] の水によって吸収された——と解釈してもよい．

今までは話を簡単にするために，銅の容器にのみ着目してきた．実験で測定される H には，銅の容器ばかりでなく，温度計やかくはん棒の一部の水当量も含まれている．

予習問題

(1) 比熱の定義式と単位を示しなさい．

(2) 2種類の物質に一定熱量を与えて加熱する場合，これらの物質の比熱の大小と温度変化の大小との関係を説明しなさい．

(3) 一定の圧力の下で，質量 100 g ($= 0.100$ kg) のアルミニウムの温度が 25 ℃ ($= 298$ K) から 100 ℃ ($= 373$ K) まで上昇するとき，このアルミニウムが吸収する熱量 ΔQ は，(5) 式と (6) 式を用いて

$$\Delta Q = \int_{298}^{373} 0.100 \times (765 + 0.460T) \, dT$$

と表される．この ΔQ を求めなさい．必要ならば，以下の公式を用いなさい．

$$\int_{T_1}^{T_2} (a + bT) \, dT$$
$$= a(T_2 - T_1) + \frac{b}{2}(T_2{}^2 - T_1{}^2)$$

（ただし a と b は 0 でない定数）

(4) このアルミニウムにおける，温度 25 ℃ ($= 298$ K) から 100 ℃ ($= 373$ K) までの平均の比熱を，(3) 式から計算しなさい．

実　　　験

1.　実 験 器 具

　水熱量計 (温度計とかくはん棒が付属している), 電子はかり, ガラス製ポット, ヒーター, 試料 (アルミニウム, 銅, 鉄, チタン, ニッケルなど).

2.　実 験 方 法

2.1　水当量の測定

　図4のフロー・チャートに従って測定し,

$$H = \frac{T_2 - T_3}{T_3 - T_1}(M_3 - M_2) - M_2 + M_1 \quad (11)$$

より水当量 H を求める.

2.2　比熱の測定

　図5のフロー・チャートに従って測定し,

$$\bar{c}_S = \frac{\bar{c}_W(M_4 - M_1 + H)}{M} \cdot \frac{T_6 - T_4}{T_5 - T_6} \quad (12)$$

より, 試料の平均の定圧比熱 $\bar{c}_S$ を計算する.

　ここで $\bar{c}_W$ は, 温度 T_4 と T_6 における水の平均の定圧比熱 (付録 C の表 7「水の比熱」参照) を表す.

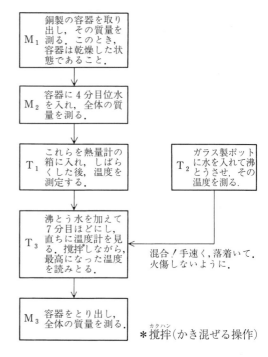

図 4　水当量の測定順序

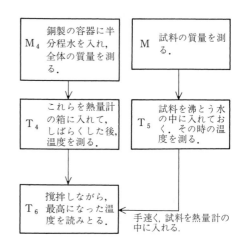

図 5　比熱の測定順序

測　定　例

試料：アルミニウム

(1)　水当量の測定：

$M_1 = 0.1046\,\text{kg}$	$T_1 = 20.8\,℃$
$M_2 = 0.2173\,\text{kg}$	$T_2 = 99.0\,℃$
$M_3 = 0.3299\,\text{kg}$	$T_3 = 57.2\,℃$

$$
\begin{aligned}
H &= \frac{T_2 - T_3}{T_3 - T_1}(M_3 - M_2) - M_2 + M_1 \\
&= \frac{99.0 - 57.2}{57.2 - 20.8}(0.3299 - 0.2173) - 0.2173 + 0.1046 \\
&= 1.66 \times 10^{-2}\,\text{kg}
\end{aligned}
$$

(2)　比熱の測定：

$M_4 = 0.3207\,\text{kg}$	$T_4 = 23.4\,℃$
$M = 0.1001\,\text{kg}$	$T_5 = 99.0\,℃$
	$T_6 = 30.0\,℃$

$$
\begin{aligned}
\bar{c}_{\text{S(Al)}} &= \frac{\bar{c}_\text{W}(M_4 - M_1 + H)}{M} \cdot \frac{T_6 - T_4}{T_5 - T_6} \\
&= \frac{4.18 \times 10^3(0.3207 - 0.1046 + 0.0166)}{0.1001} \times \frac{30.0 - 23.4}{99.0 - 30.0} \\
&= 929\,\text{J} \cdot \text{kg}^{-1} \cdot \text{K}^{-1}
\end{aligned}
$$

ここで，水の平均の定圧比熱 $\bar{c}_\text{W}$ として $4.18 \times 10^3\,\text{J} \cdot \text{kg}^{-1} \cdot \text{K}^{-1}$ を用いた.

17. ボルダの振子による重力加速度の測定

　質量 m の物体には mg の重力が働く．このため物体が重力のみによって運動する場合の加速度は g である．g を重力加速度といい，同じ場所では物体の種類や質量に無関係に一定の値をとる．重力の大部分は，物体と地球との万有引力によるものであるが，この他に地球が自転しているために物体に働く遠心力なども加わる．このため重力加速度は場所によって異なり，その場所の緯度や海面からの高さによって変化するほか，付近の地形や地殻の物質分布などの影響もうける．緯度 $\varphi\,[°]$，標高 $H\,[\mathrm{m}]$ の位置における重力加速度 g はおおよそ次の式で与えられる．(実際には φ, H 以外の因子の影響でこれより多少ずれる)

$$g = 978.049000\,(1 + 0.0052884\sin^2\varphi - 0.0000059\sin^2 2\varphi) - 0.0002860\,H\,[\mathrm{cm/s^2}] \qquad \text{(i)}$$

φ による変化は，地球が完全な球形でなく，赤道方向にのびた偏平な回転だ円状をしていることと，地球の自転のための遠心力によるもので，φ が大きいほど g は大きくなる．

　重力加速度を精密に測定するには，ある高さの所から物体が真空中を自由落下するのに要する時間を測定して求める方法 (落下法) や，Kater の可逆振子を用いる方法などがあるが，本実験ではボルダの振子を用いて重力加速度を測定する．

理　　論

1. 剛体振子

　図1で剛体 A は，O を通り紙面に垂直な水平軸のまわりに自由に回転できるように支えられている．これを軸のまわりに小さい振幅で振らせたときの運動を考える．このような振子を実体振子または剛体振子という．剛体の質量を m，軸 O から剛体の重心 G までの距離を h，軸 O のまわりの剛体の慣性モーメントを I，OG が鉛直方向となす傾きを θ (単位は radian)，重力加速度を g とすると，運動方程式は

$$I\frac{\mathrm{d}^2\theta}{\mathrm{d}t^2} = -mgh\sin\theta \qquad (1)$$

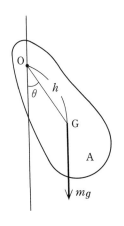

図1　剛体振子

となる．振幅が小さく，したがって θ も小さいときには $\sin\theta \approx \theta$ であるから，運動方程式は近似的に

$$I\frac{\mathrm{d}^2\theta}{\mathrm{d}t^2} = -mgh\theta \qquad (2)$$

となる．これは単振動の式と同じ形であり，解が

$$\theta = \theta_0 \sin\left(\sqrt{\frac{mgh}{I}}\,t + \alpha\right) \qquad (3)$$

で与えられることは，これを (2) 式に代入することによって容易に確かめられる．ここで θ_0, α は初期条件によって定まる定数である．(3) 式は周期運動を表し，$\sqrt{mgh/I}\,t$ が 2π だけ増すともとの運動状態にもどる．したがって周期 T は

$$T = 2\pi\sqrt{\frac{I}{mgh}} \qquad (4)$$

となる．これより

$$g = \frac{4\pi^2}{T^2}\frac{I}{mh} \qquad (5)$$

となり，T, I, m, h がわかればこの式によって重力加速度 g を求めることができる．

2. ボルダ振子

ボルダ振子では，I および h の測定が容易なように剛体として球形錘を用いる．図2のように長さ l の細い針金の上端を固定し，下端に質量 M，半径 r の球形錘をつけて振らせるものとすると，針金の質量を無視すれば

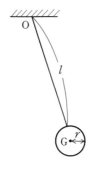

図2 ボルダ振子

$$h = \text{OG} = l + r \quad (6)$$

また，O のまわりの慣性モーメントは

$$I = M\left\{(l+r)^2 + \frac{2}{5}r^2\right\} \quad (7)$$

となるから，(5) 式は

$$g = \frac{4\pi^2}{T^2}\left(l + r + \frac{2}{5}\frac{r^2}{l+r}\right) \quad (8)$$

となる．T, l, r を測定すればこの式から g を求めることができる．ところが，この方法には1つ問題がある．それは錘を振らせたとき，針金の上端 O のところで針金が曲がるため力のモーメントが生じ，(1) 式が成り立たなくなることである．これを避けるためボルダ振子では図3のようなエッジ E を用いる．エッジ E には針金を取り付けるチャックがついており，エッジの刃先を水平な台上にのせ，錘を振らせると，エッジ，針金，球形錘が一体となって，お互

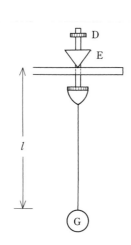

図3 ボルダ振子

いの相対位置を変えないまま，エッジの刃先を軸にして振動する．このときの周期は，(5) 式で与えられるが，I, m, h は，エッジおよび球形錘を合わせた系に対するもので，エッジにはチャックなどがついていて形が複雑なため，その慣性モーメントや重心位置などは，直接測定によって求めることはむずかしい．そこで実験では，図3のエッジの上部についているネジ D を調節して，錘を振らせたときの周期 T と，錘をはずし，エッジだけを振らせたときの周期 T_2 と等しくなるようにして測定する．球形錘の質量，エッジの刃先から重心までの距離，刃先を軸としたときの慣性モーメントをそれぞれ M, h_1, I_1 とし，エッジ部分についての対応する量を M_2, h_2, I_2，球形錘とエッジを合わせた系に対するものを m, h, I とすると

$$m = M + M_2$$
$$I = I_1 + I_2 \quad (9)$$

であり，また，図3からわかるように，エッジ部分の重心と球形錘の重心はいずれも針金を通る直線上にあり，この直線はエッジの刃先も通っているので次の関係が成り立つ．

$$mh = Mh_1 + M_2h_2 \quad (10)$$

錘を振らせたときの周期 T は (4) 式により

$$T = 2\pi\sqrt{\frac{I}{mgh}}$$

であり，錘をはずしてエッジ部分だけを振らせたときの周期 T_2 は (4) 式より

$$T_2 = 2\pi\sqrt{\frac{I_2}{M_2gh_2}}$$

であるが，$T = T_2$ であれば (9), (10) 式を用いて

$$\frac{I}{mh} = \frac{I_2}{M_2h_2} = \frac{I - I_2}{mh - M_2h_2} = \frac{I_1}{Mh_1}$$

となる．これを (5) 式に代入すると

$$g = \frac{4\pi^2}{T^2}\frac{I_1}{Mh_1} \quad (11)$$

となる．I_1, h_1 は球形錘だけについての慣性モーメントおよびエッジの刃先から重心までの距離であるから，(7) 式および (6) 式で与えられる．ただし，**これらの式中の l は，図3に示すように，エッジの刃先から球形錘の上端までの距離である**．したがって，g は (8) 式から求めることができる．

3．実 験 誤 差

　実験に先だって測定の精度について考えておく．g は $980\,\mathrm{cm/s^2}$ ぐらいであるが，実験によってこれを 1 の位まで求めることにする．相対誤差は 0.1 % 程度になる．(8) 式から g を計算するのであるから，l が約 1 m とすると，l と r は 1 mm まで測定しなければならない．T は 2 s 程度とすると，(8) 式に T^2 の形で入っていることを考慮して，T は 10^{-3} s 程度まで正確に測定しなければならない．また (8) 式の計算で $\pi = 3.142$ とする．もう 1 つ，(4) 式を導く際 $\sin\theta \approx \theta$ としたことに注意する．

$$\sin\theta \fallingdotseq \theta - \frac{1}{6}\theta^3$$

であるので $\sin\theta \approx \theta$ としたときの相対誤差は $\frac{1}{6}\theta^3$ の程度である．平均の相対誤差を 0.1 % 以内におさえるためには，振れの角の振幅 θ_0 を 0.1 radian $\fallingdotseq$ 6° 以下にすればよい．l が 1 m 程度なら，振動の振幅を 10 cm 以内にする必要がある．

〰〰〰〰〰〰〰〰〰〰〰〰〰〰〰〰〰〰〰〰〰〰〰

予 習 問 題

(1)　地球上の重力加速度は約 $9.80\,\mathrm{m/s^2}$ である．もし，重力加速度が変化したら日常生活はどのように変化するか？　数行程度でのべよ．

(2)　実験を行って，$T = 2.023$ s, $l = 99.4$ cm, $2r = 4.0$ cm を得た．(8) 式により重力加速度を求めよ．

(3)　(2) の測定値のなかで，T の値をもう一度測定したところ，$T = 2.083$ s であった．このときの重力加速度を求め，(2) の重力加速度の値と比較してみよ．また，相対誤差を求め，測定誤差の重要性を考察せよ．

実　　　験

1．実 験 装 置

　支持台，U 字台，エッジ，金属線，球形錘，水準器，タイマー，直尺 (1 m)，ノギス．

2．実 験 方 法

(1)　図 4 で支持台 A の上に U 字台 B を置き，これに水準器をのせ，ネジ C_1, C_2 を調節して U 字台 B を水平にする．エッジ E に約 1 m の細い金属線を取り付け，この他端に球形錘 G を付け，図 4 のように配置する．

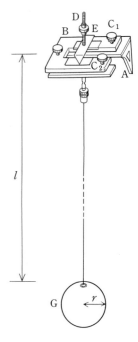

図 4　ボルダ振り子

(2)　球形錘をエッジの刃先の方向と垂直な方向に約 10 cm 移動させて静かに離すと振動を始める．このとき，錘が行きと帰りで同じ道筋を通ることを確かめる．それには錘がエッジの真下を通る位置の近くに他の物体を置き，行きと帰りで錘がその物体から同じ距離の所を通ることを確かめればよい．そうなってない場合はもう一度スタートをやり直す．周期の測定は，錘がエッジの真下を通る位置のすぐそばに目印をつくり，これを同一方向に通過する時刻を測定して，その時間間隔から求める．まず理論 2. で述べたように T と T_2 が等しくなるようにする．そのため錘が 10 回振動する時間 (10 周期) を測定してこれを $10T_0$ とする．

(3)　エッジ E から金属線をはずしてエッジだけを U 字台の上で振動させ，10 回振動する時間を測定する．これが $10T_0$ より大きいときは，エッジの上部にあるネジ D を少しさげ，$10T_0$ より小さいときは，D を上にあげて，再び振動させる．このようなことを，エッジだけが

10回振動する時間が $10T_0$ と差が ± 1 秒程度になるまで繰り返す.

(4) 以上の調節が終わったら，金属線と球形錘を再びエッジにつけて前のように配置し，その周期 T を正確に測定する．今度は振動の回数を数えながら，目印を同一方向に通過する時刻を 10 回目毎に読み取り記録する．測定は 190 回目まで行い，100 回振動するのに要する時間 $100T$ を，100 回目と 0 回目の時刻の差，110 回目と 10 回目の差，$\cdots$，190 回目と 90 回目の差からそれぞれ求め，その平均値を 100 で割って，T の測定値とする．

(5) つぎに，錘を吊るしたまま，エッジの刃先から球形錘の上端までの距離 l をスケールで測る．球形錘の直径 $2r$ をノギスで 5 回以上測定する．これらを用いて (8) 式から重力加速度 g を計算する．

3. データの整理

測定値の記録および計算の例を次に示す.

表 1 周期 T の測定

振動回数	時刻 [s]	振動回数	時刻 [s]	差 $(100\,T)$ [s]
0	0.0	100	196.7	196.7
10	19.7	110	216.6	196.9
20	39.4	120	236.0	196.6
30	59.2	130	255.6	196.4
40	78.8	140	275.3	196.5
50	98.4	150	294.8	196.4
60	118.3	160	314.5	196.2
70	137.9	170	334.2	196.3
80	157.8	180	354.2	196.4
90	177.3	190	374.0	196.7

平均 196.5 s

これから $T = 1.965\,\text{s}$ をえる.

表 2 スケールによる l の測定

エッジの下端の読み [cm]	錘の上端の読み [cm]	l [cm]
114.0	20.2	93.8
113.9	20.1	93.8

平均 $l = 93.8$ cm

表 3 ノギスによる $2r$ の測定

回数	零点 [mm]	読み [mm]
1	0.00	40.95
2	0.00	40.90
3	0.00	40.90
4	0.00	40.95
5	0.00	40.90

平均 40.92 mm

錘の直径 $2r = 40.92$ mm

$r = 20.46$ mm

$$g = \frac{4\pi^2}{T^2}\left(l + r + \frac{2}{5}\frac{r^2}{l+r}\right)$$

$$= \frac{4 \times 3.142^2}{1.965^2}\left(93.8 + 2.046 + \frac{2}{5}\frac{2.046^2}{93.8 + 2.0}\right)$$

$$= 980\,\text{cm/s}^2$$

$$= 9.80\,\text{m/s}^2$$

参 考 日本各地の重力実測値 [gal = cm/s²]

地　名	緯度 (φ)		経度 (λ)		高さ (H)	重力実測値 (g)	地　名	緯度 (φ)		経度 (λ)		高さ (H)	重力実測値 (g)
	°	′	°	′	m	m gal		°	′	°	′	m	m gal
稚　内	45	25.0	141	40.3	90.	980 622.73	松　代	36	32.5	138	12.6	433.97	979 769.76
利　尻	45	14.7	141	14.1	15.	980 669.73	松　本	36	14.7	137	58.4	511.	979 654.06
名　寄	44	21.6	142	28.2	100.	980 573.73	高　山	36	9.2	137	15.4	660.5	979 685.08
網　走	44	1.0	144	17.0	37.9	980 589.14	福　井	36	3.1	136	13.5	9.4	979 838.19
留　萌	43	56.7	141	38.2	22.3	980 560.73	甲　府	36	39.8	138	33.5	273.	979 706.21
旭　川	43	46.2	142	22.4	112.4	980 532.42	岐　阜	35	23.8	136	45.9	15.	979 745.84
新十津川	43	31.4	141	50.5	88.51	980 295.79	名古屋	35	9.1	136	58.3	45.	979 732.54
根　室	43	19.7	145	35.4	20.	980 683.63	三　島	35	6.7	138	55.7	21.	979 786.60
札　幌	43	4.3	141	20.7	15.	980 477.75	網　代	35	2.6	139	5.8	67.21	979 795.60
釧　路	42	58.6	144	23.5	32.8	980 596.51	静　岡	34	58.5	138	24.4	10.	979 741.44
帯　広	42	55.2	143	13.0	39.85	980 418.10	浜　松	34	42.4	137	43.4	33.06	979 734.58
千　歳	42	48.3	141	40.5	20.	980 426.52	石廊崎	34	46.0	137	50.7	40.	979 774.40
長万部	42	30.4	145	35.4	5.	980 422.14	御前崎	34	36.1	138	12.9	45.85	979 742.30
浦　河	42	9.5	141	20.7	33.4	980 324.78	舞　鶴	35	26.9	135	47.2	2.8	979 794.98
函　館	41	48.8	144	23.5	35.3	980 400.97	京　都	35	1.6	135	47.2	59.86	979 707.75
青　森	40	49.0	140	46.8	4.8	980 314.73	姫　路	34	50.2	134	40.4	39.11	979 730.16
三　沢	40	41.7	141	22.2	35.3	980 308.08	津	34	42.1	136	31.2	2.83	979 714.00
弘　前	40	35.1	140	28.5	50.	980 261.25	奈　良	34	41.5	135	49.8	105.18	979 704.72
八　戸	40	31.5	141	31.5	28.2	980 360.84	鳥　羽	34	27.8	136	51.0	15.	979 730.95
秋　田	39	43.6	140	8.3	20.	980 175.80	和歌山	34	13.6	135	10.0	13.92	979 689.21
盛　岡	39	41.8	141	10.1	153.3	980 189.71	潮　岬	33	26.9	135	45.8	74.3	979 726.90
宮　古	39	38.6	141	58.1	40.	980 270.26	境　港	35	32.5	133	14.3	2.	979 808.07
大　槌	39	20.9	141	56.3	4.20	980 251.53	鳥　取	35	29.1	134	14.5	7.9	979 790.45
水　沢	39	7.9	141	8.2	63.9	980 146.56	大　田	35	7.1	132	27.1	110.	979 744.78
大船渡	39	3.7	141	43.1	10.	980 210.69	大　山	35	3.7	134	0.8	146.39	979 719.80
酒　田	38	54.5	139	50.9	3.4	980 71.54	浜　田	34	53.6	132	4.4	20.	979 747.71
新　庄	38	44.5	140	17.9	95.	980 59.06	三　次	34	84.1	132	51.3	156.	979 676.98
仙　台	38	14.9	140	50.8	140.	980 65.83	岡　山	34	40.9	133	55.0	3.	979 711.94
山　形	38	14.6	140	21.1	170.	980 14.91	福　山	34	26.6	133	15.0	1.92	979 689.40
福　島	37	45.4	140	28.5	68.1	980 7.96	萩	34	24.7	131	23.6	5.	979 687.42
会津若松	37	29.1	139	54.8	212.	979 912.94	広　島	34	22.1	132	28.1	2.	979 658.66
いわき	36	56.7	140	54.4	3.8	980 8.81	山　口	34	9.4	131	27.4	17.1	979 658.88
前　橋	36	24.1	139	3.8	110.	979 829.70	下　関	33	56.7	130	55.7	0.06	979 675.36
柿　岡	36	13.8	140	11.5	32.17	979 966.01	高　松	34	18.9	134	4.4	12.	979 698.77
川　越	35	53.2	139	31.8	7.81	979 844.91	松　山	33	50.4	132	46.8	33.74	979 595.37
銚　子	35	43.5	140	50.5	27.09	979 684.04	高　知	33	33.5	133	30.6	17.02	979 624.79
東　京	35	38.6	139	41.3	28.04	979 763.19	室　戸	33	15.0	134	10.8	185.8	979 629.51
千　葉	35	37.9	140	6.5	20.87	979 776.04	足　摺	32	43.2	133	0.7	70.	979 609.51
羽　田	35	32.8	139	45.9	2.	979 758.08	福　岡	33	35.7	130	22.7	31.3	979 628.59
鹿野山	35	15.1	139	57.5	350.52	979 690.99	平　戸	33	21.4	129	33.3	50.	979 605.75
箱　根	35	14.4	139	3.7	426.9	979 709.29	大　分	33	14.0	131	37.4	5.6	979 541.67
油　壺	35	9.4	139	37.1	4.81	979 774.65	熊　本	32	48.8	130	43.8	22.84	979 551.62
勝　浦	35	8.9	140	19.0	12.2	979 815.52	長　崎	32	43.1	129	52.3	25.	979 588.03
館　山	34	59.0	139	52.0	5.92	979 786.44	福　江	32	41.6	128	49.4	10.	979 574.16
大　島	34	45.8	139	22.6	191.8	979 808.57	延　岡	32	34.7	131	39.6	5.	979 469.26
三宅島	34	7.3	139	31.5	36.2	979 800.35	人　吉	32	12.9	130	45.4	147.	979 457.82
八丈島	33	6.1	139	47.3	79.5	979 723.80	宮　崎	31	55.1	131	25.1	6.55	979 588.08
鳥　島	33	29.0	140	18.2	86.26	979 528.95	鹿児島	31	34.4	130	33.2	4.2	979 472.15
父　島	27	5.4	142	11.3	3.	979 439.44	鹿　屋	31	25.3	128	49.9	102.	979 443.61
相　川	38	1.2	138	14.6	35.	980 70.31	名　瀬	28	22.6	131	39.9	5.	979 250.40
新　潟	37	55.3	139	2.3	182.1	979 973.22	嘉手納	26	22.0	127	41.0	35.	979 112.22
輪　島	37	23.3	136	53.9	6.9	979 980.06	那　覇	26	13.5	127	41.2	15.	979 99.42
柏　崎	37	21.2	138	30.7	4.	979 961.10	宮古島	24	47.6	125	16.7	30.	978 997.18
富　山	36	42.4	137	12.3	10.	979 867.42	石垣島	24	19.9	124	9.9	5.	979 6.06
金　沢	36	33.9	136	39.8	60.	979 857.90	西表島	24	16.7	123	53.0	8.	979 13.08

18. 地磁気の水平分力の測定

　地球および地球をとり囲む周辺空間には磁場が存在する．そしてこの磁場の分布は地球の中心に棒磁石を置いたときにできるものと同様な形をしている．ただし，その棒磁石の方向は地球の自転軸に対して約 11.5° 傾いている[*1]．この地球のまわりの磁気とその磁場を地磁気という．地磁気は，地球の内部で起こる現象 (例. 地震) から，地球をとり囲む周辺空間で起こる現象 (例. 電離層のじょう乱) 等々まで，さまざまな現象によって変化することが知られている．このため，現在世界各地で地磁気の永続的な連続測定が続けられている．そして，そのデータは，地球内部から宇宙空間に及ぶさまざまな現象に関する基礎資料となっている．

　本実験では，この地磁気の地球表面 (われわれの実験室) での磁束密度の水平成分[*2] の測定を行う．地球表面で測定される地磁気の磁束密度ベクトルは，通常，水平成分，偏角，鉛直成分の 3 成分に分けて表されるが，本実験では，この中の水平成分のみを測定する．

理　　論

　地球表面での地磁気の磁束密度ベクトル B は通常，図 1 に示すように，水平成分 B_H[*3]，偏角 α，鉛直成分 B_V の 3 成分[*4]に分けて表される．この中の水平成分 B_H の測定は，2 つの測定を組合せて行うことができる．すなわち，(1) 偏角磁力計で棒磁石の磁気モーメントの大きさ

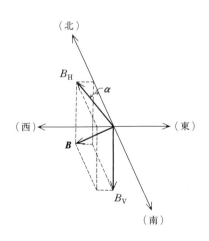

図 1　地磁気の磁束密度の成分

B：地磁気の磁束密度ベクトル
B_H：地磁気の磁束密度の水平成分
B_V：地磁気の磁束密度の鉛直成分
α：偏角

M と B_H の比 M/B_H を測定し，次に (2) 振動磁力計で M と B_H の積 $M \cdot B_H$ を測定する．そして (3)，この (1) と (2)，2 つの測定を組合せて，M と B_H，それぞれの大きさを求める．以下に，(1)，(2)，(3) それぞれについての理論を述べる．

(1)　偏角磁力計 (Deflection Magnetometer) による M/B_H の測定

　鉛直に立てた鋭い針の上に，小磁計を載せ，自由に回転できるようにすると，小磁針は南北[*5]を向く (図 2)．これは，小磁針が地磁気の磁束密度の水平成分 B_H [T (テスラ)] により B_H の方向 (南北の方向) に向くように偶力を受けるからである．次に，小磁針からそれに垂直な方向，距離 d のところに，水平に，東西[*5] の方向に向

[*1] 参考 1 を参照.

[*2] 地磁気の磁束密度の水平成分は通常水平分力と呼ばれる.

[*3] 参考 2 を参照.

[*4] この他，磁力，北向成分，東向成分，伏角などを用いることもある.

[*5] 南北と東西は地磁気に関して用いた方位であり，地球の地理上の方位とはわずか違う．以後に用いる南北，東西の意味も同様である.

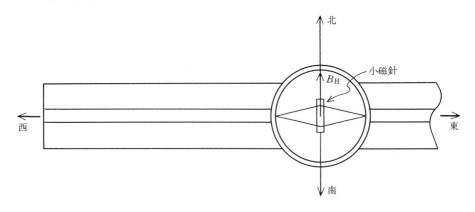

図2 地磁気の磁束密度の水平成分 B_H と小磁針

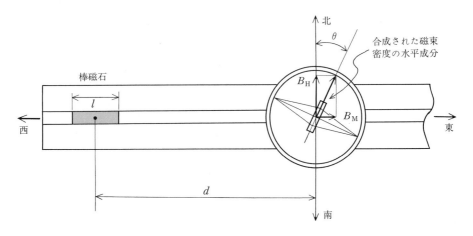

図3 合成された磁束密度の水平成分と小磁針

けて棒磁石を置くと，小磁針ははじめの南北の向きから角度 θ だけ回転して止まる (図3)．これは，小磁針の置かれた場所の磁束密度が，棒磁石のつくる磁場の磁束密度によって変えられ，小磁針が合成された磁束密度の水平成分の方向に向くためである．B_H は南北方向を向き，棒磁石による磁束密度の水平成分 B_M は東西方向を向くので，合成磁束密度の水平成分の方向は B_H の方向から次に示す角 θ だけ傾く．

$$\tan\theta = \frac{B_M}{B_H} \tag{1}$$

これから小磁針の回転角 θ を測定すれば，B_M/B_H が求められる．ここで，磁気モーメントの大きさ $M\,[\mathrm{A\cdot m^2}]$ の棒磁石のつくる磁場の磁束密度 B_M の水平成分は，棒磁石の長さ $l\,[\mathrm{m}]$ が棒磁石から小磁針までの距離 $d\,[\mathrm{m}]$ に比べて十分に小さく，

$$l \ll d$$

とみなせるとき，

$$B_M = \frac{2\mu_0 M}{4\pi d^3} \tag{2}$$

で与えられる．ただし，μ_0 は真空の透磁率で，その値は $4\pi \times 10^{-7}\,\mathrm{N\cdot A^{-2}}$ である．

これを (1) 式に代入すれば

$$\frac{M}{B_H} = \frac{4\pi d^3}{2\mu_0}\tan\theta \tag{3}$$

となり，これから，回転角 (ふれ角) θ，距離 d を測定することにより，M/B_H を求めることができる．

(2) 振動磁力計 (Oscillation Magnetometer) による $M \cdot B_H$ の測定

棒磁石をねじれの力が無視できるような細い糸で水平に吊るす. 棒磁石の軸を地磁気の磁束密度の水平成分 B_H の方向 (南北の方向) から小さな角 φ だけ回転させて放すと, 棒磁石は回転振動を始める. これは, 棒磁石が地磁気の磁束密度の水平成分 B_H により, B_H の方向に向くよう偶力を受けるためである (図4). このとき, 棒磁石の磁気モーメントの大きさを M とすると, 磁束密度の水平成分 B_H による偶力のモーメントの大きさ $N\,[\mathrm{N \cdot m}]$ は, 回転角 φ が小さく

$$\sin \varphi \fallingdotseq \varphi$$

とみなせるとき

$$N = M \cdot B_H \sin \varphi \fallingdotseq M \cdot B_H \cdot \varphi \qquad (4)$$

となる.

この偶力のモーメント N による棒磁石の回転振動の運動方程式は, 吊り下げた糸を軸とする棒磁石の慣性モーメントを $I\,[\mathrm{kg \cdot m^2}]$ とすると

$$I \frac{\mathrm{d}^2 \varphi}{\mathrm{d}t^2} = -M \cdot B_H \cdot \varphi$$

$$\therefore \quad \frac{\mathrm{d}^2 \varphi}{\mathrm{d}t^2} + \frac{M \cdot B_H}{I} \varphi = 0 \qquad (5)$$

となる. この運動方程式の解は

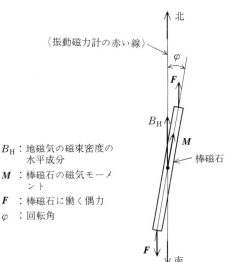

B_H：地磁気の磁束密度の水平成分

M：棒磁石の磁気モーメント

F：棒磁石に働く偶力

φ：回転角

図4 棒磁石に働く偶力

$$\varphi = \varphi_0 \sin \left(\sqrt{\frac{M \cdot B_H}{I}}\, t + \alpha \right)$$

$\varphi_0,\ \alpha$ は未定定数

となり, この棒磁石の回転振動の周期 $T\,[\mathrm{s}]$ は

$$T = 2\pi \sqrt{\frac{I}{M \cdot B_H}} \qquad (6)$$

となる. これから

$$M \cdot B_H = \frac{4\pi^2 I}{T^2} \qquad (7)$$

となり, 棒磁石の回転振動の周期 T を測定し, かつ棒磁石の慣性モーメント I を求めることにより, (7) 式から $M \cdot B_H$ を求めることができる.

ここで棒磁石の慣性モーメント I は, 棒磁石の質量を $W\,[\mathrm{kg}]$, 長さを $l\,[\mathrm{m}]$, 断面の正方形の一辺の長さを $b\,[\mathrm{m}]$ とすれば

$$I = W \cdot \frac{b^2 + l^2}{12} \qquad (8)$$

で与えられる.

(3) (1), (2) の測定から B_H と M を求める方法

(1), (2) の測定において, (3) 式および (7) 式によって得られた測定値をそれぞれ $X,\ Y$ とする. すなわち,

$$\frac{M}{B_H} = \frac{4\pi d^3}{2\mu_0} \tan\theta = X \qquad (9)$$

$$M \cdot B_H = \frac{4\pi^2 I}{T^2} = Y \qquad (10)$$

とする. これから, B_H および M はそれぞれ,

$$B_H = \sqrt{\frac{Y}{X}} \qquad (11)$$

$$M = \sqrt{X \cdot Y} \qquad (12)$$

によって求められる.

予 習 問 題

(1) 棒磁石のまわりにできる磁場の磁力線の様子を図示せよ.

(2) 地磁気の磁束密度の水平成分 B_H が $B_H = 2.51 \times 10^{-5}\,\mathrm{T}$ と知られているとする. いま, 棒磁石を図3のようにセットしたとき, 小磁針が南北向きから $\theta = 28°$ 回転した. 使用した棒磁石が小磁針のところにつくる磁束密度の水平成分 B_M (東西向き) の大きさはいくらか.

(3) 地磁気の磁束密度の水平成分 B_H が $B_H = 2.51 \times 10^{-5}\,\mathrm{T}$ と知られているとする. いま, 慣性モーメント $I = 6.33 \times 10^{-5}\,\mathrm{kg \cdot m^2}$ の棒磁石を使用して, 振動磁力計で周期 T を測定し, $T = 4.5$ 秒を得た. この棒磁石の磁気モーメントの大きさ $M\,[\mathrm{A \cdot m^2}]$ はいくらか.

実　験

1. 実験装置および器具

偏角磁力計, 振動磁力計, 棒磁石, 小磁針, 水準器, ストップウオッチ.

2. 実 験 方 法

2.1 偏角磁力計による小磁針の回転角 (ふれ角) の測定

(1) 偏角磁力計 (図 5) の木製台に水準器を載せ, 水平調節脚を調整して水平にする.

(2) 偏角磁力計の中央の針に小磁針が載せてあるので, 棒磁石を静かに近づけて小磁針を回転させてみて, スムーズに動くことを確かめる. (小磁針の動きが滑らかでないときは担当の教員に申し出る.)

(3) 偏角磁力計の木製台が東西の方向に向くように正確に調整する. (小磁針に取り付けられているアルミニウム指針が目盛板の 0° を指すようにする.)

(4) 偏角磁力計の木製台のみぞに棒磁石を載せ (例, 棒磁石を小磁針の西側に置く), みぞに沿って小磁針の方に近づけ, 小磁針 (アルミ

ニウム指針) の回転角 θ が 20~30° になるようにする. このとき, 棒磁石の中心位置を読み, 小磁針の中心からの距離 d を求める.

(5) 小磁針の回転角 θ をアルミニウム指針の左右の回転角を測定することによって求める. (小磁針の回転角 θ を測定するとき, アルミニウム指針を真上からみて測定すること, また鉄製品など磁化するものは, 2 m 以上離して, その磁気的影響を無視できるようにして測定すること.)

(6) 棒磁石の中心位置は変えないで, 棒磁石の N, S 極の向きを反対にして, 小磁針の回転角 θ をアルミニウム指針の左右の回転角を測定して求める.

(7) さらに, 棒磁石の位置を小磁針に対して, ちょうど反対側 (例, 小磁針の東側) に移して, 上と同様の測定をする.

(8) 得られた回転角の平均値を求め, 距離 d における小磁針の回転角 (ふれ角) θ とする. (表 1 参照)

2.2 振動磁力計による棒磁石の回転振動の周期 T の測定

(1) 振動磁力計 (図 6) を付属の水準器を用いて, 水平調節脚を調節して水平にする.

(2) 振動磁力計の箱の中の鏡の赤い線が南北になるように振動磁力計の向きを正確に調整する. 2.1 の測定に使用した偏角磁力計の木製台 (東西の方向に向けた) に合わせるとよい.

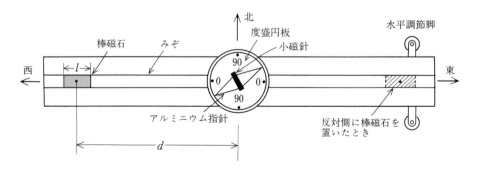

図 5　偏角磁力計

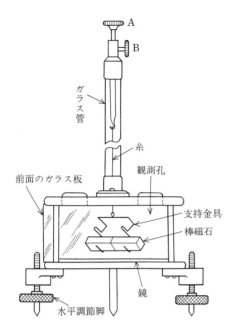

図6 振動磁力計

ら求める. ただし, 本実験で使用している棒磁石の W, b, l は, それぞれ $W = 75.2 \times 10^{-3}\,\mathrm{kg}$, $b = 1.00 \times 10^{-2}\,\mathrm{m}$, $l = 10.0 \times 10^{-2}\,\mathrm{m}$ であるので, $I = 6.33 \times 10^{-5}\,\mathrm{kg \cdot m^2}$ となる. 以下の計算にはこの値を用いる.

3. 実験結果の整理

(1) **2.1** の測定で得られた回転角 (ふれ角) θ と, 距離 d の値を (9) 式に代入し,

$$\frac{M}{B_\mathrm{H}} = \frac{4\pi d^3}{2\mu_0} \tan\theta = X$$

から $X = M/B_\mathrm{H}$ を求める.

(2) **2.2** の測定で得られた棒磁石の回転振動の周期 T と棒磁石の慣性モーメント $I = 6.33 \times 10^{-5}\,\mathrm{kg \cdot m^2}$ の値を (10) 式に代入し,

$$M \cdot B_\mathrm{H} = \frac{4\pi^2 I}{T^2} = Y$$

から $Y = M \cdot B_\mathrm{H}$ を求める.

(3) X, Y の値を (11) 式, (12) 式に代入し

$$B_\mathrm{H} = \sqrt{\frac{Y}{X}}, \quad M = \sqrt{X \cdot Y}$$

から地磁気の磁束密度の水平成分 B_H, 使用した棒磁石の磁気モーメントの大きさ M を求める.

実験結果の整理 (例)

表1 偏角磁力計による小磁針の回転角 (ふれ角) θ の測定 (例)

(棒磁石から小磁針までの距離 $d = 45\,\mathrm{cm}$)

棒磁石の位置	棒磁石の向き	アルミニウム指針の回転角		回転角の平均
		西側	東側	
西側	N極が東向き	30°	30°	30°
	N極が西向き	30°	30°	30°
東側	N極が東向き	30°	30°	30°
	N極が西向き	30°	30°	30°
			平均	30°

小磁針の回転角 (ふれ角)　　$\theta = 30°$
棒磁石から小磁針までの距離　$d = 45\,\mathrm{cm} = 0.45\,\mathrm{m}$

(3) 次に振動磁力計 (図6) のネジ B をゆるめて, A をゆっくりさげて支持金具をおろす. 箱のガラスをあけて棒磁石を支持金具の中央に載せる. このとき棒磁石の S, N 極と地磁気の南北が一致するようにする. (棒磁石の S 極, N 極は, **2.1** の測定に使用した小磁針の S 極, N 極で判定するとよい.)

(4) A を静かに引き上げ, B で固定して, 棒磁石が鏡からはなれて振動できるようにする.

(5) 棒磁石を赤い線 (南北の方向) に対して小さな角 φ 回転させ (図4), 放すと棒磁石は回転振動を始める. この場合, 糸がゆれたりしてはいけないので, 2〜3 回練習して要領を会得する. また回転角 φ も 10° 以内にとどめる.

(6) 箱の上にあいている観測孔から棒磁石を見て, 棒磁石の端が鏡の赤い線を同一方向に通過する時刻を 10 回ごとに読み取り, 50 回までの時刻を測定する. 得られた測定値から, 表2の例を参考にして, 周期 T の平均値を求める.

2.3 棒磁石の慣性モーメントの測定

棒磁石の慣性モーメント I は, 理論の (8) 式から

(1)　小磁針の回転角 $\theta = 30°$

棒磁石から小磁針までの距離 $d = 0.45$ m

$$
\begin{aligned}
X = \frac{M}{B_{\mathrm{H}}} &= \frac{4\pi d^3}{2\mu_0} \tan\theta \\
&= \frac{4\pi \times (0.45)^3}{2 \times 4\pi \times 10^{-7}} \times 0.577 \\
&= \frac{0.0911}{2 \times 10^{-7}} \times 0.577 \\
&= 0.02629 \times 10^7 \fallingdotseq 2.63 \times 10^5 \mathrm{A}^2 \cdot \mathrm{m}^3 \cdot \mathrm{N}^{-1}
\end{aligned}
$$

表2　振動磁力計による棒磁石の振動の
周期 T の測定 (例)

回数	時刻 (分・秒)	回転	時刻 (分・秒)	30T (秒)
0	3′ · 5″	30	5′ · 4″	119
10	3′ · 45″	40	5′ · 43″	118
20	4′ · 24″	50	6′ · 23″	119

$T = \dfrac{356}{30 \times 3} = 3.96$ (秒)　　　　$\Sigma = 356$

周期　$T = 3.69$ 秒

(2)　棒磁石の振動の周期 $T = 3.96$ 秒

棒磁石の慣性モーメント

$$
I = 6.33 \times 10^{-5} \,\mathrm{kg} \cdot \mathrm{m}^2
$$

$$
\begin{aligned}
Y = M \cdot B_{\mathrm{H}} &= \frac{4\pi^2 I}{T^2} = \frac{4\pi^2 \times 6.33 \times 10^{-5}}{(3.96)^2} \\
&= \frac{39.48 \times 6.33 \times 10^{-5}}{15.68} = \frac{250}{15.68} \\
&= 15.9 \times 10^{-5} \,\mathrm{N} \cdot \mathrm{m}
\end{aligned}
$$

$$
\begin{aligned}
B_{\mathrm{H}} &= \sqrt{\frac{Y}{X}} = \sqrt{\frac{15.9 \times 10^{-5}}{2.63 \times 10^5}} \\
&= 2.45 \times 10^{-5} \,\mathrm{T}
\end{aligned}
$$

$$
\begin{aligned}
M &= \sqrt{X \cdot Y} = \sqrt{2.63 \times 10^5 \times 15.9 \times 10^{-5}} \\
&= 6.47 \,\mathrm{A} \cdot \mathrm{m}^2
\end{aligned}
$$

4.　実験結果の検討

(1)　得られた地磁気の水平成分 B_{H} を会津若松市の地磁気の磁束密度の水平成分 $B_{\mathrm{H}} = 2.97 \times 10^{-5}$ T と比較してみよ.

(2)　(1) で両者の値が大きく違うときは, 周期 T の測定, 回転角 θ の測定, 単位および計算にミスがないか再確認する. また偏角磁力計

の小磁針が棒磁石の磁気で鋭敏に動くことを再確認する.

(3)　得られる地磁気の磁束密度の水平成分 B_{H} は, 通常会津若松市の地磁気の磁束密度の水平成分の値 2.97×10^{-5} T より小さくなる. この原因を考察してみよ.

参考1　地球磁場の磁力線

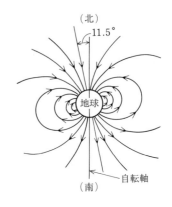

参考2 世界および日本の地磁気の水平分力 (理科年表より)

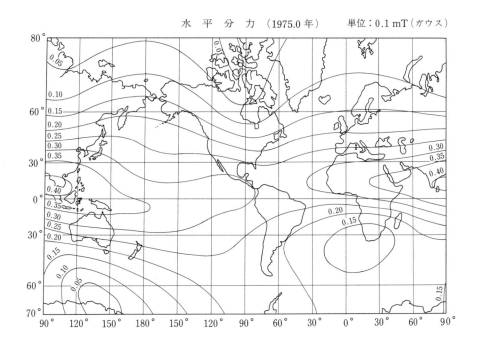

水 平 分 力 （1975.0 年）　　　単位：0.1 mT（ガウス）

水平分力分布図 （1970.0 年）

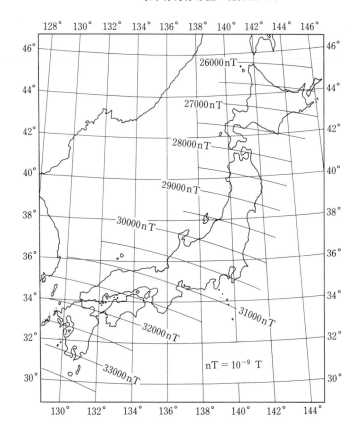

$nT = 10^{-9}\ T$

19. 電解液槽による等電位線の測定

　われわれの身近にあるガラス棒を絹布でこすり，摩擦で帯電させた後，この棒を糸で吊るしておく．この棒に，同じようにして帯電させたガラス棒を近づけると棒同士反発する様子が観察される．これはガラス棒が正に帯電した結果，棒同士に静電気力が働いたためである．このような静電気力の働く場[*1]（空間）を電場または電界[*2]という．この電界という概念は電磁気学において最も基本的なものであると同時に，実用上も重要なものである．たとえばブラウン管内の電子線の偏向[*3]や収束は，種々の形状をした電極により形成された電界によって行う．このとき重要なのは，電極の形状によってどのような電界が生じるかである．実験的にこれを測定するには，模型電極を電解液槽に入れ，等電位線を求めることが一般的である．これは実用上も有効な手段となっている．

　そこで本実験は，簡単な模型電極の電解液槽による等電位線の測定手法を学ぶ．同時に電界の様子も具体的にわかることを学ぶ．

理　論

1. 電界と電気力線

　図1のように，大きさの等しい2つの正負の電荷が，ある距離はなれて置かれているとき，その近傍の電界を考えてみよう．この2つの電荷を含む空間のある任意の点Pの電界 E[*4] をベクトルで図示すると，図中のような矢印となる．このベクトル E をこの空間全てにわたって求め，各点における接線がその点における E の方向と一致するような曲線を引くと，図のような曲線群となる．この曲線の一本一本を電気力線[*5]と呼ぶ．この電気力線は何本でもこまかく描くことができるが，ある点での電気力線の本数（電気力線に垂直な単位面積あたり通過する電気力線の数）が，その点での電界の強さに比例するように描くことにすると，電界の様子を一見して知ることができる．

2. 電位と等電位線

　図2のような2次元の電界を考える．この電界

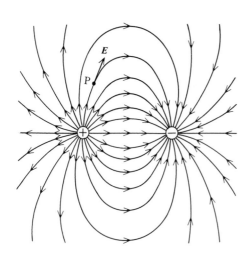

図1　大きさの等しい正負の電荷が
　　　あるときの電気力線の様子

---

*1 場というのは，ある性質をもった空間という意味である．

*2 電界が時間的に変化しないような場（空間）を静電界という．

*3 一般実験の「シンクロスコープによる交流波形の観測」を参照．

*4 電界中のある点の電界の強さは，その場所に単位正電荷を仮想的においたとき，それに働く力の大きさ（強さ）に等しい．またその力の向きを電界の向きという（負電荷をおけば，電界の向きとは反対方向の力を受ける）．つまり電界は大きさと向きをもつベクトル量である．そこでこれを電界ベクトルともいい E で表す．電界の単位は [V/m] である．

*5 電界の様子を一見してわかるようにするために M. Faraday (1791〜1867) によって提案された仮想的な線を電気力線 (Lines of Electric Force) という．

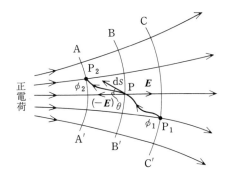

図2　電界内の点 P_1 と P_2 間の
電位差および等電位線

内のある点 P の電位 (静電ポテンシャル) ϕ は,
単位正電荷を電界にさからって, 無限の遠方か
らその点まで動かすのに要する仕事として定義
される. また図の点 P_1 と P_2 の間の電位の差
($\Delta V = \phi_2 - \phi_1$) は, 単位正電荷を P_1 から P_2 ま
で動かすのに要する仕事として定義される. ゆ
えに

$$\Delta V = \phi_2 - \phi_1 = \int_{P_1}^{P_2} (-E)\, ds \cos\theta$$

となる. 単位は V (ボルト) である. この式に
おいて, $\Delta V = 0$ (すなわち, 単位の正電荷を
動かすのに仕事が不要な場合にあたる) の場合
は, V_1 と V_2 は等しい電位 (等電位) になる. こ
のような等しい電位の点を連ねた線を等電位線
(Equipotential Line) という. 図2のAA′, BB′,
CC′ がこれになる. 等電位線と電界ベクトル E
とは垂直に交わる[*6].

　これらの等電位線を実験的に求めるには, 静
電界と類似の場 (本実験では電流の流れている
場を用いる) を用いるのが有効である. たとえ
ば, 電解質溶液などの導体内に一様な電界が存
在すると, イオンによる電流が流れる. 導体の
端に電位差 ($\phi_2 - \phi_1$) を加えると,

$$\phi_2 - \phi_1 = \Delta V = RI$$

なるオームの法則が成立する. R は導体の電気
抵抗で, I は電流である. もし R と I が一定で,
ϕ_1 を一定のところにとれば, $\phi_2 - \phi_1 = $ 一定を
満足させる ϕ_2 の場所 (位置) が導体内に存在す

る. この位置を連ねていくと1つの曲線ができ
る. これが等電位線である.

3.　等電位線の求め方

　図3のような底面の平らな絶縁体でできた容
器に電解質溶液を浅く張り, 2点 A, B に電極を
おき, この2点間に交流電圧[*7] V を加えると,
点線のような電流の分布が生じる.

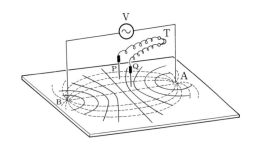

図3　等電位線の実験原理. 実線は等電位線.
（電解液槽を用いて等電位線を求める実験方
法は, 1913年 Fortesue らによって提案され
たものである. C. L. Fortesue and S. W.
Farnsworth：Trans. A. I. E. E. **32** (1913)
893)

　電流密度は電極付近で大きく, 電極から離れた
ところでは小さい. また電位は両電極間で連続
的に変化している. この電位の等しい点の軌跡
が等電位線である. 図3の実線がこれにあたる.
　電解質溶液中の任意の点 (位置) での電位を求
めるために, 図のように任意の2点 P, Q に探針
子を立て, レシーバ T につなぐ. P と Q とが等
電位にないときは, P, Q 間に電位差があるため
レシーバから発振音が聞こえる. しかし, P を
固定し, Q の位置をいろいろ変えていくと, レ
シーバから音が聞こえなくなるところがある.
このとき P と Q は等電位になっている. この
ようにある定点をきめ, この点と等電位の位置
を次々と求め, これらの点を連ねた曲線を描け

[*6] ds が ($-E$) と垂直な場合, $\theta = 90°$ ($\cos\theta = 0$) とな
り, 積分が0となるため.

[*7] 電解質溶液で直流を用いると, 分極作用のため電極
付近の電位が変化する. この分極作用を防ぐために
交流を用いる.

ば 1 本の等電位線が求まる. さらに定点の位置を変え, 同様な操作を繰り返せば, 多くの等電位線を求めることができる.

予　習　問　題

(1)　図 4 のように 2 板の金属板を平行に 10 cm だけ隔てて置き, これに 1000 V の電位差を加えた.

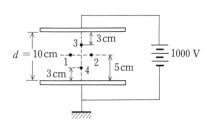

図 4

(a)　金属板間の電気力線の様子を図示せよ.
(b)　金属板間の点 1, 2, 3, 4 の電位を求め, 電位の等しい点と, 等しくない点についてそれぞれ考えよ. ただし下の金属板の電位を 0 として, これらの点の位置の電位を求めよ.

(2)　図 5 のような細長い導体 A に正の電荷 $+Q$ [C] を与え, そこに孤立した球形の導体 B ($Q = 0$ C) を近づけた場合の等電位線および電気力線の概略の様子を描け.

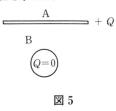

図 5

実　　　験

1.　実　験　器　具

等電位線実験器, 探針子, 金属角棒, 金属環, 水槽.

2.　実　験　方　法

2.1　実験装置のセット

(1)　図 6 のような透明樹脂の水槽に, 電解質溶液として水道水[*8]を深さ数 mm 入れる. (水槽の底面には裏面から方眼紙を上向きに貼りつけてあり, 水槽内の位置座標が読み取れるようになっている)

(2)　水槽の両端に約 2 cm 角の電極 E_1, E_2 を図 6 のように配置し, 等電位線実験器の出力端子 (極性に無関係に) と, これらの電極の中央の穴とを導線で結ぶ.

(3)　等電位線実験器の裏面パネルのイヤホーン端子にイヤホーンを接続する.

(4)　等電位線実験器の入力端子に探針子の端子を取り付け, 探針子の一方を水槽中に浸して固定し (これを P とする), 他の探針子 (これを Q とする) を水槽の中の他の部分に浸す. このとき探針子が水面に垂直になるようにする.

(5)　電源スイッチを入れ, E_1 と E_2 に交流電圧を加える. するとイヤホーンから発振音が聞こえる. 発振音の大きさは音量調整ツマミで加減せよ.

(6)　点 P と点 Q とが等電位でなければイヤホーンから発振音が聞こえるが, 等電位近くになると音は聞こえなくなるか, または音が最小になる.

2.2　実　験

電極 E_1 と E_2 の間に円形の金属環を図 6 のように入れる. このとき, 金属環の中心と透明樹脂の水槽わくの対称中心がほぼ一致するように配置する. 点 P を電極から数 cm 離れたところに固定し, それと等電位にある点 Q を多数求める. これらの位置を別の方眼紙に同じ座標で記入する (このとき, 透明樹脂のわくを描き, その中に電極や金属環も記入すること). これらの位置 (点) を連ねたのが等電位線である. この等電位線が描けるだけの等電位点が求まったら, 点 P を別の場所に移動し, 上記のことを繰り返し行い, 多数の等電位線を求める. 特に等電位線の変化の大きいところは細かく測定すること.

このようにして金属環の外部での等電位線が

[*8] 電解質溶液として, 蒸留水に KCl を溶かしたものや硫酸銅の稀薄溶液を用いることもあるが, 水道水でも各種イオンを含むので, 電解質溶液として十分使用できる.

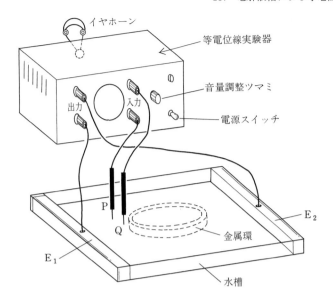

イヤホーン
等電位線実験器
音量調整ツマミ
電源スイッチ
出力　　入力
P
Q
E₂
金属環
E₁
水槽

図 6　等電位線の実験装置

求まったら，**金属内部でも同様の実験を試みよ.**

3．データの整理

　実験で求めた等電位の位置を方眼紙に記入し，等電位線を描く.

4．結果の検討

　実験で求めた等電位線に直交する電気力線を，

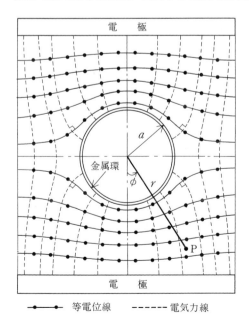

電　極

金属環

a

ϕ　r

P

電　極

●—— 等電位線　------ 電気力線

図 7　等電位線と電気力線の作図例

等電位線の描かれた方眼紙上に重ねて描いてみよ. 作図例を図 7 に示す. また, 金属環内部は場所に無関係に等電位になっている理由を考えよ.

　なお, 図 7 のような電極配置における等電位線の理論式を参考に示した. 興味ある学生は理論的な等電位線を描いてみよ. 具体的な数値などについては参考をみよ.

参　考

　本実験で得られた等電位線を理論的に求めるには, ラプラス (Laplace) の方程式を解く必要がある. 以下にその方法を述べる.

　ラプラスの方程式は円筒座標 (r, ϕ, z) を用いると

$$\frac{1}{r}\frac{\partial}{\partial r}\left(r\frac{\partial V}{\partial r}\right) + \frac{1}{r^2}\frac{\partial^2 V}{\partial \phi^2} + \frac{\partial^2 V}{\partial z^2} = 0 \quad (1)$$

となる. V は任意の点での電位を示す.

　本実験のような電極配置では, V は z に無関係となる. そこで (1) 式は

$$r\frac{\partial}{\partial r}\left(r\frac{\partial V}{\partial r}\right) + \frac{\partial^2 V}{\partial \phi^2} = 0 \quad (2)$$

のような微分方程式となる. ここで (2) の解として $V = R(r)\Phi(\phi)$ を仮定する. これを (2) 式に代入し, $R\Phi$ で割ると

$$\frac{r}{R}\frac{\mathrm{d}}{\mathrm{d}r}\left(r\frac{\mathrm{d}R}{\mathrm{d}r}\right) + \frac{1}{\Phi}\frac{\mathrm{d}^2\Phi}{\mathrm{d}\phi^2} = 0 \quad (3)$$

となる. (3) 式の第 1 項および第 2 項はそれぞれ r および ϕ のみの関数であるから, それぞれの項は定

数でなければならない．そこでこの定数を n^2 とすると

$$\frac{r}{R}\frac{\mathrm{d}}{\mathrm{d}r}\left(r\frac{\mathrm{d}R}{\mathrm{d}r}\right) = n^2, \quad \frac{1}{\Phi}\frac{\mathrm{d}^2\Phi}{\mathrm{d}\phi^2} = -n^2 \quad (4)$$

となる．Φ は簡単に解けて

$$\Phi = \begin{cases} A_1 \sin n\phi + A_2 \cos n\phi & n \neq 0 \\ B_1\phi + B_2 & n = 0 \end{cases} \quad (5)$$

R については，$n \neq 0$ の場合においても，$R = r^\alpha (\alpha$ は実数) を仮定することにより容易に解けて

$$R = \begin{cases} C_1 r^n + C_2 r^{-n} & n \neq 0 \\ D_1 \ln r + D_2 & n = 0 \end{cases} \quad (6)$$

となる．ここで $A_1,\ A_2,\ B_1,\ B_2,\ C_1,\ C_2,\ D_1,\ D_2$ は境界条件から決まる定数である．(5) 式の Φ の $n = 0$ の解は，電位が角度 ϕ とともに直線的に増加することを示している．また (6) 式の $n = 0$ の解は，線電荷による電位を表している．それゆえ，本実験のような電極配置には不適当である．他方 $n \neq 0$ の解における (5)，(6) 式の n の値は，$\phi = 0$ と $\phi = 2\pi$ では同電位にならなければならないなどの条件から整数となる．

　結局，図 7 のような金属環周囲の電位 $V(r, \theta)$ は (5)，(6) 式の $n \neq 0$ の Φ と R の積となる．すなわち

$$V(r, \phi) = (A_1 \sin n\phi + A_2 \cos n\phi)$$
$$\times (C_1 r^n + C_2 r^{-n}) \quad (7)$$

　一方，金属環から遠く離れたところでの一様な電界を E_0 とすると，電位 V は

$$V = -E_0 r \cos\phi \quad r \gg a$$

となる．また $r = a$ では $V = 0$ となる．これらの境界条件を満足する ϕ の関数は $\cos\phi$ となるので，(7) 式は

$$V(r, \phi) = Ar\cos\phi + \frac{B\cos\phi}{r} \quad (8)$$

となる．ただし $A = A_2 C_1$，$B = A_2 C_2$ である．$r \gg a$[*9] で

$$V = Ar\cos\phi = -E_0 r\cos\phi \quad (9)$$

となり $A = -E_0$ となる．$r = a$ で

$$V = -E_0 r\cos\phi + \frac{B\cos\phi}{a} = 0 \quad (10)$$

から $B = E_0 a^2$ となり

$$V(r, \phi) = -E_0 r\cos\phi + E_0 a^2\frac{\cos\phi}{r}$$
$$= E_0 a\left(\frac{a}{r} - \frac{r}{a}\right)\cos\phi \quad (r \gg a) \quad (11)$$

となる．

　等電位線を描くには，(11) 式を r について解き (2 次方程式になる)，$V(r, \phi)$ をパラメータに，ϕ を $0 \sim 90°$ まで変化させ，それぞれの ϕ に対する r の値を求めればよい．本来 ϕ は $0 \sim 2\pi$ までであるが，対称性を考慮すれば他のところも描ける．具体的な数値としては，$a = 5\,\mathrm{cm}$，$E_0 = 5\,\mathrm{V/cm}$ とせよ．

---

*9 本実験では金属環の半径 a が大きいので，$r \gg a$ の条件は十分に満たされないことに注意する必要がある．ゆえに，実験で求めた等電位線と理論的に求めたそれとの一致はあまりよくない．

20. トランジスタの静特性の測定

　1947 年，米国のベル研究所のショックレー (W. Shockley)，バーディン (J. Bardeen)，ブラッテイン (W. Brattain) たちは，ゲルマニウム結晶を用いた点接触トランジスタを発明した．このトランジスタは機械的に弱いため実用にはならなかったが，トランジスタに増幅作用のあることを見い出した点において大きな意義をもつ．その後，実用向けの接合型トランジスタがショックレーによって開発されて，今日のトランジスタ全盛時代が始まった．

　トランジスタなどの半導体を扱う分野の技術革新は著しく，最近では IC (集積回路)，LSI (大規模集積回路) などが盛んに各分野で利用され，われわれの生活様式を一変させるにいたっている．

　本実験では，これらの半導体産業の隆盛の発端となった上述の接合型トランジスタをとりあげ，その基本的な電気的性質について調べ，トランジスタに関する理解を深める．接合型トランジスタがどのような原理で動作するかを理解するには，以下本論で述べる P 型および N 型半導体とは何かの理解から始めなければならない．これを理解した上で，接合型トランジスタの動作原理を理解して欲しい．

理　　論

1. P 型半導体と N 型半導体

　半導体は導体 (室温比抵抗 $\rho \fallingdotseq 10^{-8} \sim 10^{-4}$ $\Omega \cdot m$) と絶縁体 ($\rho \fallingdotseq 10^{10} \sim 10^{20}\,\Omega \cdot m$) の中間の電気抵抗 ($10^{-4} \sim 10\,\Omega \cdot m$) をもつ物質で，トランジスタや集積回路の電子素子材料として用いられている．特にシリコン (Si) やゲルマニウム (Ge) はその代表的なものである．

　Si や Ge はダイヤモンドと同型の結晶構造で，1 原子あたり 4 個の価電子をもっていて，各原子のまわりを 4 個の最近接原子が正 4 面体をなして囲んでいる．これを平面上に模式図的に示したのが図 1(a) であり，最近接原子同士 1 個づつ価電子を出し合って，2 個を共有する形で結合している．これを共有給合という．この場合，価電子は結晶中で隣接の原子との結合にあずかっているため，結晶中を動きまわる伝導電子はないように思われる．しかし，結合にあずかる価電子が，熱や光のエネルギーを吸収して励起され，その局在性を失うと，結晶中を自由に動きまわるような伝導電子となる．室温の熱エネルギーは $0.026\,\mathrm{eV}$[*1] (エレクトロンボルト) の値に相当する．この程度の熱エネルギーでも，共有結合に関与して，局在する電子のごく一部を伝導電子の状態まで励起する．このように熱的に励起された伝導電子が少なからず存在し，その物質が電気伝導性をもっている場合，これを真性半導体 (Intrinsic Semiconductor) という．

　しかし，多くの半導体はこの真性半導体でなく，外因性半導体 (または不純物半導体) と呼ばれるものである．以下述べる P 型，N 型半導体[*2] はこれにあたる．

　高純度の Si や Ge に 5 価の不純物 (Sb, P, As など) を微量 ($\sim 10^{-5}$ ％程度) 混入させ，Si や Ge の原子の位置のところを不純物原子で置換すると，不純物原子の 5 個の価電子のうち，図 1(b) のように 4 個は結合にあずかり，1 個は余ってしまう．この余分の価原子は，結晶中を自由に動きまわる伝導電子となる．このような不純物半導体を N 型半導体と呼ぶ．

　逆に 3 価の不純物 (In, Ga, B など) を微量混入させると図 1(c) のように，共有結合を作る電子が 1 個不足して電子のぬけ孔が 1 個できる．

---

*1 kT の値で，k はボルツマン定数 $8.6 \times 10^{-5}\,\mathrm{eV/deg}$ で，T は 300 K として計算した．

*2 P 形，N 形半導体と記述することもある．

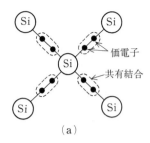

(a)

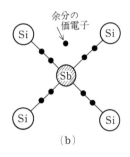

余分の
価電子

(b)

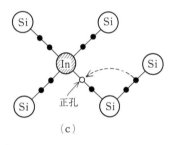

正孔

(c)

図 1　(a)　Si 結晶の原子間結合の模式図
　　　(b)　Si 結晶中に 5 価の不純物 (Sb) が
　　　　　入った場合 (N 型半導体)
　　　(c)　Si 結晶中に 3 価の不純物 (In) が
　　　　　入った場合 (P 型半導体)

このぬけ孔を正孔 (Hole, ホール) という．正孔
の位置に図 1(c) の点線矢印のように電子が移動
して入り込むと，移動した電子がもとあったと
ころに今度は新しい正孔が生じる．結果的には，
正孔は価電子といれかわりながら自由に動くよ
うになる．(このことから，正孔をプラスに帯電
した電子のように考えることもできる．) このよ
うな不純物半導体を P 型半導体と呼ぶ．

2.　接合型トランジスタ

2.1　構　造

　図 2(a) に現在市販されている典型的な接合型
トランジスタ (Junction Transistor) の外観を示
す．(b) はその内部を示したもので，トランジ
スタとしての役目をするのは，点線で囲まれた
部分の小さい部品であり，これを拡大した断面
図が (c) である．(c) のトランジスタの部分を電
気的な役目を考慮して模式的に示したのが (d)
である．ここで P は P 型半導体を示し，N は
N 型半導体を示す．また (e) は電子回路の配線
図を書くときに用いるトランジスタの図記号で
ある．(c) または (d) からわかるように，接合型
トランジスタとは，P 型半導体と N 型半導体を
PNP (または NPN) というようにサンドイッチ
状に接合したものである．それぞれの半導体か
ら各 1 本づつ外部との電気的な接続をするため
にリード線がでている．

　PNP または NPN のまん中のはさまれた部分
はベース (Base) と呼ばれ，ベースの両側の一方は

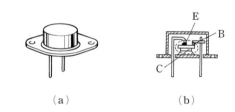

(a)　　　　　　　　　(b)

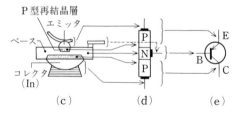

(c)　　　　(d)　　　　(e)

図 2　(a)　トランジスタの外観図
　　　(b)　(a) の断面図 (E はエミッタ，
　　　　　B はベース，C はコレクタ)
　　　(c)　トランジスタ部分の断面構造
　　　(d)　トランジスタの模式図
　　　(e)　電子回路の配線図に用いるト
　　　　　ランジスタの図記号

エミッタ (Emitter), 他方はコレクタ (Collector) と呼ばれる. PNP 型についていえば, エミッタとコレクタは同じ P 型であるが, 両者の抵抗率およびベースと接した接合面積 (実効面積) は異なる. エミッタはベース領域に正孔 (PNP 型のとき) を注入するための領域で, コレクタはベース領域を通過した正孔を集める領域である. ベースは普通数 $10\,\mu$m 以下の幅に作られているので, エミッタからベースに入った正孔は, そのほとんどがコレクタに達して, これに流れ込む.

2.2　動 作 原 理

次に PNP 型トランジスタの動作原理について考える. 図 3(a) のように, トランジスタから出ている 3 本のリード線 (電極) の内 2 本, エミッタとベースに電池などで電圧を加える. P 型のエミッタに正の極性の電圧を加え, N 型のベースに負の極性の電圧 (V_{EB}) を加える (このような電圧の加え方を順バイアスという). するとエミッタ領域の正孔は, 負になっているベース領域に移動する. 一方, ベース領域の電子は逆にエミッタ領域に移動する. その結果, 正孔

と電子はともにエミッタ接合面を越えて, それぞれ相手の領域に入って行くことになる. すなわち電流が流れる. この電流をベース電流 (I_{B}) と呼ぶ.

次に図 3(b) のように, コレクタに負の電圧, エミッタに正の電圧 (V_{CE}) を加える (このような回路をエミッタ接地回路という). すると負になっているコレクタは正孔を引きよせようとするので, コレクタ領域内の正孔は C に向かって移動する. またエミッタ領域内の正孔は, ベースに負の電圧が加えられているので, 上述したようにベース領域に流れこむ. ベースの幅が狭いので, この流れこんだ正孔の一部はベース領域内を拡散しながら移動して, コレクタに到達する. すなわち電流が流れる. これをコレクタ電流 (I_{C}) という. ただし, このときベースに負の電圧を加えてベース電流を流さないと, エミッタ領域内の正孔はベース領域を越えてコレクタに到達することはむずかしくなり, I_{C} は著しく小さい値となる. すなわち, コレクタ電流 (I_{C}) は, ベース電流 (I_{B}) の大きさで制御されることになる. そこで, V_{CE} の電圧を一定にした状態

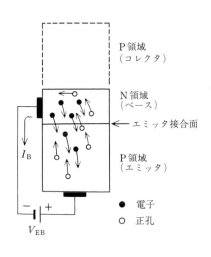

（a）

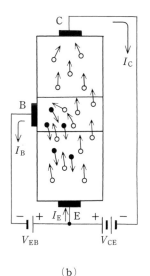

（b）

図 3　(a)　順バイアスによる電子, 正孔の動き
　　　　(b)　エミッタ接地回路, I_{B}；ベース電流,
　　　　　　　I_{C}；コレクタ電流, I_{E}；エミッタ電流

で，ベース電流の変化 (ΔI_B) に対するコレクタ電流の変化 (ΔI_C) の割合 h_fe を考える．これを式で表すと

$$h_\mathrm{fe} = \left(\frac{\Delta I_\mathrm{C}}{\Delta I_\mathrm{B}} \right)_{V_\mathrm{CE}=一定}$$

となる．この h_fe はエミッタ接地回路の電流増幅率と呼ばれるものである．これはトランジスタの性能を決める重要な定数の1つである．この h_fe を求めるには，I_C, I_B, V_CE 3者間の関係がわからないといけない．図3(b) のような回路において，ベース電流 I_B をパラメータにとり，コレクタ電圧 V_CE とコレクタ電流 I_C の関係を求めてみると，図4のグラフの右側のような特性曲線が得られる．これをコレクタ静特性と呼ぶ．この特性曲線でコレクタ電圧 V_CE の一定値のところを考える．このときの I_C の値を I_B に対して改めてグラフに書くと，左側のような特性曲線になる．(このグラフは $V_\mathrm{CE} = -4\,\mathrm{V}$ のところの例である.) この曲線の勾配は電流増幅率 h_fe を表しており，これから h_fe は計算によって求めることができる．

予　習　問　題
(1)　PNP 接合型トランジスタの動作原理を説明しなさい．
(2)　エミッタ接地回路の電流増幅率 h_fe とは何を示す量か説明しなさい．
(3)　表1は，PNP 接合型トランジスタのエミッタ接地回路のコレクタ静特性の一例である．この表の値を用いて図4のようなコレクタ静特性曲線を描き，h_fe を求めよ．

表1　PNP 接合型トランジスタのエミッタ接地回路のコレクタ静特性

$-V_\mathrm{CE}$ [V]	コレクタ電流 $-I_\mathrm{C}$ [mA]		
	$I_\mathrm{B} = -15\,\mu\mathrm{A}$	$I_\mathrm{B} = -20\,\mu\mathrm{A}$	$I_\mathrm{B} = -25\,\mu\mathrm{A}$
0.00	0.00	0.00	0.00
0.25	2.15	3.10	3.85
0.50	2.40	3.25	4.15
1.00	2.55	3.40	4.35
2.00	2.65	3.50	4.50
4.00	2.75	3.70	4.75
6.00	2.90	3.90	5.00
8.00	3.00	4.10	5.20
10.00	3.10	4.25	5.25

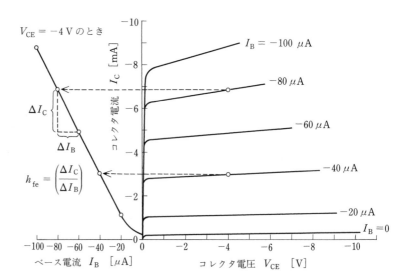

計算例

$$h_\mathrm{fe} = \left(\frac{\Delta I_\mathrm{C}}{\Delta I_\mathrm{B}} \right)_{V_\mathrm{CE}=-4\mathrm{V}}$$
$$= \frac{-(6.8 - 4.8) \times 10^{-3}}{-(80 - 60) \times 10^{-6}}$$
$$= 100$$

図4　トランジスタ 2SB135 のエミッタ接地回路のコレクタ静特性

　横軸の V_CE の値が負をとるのは，図3(b) からわかるように，エミッタに対し，コレクタは負の電圧になっているためである．また I_C と I_B が負になっているのは，トランジスタの各端子に流れ込む電流を正にするならわしになっているためで，これらの外に出ていく電流は負で表される．

実　　験

1. 実験器具

　PNP 型トランジスタ，直流電流計 (ミリアンペア計，マイクロアンペア計)，直流電圧計，直流電源 (2台).

2. 実験方法

(1)　図5のように配線する. トランジスタはアルミ製のシャーシに取り付けてあり，周囲に電源，電流計，電圧計用の各端子がついている. 電源スイッチを入れる前に配線に誤り (特に電源の極性) のないことを確認する.

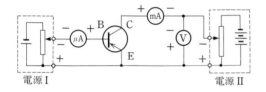

図5 配線図

(2)　電源 I, II の出力 (OUT PUT) ツマミを反時計方向に回しきる. その後，電源スイッチを入れる.

(3)　電源 I の出力ツマミを時計方向に回し，ベース電流が $100\,\mu$A になるように調節する.

(4)　電源 II の出力ツマミを時計方向に回し，2~3 V の電圧を加える. するとコレクタ電流 I_C が流れる. I_C が流れることを確かめたら，電圧 (V_{CE}) を一度 0 (ゼロ) に戻し，0.25 V 間隔で電圧を増加させ，このときの V_{CE} を直流電圧計で，また I_C をミリアンペア計で測定せよ. (ベース電流の値は V_{CE} の値によって変化するので，常に一定値になるよう調節しつつ測定する.) ただし 0.25 V 間隔の測定は 1.0 V までで十分である. それ以後は 1~2 V 間隔でよい. V_{CE} は最大 10 V まででよい*3. 測定したデータは予習問題 (2) の表1を参考にしてまとめよ.

(5)　次にベース電流を $150\,\mu$A, $200\,\mu$A, $250\,\mu$A にし，前と同様，そのときの V_{CE} と I_C の測定をせよ. (もし時間に余裕があるときは，ベース電流をゼロにして同様の測定をせよ. ただし，このときの I_C は非常に小さいので，ミリアンペア計のレンジは最小のものに配線しなおして測定せよ.)

3. 結果の検討

(1)　横軸にコレクタ電圧 V_{CE}，縦軸にコレクタ電流 I_C をとり，ベース電流 I_B をパラメータとし，コレクタ静特性曲線を作成せよ (図4参照).

(2)　横軸にベース電流，縦軸にコレクタ電流 I_C をとり，コレクタ電圧 V_{CE} をパラメータにグラフを描け. パラメータの V_{CE} は任意の電圧 (たとえば，-2 V，-5 V，-10 V) でよい.

(3)　エミッタ接地回路の電流増幅率 h_{fe} を求めよ.

参　考

　トランジスタは JIS-C-7012 (トランジスタ型名付与法) によって型名が付けられている.

例

数字	S	文字	数字	文字
2S		A	224	A

最初の数字は有効電極数を示し，1 はダイオード，2 はトランジスタなどを示す. 数字の次の S は半導体を示す.

　2S に続く文字はトランジスタの場合 ABCDFHJ KM のいずれかを使う. たとえば

　　A……PNP 型の高周波用トランジスタ
　　B……PNP 型の低周波用トランジスタ
　　C……NPN 型の高周波用トランジスタ
　　D……NPN 型の低周波用トランジスタ

　A, B, C, D などの文字に続く 2 番目の数字は登録順につける番号で 11 から始めることになっている. 最後の文字は改良品種ができるごとに A, B, C, D, E, F, G, H, J, K までつけられる.

---

*3 実験に用いるトランジスタの最大定格値が実験装置に付けてあるので，この定格値を越えないようにする.

21. オシロスコープによる交流波形の観測

オシロスコープ (Oscilloscope) は時間に対して急速に変化する電圧波形をブラウン管 (Braun Tube)[*1] の蛍光面上に表示させる測定器である.

オシロスコープは，直流から高周波までの波形観察や，電子回路中の動作状態，回路中の電気信号の流れなどを知るのにたいへん役立っている．現代では多くの測定や情報処理が電気的に行われるので，オシロスコープの取り扱いに慣れておく必要がある．ここでは，オシロスコープの原理と操作法を学び，交流波形の観測と LCR 直列回路の共振周波数の測定を行う.

理 論

1. ブラウン管

ブラウン管の構造を図1に示す．電子銃 (Electron Gun) から発生した電子ビーム (Electron Beam) は 2 組の偏向板 (Deflection Plate) の電位差に応じて，上下，左右方向に曲げられて蛍光膜に向って進む．そして，電子ビームは蛍光膜に衝突し，そこを光らせる．われわれは蛍光膜上の輝点 (Spot) または輝線 (Trace) から偏向

板に加えた電圧波形を知ることができる.

2. 電圧の測定

電子ビームの進路に平行に偏向板を配置し，偏向板間に電位差 (偏向電圧) を与えるとその進路が曲げられる．ブラウン管面上での輝点位置の変化 (偏向量) と偏向電圧の関係を図2を用い

---

*1 ドイツの K. F. Braun が 1897 年に発明した表示用陰極線管．テレビジョンなどの映像管として使われる．構造は図1に示される.

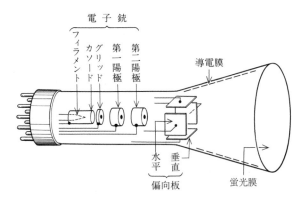

図1 ブラウン管の構造

ブラウン管は真空にされたガラス管内に多数の電極が組込まれた物である．ブラウン管を正面からみて，偏向板の法線が水平方向と一致する電極を水平偏向板 (Horizontal Deflection Plate)，これと直角に配置されている電極を垂直偏向板 (Vertical Deflection Plate) という．また，各偏向板の法線を水平軸，垂直軸と呼ぶ.

各電極の機能は各々，フィラメント (カソード加熱用電熱線)，カソード (熱電子放射源)，グリッド (電子量制御)，第 1 陽極 (電子流，すなわち電子ビームを細くしぼる)，第 2 陽極 (高電圧で加速)，垂直，水平偏向板 (電子ビームを各上下，左右方向に曲げる平行平板電極)，蛍光膜 (電子ビームの当たった場所が発光する)，導電膜 (蛍光膜の帯電防止) である.

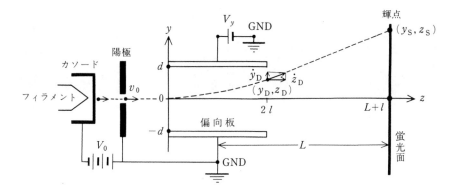

図2　ブラウン管中での電子ビームの偏向

陽極はカソードに対し高電圧 V_0 (約 2000 V) に保たれる．この陽極と下側の偏向
板はアース (接地) されている．上側の偏向板に測定電圧 V_y を与えると，$V_y = 0$ の
ときは電子ビームは直進し，$V_y \neq 0$ のときは電子ビームは曲げられる．偏光板と蛍
光面上には電子ビームの軌跡を求めるための座標が記入されている．普通，垂直軸を
y 軸に，水平軸を x 軸にとる．水平軸 (x 軸) はこの図には描かれていない．

て求めてみる．

　カソードを飛び出した熱電子は陽極との間の
電位差 V_0 で加速され速度 v_0 で偏向板間に入る．
この v_0 は電子の電荷を $-e$，静止質量を m とす
れば，

$$v_0 = \sqrt{\frac{2eV_0}{m}} \tag{1}$$

で与えられる[*2]．

　偏向板間での電子の運動方程式を図 2 の座標
系で記すと，

$$\begin{cases} m\ddot{y} = e\dfrac{V_y}{2d} & (2) \\[2mm] m\ddot{z} = 0 & (3) \end{cases}$$

となる[*3]．電子が座標原点を通過したときから
時間 t をはかれば，時刻 t での電子の速度 $\dot{y}$, $\dot{z}$
は (2), (3) 式より各々，

$$\begin{cases} \dot{y} = \dfrac{e}{m}\cdot\dfrac{V_y}{2d}\,t & (4) \\[2mm] \dot{z} = v_0 & (5) \end{cases}$$

と求まる[*4]．また，このときの電子の位置は，

$$\begin{cases} y = \dfrac{1}{2}\cdot\dfrac{e}{m}\cdot\dfrac{V}{2d}t^2 & (6) \\[2mm] z = v_0\,t & (7) \end{cases}$$

となる．偏向板間での電子ビームの軌道は (6),

(7) 式より

$$y = \frac{1}{2}\cdot\frac{e}{m}\cdot\frac{V_y}{2d}\left(\frac{z}{v_0}\right)^2 \tag{8}$$

となり放物線を描くことがわかる．電子が偏向
板間に滞在する時間 t_D は (7) 式より

$$t_D = \frac{2l}{v_0} \tag{9}$$

なので偏向板の間から脱出する速度 $\dot{y}_D$, $\dot{z}_D$ は
(4), (5), (9) 式より

$$\begin{cases} \dot{y}_D = \dfrac{e}{m}\cdot\dfrac{V_y}{2d}\cdot\dfrac{2l}{v_0} = \dfrac{e}{m}\cdot\dfrac{V_y}{d}\cdot\dfrac{l}{v_0} & (10) \\[2mm] \dot{z}_D = v_0 & (11) \end{cases}$$

[*2] カソードを初速度 v_i で飛び出した電子が電位差 V_0
で加速されて速度 v_0 になるとすれば，エネルギー
保存則より $\frac{1}{2}mv_0{}^2 = \frac{1}{2}mv_i{}^2 + eV_0$ が成り立つ．
しかし，$\frac{1}{2}mv_i{}^2$ の項は数 eV であり，eV_0 の項は
数千 eV の値であるので，右辺第 1 項は無視して考
える．

[*3] y 軸および z 軸方向の加速度 $\mathrm{d}^2y/\mathrm{d}t^2$, $\mathrm{d}^2z/\mathrm{d}t^2$ を
各々 $\ddot{y}$, $\ddot{z}$ で表してある．y 軸に沿って電子が受ける
力は電界 $\left(-\dfrac{V_y}{2d}\right)$ と電子の電荷 $(-e)$ の積 $\left(e\dfrac{V_y}{2d}\right)$
として求められる．z 軸方向の電界はないので，こ
の方向には力を受けない．

[*4] y 軸および z 軸方向の速度 $\mathrm{d}y/\mathrm{d}t$, $\mathrm{d}z/\mathrm{d}t$ を各々 $\dot{y}$, $\dot{z}$
で表してある．電子は y 軸方向には等加速度，z 軸
方向には等速度運動をする．

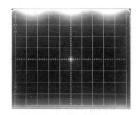

図 3 $V_y = 0$ (垂直偏向板を短絡) の場合の輝点の様子.

輝点が目盛線の中央に位置するように調整されている.

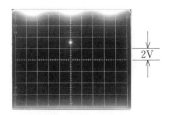

図 4 3 V の電池を垂直偏向板と端子間につないだ場合の輝点の様子

輝点は偏向電圧 2 V のとき管面上で垂直方向に目盛線の 1 区間 (division) 偏向する (2V/DIV) ように調整された. 図の y_S の値から電池の電圧 3 V が読み取れる.

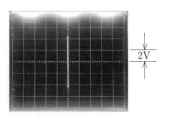

図 5 実効値 3 V の正弦波交流をつないだ場合の輝線の様子

垂直方向に輝点が振動して輝線となる. 垂直感度は 2 V/DIV である. 電圧 3 V の交流は $\pm 3\sqrt{2}$ V の範囲内で変動していることがわかる.

となり, また脱出位置は (6), (7), (9) 式から, または (8) 式から

$$\begin{cases} y_D = \dfrac{1}{2} \cdot \dfrac{e}{m} \cdot \dfrac{V_y}{2d} \left(\dfrac{2l}{v_0}\right)^2 \\ \qquad = \dfrac{e}{m} \cdot \dfrac{V_y}{d} \left(\dfrac{l}{v_0}\right)^2 \qquad (12) \\ z_D = 2l \qquad\qquad\qquad\quad (13) \end{cases}$$

となる. 電子が偏向板の間を出た後は, $\dot{y}_D$, $\dot{z}_D$ の速度でそのまま直線軌道を進み, 蛍光面に衝突する. 直線軌道の勾配[*5] $\dot{y}_D/\dot{z}_D$ と蛍光面上での輝点位置 (y_S, $z_S = L + l$) の間には

$$\frac{\dot{y}_D}{\dot{z}_D} = \frac{y_S - y_D}{L - l} \qquad (14)$$

の関係があるので, (10), (11), (12) 式を用いると

$$y_S = \frac{e}{m} \cdot \frac{V_y}{d} \cdot \frac{lL}{v_0{}^2}$$

v_0 として (1) 式を用いると,

$$y_S = \frac{lL}{2dV_0} V_y \qquad (15)$$

が得られる. 係数 $lL/2dV_0$ は一定なので偏向量 y_S は偏向電圧 V_y に比例することがわかる.

次に ① $V_y = 0$ の場合, ② 電池を使って V_y を与えた場合, ③ 正弦波交流で V_y を与えた場合の各々について, 実際にブラウン管面上で見られる様子を図 3, 図 4, 図 5 に示す.

3. 波形の観測

3.1 掃引 (Sweep)

垂直偏向板に交流電圧を印加すると輝線が現われることを図 5 で示した. これでは電圧の時間変化の様子がわからないので, さらに水平偏向板に左から右へ電子ビームを一定速度で偏向させるための電圧を加える. この操作を掃引という. 水平軸 (X 軸) に加える掃引電圧波形 V は "のこぎり" の形をした "のこぎり波" を用いる. 図 6 にのこぎり波の例を示す.

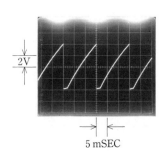

図 6 オシロスコープで観測した掃引電圧波形

垂直方向にのこぎり波を印加してある. この場合, 水平方向ものこぎり波となっている. 垂直感度は 2 V/DIV, 掃引時間は 5 mSEC/DIV (5 ミリセカンドパーディビジョン) である. 1 mSEC ($= 1$ ms) は 1×10^{-3} 秒である.

[*5] 直線軌道の勾配は (8) 式を z について微分し, (y_D, z_D) を代入して求められる. 結果は $\dot{y}_D/\dot{z}_D$ の値と一致する.

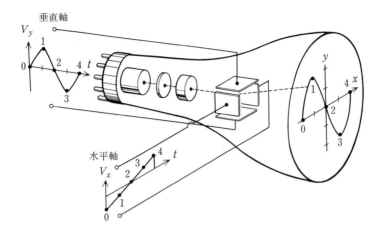

図7 ブラウン管による波形の表示

　交流電圧 V_y を垂直軸 (y 軸) に,掃引用のこぎり波 V_x を水平軸 (x 軸) に加えたときの波形合成.記号 t は時間を表し,x 軸を時間軸ともいう.

　電子ビームが管面上の左端 “0” に位置しているときを $t = 0$ とし,V_x の時間変化に対応して,この電子ビームは水平方向に移動して t が “4” のとき管面の右端 “4” に来る.この移動に要する時間を掃引時間という.次の瞬間,V_x, V_y につけられた番号順に電子ビームは再度,水平,垂直方向に偏向し,管面上で “0” から “4” までの間の V_y の波形軌跡を表す.

　次に,振動する電圧 V_y を垂直軸に,そして掃引のためののこぎり波の電圧 V_x を水平軸に同時に加えると,ブラウン管面上には図7に示すように,それらを合成した図形が現れる.

3.2 同 期 (Synchronism)

　信号波形を管面上で静止させて観測するには,入力信号とのこぎり波の周期を一致させる (同期をとる) 必要がある.このため,オシロスコープは入力信号を使ってトリガパルスを作り,このトリガパルスによりのこぎり波を発生させる機能を持っている.図8にオシロスコープの同期について示す.

　3 V の正弦波交流波形の観測例を図9に示す.図5と比べると掃引の効果が納得できるであろう.

4. LCR 直列回路の共振

　図10のように,インダクタンスが L のコイル,抵抗 R,容量 C のコンデンサと交流電源 V を直列につないだ回路を考える.ある瞬間に回路に流れている電流を I とし,図中の矢印の向き

を電流の正の向きと定める.また,コンデンサに蓄えられている電荷を図のように $\pm q$ ($q > 0$) とする.抵抗 R の両端の電位差 RI は電源電圧 V とコイルに発生する逆起電力 $-L\,dI/dt$ およびコンデンサ両端の電位差 q/C との和で与えられる.よって,(16) 式が成り立つ.

$$RI = V - L\frac{dI}{dt} + \frac{q}{C} \tag{16}$$

交流電圧 V (角周波数:ω) を (17) 式とし,(16) 式の両辺を時間で微分する.電流が $I = -dq/dt$ であることを考慮して整理すると (18) 式が得られる.

$$V = V_0 \cos \omega t \tag{17}$$

$$L\frac{d^2 I}{dt^2} + R\frac{dI}{dt} + \frac{1}{C}I = -V_0 \omega \sin \omega t \tag{18}$$

電流の時間変化を (19) 式と仮定して (18) 式に代入すると電流の振幅 I_0 と位相 ϕ が求められ,(20) 式と (21) 式を得る.

$$I = I_0 \cos(\omega t - \phi) \tag{19}$$

$$I_0 = \frac{V_0}{\sqrt{R^2 + \left(L\omega - \dfrac{1}{C\omega}\right)^2}} \tag{20}$$

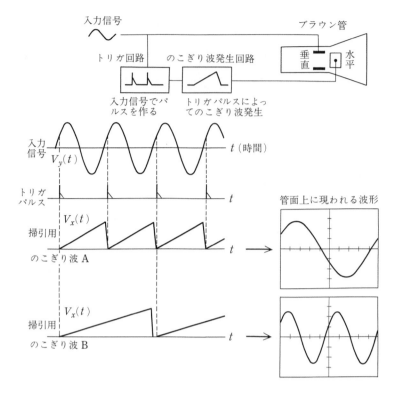

図 8　オシロスコープの同期方式

　入力信号が垂直軸に加えられると同時にトリガ回路にも加えられて，ここで幅のせまいトリガパルスが作られる．トリガパルスは入力信号波形上のあらかじめ設定された所で発生する．このトリガパルスによりのこぎり波発生回路を動作させ掃引する．

　オシロスコープのスイッチを入れると，電子ビームは管面上で左端にあり，始めのトリガパルスに連動して掃引を開始し，右端まで偏向する．そしてまた，左端まで自動的にもどり，次のトリガパルスまでの間は掃引を休止している．のこぎり波 A で掃引すると，1 周期分の静止波形を管面上で見られる．のこぎり波 B で掃引する場合には途中で 2 回目のトリガパルスが来ても，それとは無関係に掃引され，終わってから次のトリガパルスでまた掃引を再開する．オシロスコープでは入力信号と掃引時間は無関係に選択できるので，のこぎり波 B では 2 周期分の静止波形を見ることができる．

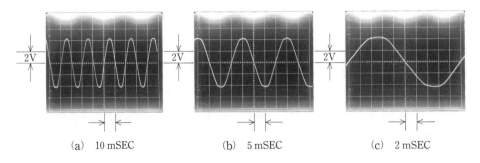

| | (a)　10 mSEC | (b)　5 mSEC | (c)　2 mSEC |

図 9　掃引時間を変えて観測した正弦波交流波形

　垂直感度は全部 2 V/DIV である．(a), (b), (c) の掃引時間は各々 10 mSEC/DIV，5 mSEC/DIV，2 mSEC/DIV である．これらの写真から振動の周期は約 20 mSEC，$(20 \times 10^{-3}$ 秒)，周波数は約 50 Hz であることがわかる．また振幅は約 4.2 V $(3\sqrt{2})$ である．

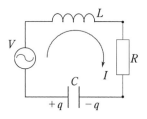

図10　交流電源とコイル，抵抗，
　　　　コンデンサの直列接続

$$\tan\phi = \frac{L\omega - \dfrac{1}{C\omega}}{R} \tag{21}$$

(20) 式の電流振幅 I_0 は $\omega^2 = 1/LC$ のとき最大となることを示している．これを共振といい，共振周波数 f_r は (22) 式で与えられる．

$$f_r = \frac{1}{2\pi\sqrt{LC}} \tag{22}$$

なお，角周波数 ω と周波数 f および周期 T との間には次式のような関係がある．

$$\omega = 2\pi f = \frac{2\pi}{T} \tag{23}$$

また，(20) 式の分母をインピーダンス (交流抵抗) と呼び，普通 (24) 式のように Z で表す．

$$Z = \sqrt{R^2 + \left(L\omega - \frac{1}{C\omega}\right)^2} \tag{24}$$

予 習 問 題

(1)　オシロスコープとは何に使うものか．また，交流電圧計との違いはなにか，数行程度で述べなさい．

(2)　下図に示す波形の振幅 (電圧) と周期，周波数を求めなさい．なお，観測条件は図の下に記されている．

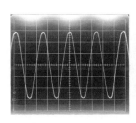
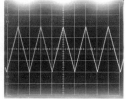

垂直感度0.5 V/DIV　　垂直感度0.5 V/DIV
掃引時間0.1 mSEC/DIV　掃引時間0.1 mSEC/DIV

(3)　LCR 直列回路の共振とは何か．簡単に説明しなさい．

実　　　験

　実験の進め方は，まずオシロスコープの操作方法を理解するために，実験 I を行う．その後，実験 II に進む．

実験 I　交流波形の観測

1．実 験 器 具

　スライダック付き小型トランス，交流電圧計 (0〜5 V)，2 現象オシロスコープ (SS-7804 IWATSU)

2．実 験 方 法

2.1　オシロスコープの操作法の理解

(1)　図 11 に示す表示画面下の INTEN ②，READOUT ③，FOCUS ④，SCALE ⑤ のそれぞれを中央に合わせる．

(2)　CH1 側の POSITION のツマミ ⑥ を中央より少し左に合わせる．CH2 側の POSITION のツマミ ⑦ を中央より少し右に合わせる．

(3)　POWER スイッチ ① を押し，電源を ON にする．

(4)　数秒後，表示画面上に 2 本の輝線が現れる．同時に表示画内の下部に，たとえば

　　　「1：1 V　　　　2：500 mV」

のような文字が表示される．V (または mV) の前の数値は画面の上下方向での 1 区間 (1 DIV = 約 1 cm の幅の画面内の目盛り) あたりの電圧を示しており，⑫，⑬で測定毎に変えるためここでは気にする必要はない．ここで，上記の文字が現れないときは，READOUT ③ を押す．このツマミ ③ を 1 回押すと，画面内の文字が消え，再び押すと文字が表示される．このように，ツマミ ③ を押す毎に表示/非表示を切り替えることができる．なお，輝線が現れないときは，SWEEP MODE の AUTO ⑭ の上の黄色ランプが点灯しているかどうか確

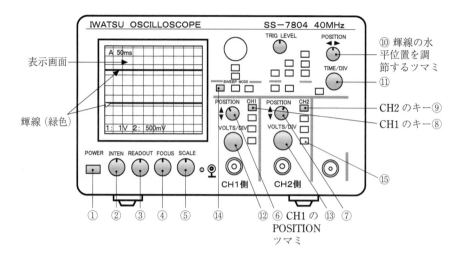

図 11 オシロスコープ正面パネルのツマミ，キーなどの配置図

かめ，ランプが消えているときは AUTO ⑭ を押す．それでも輝線が現れない場合は，以下の (5) にある CH1 のキー ⑧，CH2 のキー ⑨ および (6) にある INTEN ② などの操作を行って，輝線が現れるか確認する．

(5) 2 本の輝線が現れていることが確かめられたら，CH1 のキー ⑧ を 1 回押す．輝線の 1 本が消え，画面内の下部の「1：1V」も消える．再び，CH1 のキーを押すと，消えた輝線が現れる．このように，このキーによって輝線の表示/非表示を切り替えることができる．なお，CH2 のキー ⑨ についても同様である．なお，画面内の下部の文字欄の「2：」の前に ＋ 記号が表示されたときは，CH1 側の ADD キーを 1 回押し，その記号を消す．

(6) 次に，再び，CH1 と CH2 の輝線を表示する．これらの明るさなどを INTEN ② で，画面内の上部と下部に表示される文字の明るさを READOUT ③ で，輝線のシャープさを FOCUS ④ で，画面内の目盛り線の明るさを SCALE ⑤ で，それぞれ調整する．

(7) 画面内の 2 本の輝線のどちらが CH1 の輝線かを知るためには，POSITION ⑥ を回転させる．ツマミ ⑥ を右回転すると輝線は上に，左回転では下に移動する．CH2 側の輝線は移動しないので，CH1 の輝線がどれかがわかる．この操作後，2 本の輝線を適当な間隔を隔てて，上側に CH1，下側に CH2 と配置する．

(8) 次に，輝線の水平位置を調節するツマミ ⑩ を回し，輝線が表示画面全体に入るように調整する．

(9) 画面内の左上の文字 A の後の数字 (たとえば A 50 ms などと表示される) を見ながらツマミ ⑪ を回す．この数値は輝線が水平方向に 1 区間 (1DIV) 動くのに要する時間を示す．これを掃引時間と呼び単位は秒である．この時間を変えると輝線の動き方が変化することを確かめる．たとえば，輝線の掃引時間をツマミ ⑪ で 200 ms にし，輝点が移動する様子を観察する．その後，掃引時間を 100 ms，50 ms，20 ms，10 ms と変えて輝線を観察する．

以上で実験に必要な最小限の調整は終了した．

2.2 交流信号回路 (アルミニウム製の箱) とオシロスコープ結線

(1) オシロスコープの電源は OFF の状態にして配線する．

(2) 図 12 を参照し，交流信号とオシロスコープの CH2 を結ぶ．ここで，アース側の結線は黒の端子に結ぶ．

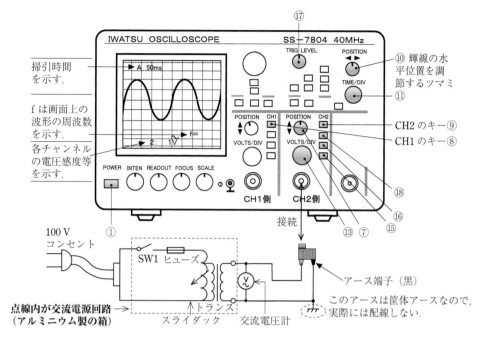

図 12　オシロスコープによる交流波形の観測実験の配線図

(3)　配線が完了したら，オシロスコープの POWER スイッチ①を押し，電源を ON にする．すると，オシロスコープは **2.1** で調整した状態に保たれている．

(4)　CH1 のキー⑧を押して CH1 の輝線を消し，CH2 のみを表示させる．

(5)　CH2 側のキー⑮を押し，画面内の下部の「2：」の電圧表示の後に (⏦) が表示されることを確認する．

(6)　CH2 側の POSITION ⑦を回して，輝線を画面中心に表示されるように調整する．もし，「2：」の後に，↓のような矢印があるときは，INV ⑱を押すとこの矢印が消える．

(7)　CH2 のキー⑯を押して，入力結合を交流 (AC) にする．交流になったかどうかは，画面下の電圧表示 (V) の上に ～ の交流マークが付いたかどうかで判断する．なお，交流マークがない場合は，直流 (DC) を意味し，DC および AC は，キー⑯を押すたびに切り替わる．

(8)　ツマミ⑬を回転させ，画面下に表示されている電圧感度 (V/DIV) を $1\widetilde{\mathrm{V}}$ にする．これに

より，「$2：1\widetilde{\mathrm{V}}$ ⏦」と表示されるはずである．

(9)　キー⑮を押して，⏦ の表示を消す．

2.3　交流波形の観察および波形の描写

(1)　図 12 の交流信号回路の SW1 スイッチを ON にすると，波形が現れる．

(2)　スライダックを用いて，電圧計の読みを 2.0 V にする．

(3)　オシロスコープのツマミ⑪で 5 ms にする．すると，図 13 に例示 (2 ms の場合) するような波形が現れる．この波形が画面上で静止しないときは TRIG LEVEL ⑰を回して静止させる．それでも静止しないときは，TRIG LEVEL の SOURCE で CH2 が選択されているのかを確認する．

(4)　次に，画面に表示されている波形をグラフ用紙に書き写す．写し終えたら，掃引時間を 2 ms，1 ms と変えた場合の波形も観察し，それをグラフ用紙に書き写す．

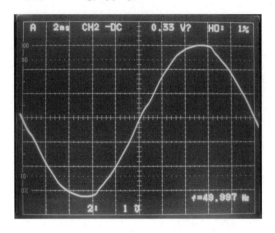

図 13 波形の一例 (2 ms)

3. 結果のまとめ

波形を書き写したグラフから周期を読み取り，それらの値などから周波数と，「振幅/電圧計の読み」という2つの電圧の比の値を計算する．なお，振幅は，グラフにおける0Vからの最大値に相当する．これらの結果は，表1をノートに書き写し，そこに記入する．なお，計算した周波数の値の検証は，オシロスコープの画面上に表示されている f 値を参考にする．また，**電圧の比の値は，理論的には $\sqrt{2} \simeq 1.4$ になるはずである** (教科書 p. 16 参照)．もし明らかに異なる場合には，実験の手順を再確認する．

実験 II LCR 直列回路の 共振周波数の測定

1. 実 験 器 具

LCR 直列回路 (透明な小箱, $L = 0.1\,\mathrm{H}$, $C = 1\,\mu\mathrm{F}$, $R = 620\,\Omega$)，2現象オシロスコープ (SS-7804, IWATSU)，ファンクションジェネレーター (AFG-2112, TEXIO)

なお，単位の読みは，H (ヘンリー)，F (ファラッド)，Ω (オーム) である．

2. 実 験 方 法

(1) 図 14 を参考にして，ファンクションジェネレーター，LCR 直列回路，オシロスコープを接続する．

(2) はじめにオシロスコープの調整を行う．この装置の POWER スイッチを押し，電源を ON にする．

(3) オシロスコープのキー ⑧, ⑨ (図 12 参照) を押し，画面上に2本の輝線を表示させる．CH1 と CH2 の電圧感度ツマミ (VOLTS/DIV) を $1\,\tilde{\mathrm{V}}$, 掃引時間 (SEC/DIV) を $200\,\mu s$ に設定する．

(4) CH1 と CH2 の輝線の位置を，対応する PO-SITION ツマミで調整する．具体的には，CH1 の輝線を画面の上端から 1.5 cm 程度の位置に，CH2 の輝線を下端から 1.5 cm 程度の位置にする．

(5) 次に，図 15 を参考にして，ファンクションジェネレーターの調整を行う．この装置の POWER スイッチを押し，電源を ON にする．

表 1 結果のまとめ

観測条件	周 期 [s]	周波数 [Hz]	振幅 (グラフから求めた電圧) [V] / 電圧計の読み [V]
SEC/DIV = 5 ms			
SEC/DIV = 2 ms			
SEC/DIV = 1 ms			

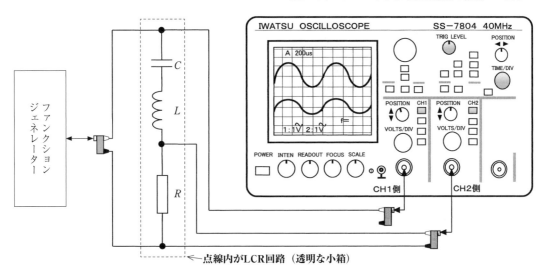

図 14 LCR 直列回路の共振周波数の測定

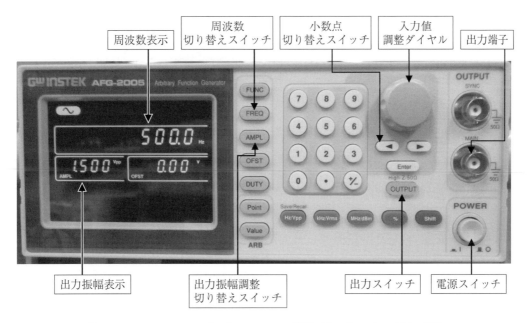

図 15 ファンクションジェネレーターの前面パネルとスイッチ類の機能

(6) 画面左上に，交流マーク ($\diagup\!\!\!\diagdown$) が表示されていることを確認する．表示されていない場合は，FUNC を押すことでそれを表示させる．

(7) 周波数切り替えスイッチ (FREQ) を押し，入力値調整ダイヤルを用いて周波数を 3 kHz に設定する．ここで，小数点切り替えスイッチを使うと，速やかに望みの周波数に設定できる．

(8) 出力スイッチ (OUTPUT) を押し，このボ

タンを点灯させる．オシロスコープに波形が表示される．

(9) CH1 の正弦波の振幅 V_y の 2 倍，つまり $2V_y$ (波形の山から谷までの電位差) の値が 3.0 V (3.0 cm) となるようにする．このために，出力振幅調整切り替えスイッチ (AMPL) を押し，入力値調整ダイヤルで振幅が望みの値となるように設定する．

(10) 次に，信号波形の観察を行う．CH1 の $2V_y$

が 3.0 V であることを確認後，CH2 の振幅 $V_y{}'$ の 2 倍，つまり $2V_y{}'$ (波形の山から谷までの電位差) の値を読み取る.

(11)　(7)~(9) を繰り返し，この観察を，50，100，200，300，500，700 Hz，および 1，2，3，5，7，10，20 kHz で行う. この際，オシロスコープの画面の波形が静止するように，TIME/DIV ⑪ と TRIG ⑰ で調整する.

3.　結果のまとめ

　ファンクションジェネレーターに設定した周波数とオシロスコープから読み取った電圧振幅の 2 倍の値 (すなわち $2V_y$) を，片対数グラフに描く. 図 16 に，そのグラフの一例を示す.

　また，共振周波数を (22) 式を用いて計算する. 今回使用しているコイルのインダクタンス L，およびコンデンサの容量 C の値を用いた計算を以下に示す.

$$f_\mathrm{r} = \frac{1}{2\pi\sqrt{LC}}$$
$$= \frac{1}{2\pi\sqrt{(1 \times 10^{-1}) \times (1 \times 10^{-6})}} = 503\,\mathrm{Hz}$$

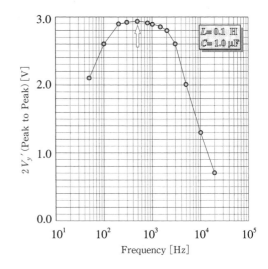

図 16　LCR 直列回路の共振特性

実験結果の考察

　実験 I と II で得られた結果について，各々理論値とも比較して考察する.

22. 金属の電気抵抗の測定

電気抵抗の値は, 普通は短絡と考えられる $\mu\Omega$*1 (マイクロオーム) の桁の値から, 絶縁抵抗の $T\Omega$*2 (テラオーム) の桁の値まで広い範囲にわたっている. したがって電気抵抗の測定は, この抵抗値と目的とする精度によって適当な測定法 参考1 が工夫され, 用いられてきた.

ここでは, 直流の中抵抗 ($10\sim10^7\,\Omega$) の測定法として最もよく知られたブリッジ法の1つであるホイートストン・ブリッジ*3 (Wheatstone Bridge) を用いる. この測定法は, 感度のよい検流計*4 を用いて, 既知抵抗と未知抵抗を比較する零位法で, 測定系を乱す要因が少ないので, 精密測定に適している. この方法を用いて導線の電気抵抗を4桁の精度で測定する. この測定値から導線の抵抗率を求める.

理　論

図1の回路において, 抵抗 R_1, R_2, R_3 を変化させて, 検流計 G に流れる電流 i_g を零にすると, BC 間に電位差がなくなる. このとき, AB 間の電位差は, AC 間の電位差に等しくなる. ゆえに,

$$R_1 i_1 = R_2 i_2$$

となる. 同様にして, BD 間の電位差と CD 間の電位差は等しく,

$$R_3 i_1 = R_x i_2$$

となる. この2式から, i_1, i_2 を消去して

$$\frac{R_3}{R_1} = \frac{R_x}{R_2}$$

が得られる. したがって, 抵抗 R_x は,

$$R_x = \frac{R_2}{R_1} R_3$$

により求められる.

実際の測定は, 比 R_2/R_1 (比例辺) および R_3 のいずれかを調整して行う.

測定された R_x の値から, 導線の抵抗率は, 次のようにして求められる. 導線は長さ l [m], 断面積 A [m^2] とする. 測定した導線の抵抗 R_x [Ω] は, 長さ l [m] に比例し, 断面積 A [m^2] に逆比例するので, 比例定数を ρ (抵抗率; Resistivity) とすれば,

$$R_x = \rho\,\frac{l}{A}$$

である. これより

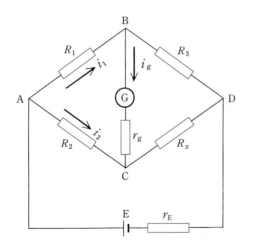

図1　ホイートストン・ブリッジの回路図
R_1, R_2, R_3：既知抵抗　R_x：未知抵抗
i_1, i_2, i_g：各支部を流れる電流
G：検流計　E：電源
r_g, r_E：検流計および電源の内部抵抗

---

*1 $1\,\mu\Omega = 1\times10^{-6}\,\Omega$

*2 $1\,T\Omega = 1\times10^{12}\,\Omega$

*3 直流の抵抗測定用のブリッジ回路で, その基本回路は, 図1に示されている.

*4 きわめて微弱な電流 (10^{-6} A), また電圧 (10^{-7} V) を検出する計器でガルヴァノメータ (Galvanometer) と呼ばれている. 永久磁石の極間にコイルを自由に回転できるようにしたもので, コイルを非常に細い吊線で吊り, このコイルに電流を流してメータの針を振らせる.

$$\rho = R_x \frac{A}{l}$$

となる. 抵抗率 $\rho\,[\Omega\cdot\mathrm{m}]$ は, 金属の種類によって定まる定数である. これは温度によっても変化し, 常温付近でのその値は,

$$(1\sim120) \times 10^{-8}\,\Omega\cdot\mathrm{m}$$

程度である.

　抵抗率はふつう温度 t の上昇とともに増加し, その値は近似的に

$$\rho_{t'} = \rho_t\{1 + \alpha(t' - t)\}$$

と表される. ここで, $\rho_{t'}$, ρ_t は温度 t', t のときの抵抗率である. また, 定数 α は温度 1℃ の変化によって生じる抵抗率の変化を温度 t における抵抗率 ρ_t で割ったもので, これを抵抗率の温度 t' と t 間の平均温度係数という. 定数 α の値は物質によって異なり, また, 温度によっても異なる.

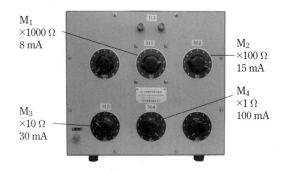

注　各レンジの電流値は, 流してもよい最大電流値を表している.

図2　抵抗器 III (R_3 用) の外観図

A)

(4)　マイクロメータ

最小読取目盛 $1/1000\,\mathrm{mm}$

(5)　被測定抵抗 (R_x)　①, ②, ③

(6)　回路箱

2.　実 験 方 法

2.1　装置のセット

(1)　被測定抵抗 (R_x) ① を用いて, 図3(a) のように配線する.

(2)　図3(b) を参考に, 検流計の分流用スイッチ $\mathrm{K_S}$ を ON にする (検流計 G の針の振れ d が ±10 以下になったら $\mathrm{K_S}$ を OFF にする).

2.2　被測定抵抗 R_x の測定

　図4のフローチャートに従って, まず $R_2/R_1 = 1$ のとき, R_3 の抵抗を変化させ, 検流計の針の振れを表1のように +, 0, − で記録する. 次に R_2/R_1 の比を変えて, 前と同様に検流計の針の振れを表2のように +, 0, − で記録する.

　フローチャートの終了まで終わったならば,

予 習 問 題

(1)　図1の電気回路において検流計の電流 $i_g = 0$ のとき, 未知抵抗 R_x が3つの既知抵抗 R_1, R_2, R_3 を用いて表せることを説明しなさい.

(2)　長さ 135 m, 直径 0.325 mm の銅線の抵抗を測定したところ 30.4 Ω であった. この銅線の抵抗率 $\rho_{\mathrm{Cu}}\,[\Omega\cdot\mathrm{m}]$ を求めなさい.

(3)　白金の 20℃ における抵抗率および 0℃〜100℃ の平均温度係数はそれぞれ,

$$10.6 \times 10^{-8}\,\Omega\cdot\mathrm{m}, \qquad 3.9 \times 10^{-3}\,1/℃$$

である. 白金の 100℃ における抵抗率を求めなさい.

実　　　　　験

実験 I　金属の抵抗率の測定

1.　実 験 器 具

(1)　抵抗器 I (R_1 用), 抵抗器 II (R_2 用)

0.1 Ω, 1 Ω, 10 Ω, 100 Ω, 1000 Ω の無誘導巻の抵抗[*5]が取り付けられている.

(2)　抵抗器 III (R_3 用) 図2に示す.

(3)　検流計　電流感度 10^{-6} A/div (1目盛 10^{-6}

---

*5 コイルに電流を流したり, 切ったりすると, 誘導起電力がコイルに現れる. この現象を自己誘導という. 自己誘導の起電力は電流の変化を妨げるように起こる. 巻線抵抗器もコイルと同じで急激な電流変化に対して, 誘導起電力が抵抗に現れる. このような誘導起電力が現れても, 抵抗の中で打ち消し合うように抵抗線を2重巻にしたものが, 無誘導の抵抗器である.

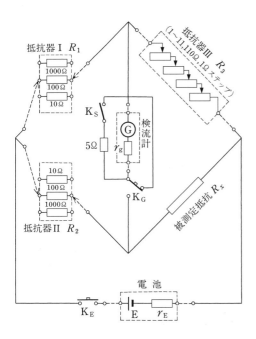

図3 (a)　ホイートストン・ブリッジの回路図

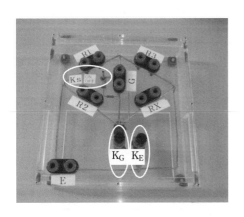

図3 (b)　回路箱 (K_E, K_G, K_S スイッチを要確認)

抵抗 R_1, R_2, R_3 の値を読み記録する。R_x は，

$$R_x = \frac{R_2}{R_1} R_3$$

として求められる。

2.3　試料の長さ l と直径 D の測定

(1)　長さ l は物指しで測定する (l の値が与えられているときは測定不要)。

(2)　直径 D は，マイクロメータでいろいろな場所を 10 回測定して，その平均値を用いる (D の値が与えられているときは測定不要)。

2.4　被測定抵抗 (R_x) ② および ③ の測定

(1)　被測定抵抗 (R_x) ① を ② に交換し，**2.2** から **2.3** までの測定を行う。なお，この測定からは，$R_2/R_1 = 0.01$ でよい。

(2)　被測定抵抗 (R_x) ② を ③ に交換し，(1) と同様の測定を行う。

3.　測　定　例

被測定抵抗 (R_x) ① の抵抗率の測定 (室温 23 ℃)

(1)　抵抗 R_x の測定値

図 4 の測定順序に従って実験し，表 1, 2 のようにして R_1, R_2, R_3 を決める。

$$R_1 = 1000\,\Omega, \quad R_2 = 10\,\Omega, \quad R_3 = 1879\,\Omega$$

ゆえに試料の R_x は

$$R_x = \frac{R_2}{R_1} R_3 = \frac{10}{1000} \times 1879 = 18.79\,\Omega$$

と求まる。

(2)　長さ l の測定

$$l = 119.0\,\text{cm}$$

(3)　直径 D の測定

試料の直径 D は表 3 に示したように，10 回測定し，その平均値を用いる。

(4)　試料の抵抗率 ρ の算出

$$\rho = R_x \frac{A}{l} = R_x \frac{\pi D^2}{4l}$$
$$= 18.79 \times \frac{3.142 \times (0.2955 \times 10^{-3})^2}{4 \times 1.190}$$
$$= 108.3 \times 10^{-8}\,\Omega \cdot \text{m}$$

となる。

(5)　被測定抵抗 (R_x) ② および ③ に対しても，同様に (1) から (4) のそれぞれの値を算出し，ノートにまとめる。

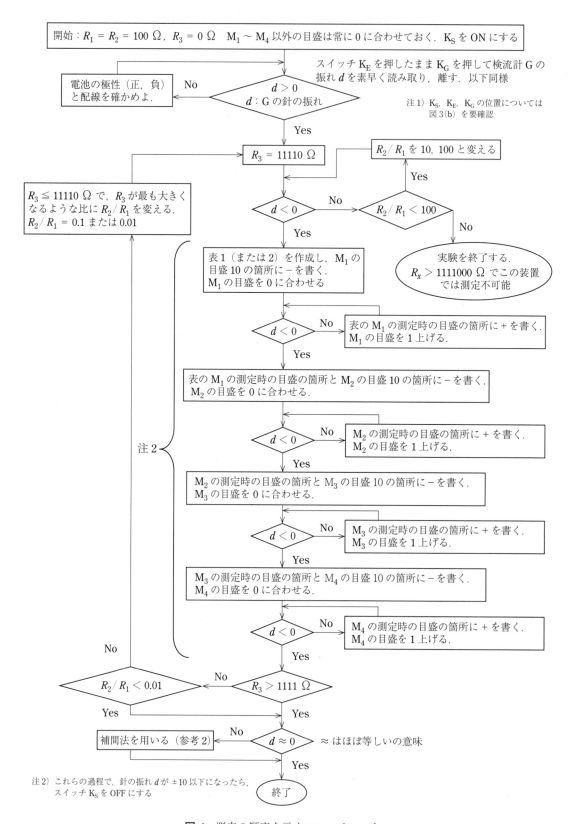

図 4 測定の順序を示すフローチャート

表1 検流計 G の針の振れを記録し R_3 を決定する

$$R_2/R_1 = 100/100 = 1$$

目盛	抵抗器 III (R_3) のダイヤル			
	M_1	M_2	M_3	M_4
	d の振れ	d の振れ	d の振れ	d の振れ
0	−	−	+	+
1			−	+
2				+
3				+
4				+
5				+
6				+
7				+
8				+
9				∼0
10	−	−	−	−

$R_3 = 19\ \Omega$

表2 R_2/R_1 を変えて R_3 を決定する

$$R_2/R_1 = 10/1000 = 0.01$$

目盛	抵抗器 III (R_3) のダイヤル			
	M_1	M_2	M_3	M_4
	d の振れ	d の振れ	d の振れ	d の振れ
0	+	+	+	+
1	−	+	+	+
2		+	+	+
3		+	+	+
4		+	+	+
5		+	+	+
6		+	+	+
7		+	−	+
8		−		+
9				∼0
10	−	−	−	−

$R_3 = 1879\ \Omega$

表3 試料の直径 D の測定値 (単位 mm)

回　数	零点	読み
1	0.005	0.300
2	0.004	0.296
3	0.004	0.301
4	0.003	0.293
5	0.003	0.295
6	0.003	0.292
7	0.002	0.303
8	0.002	0.303
9	0.002	0.302
10	0.002	0.300
平　均	0.0030	0.2985

試料の直径 $D = 0.2985 - 0.0030$
$= 0.2955$ mm

実験 II　金属の抵抗率および温度係数の測定 (教員の指示があれば実施する)

1.　実 験 器 具

(1)　抵抗器 I, II, III

(2)　回路箱

(3)　恒温装置と恒温液槽

(4)　サーミスタ温度計

(5)　試料 (図5に示すようにボビンに巻かれ恒温液槽の液に浸されている)

2.　実 験 方 法

2.1　装置のセット

(1)　図3 (a) のように配線する.

(2)　検流計の分流用スイッチ K_S を ON にする (検流計 G の針の振れ d が ±10 以下になったら K_S を OFF にする).

(3)　恒温装置の電源スイッチを ON にする.

(4)　温度設定ダイヤルを 0.0 ℃ に設定する.

(5)　試料の近くに置いたサーミスタ温度計の POWER ON/OFF キーを押す.

2.2　被測定抵抗 R_x の測定

液の温度が 0 ℃ 位で一定になっていることを確かめ抵抗 R_x の測定をする.

抵抗 R_x の測定は, 図4のフローチャートにしたがって, $R_2/R_1 = 1$ のときの測定を表1のように検流計の針の振れを +, 0, − で記録しながら行い, R_x のあらい値を求める. その値を検討し, よりよい値を得るために R_2/R_1 の比を変えて前と同様, 表2のように検流計の針の振れを +, 0, − で記録しながらフローチャートにしたがって順次行う. フローチャートの終了まで終えたならば, 以下のデータを記録するための表を例にならって作る. 抵抗 R_1, R_2, R_3 の値を読み記録し, R_x の値を求め記録する. このときの温度 t を試料の近くに置いたサーミスタ温度計で測定し記録する.

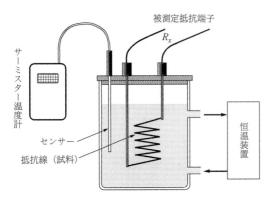

サーミスター温度計

被測定抵抗端子

R_x

センサー

抵抗線（試料）

恒温装置

図 5 試料を浸した液槽

表 4 試料の温度 t と抵抗 R_x の測定

温度	抵抗 [Ω]				備考
t [℃]	R_1	R_2	R_3	R_x	
0.1	1000	10	4760	47.60	
5.1			4860	48.60	
10.1			4962	49.62	
14.9			5058	50.58	
19.8			5159	51.59	
24.9			5258	52.58	
29.9			5360	53.60	
35.0			5462	54.62	
40.1			5561	55.61	

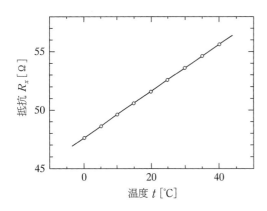

図 6 試料の温度 t と抵抗 R_x の関係

次に温度設定ダイヤルを 10 ℃ とし，温度を試料の近くに置いたサーミスタ温度計で 10 ℃ 近くで一定になっていることを確かめた後，抵抗器 I，II の値はそのままにして，抵抗器 III の抵抗値を少しずつ上げながら検流計の針の振れが 0 となったときの抵抗 R_3 の値を読み，記録す

る．また，そのときの試料温度も記録する．このようにして抵抗を 0 ℃ から 40 ℃ まで 10 ℃ 間隔でつぎつぎに測定し，記録する（表 4 と図 6 は 5 ℃ 間隔で測定した例である）．

2.3 試料の長さ l と直径 D の測定

(1) 長さ l は物指しで測定する（l の値が与えられているときは測定不要）．

(2) 直径 D は，マイクロメータでいろいろな場所を 10 点測定して，その平均値を用いる（D の値が与えられているときは測定不要）．

3. 測 定 例

3.1 試料の抵抗率の温度係数 α の測定

(1) 温度と抵抗の関係の表（表 4 に例を示す）を作る．

(2) 温度 t と抵抗 R_x の関係のグラフから 20 ℃ での抵抗率の温度係数の決定

実験した温度範囲では試料の線膨張率は無視できるほど小さいので，抵抗率の温度係数 α_t は抵抗値を用いて

$$\alpha_t = \frac{R_{t'} - R_t}{R_t(t' - t)}$$

と表される．よってグラフより数値を読み取り，式に代入すると，

$$\alpha_{20} = \frac{55.20 - 51.60}{51.60(38.0 - 20.0)}$$

$$= 3.88 \times 10^{-3}\ [1/℃]$$

となり，試料の 20 ℃ での抵抗率の温度係数 α は 3.9×10^{-3} (1/℃) と求められる．

3.2 試料の 20 ℃ での抵抗率 ρ の測定

(1) 図 6 より 20 ℃ の抵抗 R_x を読み取る．

$$R_x = 51.60\,\Omega$$

(2) 試料の長さ l の測定

$$l = 3.60\,\mathrm{m}$$

(3) 試料の直径 D の測定

表5 試料の直径 D の測定値 [単位 mm]

回数	零点	読み	直径 D
1	−0.001	0.096	0.097
2	−0.001	0.096	0.097
3	−0.001	0.096	0.097
4	−0.001	0.096	0.097
5	−0.001	0.096	0.097
6	−0.001	0.096	0.097
7	−0.001	0.096	0.097
8	−0.001	0.096	0.097
9	−0.001	0.096	0.097
10	−0.001	0.096	0.097
平均			0.0970

よって試料の直径 D は 0.0970 mm となる.

(4) 20℃ での試料の抵抗率 ρ_{20} は

$$\rho_{20} = R_{20} \times \frac{\pi D^2}{4l}$$
$$= 51.60 \times \frac{3.14 \times (9.70 \times 10^{-5})^2}{4 \times 3.60}$$
$$= 1.06 \times 10^{-7}\ \Omega \cdot \mathrm{m}$$

となる.

以上の抵抗率と温度係数の測定結果から, この試料の材質は白金であることがわかる.

参 考

1. 抵抗測定法 (表6 参照)

抵抗測定精度の限界は抵抗器にはいる電力と, その抵抗の発生する雑音との比によってきまる. また検出器の周波数帯域幅, 負荷係数の補正の誤差も関係する. そして現在最もすぐれた技術によれば, 1×10^{-8} の程度が限度であろうといわれている.

2. 補間法

検流計の指針が零点を示さなくても, 指針のふれから平衡となる点を求め, 抵抗を算出できる. この方法を補間法という.

平衡になるときの抵抗を R_3 とし, この値より小さい抵抗 R_1' のときに検流計の針がたとえば右にふれ, その値が d_1 目盛であったとする. また, R_3 よりも大きい R_2' のときに検流計の針が左にふれ, その値が d_2 目盛であったとする (図7 参照).

R_1' と R_2' との差が小さければ, この変化は直線とみなせる. したがって検流計を流れる電流 i は, 平衡点の抵抗 R_3 のときの差 ΔR に比例すると考えてよい.

表6 抵抗測定法

測定方法	測定範囲 [Ω]	測定確度 [%]	備考
電圧降下法			
(1) 電圧計– 電流計法	$10^{-3} \sim 10^3$	< 1	置換法のときは標準器の精度による
(2) 電位差計法	$10^{-4} \sim 10^5$	< 0.005 ～0.05	
ブリッジ法 ホイートストン・ブリッジ			
(1) 携帯用	$10^{-1} \sim 10^5$	< 0.5	
(2) 精密級 せん断形	$10^{-1} \sim 10^5$	< 0.01	
すべり線ブリッジ	$10^{-3} \sim 10^4$	< 2	標準抵抗器比較用
並列抵抗加減式ブリッジ	$10^2 \sim 10^5$	< 0.0001	
ケルビンダブルブリッジ	$10^{-4} \sim 10$	< 0.2	
並列抵抗加減式ダブルブリッジ	$10^{-4} \sim 10$	< 0.0001	標準抵抗器比較用
高抵抗測定法			
検流計法	$< 10^{12}$	< 5	
直流増幅器法	$< 10^{15}$	< 20	
絶縁抵抗計	$< 10^9$	5	
超絶縁抵抗計	$< 10^{14}$	5	
高抵抗ブリッジ	$< 10^{10}$	1	
定量法	$< 10^{15}$	5	
電離箱法	$< 10^{16}$		
低抵抗測定法			
接地抵抗試験器	$< 10^3$	4	
接点抵抗計	10^{-3}	5	

(西野：実験物理学講座「電気計測」共立出版 (1969) p. 240 より)

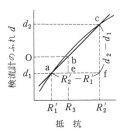

図7 検流計のふれ d と抵抗値 R_x の関係

ゆえに $\dfrac{\overline{\text{cf}}}{\overline{\text{be}}} = \dfrac{\overline{\text{af}}}{\overline{\text{ae}}}$ が成り立ち

$$\frac{d_2 - d_1}{0 - d_1} = \frac{R_2{}' - R_1{}'}{R_3 - R_1{}'}$$

となる. ゆえにこれから

$$R_3 = R_1{}' - \frac{d_1}{d_2 - d_1}(R_2{}' - R_1{}')$$

となる.

23. 電池の起電力および内部抵抗の測定

現在，電池は，光源，電子機器，小型動力機などいろいろなところに使われている．特に，最近のコードレス化された家庭電化製品，時計，電卓などに多く用いられている．このような電池の起電力[*1] E_0 の測定は，両端子間の電圧 (端子電圧) を測定することによって行われる．測定に際しては，電池内を流れる電流をできるかぎり小さくしなければならない．なぜならば，電池自体も抵抗 (電池の内部抵抗) r をもっている．そこで電池から電流 i を取り出すと，電池の端子電圧 V は，起電力 E_0 から内部抵抗 r による電圧降下 ir だけ差し引いたもの $V = E_0 - ir$ となる．電池の起電力 E_0 の測定には，いろいろな方法が考えられる．そのうちで一般に用いられるのは，直流電位計とデジタルマルチメータである．現在では，使い易さ，測定精度の点でデジタルマルチメータが優れている．

しかし，ここでは，電池の起電力および内部抵抗の測定を直流電位差計を用いて行う．かつ測定を通して直流電位差計の原理および使用法を習得する．

理　論

直流電位差計 (Potentiometer) は，被測定直流電位差を既知の直流電位差で打ち消し，検流計による零位法で測定するものである．既知の電位差の設定は標準電池の起電力を基準にする．また，零位法であるので，平衡時には被測定直流電源から電流を全く取り出さないという特徴がある．

直流電位差計の原理図を図1に示す．切換スイッチ D を F_S 側に倒す．B および C を接点

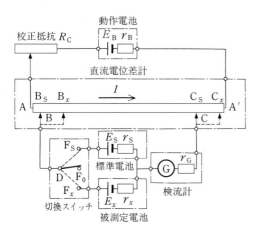

図1　直流電位差計の原理図
AA′：精密抵抗　　B および C：摺動子

B_S, C_S (標準電池の起電力 E_S) に合わせる．検流計 G のふれが零になるように R_C を調節する．このとき AA′ 間に流れている電流を I とする．このとき B_S と C_S の間の電位差が標準電池の起電力 E_S に等しい．つぎに，切換スイッチ D を F_x 側に倒し，被測定電池 (起電力 E_x) を入れる．B, C を適当に動かして検流計 G のふれが零になるような接点 B_x, C_x を見つける．$B_S C_S$ 間の抵抗を R_S，$B_x C_x$ 間の抵抗を R_x とすると，つぎの関係が成り立つ．

$$E_S = I R_S, \quad E_x = I R_x$$

ゆえに

$$\frac{E_x}{E_S} = \frac{R_x}{R_S}$$

となり，

$$E_x = \frac{R_x}{R_S} E_S$$

となる．このとき，R_S の目盛が E_S に等しくなるように目盛っておけば，R_x の目盛が直接 E_x に等しくなっている．抵抗値の比は精度高く決定できるので E_x の精密測定が可能になる．

---

*1 負荷をつけない開回路のときの端子間の電位差．これは電流が流れていないときの電池の端子電圧に等しい．

予 習 問 題

(1) 図2(a)においてAA′間の電気抵抗は$1150\,\Omega$である. ただし, 電池の内部抵抗はないものとする.

(イ) スイッチKを開いたとき, AA′間に流れる電流Iを$2\,mA$にするには, 可変抵抗R_Cを何Ωにすればよいか.

(ロ) $I = 2\,mA$とし, スイッチKを閉じたとき, 摺動子CをAより何Ωの所に接すれば, 検流計Gに電流が流れなくなるか.

(2) 図2(b)のように, 電池(起電力1.5875 V)に$10\,\Omega$の抵抗を接続したとき, 端子電圧Vは1.5477 Vであった. 電池の内部抵抗rを求めよ.

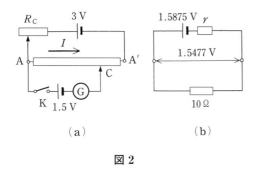

(a)   (b)

図 2

実 験

1. 実 験 装 置

(1) カドミウム標準電池

図3に外形および構造を示す. 陽極に水銀, 陰極にカドミウムアマルガム[*2]を用い, 硫化第1水銀($HgSO_4$)が減極剤として用いられている. 電解液中の硫化カドミウム($CdSO_4$)の濃度によって飽和型と不飽和型にわけられる.

飽和型標準電池は,

$$\ominus \left|Cd_{アマルガム}\right| CdSO_4 \cdot \frac{8}{3} H_2O \text{(固体)}$$
$$\left| CdSO_4 \text{(飽和溶液)} \right.$$
$$\left| Hg_2SO_4 \text{(粉末)} \right| Hg \text{(液体)} \left| \oplus \right.$$

の構造をもっており, 硫化カドミウム結晶を両極上に沈めて十分飽和させてある. この飽和型には, さらに希硫酸を入れて酸性にしたものもある. 起電力の温度特性は$20\,℃$を基準として$0\,℃$~$40\,℃$の間では, A. F. Wolfの次式で与え

られる.

$$E_t = E_{20} - 40.6 \times 10^{-6}(t - 20) - 0.95$$
$$\times 10^{-6}(t - 20)^2 + 0.01 \times 10^{-6}(t - 20)^3$$

(E_t: $t\,℃$の起電力, E_{20}: $20\,℃$の起電力)

とされているが正確には個々に測定しなくてはならない.

一方, 不飽和型は硫酸カドミウムの不飽和溶液を電解液としている.

それぞれの性質を表1に示す.

表1 標準電池の性質

種別 性質	飽和型		不飽和型
	中性	酸性	
溶液中のCdSO$_4$の量	飽和	飽和	不飽和
酸性度 (希硫酸の規定)	—	0.05	—
起電力 [V]	1.01864	1.01860	1.0193
温度係数 [V/℃]	-4×10^{-5}	-4×10^{-5}	-5×10^{-6}
経時変化 [V/年]	-3×10^{-6}		-3×10^{-5}

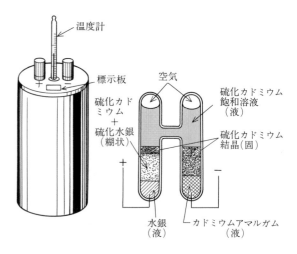

図3 カドミウム標準電池の外観と内部構造

[*2] カドミウムと水銀の合金である. カドミウム濃度は10%位である. 液状金属極がそれらの水溶液で液体に接している場合は, 固体金属極が塩の水溶液に接している場合より再現性がよく, かつ一定した電位を示す.

取り扱い上の注意

(1) 機械的衝撃や振動を与えない.

(2) 傾けたり倒したりしない.

(3) 急激な温度変化を与えない. 起電力はその温度変化に追従できない時間的遅れを示す.

(4) 充放電は $0.1\sim0.01\,\mu$A 以下にとどめること. 数十 μA 数分間充電すると数 mV 電圧が昇り, 同じく放電すると数 mV 下がる. この回復には長時間かかる. 電流を流し過ぎると回復不能になるおそれもある.

(5) 日光, X 線などは避ける. 紫外線などを当てると硫化第 1 水銀が黒化して起電力が変化する.

(2) 直流電位差計

図1の AA′ に相当する抵抗をマンガニン線[*3]を巻いて図4の M_1, M_2 のように並べて箱に組み込み, 目盛付ダイヤルを付けて実際使うのに便利なように作られている.

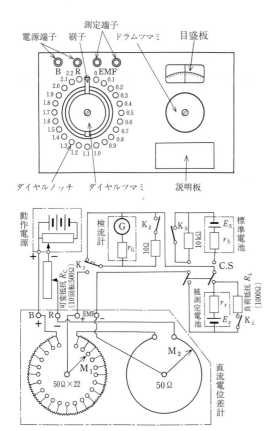

図4 直流電位差計の外観および接続図

2. 実 験 方 法

2.1 直流電位差計の調整

(1) 図4のように極性 ($\oplus$, $\ominus$) に注意しながら結線する.

(2) ダイヤル M_1, M_2 をカドミウム標準電池の起電力 E_t に合わせる.

(3) 切換スイッチ C.S を標準電池側に倒し, 標準電池保護抵抗用スイッチ K_S を開く. 検流計の分流抵抗用スイッチ K_2 を閉じる. 校正抵抗 R_C を右に一杯まわす. スイッチ K_1 を瞬時押す. 検流計 G の針のふれ方向を確認する. 校正抵抗 R_C を左に一杯にまわす. スイッチ K_1 を瞬時押す. 検流計 G の針のふれの方向が前と逆になっていることを確認する. (同じ方向にふれるときは, 結線間違いか, 動作電源の起電力不足などであるのでもう一度結線などを確かめる.) 校正抵抗 R_C を加減してスイッチを瞬時押す. このような操作を繰り返しながら検流計 G の針のふれを小さくし, ついにはふれなくなるまで校正抵抗 R_C を調節する.

(4) 検流計 G の針がスイッチ K_1 を瞬時押してもふれなくなったら, 検流計も分流抵抗 r_2 用スイッチ K_2 を開く. スイッチ K_1 を瞬時押す. 検流計 G の針のふれが $\oplus$ 側か $\ominus$ 側かを確かめる. 校正抵抗 R_C を少し加減してスイッチ K_1 を瞬時押す. この操作を繰り返し, 検流計の針がふれなくなるまで校正抵抗 R_C を調節する.

(5) 標準電池の保護抵抗 r_S 用スイッチ K_S を閉じる. スイッチ K_1 を瞬時押して検流計 G の針がふれなくなるまで, 校正抵抗 R_C を調節する. スイッチ K_1 を瞬時押しても検流計 G の針がふれない位置で校正抵抗 R_C を止める. これで直流電位差計は, M_1, M_2 の電圧目盛に調整できた. このとき回路の動作電流

[*3] Mn (12 %), Ni (4 %), Cu (84 %) の合金で, 温度係数と対銅熱起電力が小さいので標準抵抗器用素線として用いられる.

I は 2 mA となる. 切換スイッチ C.S を開き, 以後, 校正抵抗 R_C には手を触れない.

2.2　未知起電力の測定

(1)　切換スイッチ C.S を被測定電池側に倒す. 検流計の分流抵抗 r_2 用スイッチ K_2 を閉じる.

(2)　ダイヤル目盛 M_1, M_2 を 0 に合わせる. スイッチ K_1 を瞬時押す. 検流計 G の針のふれる方向を見る. ダイヤル M_1 の目盛を 0.1 V[*4] ずつ上げて, そのつどスイッチ K_1 を瞬時押して, 検流計 G の針のふれる方向を確かめ, 逆方向にふれるところまで上げていく. 検流計 G の針が逆方向にふれたならば, ダイヤル M_1 の目盛を 0.1 V 下げる.

(3)　検流計の分流抵抗 r_2 用スイッチ K_2 を開く. スイッチ K_1 を瞬時押して検流計 G の針のふれる方向を見る. ダイヤル M_2 の目盛を少しずつ上げながら, そのつどスイッチ K_1 を瞬時押し, 検流計 G の針がふれなくなるところを見つけ出す.

(4)　検流計 G の針がスイッチ K_1 を瞬時押してもふれなくなったとき, M_1 の目盛と M_2 の目盛の値の和が求める電池の起電力である.

2.3　電池の内部抵抗の測定

スイッチ K_L を閉じて, 負荷抵抗 R_L (1000 Ω) に電流を流す. この状態で被測定電池の両端子間の電位差 V [V] を「**2.2　未知起電力の測定**」と同じ方法で測定する. 端子間電圧 V [V] と, 電池の内部抵抗 r_x [Ω] の関係は, 次式で表される[*5].

$$r_x = \left(\frac{E_x}{V} - 1 \right) R_L$$

負荷抵抗 R_L [Ω] はわかっているから r_x は求められる.

以上のようにして乾電池の起電力 E_x および内部抵抗 r_x を求めよ.

3.　測 定 例

水銀電池 (H-U 1.35 V)

起 電 力　$E_x = 1.3510$ V

端子電圧　$V = 1.3494$ V

(負荷抵抗 R_L (= 1000 Ω) を接続したとき)

内部抵抗　$r_x = \left(\dfrac{E_x}{V} - 1 \right) R_L$

$\qquad\qquad = \left(\dfrac{1.3510}{1.3494} - 1 \right) \times 1000$

$\qquad\qquad = 1.186$ Ω

---

*4 動作電流 I は 2 mA であり, M_1 に用いられている抵抗は 1 個 50 Ω の抵抗である. 1 個の抵抗による電位差を V とすると

$$V = IR = 0.002 \times 50 = 0.1 \, \text{V}$$

となる.

*5 K_L を閉じたとき, E_x, K_L, R_L の回路に流れる電流を i [A] とすると,

$$E_x - i r_x = V$$
$$i R_L = V$$

この 2 式より i を消去すると,

$$r_x = \left(\frac{E_x}{V} - 1 \right) R_L$$

となる.

24. パイロメータによる温度の測定

　固体や液体を室温から次第に加熱していくと，その色や輝きの様子が変化してくる．恒星の色の違い
が，その温度の違いによることはよく知られている．電気炉の温度が 1700 ℃ 程度以下のときは，その
温度を白金—白金ロジウム熱電対などで測定できるが，それ以上の温度の電気炉や溶鉱炉などの場合は，
パイロメータ (光高温計) を用いて測定しなければならない．
　本実験においては，電球のタングステンフィラメントに電流を流して加熱し，そのときの温度をパイ
ロメータを用いて測定する．その結果により，フィラメントの消費電力とその温度との関係を知ること
が目的である．

理　　論

　物体 (たとえばガラス) の表面に電磁波 (以下，
放射と呼ぶ) が当たると，その一部は表面で反射
され，残りは物体内に入るが，さらにその一部
は途中で吸収され，残りは透過していく．黒っ
ぽい物体は，当たった放射をよく吸収する．当
たった放射をすべて吸収してしまうものを完全
黒体または単に黒体[*1]と呼ぶ．

　物体は放射を反射と吸収する一方，自らもそ
の表面から放射を出す．温度が低いときは放射
の量も少なく，しかも波長の長いものばかりな

ので，目には感じない．温度を上げていくと放
射の量も次第に増し，しかも波長の短い光を出
すようになるので，赤熱から白熱の状態になる．
どのような波長の光をどんな割合で出すかは，
物体の温度によるだけでなくその表面の状態に
よっても異なる．

　図1は種々の温度の黒体の表面から出る放射
エネルギーの波長分布を示す図である．この実
験結果はプランク (M. Planck) が理論的に導い
た式と一致する．

　すなわち，絶対温度 T [K] の黒体の単位面積
の表面から出る波長 λ と $\lambda + \mathrm{d}\lambda$ の間の放射エネ
ルギーを単位時間あたり $E(\lambda, T)\,\mathrm{d}\lambda$ とすると，

$$E(\lambda, T) = \frac{c_1 \lambda^{-5}}{\mathrm{e}^{c_2/\lambda T} - 1}\,\mathrm{d}\lambda \qquad (1)$$

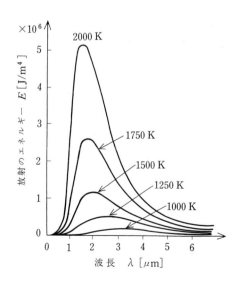

図1　黒体の放射エネルギーの波長分布

*1 空洞をつくって小さ
い孔をあけ，外から
放射を入れると，図
に示すように，空洞
の内壁で反射するご
とに吸収されて，孔

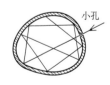

から外には出ることはほとんどないので，孔は放射
を全部吸収したことになり，孔の部分は黒体の表面
と同じ性質をもつ．一方，空洞内の温度が一定であ
るとすると，この小孔からは入った放射と同量の放
射が出ていなければならない．このような放射を空
洞放射という．

である*2. ここに c_1, c_2 は定数で, これらはプランク定数 $h = 6.63 \times 10^{-34}$ J·s, 真空中の光速 $c = 3.00 \times 10^8$ m/s およびボルツマン定数 $k = 1.38 \times 10^{-23}$ J/K により表され, それぞれ $c_1 = 8\pi hc = 5.00 \times 10^{-24}$ J·m, $c_2 = ch/k = 1.44 \times 10^{-2}$ m·K である.

さて, 可視光線の波長は $\lambda = 0.81 \sim 0.38\,\mu$m の範囲内にある. 一方, 物体の温度がタングステンの融点 $T = 3653$ K でも, $\lambda = 0.81\,\mu$m に対して $e^{c_2/\lambda T} \coloneqq e^5 \coloneqq 148.1$ であるので (1) 式においては $e^{c_2/\lambda T}$ に比べて 1 を無視できる. したがって, きわめて高温でない限り, (1) 式を次のように書いてよい.

$$E(\lambda, T) = c_1 \lambda^{-5} \exp\left(-\frac{c_2}{\lambda T}\right) \qquad (2)$$

前にのべたように, 物体が次第に高温になると, 赤熱から白熱状態になるが, そのとき, どのような波長の光をどんな割合で出すかは, 物体の種類と表面の状態によって異なる. しかし, ある温度の物体の表面からでる放射エネルギーは, 同じ温度の黒体の表面からでる同じ波長の放射エネルギーに比べて大きくはならないということが証明されている. すなわち, T [K] の物体および同温の黒体の単位面積の表面から単位時間に放射される波長 λ と $\lambda + \mathrm{d}\lambda$ の間の放射エネルギーをそれぞれ $e(\lambda, T)\,\mathrm{d}\lambda$, $E(\lambda, T)\,\mathrm{d}\lambda$ とし, その比を $\varepsilon(\lambda, T)$ とすれば,

$$\varepsilon(\lambda, T) = \frac{e(\lambda, T)}{E(\lambda, T)} \leqq 1 \quad (\text{= は黒体の場合})$$

である. ここに ε をこの物体の表面の (分光) 放射率という. 一般に ε は物質と表面状態の外に, 温度 T と放射の波長 λ にも依存するのであるが, 輝く炭素では ε がすべての波長にわたり, 広い範囲の温度に対して一定である.

放射率と吸収率*3 がすべての波長および温度に対して同じ値をもつものを灰色体*4 という. したがって, 吸収率の値が黒体の値より小さいことのみ考慮すれば, 灰色体にも黒体の放射の法則をあてはめることができる. 現実には, すべての波長について放射率が一定の完全な灰色体は実在しないが, 一般に金属はそれぞれある範囲の波長に対して灰色であることが知られている.

図 2, 図 3 はパイロメータ (Optical Pyrometer) の構造を示す. これらを用いて被測定電球の温度 T の測定の原理をのべよう. パイロメータの目盛板には, 灰色体である比較電球のフィラメントの放射の強さに対応する温度が目盛られている.

被測定電球のフィラメントからの放射のうち波長が λ から $\lambda + \mathrm{d}\lambda$ の範囲のものの強さが, 比較電球のフィラメントからの放射のうち同じ波長範囲の放射の強さと等しいとき, パイロメータの示す温度を S [K] とする. 被測定電球の温度を T [K] とすると, $e(\lambda, T) = E(\lambda, S)$ となる. 一方, 被測定電球のフィラメントの放射率を $\varepsilon(\lambda, T)$ とすれば, (2) 式を考慮して,

$$\begin{aligned} \varepsilon(\lambda, T) &= \frac{e(\lambda, T)}{E(\lambda, T)} = \frac{E(\lambda, S)}{E(\lambda, T)} \\ &= \exp\left\{\frac{c_2}{\lambda}\left(\frac{1}{T} - \frac{1}{S}\right)\right\} \end{aligned} \qquad (3)$$

となる.

パイロメータ内の比較電球のフィラメントと被測定電球からの光を $\lambda = 0.65\,\mu$m の有効波長をもつ赤色フィルタを通して同時に観測

---

*2 M. Planck: Verhandlungen der Deutschen Physikalischen Gesellschaft, **2** (1900) 202〜204. なお, 振動数とエネルギー分布の関係式 (別の方法で求めた) は同誌 **2** (1900) 237〜249 に発表してある.

*3 波長が λ と $\lambda + \mathrm{d}\lambda$ の間の放射 (エネルギー e_0) が物体の表面に当たって, そのうち e_1 のエネルギーが吸収されたとき $a = e_1/e_0$ 値を吸収率という. この値は, 波長と物体の種類および表面温度によって異なる. $r = 1 - a$ を反射率という.

*4 白色光が物体に当たったとき, ある色の光だけが比較的吸収されずに反射すると, 物体の表面は色づいてみえるが, すべての色の放射が同じ比率で吸収されると, 全部反射するものより暗く感じるが, 色づいては見えない. すなわち灰色に見える.

し[*5]，比較電球のフィラメントと被測定電球の明るさを同じくして，S [K] を測定する．パイロメータの温度目盛はフィラメントを黒体として目盛った値である．この S を物体の輝度温度，T を物体の真温度という．

(3) 式を変形すると

$$\frac{1}{T} = \frac{1}{S} + \frac{\lambda}{c_2} \log \varepsilon(\lambda, T)$$

ここで $\lambda = 0.65 \times 10^{-6}$ m, $c_2 = 1.44 \times 10^{-2}$ m·K とすると

$$\frac{1}{T} = \frac{1}{S} + 4.51 \times 10^{-5} \log \varepsilon(T)$$
$$= \frac{1}{S} + 1.04 \times 10^{-4} \log_{10} \varepsilon(T) \quad (4)$$

となる．

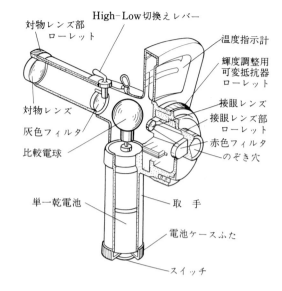

図 2 パイロメータ (YOKOGAWA TYPE OP-1) の構造

予 習 問 題

(1) パイロメータは発熱体の光の色から温度を測定する機器であるが，なぜそのような不思議なことができるのか，簡単に数行程度で説明せよ．

(2) 理科年表 (1994 年, 物 72 頁) によれば，高温度と色の関係は表 1 のようである．日常使用している電気器具 (トースター，電熱器，白熱電球など) の発熱部の温度を推定してみよ．

表 1 温度による色の変化

色	温度 [℃]
初期の赤熱	500
暗 赤 色	700
桜 赤 色	900
鮮明な桜赤熱	1000
橙 黄 熱	1100
鮮明な橙黄熱	1200
白 熱	1300
眩しい白熱	>1500

(3) 2000 K の黒体については (2) 式は

$$E = 5.00 \times 10^{-24} \lambda^{-5}$$
$$\exp \left(-\frac{1.44 \times 10^{-2}}{2000\lambda} \right) \ [\text{J/m}^4]$$

となる．可視光線をいわゆる 7 色にわける波長 λ について E を計算すると表 2 になる．

表 2 可視光線の色と放射エネルギー

色	赤外	赤	橙	黄	緑	青	紫	紫外
$\lambda\,[\mu m]$		0.78	0.64	0.59	0.55	0.49	0.43	0.38
$E\,[\text{J/m}^4]$		1698	606	351	205	74	18	4

この表により，横軸に λ，縦軸に E をとり，2000 K の黒体の表面から放射される各色のエネルギーを比較せよ．

自 習 問 題

(1) 図 1 の各放射エネルギー曲線について，それが最大になる波長を λ_m とし，そのときの黒体の温度を T [K] とするとき，各曲線について $\lambda_m T$ を計算してみよ．ウィーンはこの値がほぼ一定になることを示した．すなわち $\lambda_m T = C$ をウィーンの変位則という．

(2) 図 1 のある 1 本の曲線と横軸とで囲まれる面積は，その温度の黒体の単位面積から単位時間に放射される全エネルギーを表す．これを E_T とすれば E_T は T^4 に比例する．これをステファン-ボルツマンの法則という．この法則が成立することを図 1 のいくつかの曲線と横軸に囲まれる面積を 1 mm 方眼紙を用いてそれぞれ測定し，確かめよ．

実　　　験

1. 実 験 器 具

パイロメータ (CHINO MODEL IR-U)

[*5] $\lambda = 0.65\,\mu m$ の赤色フィルタを用いると，かなりよい単色性が得られ，また，比較的低温度の物体が明るく見える利点がある．

直流電流計 (YEW, CLASS 1.5, 0.3/1/3/10/30 A)

直流電圧計 (YEW, CLASS 1.5, 0.3/1/3/10/30 V)

直流電源 (菊水電子, MODEL PAD 16-10L 0〜16 V 10 A)

被測定電球 (顕微鏡光源用タングステン電球 15 V, 150 W)

乾電池 2 個 (単 1 形, 1.5 V)

スタンド, リード線など

2. 実 験 方 法

(1) 図 4 のように配線する. 電流計は 10 A 端子に, 電圧計は 10 V 端子に接続する.

(2) 直流電源の CURRENT ツマミ (出力電流調整ツマミ) を右に回し, 最大にする.

(3) 直流電源の VOLTAGE ツマミ (出力電圧調整ツマミ) を左に回して最小にする.

(4) 電源スイッチを ON にする.

(5) VOLTAGE ツマミを少しずつ右に回して電圧を増加させ, 被測定電球が点灯するのを確かめる. さらに電圧を増加させ, フィラメントが暗赤色から白熱に輝くまでの範囲の電圧と電流が測定できることを確かめる.

(6) 図 3 はパイロメータ (光高温計) の外形と各部の名称を示したものである. 接眼部より比較電球のフィラメント (図 5 の (a) を参照) をのぞき, フィラメントが明瞭に見えるように接眼レンズ部の調整リングを回して焦点を合わせる.

(7) パイロメータの対物レンズ部を被測定電球より約 30 cm に置き, 接眼レンズ部より測定電球をのぞき, フィラメントが中央に見えるように高さや向きを調整する (図 5 の (a) を参照).

(8) 被測定電球のフィラメントが明瞭に見えるように対物レンズ部のピント調整リングを回してフィラメントに焦点を合わせる.

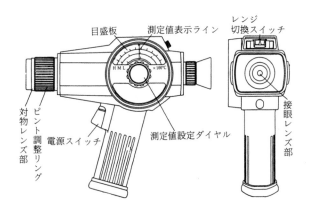

図 3 パイロメータの外形と各部の名称

(a) 比較電球の温度が低い

(b) 両者が一致したとき測定する

(c) 比較電球の温度が高い

図 5 被測定電球と比較電球のフィラメントの輝度の比較

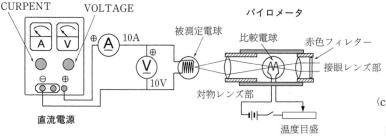

図 4 パイロメータによる温度測定時の配線

表3　放射率 ε ($\lambda = 0.65\ \mu$m に対し)*

物　質・状　態			温度 [℃]	放射率
炭　　　　　　　　素			1	0.85〜0.95
酸　化　ク　ロ　ム			900	0.81
ア　ル　ミ　ナ			900	0.18
セ　ラ　ミ　ッ　ク　剤			1200	0.25
			1500	0.32
			1800	0.38
鉄	溶　融　鉄　平　均　値		1100〜1900	0.4
	溶融スラッグ平均値		1400〜1830	0.65
	酸化した固体の鉄		800	0.98
			1200	0.92
	酸化していない鉄		1200	0.37
溶銅	裸　の　金　属　面		—	0.35
	酸　　化　　膜		—	0.5〜0.8
酸　化　ニ　ッ　ケ　ル			800	0.96
			1300	0.85
ニ　ッ　ケ　ル			—	0.37
銅	溶　　　　　融		—	0.37
	非酸化物	液　体	—	0.15
		固　体	—	0.11
	酸　　化　　物		—	0.6〜0.8
タ　ン　グ　ス　テ　ン			700	0.46
			2000	0.43
			3000	0.41
白　　　　　　　　金			1000	0.29
			1200	0.30
			1700	0.32
ニ　ク　ロ　ム			—	0.9
シ　リ　コ　ニ　ッ　ト			—	0.87

*JIS Z 8706

(9)　被測定電球の温度を測定するときは，パイロメータのレンジ切換スイッチ (3段階) L, M, H のうち適当なレンジを選択する．被測定電球のフィラメントが暗赤色のときはレンジを L に設定する．フィラメントの温度が上昇し白熱するにつれてレンジを M, H と切り換える．各レンジの測定範囲は次の通りである．

　　　L：700〜1300 ℃

　　　M：1000〜2000 ℃

　　　H：1400〜3500 ℃

(10)　直流電源の VOLTAGE ツマミを回して電圧を上昇 (約 1 V) させ，被測定電球のフィラメントを暗赤色に点灯させる (表4の測定値

を参照).

(11)　フィラメントの温度を測定する．測定するにはパイロメータの電源スイッチを押しながら測定値設定ダイヤルを静かに回し，図5の (b) に示すように被測定電球のフィラメントと比較電球のフィラメントの輝度が一致するように調整する．電源スイッチは赤色フィルターが入り込むまで十分に握る．

(12)　輝度が一致したら，電源スイッチを離し，このときの測定指示ライン (赤線) 上の目盛 (測定温度) s を読み取って表4の測定例にならって記録する (測定温度 s は輝度温度 S を ℃ で表している)．このとき被測定電球に加わる電圧と電流も記録する．

　　測定温度 s は図5 (a) から (b) のように比較電球の温度を低い方から高い方に増加させて一致させたときの測定温度 s_L と (c) から (b) のように比較電球の温度を高い方から低い方に減少させて一致させたときの測定温度 s_H の平均値をとると測定誤差が小さくなる．

(13)　暗赤色のフィラメントの温度測定が終わったら，表4の例にならって電圧を上昇させて測定を繰り返す．

(14)　実験が終わったら被測定電球の配線をはずし，はじめの状態にもどす．

3.　実験データの整理

(1)　真温度の計算

　　パイロメータに目盛られている温度 s は輝度温度 S [K] に対応して [℃] で目盛られている．すなわち，$s = S - 273$ の値が目盛ってある．したがって，被測定電球の真温度 T [K] を t [℃] で表すとすれば，(4) 式より

$$\frac{1}{t+273} = \frac{1}{s+273} + 1.04 \times 10^{-4} \log_{10} \varepsilon$$

$$(5)$$

となる．$t = s + (t-s)$ であるから，t は測定温度 s に $(t-s)$ の値を加えればよい．$(t-s)$ は補正値といわれ，(5) 式より

表 4 被測定電球の消費電力とフィラメントの温度 ($\varepsilon = 0.45$)

| 電圧 | 電流 | 消費電力 | 測定温度 | | 測定温度の平均値 $s = (s_H + s_L)/2$ | 補正値 | 真温度 | | フィラメントの色 |
$V\,[\text{V}]$	$I\,[\text{A}]$	$P\,[\text{W}]$	$s_L\,[°\text{C}]$	$s_H\,[°\text{C}]$		$t - s\,[°\text{C}]$	$t\,[°\text{C}]$	$T\,[\text{K}]$	
1.00	2.38	2.38	843	860	852	48	900	1173	赤 色
1.50	2.81	4.22	950	962	956	57	1013	1286	赤 色
2.00	3.23	6.46	1092	1102	1097	71	1168	1441	橙 色
2.50	3.62	9.05	1200	1220	1210	84	1294	1567	橙黄色
3.00	4.00	12.0	1320	1265	1293	94	1387	1660	黄白色
3.50	4.30	15.1	1370	1400	1385	105	1490	1763	白 色
4.00	4.62	18.5	1412	1470	1441	113	1554	1827	白 色
4.50	4.97	22.4	1490	1530	1510	123	1633	1906	眩しい白色
5.00	5.22	26.1	1570	1585	1578	132	1710	1983	〃
5.50	5.50	30.3	1680	1662	1671	147	1818	2091	〃
6.00	5.80	34.8	1710	1738	1724	155	1879	2152	〃
6.50	6.03	39.2	1760	1798	1779	164	1943	2216	〃
7.00	6.30	44.1	1798	1860	1829	172	2001	2274	〃
7.50	6.48	48.6	1865	1906	1886	182	2068	2341	〃
8.00	6.80	55.4	1910	1960	1935	191	2126	2399	眩しい輝き
8.50	7.02	59.7	1950	1940	1945	193	2138	2411	〃
9.00	7.26	65.3	1990	1970	1980	199	2179	2452	〃
9.50	7.50	71.3	2030	1998	2014	206	2220	2493	〃
10.00	7.72	77.2	2030	2040	2035	210	2245	2518	〃

$$t - s = \frac{-1.04 \times 10^{-4}(s + 273)^2 \log_{10}\varepsilon}{1 + 1.04 \times 10^{-4}(s + 273)\log_{10}\varepsilon}$$

$$(6)$$

となる. 表 3 は種々の物質の放射率を示したものである. これら放射率を用いれば種々の材質の被測定物の補正温度は (6) 式によって計算できる.

(2) 補正温度の計算

被測定電球のフィラメントの材質はタングステンである. 図 6 はタングステンの放射率 $\varepsilon = 0.45$ のときの測定温度 (輝度温度) と補正値の関係を (6) 式を用いて計算した結果をグラフに示したものである.

(3) データのまとめ

表 4 の測定例にならって, 被測定電球のフィラメントで消費される電力 $P\,[\text{W}]$ および測定温度の平均値 s と補正値を求め, 真温度 $t\,[°\text{C}]$ と $T\,[\text{K}]$ を表にまとめ, 図 7 の例にならってグラフに描く (補正値は図 6 を用いるとよい).

(4) 両対数グラフの作成

両対数グラフの横軸に消費電力 P と縦軸に真温度 T をとり, 測定値をプロットし, 測定点を直線で結ぶ. このとき直線は図 8 の例にならって $P = 1\,\text{W}$ まで外挿して引く. 測定点が直線にのる範囲では, $T = AP^n$ の関数関係である.

(5) 実験式の作成

両対数グラフに描かれた直線の傾きから n の値を, 縦軸 ($P = 1\,\text{W}$ の座標) と直線の交点から A の値を求める (4. 関数方眼紙と実験式を参照せよ).

図 8 の例から求めた実験式は

$$T = 940\,P^{0.21}\,[\text{K}]$$

である.

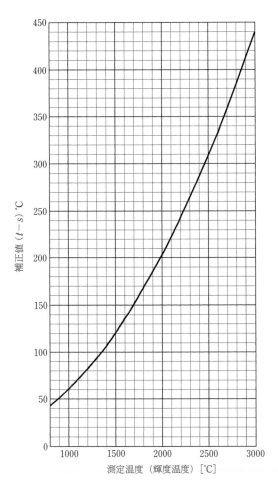

図 6　測定温度と放射率 $\varepsilon = 0.45$ の場合の補正値
の関係
（$\lambda = 0.65\,\mu\mathrm{m}$, $c_2 = 1.44 \times 10^{-2}\,\mathrm{m \cdot K}$）

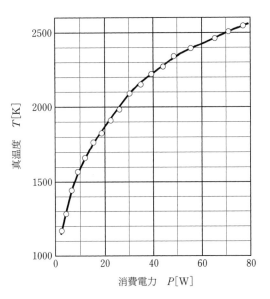

図 7　被測定電球の消費電力 P と真温度 T の関係

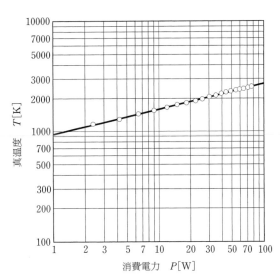

図 8　被測定電球の消費電力 P と真温度 T の関係
（両対数グラフ表示）

25. 気柱共鳴管による音速の測定

われわれは日常的にさまざまな音を出したり聞いたりしている．一般に音とは空気の振動がまわりに伝わる力学的な波動のことである．われわれの耳は，振動数がおおよそ 20〜20,000 Hz の範囲の波を音として聞き分けている．

ここでは波動現象の基礎を学び，気柱共鳴管を用いて空気中を音が伝わる速さを測定する．音速は温度と湿度によって変化するので，音速に対するこれらの効果についても理解する．

理 論

1. 波動の性質 (媒質) (横波，縦波)

波の発生と伝搬には物質 (これを媒質と呼ぶ) が必要である．媒質中の 1 個の粒子になんらかの原因で変位が生じたとき，周りからその粒子の位置を元に戻そうとする力が働き，振動が生じる．この振動が時間とともに周りの部分に伝わっていく現象を波または波動と呼んでいる．粒子の変位と変位の伝わる方向の関係から波は横波と縦波の 2 種類に分類される．縦波はしばしば疎密波とも呼ばれている．

媒質中の粒子の変位と波の進行方向が垂直であるとき，これを横波と呼び，弦を伝わる波や地震の S 波などがこの例である[*1]．一方，変位と波の進行方向が平行であるとき，これを縦波と呼び，音波や地震の P 波などがこの例である．図 1 に弦を伝わる横波の，また，図 2 にバネの伸縮に伴う縦波の波形図を示す．

われわれがよく目にする水の波は水の表面層の各部分が鉛直面内でそれぞれある中心の周りに円運動をしており，変位と進行方向の関係は

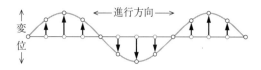

図 1 水平な弦の各点が上下に変位し，横波が弦の長さ方向に伝わっていく．

上記いずれのタイプにも属さない．したがって，水の波については，ここでは，触れないことにする．

2. 波の速さ・波長・振動数の関係

媒質を右方向に伝わっていく波の，ある瞬間の状態を図 3 に示す．媒質の各点は時間とともに振動しており，一定時間後に元の変位に戻ることを繰り返している．単位時間あたりの振動回数を振動数といい，また変位が元の状態に戻るまでの時間を周期という．この振動数を f とし，周期を T で表すと，各々の定義より下式の関係が成り立つ．

$$f = \frac{1}{T} \tag{1}$$

さらに，図 3 に示されているように，ある瞬間の波の変位が正の最大の点を山，また，変位が負の最大の点を谷と呼び，また，波の高さと傾斜が同じ各点は位相が等しいという．この隣り合った位相の等しい 2 点間の距離を波長 λ という．

つぎに，波の速さ v について考える．図 4 に示されるように時刻 $t = 0$ で波の山の状態にあった点は時間経過とともに図中の矢印の方向に変化し，同時に山の位置は vt だけ右に移動してい

[*1] 光や電磁波も波動として振る舞う．これらは電気的変位が周りの空間に伝わることにより発生する現象で，横波である．しかし，これらは真空中でも伝わり，必ずしも媒質は必要ではない．力学的な波動とはこの点が異なる．

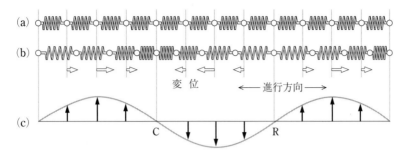

図2 (a) 水平に置かれた伸び縮みしていないバネ.

(b) バネの各点が水平に変位し, 縦波が長さ方向に伝わっていく.

(c) 横波の波形図 (図1) と同様に, バネの各部分の正と負の変位を縦軸に, 元の位置を横軸にとって表した縦波の波形図. C 付近の媒質密度は密, R 付近は疎である. この密な部分と疎な部分が交互に伝わるため疎密波とも呼ばれる.

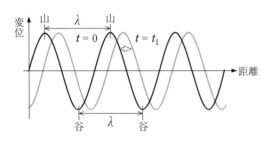

図3 ある瞬間 ($t = 0$) と次の瞬間 ($t = t_1$) の波の様子. この波の波長は記号 λ (ラムダ) で示されている.

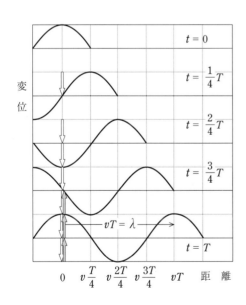

図4 波の山の位置が時間とともに移動していく様子. 波形は時刻 $t = 0$ から $t = T$ まで1/4 周期ごとに描いてある.

く. したがって, 1 周期後には vT だけ移動し, この距離が波長 λ に一致する. よって, 波の速さ v と周期 T, 波長 λ との間には

$$v = \frac{\lambda}{T} \tag{2}$$

または

$$v = f\lambda \tag{3}$$

の関係が成り立っている. (2), (3) 式は周期的な波に対しては常に成り立つ一般的な関係式である.

3. 正 弦 波

波形が正弦曲線の波を正弦波という. 正弦波では媒質の各点は単振動をしている. いま媒質中に定めた原点 ($x = 0$) の時刻 t における変位 y が

$$y(0, t) = A \sin 2\pi \frac{t}{T} = A \sin 2\pi ft \tag{4}$$

で与えられるものとする. ここで, A は波の振幅と呼ばれ, 山または谷の大きさを与える係数である. (4) 式を角速度 $\omega\ (= 2\pi f)$ を使用して書き換えると

$$y(0, t) = A \sin \omega t \tag{5}$$

となる. 図5に示すように, 波が速さ v で距離 x を伝わるには x/v だけ時間がかかるので, 原点 O から波の進む向きに距離 x だけ離れた点 P の時刻 t における変位 $y(x, t)$ は x/v だけ前の時刻

の原点の変位 $y(0, t - x/v)$ に等しくなる．よって，正弦波を表す関数として

$$
\begin{aligned}
y(x, t) = y\left(0, t - \frac{x}{v}\right) &= A \sin \omega \left(t - \frac{x}{v}\right) \\
&= A \sin \left(\omega t - \frac{2\pi}{\lambda} x\right) \\
&= A \sin \frac{2\pi}{\lambda}(vt - x) \qquad (6)
\end{aligned}
$$

が得られる．なお，(6) 式の正弦関数の位相 (sin の値を決定する無次元の量) の表現が 3 つとも異なっているが，物理的内容は同じである．この (6) 式を (x, t) 座標上で表すと図 6 のようになる．

4．波の重ね合わせ

2 つの波が媒質の一部分で重なり合ったときに，媒質の各部分に生じる変位は，おのおのの波が単独で来たときに生じる変位の和に等しくなる．これを波の「重ね合わせの原理」という．

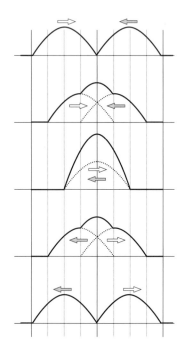

図 7　振幅の等しい山と山をもつ波が出会ったときから互いに離れていくまでの波形変化.

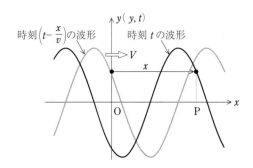

図 5　時刻 t における点 P の変位は時刻 $(t - x/v)$ の原点 O での変位に等しい.

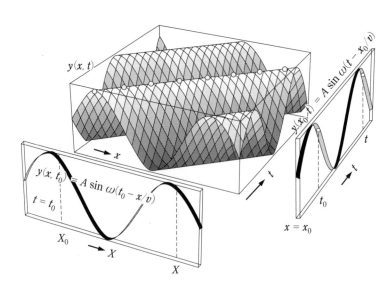

図 6　(6) 式の $y(x, t) = A \sin \omega(t - x/v)$ を (x, t) 座標上で表した波の様子．波の全体像の外に，時刻 t_0 での x 軸に沿った変化と位置 x_0 で見たときの時間変化 (単振動) が描かれている.

この原理によれば2つの波が出会うとき，山と山が重なる点では変位は大きくなり，山と谷が重なる点では変位は小さくなる．2つの波の振幅が等しければ，山と谷が重なった点の変位は0になる．図7と図8に2つの波が出会ったときの波形変化を示す．このように2つの波が重なり合って強めあったり，弱めあったりする現象を波の干渉という．

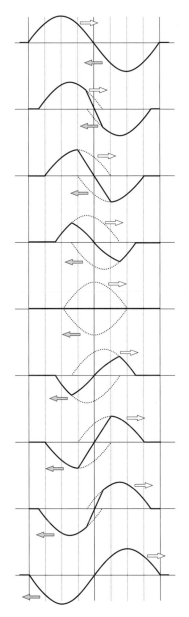

図8 振幅の等しい山と谷をもつ波が出会ったときから互いに離れていくまでの波形変化.

さらに，この原理を用いると，波が媒質の端に到達し，反射する際の位相変化を求めることができる．媒質の端が固定されていて振動が起こらない端を固定端，媒質の端が自由に振動できる端を自由端という．弦の端を棒に固定する場合について，典型的なこの2種類の終端条件と反射の様子が図9に示されている．

いま，弦の端を原点に，入射方向を x 軸にとると入射波 y_1，反射波 y_2 はそれぞれ (7), (8) 式で与えられる．

$$y_1 = A \sin(\omega t - kx) \tag{7}$$

$$y_2 = A \sin(\omega t + kx + \delta) \tag{8}$$

ここで，

$$k = \frac{2\pi}{\lambda} \tag{9}$$

であり，また，δ (デルタ) は入射波と反射波の位相差である．入射波と反射波の合成波 y は，重ね合わせの原理より

$$y = y_1 + y_2 = A \sin(\omega t - kx)$$
$$+ A \sin(\omega t + kx + \delta) \tag{10}$$

と表せる．

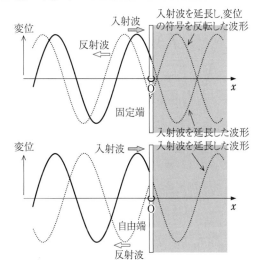

図9 固定端と自由端での反射波の発生. 固定端では原点Oで入射波の変位を打ち消すように反射波が生じ，自由端では入射波を延長した波を原点で縦軸に対して対称的に反転した反射波が発生する.

固定端の場合，原点 O $(x = 0)$ では常に $y = 0$ とならなければならないので

$$A \sin(\omega t + \delta) = -A \sin \omega t$$

が成り立つ必要がある．したがって，

$$\delta = \pi \qquad (11)$$

が得られる．

一方，自由端の場合は，$x = 0$ で常に $y_1 = y_2$ でなければならないので[*2]，

$$A \sin(\omega t + \delta) = A \sin \omega t$$

が成り立つ必要がある．よって，

$$\delta = 0 \qquad (12)$$

となる．

以上の結果を考慮して，入射波と反射波の様子を図 9 に示してある．

つぎに，入射波と反射波の合成波の様子を x 軸にそって調べてみる．固定端の場合は (10) 式に $\delta = \pi$ を代入すると

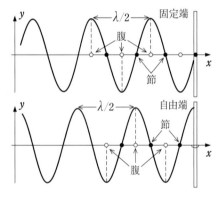

図 10 固定端と自由端の場合の任意の時刻での定常波の様子．この定常波の形は (13) または (14) 式に従って時間とともに変化を繰り返す．固定端の場合は $(n = 0, 1, 2, \cdots)$ とすると (13) 式より $kx = (2n)\frac{\pi}{2} \cdots$ すなわち $x = (2n) \cdot \frac{\lambda}{4}$ で振幅最小 $\cdots$ (節) となり，また $kx = (2n+1) \cdot \frac{\pi}{2} \cdots$ すなわち $x = (2n+1) \cdot \frac{\lambda}{4}$ で振幅最大 $\cdots$ (腹) となることがわかる．さらに，自由端の場合は固定端の場合と逆に $x = (2n) \cdot \frac{\lambda}{4}$ で $\cdots$ (腹)，$x = (2n+1) \cdot \frac{\lambda}{4}$ で $\cdots$ (節) となる．

$$y = (-2A \sin kx) \cos \omega t \qquad (13)$$

となる．(13) 式は位置 x で $(-2A \sin kx)$ という振幅の単振動を表している．そして，x の全ての点で同じ位相で振動しているので，右にも左にも波は進行しない．このような波は定常波または定在波と呼ばれる．

さらに，自由端の場合は (10) 式に $\delta = 0$ を代入すると定常波の (14) 式を得る．

$$y = (2A \cos kx) \sin \omega t \qquad (14)$$

これらの定常波の様子と性質が図 10 に示されている．

5. 空気中を伝わる音波 (縦波)

これまで波の基礎的な性質について説明してきた．ここからは本実験に直接関係する音波について説明する．音が空気中を進む場合，空気の一部分が進行方向に直角にずれたとしてもこれを元の位置に戻そうとする復元力が働かない．そのために横波が発生することはない．

一方，進行方向には圧力差ができるので縦波だけが発生することになる．

5.1 音 の 速 さ

一般に媒質中を縦波が伝わる場合，速さ v は媒質の体積弾性率 κ (カッパ) と密度 ρ (ロー) によって (15) 式で与えられる (章末の参考 1 を参照)．

$$v = \sqrt{\frac{\kappa}{\rho}} \qquad (15)$$

空気中を縦波である音が伝わる場合，空気の各部分は断熱的に膨張と圧縮を繰り返す．気体が断熱変化を行うときは，圧力 p と体積 V の間には

$$pV^\gamma = 一定 \qquad (16)$$

の関係がある．ここで γ (ガンマ) は空気の比熱比である[*3]．したがって，体積弾性率 κ は定義により

[*2] $x = 0$ で変位が共通である他に，弦は自由端で弦に対し常に垂直である必要がある (参考 2 (後述) を参照)．この条件を加味しても (12) 式と同じ結論となる．

$$\kappa = -\frac{\Delta p}{\Delta V/V} = \gamma p \tag{17}$$

となり，(17) 式の結果を (15) 式に代入すれば空気中の音速 v は

$$v = \sqrt{\frac{\gamma p}{\rho}} \tag{18}$$

いま，空気を理想気体 (気体定数 R) とみなし，1 mol の体積を V [m³]，質量を M [g] とすると，状態方程式は $pV = RT$，密度は $\rho = M/V$ であるから，(18) 式は

$$v = \sqrt{\frac{\gamma R}{M} T} \tag{19}$$

となり，絶対温度 T を含む結果が得られる．(19) 式中の温度 T [K] をセ氏温度 t [℃] で書き直すと

$$v = \sqrt{\frac{\gamma R}{M}(T_0 + t)} \approx v_0\left(1 + \frac{t}{2T_0}\right) \tag{20}$$

が得られる．ここで，T_0 は 273.15 K，$v_0\left(= \sqrt{\frac{\gamma R}{M} T_0}\right)$ は温度 T_0 での音速である．乾燥空気 1 mol の質量 M は 28.8 g，また $\gamma = 1.41$ であるので $v_0 = 331.5$ m/s となり，結局，t [℃] での音速は次式のようになる．

$$v \approx 331.5 + 0.61t \text{ [m/s]} \tag{21}$$

5.2 気柱の共鳴

一端を閉じた太さの一様な管を用意し，図 11(a) のように開口端から連続的に音波が管に送り込まれる場合を考える．開口端から原点に向かって進む入射波はやがて閉じている端 ($x = 0$) に到達する．そこでは空気は振動できないため (固定端)，位相が π だけ変化した反射波を生じる．反射して開口端 ($x = l$) に達した空気は自由に動けるので (自由端) 大きく振動し，新たに内部へ向かう波を発生する．これが繰り返され，入射波と反射波の位相がそろった場合にはこれらが干渉し，安定した定常波ができる．これを気柱の共鳴という．この共鳴条件は (22) 式で与えられる．

$$l = (2n+1)\frac{\lambda}{4} \tag{22}$$

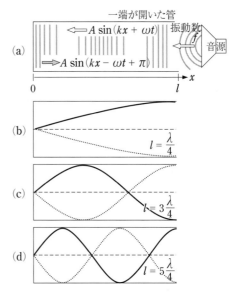

図 11 気柱の共鳴の様子.
(a) 入射波と反射波の概念図. 共鳴による
(b) 基本振動. (c) 第 3 倍振動. (d) 第 5 倍振動の定常波の様子. 縦波を横波表示に変えて描いてある. 定常波は共通して閉じた端では節，開いた端では腹となる.

ここで l は管の長さ，n は整数 ($0, 1, 2, 3, \cdots$)，λ は波の波長である．(22) 式の数学的な導出は章末の参考 2 に記されている．気柱が共鳴するときの定常波の様子を図 11(b), (c), (d) に示してある．図には開口端位置と定常波の腹が一致するように描かれているが，実際にはわずかに外部にできる．この距離は，管の半径を r として約 $0.6r \sim 0.9r$ である．これを開口端補正と呼ぶ．

予 習 問 題
(1) われわれは「音」という言葉を頻繁に用いるが，「音」とは物理的に何をさしているのか，数行程度で述べよ．
(2) われわれの耳に聞こえる音の周波数範囲は約 20 Hz～20 kHz (キロヘルツ = 10^3 ヘルツ) である．23 ℃ での波長範囲をメートル単位で示せ (23 ℃ での音速 $v_{23\,℃}$ の値から音の波長を求めればよい).

---

*3 (前頁の脚注) 比熱比 γ は $\gamma = C_p/C_V$ で定義される. ここで，C_p は定圧比熱，C_V は定積比熱である. これらについての詳しい説明は「工科系の基礎物理学」(学術図書出版社) の第 III 編 熱力学にある.

(3) 振動数 $f = 440\,\mathrm{Hz}$ の音響発振器と直径 3.12 cm の気柱共鳴管を用いて実験を行ったところ, 共鳴節点の平均値として $y_1 = 19.1\,\mathrm{cm}$, $y_2 = 59.3$ cm を得た. 音波の波長, 音速, 開口端補正および補正率を計算せよ.

実　　　験

1. 実 験 器 具

気柱共鳴装置 (島津理化器機株式会社 RA–1), 周波数シンセサイザ, スピーカー, 温度計

2. 実 験 方 法

(1) 図 12 を参考にして, 気柱の共鳴装置とスピーカーを 1 列に並べて配置する.

(2) 周波数シンセサイザの出力端子にスピーカーを接続し, 発振周波数のツマミを 440 Hz に合わせ, スイッチを入れる. このとき, 必要以上に出力振幅を大きくしないこと. 測定開始時の室温を測定し記録する.

(3) ピストンを開口部から奥へ向かってゆっくり移動させる. 管内の気柱が共鳴して音が最も大きくなる最初の位置 (共鳴節点) $y_1\,[\mathrm{cm}]$ を読み取る. y_1 がわかりにくいときはピストンを開口端へ戻しながら再度測定してみる.

(4) さらにピストンを奥へ移動させ, 2 番目の共鳴節点 $y_2\,[\mathrm{cm}]$ を読み取る. この位置がわかりにくいときは, ピストンを開口端へ戻しながら再度測定する.

(5) (3)~(4) を 5 回繰り返す.

(6) 測定終了時の室温を測定し記録する.

(7) 発振周波数を 880 Hz, 1 kHz, 2 kHz に変えて同様の実験を行う.

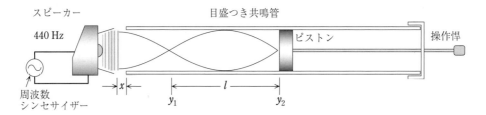

図 12 気柱の共鳴実験 (スピーカーのカバーと共鳴管の端との間は 1 cm 程度あける)

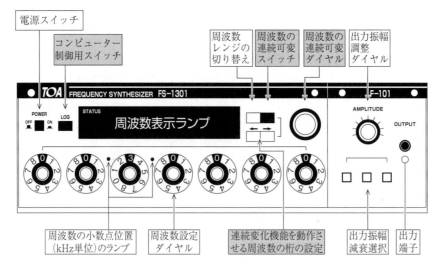

図 13 周波数シンセサイザの前面パネルとスイッチ類の機能
(この実験では灰色の背景の機能は使用しない.)

3. データの整理

　測定結果を表1の例にならってまとめる. つぎに, 音速の測定値と計算値を求めて, これらを比較する. これらが大きく違うときは共鳴節点を再度測定する. さらに, 開口端補正 x [cm] および補正率 x/r を求める. このとき, 共鳴管の半径は $r = 1.56\,\mathrm{cm}$ とする.

表1　$f = 440\,\mathrm{Hz}$ のときの測定例

測定回数	共鳴節点 y_1 [cm]	共鳴節点 y_2 [cm]
1	20.0	60.0
2	19.8	60.1
3	19.9	60.2
4	19.6	59.1
5	19.9	59.5
平均	19.84	59.78

音響発振器の振動数　$f = 440\,\mathrm{Hz}$

　波長　$\lambda = 2(y_2 - y_1) = 2(59.78 - 19.84)$

$$= 79.9\,\mathrm{cm}$$

音速の測定値

$$v = f\lambda = (440)(79.9 \times 10^{-2})$$

$$= 351.6\,[\mathrm{m/s}]$$

室温測定開始時　$t_1 = 21.7\,^\circ\mathrm{C}$

　測定終了時　$t_2 = 21.7\,^\circ\mathrm{C}$

　平均温度　$t = 21.7\,^\circ\mathrm{C}$

音速の計算値

$$v = 331.5 + 0.61t = 331.5 + 0.61 \times 21.7$$

$$= 344.7\,[\mathrm{m/s}]$$

開口端補正　$x = \dfrac{\lambda}{4} - y_1 = \dfrac{79.9}{4} - 19.84$

$$= 0.14\,\mathrm{cm}$$

同上補正率　$\dfrac{x}{r} = \dfrac{0.14}{1.56} = 0.09$

参　考　1

　気体は体積の変化に対して弾性を示す. この体積弾性によって局所的な圧力変化が起こり, 縦波が発生する.

　いま, 図A1 に示される断面積 S が一定の管内にある気柱の微小部分 (A–B) の運動を考える. この微小気柱の体積は $V(= S\,\mathrm{d}x)$, 質量は $M(= \rho V)$ であり, また, 初期 $(t=0)$ の気柱の圧力 p_0 は一定で

あるとする. さらに, 縦波が到達し, この微小気柱の両面に圧力差が生じて, 時刻 t に A–B が A′–B′ に移動したとする. このときの気柱 (質量 M) の運動方程式は

$$M\frac{\partial^2 y(x,t)}{\partial t^2} = F \tag{A1}$$

である. (A1) 式中の $y(x,t)$ は位置 x の時刻 t における変位であり, 時間に関する 2 次の偏微分[*4] は加速度を表している. また, F は気柱の A′–B′ 部分に働く正味の力である.

　つぎに, 力 F を圧力 p から求めることを考える. まず, 時刻 t での A′ 面に働く圧力を初期圧力 p_0 からのずれ Δp を用いて

$$p(x,t) = p_0 + \Delta p \tag{A2}$$

とおくと, A′ 面からわずかに離れた B′ 面での圧力は

$$p(x + \mathrm{d}x, t) = p_0 + \Delta p + \frac{\partial \Delta p}{\partial x}\,\mathrm{d}x \tag{A3}$$

と表すことができる. したがって, 両面の圧力差 δp は

$$\delta p = p(x,t) - p(x + \mathrm{d}x, t) = -\frac{\partial \Delta p}{\partial x}\,\mathrm{d}x \tag{A4}$$

となる. (A4) 式の結果を力 F に直して表すと

$$F = \delta p\, S = -S\frac{\partial \Delta p}{\partial x}\,\mathrm{d}x \tag{A5}$$

となる. (A5) 式と $M = \rho S\,\mathrm{d}x$ を (A1) に代入し, 整理すると, 運動方程式は

$$\rho\,\frac{\partial^2 y(x,t)}{\partial t^2} = -\frac{\partial \Delta p}{\partial x} \tag{A6}$$

となる.

　運動方程式を完成させるために (A6) 式中の Δp を気柱の微小部分の体積変化から求めることを考える. 初期の A–B 部分の体積 $V\ (= S\,\mathrm{d}x)$ は各面が図 A1 のように変位する結果, (A7) 式の ΔV だけ変化する.

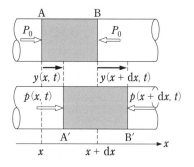

図A1　断面積 S の管内の微小気柱. 上段は初期状態. 下段は縦振動中の時刻 t における変位 y と圧力 p の変化.

$$\Delta V = S[y(x+\mathrm{d}x,t) - y(x,t)] = S\,\frac{\partial y(x,t)}{\partial x}\,\mathrm{d}x \tag{A7}$$

一方，体積弾性率 κ の定義は **5.1** で述べたように

$$\kappa = -\frac{\Delta p}{\Delta V/V} \tag{A8}$$

なので，これと (A7) 式より Δp を求めると

$$\Delta p = -\kappa\frac{\Delta V}{V} = -\kappa\frac{\partial y(x,t)}{\partial x} \tag{A9}$$

となる．(A6) と (A9) から運動方程式の最終的な表現が (A10) のように求まる．(A10) 式を縦波の波動方程式と呼ぶ．

$$\frac{\partial^2 y(x,t)}{\partial t^2} = \left(\frac{\kappa}{\rho}\right)\frac{\partial^2 y(x,t)}{\partial x^2} \tag{A10}$$

(A10) 式を解くことにより波の解が得られ，速度 v は

$$v = \sqrt{\frac{\kappa}{\rho}} \tag{A11}$$

となる[*4]．

参 考 2

閉じた管の端を原点に，管の長さ方向を x 軸にとって波動方程式を書くと

$$\frac{\partial^2 y(x,t)}{\partial t^2} = v^2\frac{\partial^2 y(x,t)}{\partial x^2} \quad \text{ここで } v^2 = \frac{\kappa}{\rho}$$

となる．

いま，図 A2 のように，波が正弦波で表され，かつ，進行波と反射波の振幅が同じで，位相差が δ であるとすれば，波動方程式の一般解は

$$y(x,t) = A\sin(\omega t - kx) + A\sin(\omega t + kx + \delta)$$

となる．これを整理すると

$$y(x,t) = 2A\cos\left(kx + \frac{\delta}{2}\right)\sin\left(\omega t + \frac{\delta}{2}\right)$$

が得られる．この波の変位 $y(x,t)$ は次の 2 つの境界条件 [a]，[b] を満足していなければならない．
[a]　$x=0$ で常に $y=0$．この条件から $\delta=\pi$ が得られ

$$y(x,t) = -2A\sin kx \cos\omega t$$

となる．
[b]　$x=l$ で $\partial y/\partial x = 0$ でなければならない．($x=l$ では気柱の圧力は大気圧に等しいので参考 1 の (A9) の Δp が 0 となるため) この条件を適用すると，

$$\left(\frac{\partial y}{\partial x}\right)_{x=l} = -2kA\cos kl \cos\omega t = 0$$

この式が常に成り立つためには $n=0,\,1,\,2,\cdots$ として

$$kl = (2n+1)\frac{\pi}{2} \quad \text{すなわち } l = (2n+1)\frac{\lambda}{4}$$

でなければならない．この結果は **5.2** の (22) 式と一致する．

最後に，管の両端が開いている場合と閉じている場合の定常波の様子を図 A3 と図 A4 に示しておく．両端の条件によって波形のできかたが異なっている．

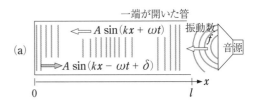

(a)

$$\text{一端が開いた管}$$

$\leftarrow A\sin(kx+\omega t)$

振動数 f　音源

$\rightarrow A\sin(kx-\omega t+\delta)$

$0 \qquad\qquad\qquad l$ → x

図 A2　共鳴管内の気柱の縦波の解析．閉じた端を原点にとり，開いた端を $x=l$ とする．

[*4] 関数 $y(x,t)$ は t という時刻の，x という場所での y の値を表している．この y の値は x と t の 2 つの変数を同時に指定してはじめて決定される．そこで，任意の時刻で，位置の変化に対する y の変化を知るには x に対する y の偏微分を実行する必要がある．その定義はつぎの通り

$$\frac{\partial y(x,t)}{\partial x} = \lim_{\Delta x\to 0}\frac{y(x+\Delta x,t) - y(x,t)}{\Delta x}$$

である．また，任意の位置での時間に対する y の変化を求める場合は t に対する y の偏微分を実行する必要がある．その定義は下記の通りである．

$$\frac{\partial y(x,t)}{\partial t} = \lim_{\Delta t\to 0}\frac{y(x,t+\Delta t) - y(x,t)}{\Delta t}$$

関数 $y(x,t)$ として $+x$ 方向に進む正弦波の場合について 1 次および 2 次の偏微分の結果を以下に示す．
正弦波関数 ($+x$ 方向に進む波)

$$y(x,t) = A\sin(\omega t - kx)$$

1 次の偏微分

$$\frac{\partial y(x,t)}{\partial x} = -kA\cos(\omega t - kx)$$

$$\frac{\partial y(x,t)}{\partial t} = \omega A\cos(\omega t - kx)$$

2 次の偏微分

$$\frac{\partial^2 y(x,t)}{\partial x^2} = -k^2 A\sin(\omega t - kx) = -k^2 y(x,t)$$

$$\frac{\partial^2 y(x,t)}{\partial t^2} = -\omega^2 A\sin(\omega t - kx) = -\omega^2 y(x,t)$$

2 次の偏微分を (A10) に代入すると縦波の速度 (A11) が得られる．

$$\omega^2/k^2 = v^2 = \kappa/\rho$$

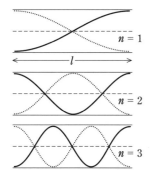

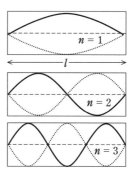

図 A3 両端が開いた管での共鳴振動時の定常波. 上から順に基本振動, 2 倍振動, 3 倍振動が描かれている. 管の長さ l と波長 λ の関係は $n = 1, 2, 3, \cdots$ として $l = \dfrac{\lambda}{2} n$ である.

図 A4 両端が閉じた管での共鳴振動時の定常波. 上から順に基本振動, 2 倍振動, 3 倍振動が描かれている. 管の長さ l と波長 λ の関係は $n = 1, 2, 3, \cdots$ として $l = \dfrac{\lambda}{2} n$ である.

参考3　楽音の基本周波数

国際基準 $\acute{\text{イ}} = a^1 = 440$ Hz に基づき十二平均律音階 *
(単位は Hz)

	C_2	C_1	C	c	c^1	c^2	c^3	c^4	c^5
C	16.352	32.703	65.406	130.81	261.63	523.25	1046.5	2093.0	4186.0
C#	17.324	34.648	69.296	138.59	277.18	554.37	1108.7	2217.5	4434.9
D	18.354	36.708	73.416	146.83	293.66	587.33	1174.7	2349.3	4698.6
D#	19.445	38.891	77.782	155.56	311.13	622.25	1244.5	2489.0	4978.0
E	20.602	41.203	82.407	164.81	329.63	659.26	1318.5	2637.0	5274.0
F	21.827	43.654	87.307	174.61	349.23	698.46	1396.9	2793.8	5587.7
F#	23.125	46.249	92.499	185.00	369.99	739.99	1480.0	2960.0	5919.9
G	24.500	48.999	97.999	196.00	392.00	783.99	1568.0	3136.0	6271.9
G#	25.957	51.913	103.83	207.65	415.30	830.61	1661.2	3322.4	6644.9
A	27.500	55.000	110.00	220.00	440.00	880.00	1760.0	3520.0	7040.0
A#	29.135	58.270	116.54	233.08	466.16	932.33	1864.7	3729.3	7458.6
H	30.868	61.735	123.47	246.94	493.88	987.77	1975.5	3951.1	7902.1

*1939 年 5 月ロンドンにおける国際会議で, $\acute{\text{イ}} = a^1$ とする十二平均律を用いることを規定し, 独唱, 合唱, 管弦楽などすべての音楽演奏でこの値を厳守すべきことが定められた. 現在, 音楽関係では主としてこの値が用いられている. NHK の時報放送は, 440 および 880 Hz で行われている. 物理実験では, $c^1 = 2^8 = 256$ を基準とする十二平均律 (物理学調とよばれる) が一部行われている. 後者は, c 音の周波数を便宜上 2 のべき数で表したものである. なお, 上の表に用いた音の記号と音符との関係は, つぎのようにある.

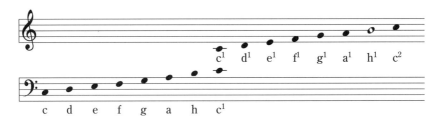

26.　弦の定常波の振動数の測定

　われわれは，ピンと張った弦の一部をはじくと弦が振動し，特定の音が出ることを知っている．これは，両端を固定した弦の一部に振動を与えると波が発生し，さらに，両端で反射した波によって定常波ができることによる．ここでは，水平な弦の各部分が上下に変位し，これが弦の長さ方向に繰り返し伝わっていく横波の様子を観察し，糸の張力および定常波の波長から振動源の振動数を求める実験を行う．

理　　論

1.　正　弦　波

　波には横波と縦波の 2 種類があり，これらに共通する性質については第 25 章の「気柱共鳴管による音速の測定」の理論 1~4 で説明されている．詳細は第 25 章を参照することにして，ここでは振動変位と伝搬方向とが垂直な関係にある横波について簡単な説明をする．

　いま，時刻 $t = 0$ において x 軸に沿う弦の垂直方向の変位 $y(x)$ が次の正弦関数で表されるとする．

$$y(x) = A \sin \frac{2\pi}{\lambda} x \qquad (1)$$

ここで，A は振幅，λ は波長と呼ばれ，これらの意味は図 1 に記されている．この波が時間 t とともに +x 方向に速さ v で移動すると，t 時間後

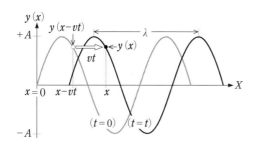

図 1　時刻 $t = 0$ の波 (点線) が速さ v で右に進み，時刻 t での波形 (実線) に変化する様子．横軸は距離，縦軸は振動変位である．また，A は振幅，λ は波長を表している．

の位置 x での変位 $y(x)$ は $t = 0$ での位置 $x - vt$ での変位 $y(x - vt)$ に等しいことがわかる．よって，+x 方向に速さ v で移動する正弦波を表す関数は

$$y(x, t) = y(x - vt) = A \sin \frac{2\pi}{\lambda} (x - vt) \qquad (2)$$

となる．$y(x, t)$ は y が x と t の 2 つの変数の関数であることを表している．

　波の速さ v，波長 λ，振動数 f，角振動数 ω，波数 k との間には

$$v = f\lambda \qquad (3)$$

$$\omega = 2\pi f \qquad (4)$$

$$k = \frac{2\pi}{\lambda} = \frac{\omega}{v} \qquad (5)$$

などの関係があるので，これらを使って (2) 式を書き換えると

$$y(x, t) = A \sin k(x - vt) = A \sin (kx - \omega t)$$
$$= A \sin \omega \left(\frac{x}{v} - t \right) \qquad (6)$$

が得られる．

2.　固定端における横波の反射と定常波

　いま，原点 $(x = 0)$ で固定されている弦がある．時刻 t における入射波 y_1 と反射波 y_2 とが

$$y_1 = A \sin (kx + \omega t) \qquad (7)$$

$$y_2 = A \sin (-kx + \omega t + \delta) \qquad (8)$$

で表せるとすると，固定端 $(x = 0)$ では常に変位が 0 でなければならないので，

$$y_1 + y_2 = A \sin \omega t + A \sin (\omega t + \delta) = 0 \qquad (9)$$

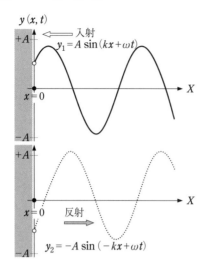

図 2 時刻 t に固定端 $(x = 0)$ に到達した入射波と
反射波の関係 (位相が π だけ異なっている).

が成り立つ必要がある.

(9) 式より入射波と反射波の位相差として $\delta = \pi$ が得られる. これらの関係を図 2 に示す.

2 つの波が出会ったとき, 波形は重ね合わせの原理にしたがって変化する (p.198「波の重ね合わせ」参照). そこで, 固定端に向かってつぎつぎとやってくる入射波と入射波の変位を打ち消すために発生する反射波およびこれらが重なったときにできる固定端近傍の波形の様子を図 3 に示す. なお, 図 3 中の $x < 0$ の領域に書き込まれた波形は入射波との位相関係の理解を助けるためのもので, 実際には存在しない (弦は $x \geqq 0$ の部分にだけある).

さらに, 反射波が弦の他端に向かって進み続けると, 単振動を繰り返す部分と全く振動しない部分が発生し, 弦に沿って進行する波は消滅する. この状態の波を定常波または定在波と呼ぶ. 定常波において, 全く振動しない部分を節, 最も大きく振動する部分を腹という. この定常波の様子を図 4 に示す.

つぎに, 定常波を表す式を数学的に求めてみる. 入射波として (7) 式を, 反射波として (8) 式に $\delta = \pi$ を入れた式を用いると, 合成波 $y(x, t)$ は

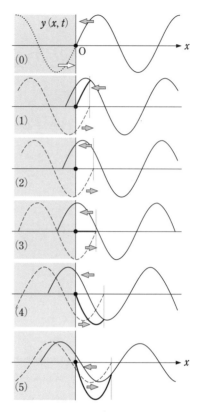

図 3 固定端付近の波形変化の様子
(0) 入射波が O に達した瞬間. 逆方向に進む仮想的な反射波 (灰色部分の点線) は実際には存在しない. (1)〜(5):入射波 (実線) と反射波 (点線) および合成波 (太線) の様子. 時間とともに入射波は左へ移動し, 反射波は同じ距離だけ右へ移動する. これらが重なって合成波ができる.

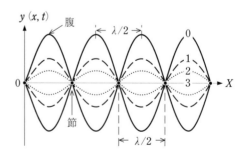

図 4 固定端に結ばれた弦にできる定常波. 弦の各位置の変位は時間とともに振動を繰り返すが, 波形の移動は生じない. また, 図中の数字 (0〜3) は図 3 の (0)〜(3) の状態に対応している.

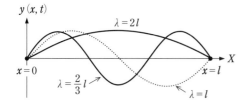

図 5　両端が固定された弦 (長さ l) にできる定常波. 波長の長い順に, 基本振動, 2 倍振動, 3 倍振動で, (12) 式の $n = 1$, $n = 2$, $n = 3$ に相当する.

$$y(x,t) = y_1 + y_2$$
$$= A \sin (kx + \omega t)$$
$$- A \sin (-kx + \omega t)$$
$$= 2A \sin kx \cos \omega t \tag{10}$$

となる. この (10) 式をいくつかの時間に対して描くと図 4 が得られる. さらに, (10) 式より時間にかかわらず $x = 0$ となる条件を求めると,

$$kx = \frac{2\pi}{\lambda} x = n\pi \quad (n = 0, 1, 2, 3, \cdots) \tag{11}$$

となり, (11) 式を満たす x のところで振動の節が, また, これらの中間に腹ができることがわかる.

　以上の議論から, 弦の固定端は必ず振動の節となることがいえるので, 両端が固定された弦で定常波ができるための弦の長さ l と波長 λ との間には

$$l = (2n)\frac{\lambda}{4} \quad (n = 1, 2, 3, \cdots) \tag{12}$$

が成り立っていなければならないことがわかる. (12) 式は長さ l の弦の共鳴条件でもある. このときにできる定常波の様子を図 5 に示す.

3．弦を伝わる横波の速さ

　ここでは, 一様な線密度 σ の弦に張力 T を加え, 弦に垂直な方向に振動させたときの弦の運動を調べて横波の速度を求める.

　いま, 図 6 に示すように x 軸に沿って張られた弦の時刻 t における位置 x の変位を $y(x,t)$ で表すとする. 弦の微小部分 PP′ に着目すると,

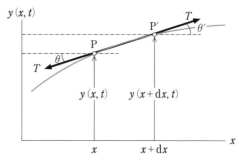

図 6　ある時刻 t における弦の変位曲線 $y(x,t)$. 弦の微小部分 PP′ の両端には張力 T が接線に沿って働いている. この力によって微小部分 (質量 $\sigma \, dx$) に振動が起こり, これが周囲に伝わって波が発生する.

この部分には隣接部分からの張力が弦の接線方向に働いている. また, PP′ 間の質量は $\sigma \, dx$ なので, この微小部分の運動方程式は

$$(\sigma \, dx)\frac{\partial^2 y(x,t)}{\partial t^2} = T(\sin \theta' - \sin \theta) \tag{13}[*1]$$

と表せる. ここで, $\theta, \theta' \ll 1$ とすると

$$\sin \theta \approx \tan \theta \approx \left(\frac{\partial y}{\partial x}\right)_{\mathrm{P}}$$
$$\sin \theta' \approx \tan \theta' \approx \left(\frac{\partial y}{\partial x}\right)_{\mathrm{P}'}$$

が成り立つので,

$$\sin \theta' - \sin \theta = \left(\frac{\partial y}{\partial x}\right)_{\mathrm{P}'} - \left(\frac{\partial y}{\partial x}\right)_{\mathrm{P}} = \left(\frac{\partial^2 y}{\partial x^2}\right)_{\mathrm{P}} dx \tag{14}[*2]$$

となる. したがって, (13) と (14) 式より

$$\frac{\partial^2 y(x,t)}{\partial t^2} = \left(\frac{T}{\sigma}\right)\frac{\partial^2 y(x,t)}{\partial x^2} \tag{15}$$

[*1] $y(x,t)$ は x と t の 2 変数関数である. この関数を一方の変数で微分するときは他方の変数を任意の値に固定する必要がある. このような微分を偏微分といい, 25 章の参考 1 に説明してある. ここでの記号 $\left(\frac{\partial y}{\partial x}\right)_{\mathrm{P}}$ は $y(x,t)$ の t を固定し, x だけで微分したときの微分係数を表している. また, 添字の P は関数 y の微分係数 (接線の勾配) を求める場所を示している.

[*2] x が微小変化したときの関数 $f(x)$ の変化分の公式として
$$f(x + dx) - f(x) = f'(x) dx$$
が知られている. この式の $f(x)$ として $\left(\frac{\partial y}{\partial x}\right)_{\mathrm{P}}$ を対応させると (14) 式が得られる.

が得られる．これを弦を伝わる横波の波動方程
式と呼んでいる．

いま，$+x$ 方向に進む波として正弦波関数

$$y(x,t) = A \sin (\omega t - kx) \qquad (16)$$

を仮定すると，

$$\frac{\partial^2 y(x,t)}{\partial x^2} = -k^2 A \sin (\omega t - kx)$$

$$= -k^2 y(x,t) \qquad (17)$$

$$\frac{\partial^2 y(x,t)}{\partial t^2} = -\omega^2 A \sin (\omega t - kx)$$

$$= -\omega^2 y(x,t) \qquad (18)$$

となり．これらを (15) 式にあてはめると

$$\omega^2 = \left(\frac{T}{\sigma}\right) k^2 \qquad (19)$$

が得られる．(19) 式を変形すると横波の速さ v
として

$$v = \frac{\omega}{k} = \sqrt{\frac{T}{\sigma}} \qquad (20)$$

が得られる．

さらに，$-x$ 方向に進む波として次式

$$y(x,t) = A \sin (\omega t + kx) \qquad (21)$$

を考えても全く同じ結果が得られる．

なお，(16) 式と (21) 式に適当な係数を掛けて
加えた式もまた，波動方程式の解 (一般解) にな
ることをつけ加えておく．

予 習 問 題

(1)　定常波について簡単に説明せよ．

(2)　図のように弦の一端を音叉に取り付け，他端に
滑車を介しておもりを下げる．この音叉を振動さ
せると図のような定常波ができた．弦の線密度を
$9.80 \times 10^{-4}\,\mathrm{kg/m}$，重力加速度を $9.80\,\mathrm{m/s^2}$ とし
て問に答えよ．

(a)　弦を伝わる波の波長 $\lambda\,[\mathrm{m}]$ はいくらか．

(b)　弦を伝わる波の速さ $v\,[\mathrm{m/s}]$ はいくらか．

(c)　音叉の振動数 $f\,[\mathrm{Hz}]$ はいくらか．

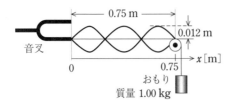

実　　　験

1．実験装置および器具

　弦定常波実験器，発振器，電子天秤，周波数
シンセサイザー，弦 (糸)，おもり (5g, 5 個)，物
差し

2．実 験 方 法

2.1　糸の線密度の測定

(1)　糸を 1.2 m 位切り取り，その長さ L を測定
する．

(2)　切り取った糸の質量 m を電子天秤で測定
する．

(3)　糸の線密度 σ を求める．線密度は $\sigma = m/L$
で得られる．

2.2　おもりの質量の測定

　5 個のおもりに番号をつけ，それぞれのおも
りの質量 M を測る．

2.3　定常波の波長の測定

(1)　図 7 のように，弦定常波実験器と発振器を
配置する．

(2)　発振器の外部入力端子と周波数シンセサイ
ザーの出力端子が接続されている場合には，
その接続を外す．

(3)　ピボット滑車をできるだけ振動子から遠ざ
けて固定する．

(4)　糸の一端を弦固定柱に固定し，次に，他端
を振動子の穴に通し，おもりを 1 個つけ，糸
を滑車にかける．

(5)　出力調整つまみを反時計方向 (左回り) に
回しきる．

(6)　周波数調整つまみを矢印に合わせる．

(7)　スイッチを入れ，出力調整つまみを右に回
し，矢印に合わせる．

(8)　ピボット滑車を弦が最もよく振れる位置ま
でゆっくりと，注意深く移動させ，その付近
でピボット滑車を左右に動かし，振幅が最大
となる位置で固定する．

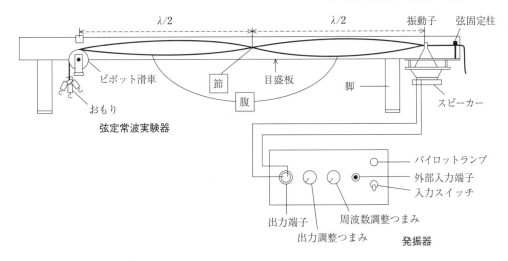

図7 ひもの定常波の測定

波長の測定は安定な定常波が得られる状態で行う (振幅が大きく，滑車と振動子間にできる節が最も小さくなるように，出力を調整する). この図には2倍振動が描かれている.

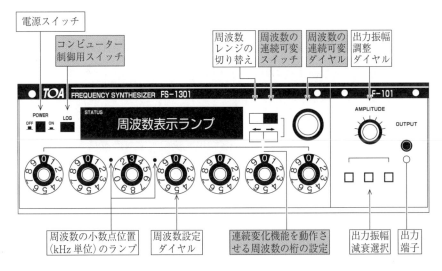

図8 周波数シンセサイザの前面パネルとスイッチ類の機能
(この実験では灰色の背景の機能は使用しない.)

(9) このときのピボット滑車と振動子の間隔を測定する. この間隔が振動する弦の長さ l である.

(10) 長さ l の中に含まれる波の腹の数 k を読み取る.

(11) 次に，ピボット滑車を波の腹の数が1少なく，弦が最もよく振れる位置までゆっくりと，注意深く移動させ，その付近でピボット滑車を左右に動かし，振幅が最大となる位置で固定する. そのときの振動する弦の長さ l を測定し，波の腹の数 k を読み取る.

(12) (11) を基本振動 (腹の数 $k = 1$ の状態) になるまで繰り返す.

(13) 次に，おもりを1個ずつ追加し，おもりが5個になるまで，(8) から (12) までの測定を行う.

(14) 発振器の出力調整つまみはそのままの位置にして，スイッチを切る.

2.4 定常波の算出

2.1, **2.2**, **2.3** の測定から，定常波の振動数 f を以下の式を用いて算出する．

弦の張力 $T = Mg$ [N]

弦を伝わる波の速さ $v = \sqrt{\dfrac{T}{\sigma}}$ [m/s]

波の波長 $\lambda = \dfrac{2l}{k}$ [m]

波の振動数 $f = \dfrac{v}{\lambda}$ [Hz]

2.5 測定した振動数 f の周波数シンセサイザーによる確認

(1) 発振器の外部入力端子と周波数シンセサイザーの出力端子を接続する．

(2) おもりを 1 個つるし，ピボット滑車をできるだけ振動子から遠ざけて固定する．

(3) 周波数シンセサイザーの出力振幅減衰選択 (ATT) スイッチを 40 dB に，AMPLITUDE つまみを反時計方向 (左回り) に回しきり，周波数設定ダイヤルを **2.4** の測定で得られた平均の振動数 (周波数) に合わせて電源スイッチを入れる．

(4) 発振器のスイッチを入れる．

(5) **2.3** の (7) から (11) までの測定を行う．

(6) 発振器のスイッチを切る．

(7) 周波数シンセサイザーのスイッチを切る．

(8) **2.4** の測定で得られた測定値と比較し，ほぼ同じになることを確認する．

(9) 発振器の外部入力端子と周波数シンセサイザーの出力端子との接続を外す．

2.6 周波数シンセサイザーの振動数との比較

周波数シンセサイザーの振動数と定常波実験器によって求められる振動数との違いについて考察する．

3．測 定 例

(1) 線密度の測定

糸の長さ $L = 1.20$ m

糸の質量 $m = 3.85 \times 10^{-5}$ kg

糸の線密度 $\sigma = \dfrac{m}{L} = 3.21 \times 10^{-5}$ kg/m

(2) おもりの質量の測定 (表 1)

表 1 おもりの質量測定

おもり	1	2	3	4	5
質量 M [$\times 10^{-3}$ kg]	5.1145	5.0980	5.0974	5.1026	5.1031

(3) 弦の定常波の波長 λ と振動数 f の測定

2.1 から **2.3** の測定値を用い，重力加速度 g を 9.80 m/s^2 として，**2.4** に示されている式を使って計算した結果を表 2 に示す．

表 2 波長 λ の測定と波の速さ v および波の振動数 f の計算値

おもりの個数	張力 T [$\times 10^{-2}$ N]	波の速さ v [m/s]	弦の長さ l 波長 λ [$\times 10^{-2}$ m]	測 定 値 腹の数 k 1	2	3	4	波長 λ の平均値 [$\times 10^{-2}$ m]	振動数 f [Hz]
1	5.01	39.5	l	18.2	36.3	54.7	72.4	36.4	109
			λ	36.4	36.3	36.5	36.2		
2	10.0	55.8	l	25.8	51.8	77.4		51.7	108
			λ	51.6	51.8	51.6			
3	15.0	68.4	l	31.5	63.5			63.3	108
			λ	63.0	63.5				
4	20.0	78.9	l	36.3	72.9			72.8	108
			λ	72.6	72.9				
5	25.0	88.3	l	40.9				81.8	108
			λ	81.8					
							振動数の平均値		108.2

(4)　測定した波の振動数 f の周波数シンセサイ　　　測定結果の例を表 3 に示す.
ザーによる確認.

表 3　周波数シンセサイザーの振動数を 108.2 Hz にしたときの波の波長 λ の測定値と波の波長 λ からの波
の振動数 f の計算値

測定回数	張力 T $[\times 10^{-2}\,\mathrm{N}]$	波の速さ v $[\mathrm{m/s}]$	測　定　値					波長 λ の平均値 $[\times 10^{-2}\,\mathrm{m}]$	振動数 f $[\mathrm{Hz}]$
			弦の長さ l 波長 λ $[\times 10^{-2}\,\mathrm{m}]$	腹の数 k					
				1	2	3	4		
1	5.01	39.5	l	18.7	37.1	55.4	74.2	37.1	106.5
			λ	37.4	37.1	36.9	37.1		

27. クロメル・アルメル熱電対による 白錫の融点と凝固点の測定

温度を測定する計器にはさまざまな種類のものがあるが，現在最もよく使われているのは熱電対温度計である．さまざまなタイプの熱電対温度計が普及しており，温度測定が簡単にできるようになっているが，工学を志す者にとって熱電対温度計の原理を知っておくことは非常に重要である．本実験では，白錫の融点および凝固点を熱電対によって測定することで，

(1) 熱電対を用いた温度測定 (熱電対温度計) の原理
(2) パーソナルコンピュータを用いた自動計測
(3) パーソナルコンピュータを用いたデータの整理 (表計算，表作成およびグラフ作成) について学ぶことを目的とする．

理　　論

1. 熱起電力 (電気と熱の密接な関係)

図1のような仮想的な実験を考える．金属の片側は激しく熱せられ T [℃]，もう片方は冷やされている T_0 [℃]．このとき金属の両端には微弱な電位差が生じ，電圧計の針がふれる．この電位差を熱起電力とよび，温度の差を与えられた金属があたかも電池のように振る舞うという不思議な現象である．これは，金属中の自由に動き回れる電子が熱い場所から冷たい場所へと移動することによって起きる．したがって，図1の金属内の温度が一定の場合 $(T = T_0)$，熱起電力は発生しない．一般に，図1の熱起電力 E は次式で表される．

$$E = \int_{T_0}^{T} S(\tau)\,\mathrm{d}\tau \qquad (1)$$

$S(\tau)$ は絶対熱電能と呼ばれる量で単位は V/℃ である．$S(\tau)$ は一般に温度 τ の関数であり，物質によって異なる値をもつが，金属の大きさには依存しない．当然，S が大きいほど発生する熱起電力も大きい．

2. 熱電対とは？

図1では電圧計に接続している導線も金属で

あるので，導線内にも熱起電力が発生する．したがって，この現象をより現実に応用するためには2種類の異なる金属の線の先端を接合したものを考える．これが熱電対 (Thermocouple) と呼ばれるものであり，近年多種多様な形状の熱

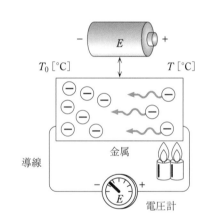

図1 金属における熱起電力

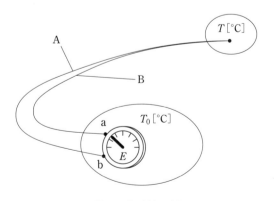

図2 熱電対の例

電対が市販されている. 代表的なものを図2に示す. 熱電対の先端部は溶接され小さな球状になっている. 温度を測りたい場所に先端部を接触させ, 端子 a, b 間の電位差を測定する. 金属線 A, B の両端は温度が異なっているため, 図1と同様の熱起電力が発生する. ここで, 金属線 A, B の両端に生じる熱起電力の大きさをそれぞれ E_A, E_B とすれば, 電位差 E は端子 a, b における熱起電力の差であるから $E = E_A - E_B$ である. したがって, (1) 式から E は,

$$E = E_A - E_B = \int_{T_0}^{T} [S_A(\tau) - S_B(\tau)]\, d\tau$$
$$= \int_{T_0}^{T} S_{AB}(\tau)\, d\tau \tag{2}$$

と表せる. ここで $S_{AB}(\tau) \equiv S_A(\tau) - S_B(\tau)$ とした. S_A と S_B は金属 A および B の絶対熱電能であり, S_{AB} を熱電対の熱電能もしくはゼーベック (Seebeck) 係数という. したがって, 熱電対から生じる熱起電力は金属 A, B の組み合わせでのみ決まり, 線の長さや太さにはよらない. 当然, A, B が同じ物質の場合, $S_A = S_B$ であるから熱起電力は 0 である. もし, 各温度における S_{AB} の値および T_0 があらかじめわかってい

れば, E を電圧計で測定し (2) 式から T を逆算することで温度の測定ができる. つまり, 電気的測定によって間接的に温度測定ができる, これが熱電対温度計の原理である.

3. 熱電対温度計

実際に熱電対を温度計として使用する場合には図3のような測定系を構築する. 本節では, 本実験で用いる図3の測定系を例にとって, 熱電対温度計に必要な実験的工夫を説明する.

3.1 熱電対材料

使用環境や使用温度領域ごとに最適な特性を有する金属 A・B の組み合わせがあり, いくつかのものは日本工業規格 (JIS) で規格化されている. $-200\,℃$ から $1200\,℃$ の範囲ではクロメルおよびアルメルという合金の組み合わせが最もよく用いられており, JIS では K タイプに相当する. 本実験でもクロメル・アルメル (CA) 熱電対を用いる. また, 実際の測定で用いる熱電対はシースと呼ばれる保護管の中に入っているタイプが多い (シース熱電対).

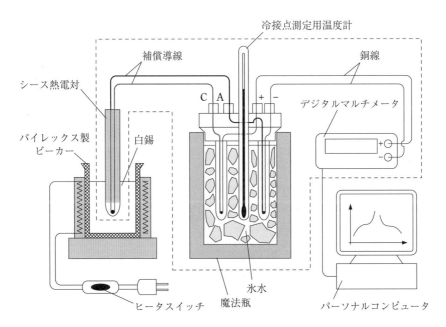

図 3 熱電対温度計を用いた温度測定の測定系模式図

3.2 冷接点

第1節の冒頭で述べたとおり，熱起電力は温度差に起因するものであるから，どんなに正確に V を測っても基準温度 T_0 の値があやふやでは，温度測定はできない．通常 $T_0 < T$ なので T_0 は冷接点とよばれ $0\,℃$ に保たれる．しかし，図2のように電圧計ごと冷やすのは現実的でない．したがって，冷接点は電圧計と熱電対の間に設定する．熱電対の先端部から冷接点までは熱電対の線をそのまま引き伸ばすのが理想的であるが，実際上は距離が離れていることが多いし，熱電対の金属線は細い単線 (1本の金属線のこと．通常のケーブルなどは多数の単線を束ねてできている) なので，あまり熱電対線をそのまま引き伸ばすことはしない．通常は図3に示したように，室温付近でクロメルやアルメルとほぼ等しい熱電能を有する「補償導線」とよばれる特殊な導線を用いる (補償導線も一部は JIS で規格化され市販されている)．図3に示したように補償導線は途中で銅線と接続し，接続点を $0\,℃$ に保つ．冷接点から電圧計までは共に同じ銅線なので，銅線にそって発生する熱起電力は差し引き 0 になる．

3.3 熱起電力 (mV)−温度 (℃) の換算

$T_0 = 0\,℃$ のときの CA 熱電対の熱起電力 E は，(2) 式から

$$E(T) = \int_0^T S_{CA}(\tau)\,d\tau \qquad (3)$$

である．ここで S_{CA} は CA 熱電対の熱電能である．CA 熱電対のようによく使われる熱電対に関しては，(3) 式の $E = E(T)$ の数値データ自体が巻末の付録 C 表 11 のような形式で与えられている (あくまでも標準値であって個々の熱電対には多少のずれがあることに注意)．$E = E(T)$ の数値データから温度を逆算するにはいくつかの方法がある．若干正確さには欠けるが，簡単で実用的なのは近似直線を使用する方法である．図4に巻末の付録 C 表 11 の $E = E(T)$ をプロッ

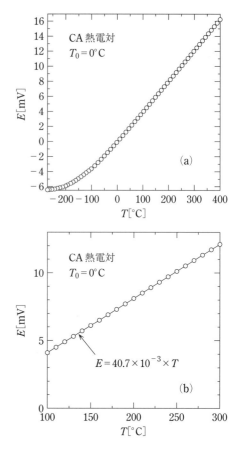

図4 クロメル・アルメル熱電対の起電力の温度依存性 (a) $-270\,℃\sim400\,℃$ (b) $100\,℃\sim300\,℃$ の範囲で拡大したグラフ．直線は最小2乗法でデータ点にフィッティングしてある．

トしたグラフを示す．広範囲な温度領域において，$E(T)$ は直線ではない (図 4(a))．通常，温度計は狭い範囲で使用するので，$100\,℃\sim300\,℃$ の範囲でグラフを拡大すると，図 4(b) のようにデータはほぼ直線で近似できることがわかる．図 4(b) から (3) 式は近似的に，

$$E\,[\text{mV}] = 40.7 \times 10^{-3} \times T\,[℃] \qquad (4)$$

と書け，上式を T について解くと，

$$T\,[℃] = 24.6 \times E\,[\text{mV}] \qquad (5)$$

を得る．本実験では (5) 式を用いて熱起電力を温度に換算する．

3.4 デジタル電圧計

標準的な CA 熱電対を用いた場合, たとえば, $T = 230\,℃$ および $231\,℃$ に対応する電圧は, (4) 式からそれぞれ $9.36\,\text{mV}$ および $9.40\,\text{mV}$ と見積もることができる. したがって, $230\,℃$ と $231\,℃$ を区別するためには, 少なくとも 3 桁ないし 4 桁の精度の電圧計が必要である. 現在では図 1 や図 2 に示したようなアナログの電圧計はほとんど用いられず, 4 桁程度のデジタルボルトメータあるいは, デジタルマルチメータ (Digital Multi Meter：DMM) が用いられる (図 3). デジタル機器を用いると, インターフェースを介してパーソナルコンピュータ (PC) と通信できる. これによって, DMM を PC のアプリケーション上で自動制御でき, また, 計測したデータを PC に転送できる. 本実験では, GPIB (General Purpose Inteface Bus の略. よく普及しているインターフェースの一種) を用いて, DMM の PC による自動制御, および PC への測定データの取り込みを行う (図 3 参照).

参 考

図 3 の破線部をコンパクトに一体化したものが熱電対温度計として市販されている. 市販の熱電対温度計では, 氷水入りの魔法瓶は使えないので, 「冷接点温度補償回路」が内蔵されており, 電気的に冷接点を作り出している. また, 図 3 に示した測定系は, 近年, 産業分野で必須になっているデータロガーと呼ばれる機器 (温度などを長時間測定し, データを保存する機器) と同等のものである.

予 習 問 題
(1) 熱電対にはクロメル・アルメル熱電対の他にどんな熱電対があるか列記せよ. またそれらの使用可能な温度範囲を書きなさい (付録 C 表 11 を参照).
(2) 次の場合にクロメル・アルメル熱電対が生じる熱起電力を計算せよ. 冷接点は $0\,℃$ である.
① $T = 20\,℃$ (室温) のとき, ② $T = 230\,℃$ のとき. (4) 式を用いなさい.
(3) 白錫の融点と凝固点は何 ℃ か (付録 C 表 8 を参照). また, 冷接点が $0\,℃$ で T が白錫の融点と凝固点の場合の熱起電力は何 mV か. (4) 式を用

いなさい.

実 験

1. 実験装置および器具

クロメル・アルメル熱電対 (シース型), デジタルマルチメータ (GPIB 対応), 冷接点用の魔法瓶, 冷接点用の温度計, 電気炉 (ヒーター), パイレックスビーカー, 試料 (白錫), スタンド, アイスクラッシャー, ストップウォッチ, GBIB インターフェースボード, パーソナルコンピュータ.

2. 実 験 方 法
⟶ やけどに注意
⟶ 冷接点の温度計を壊さないように

測定の準備
(1) 冷接点用魔法瓶 (図 3) の中を氷と水で満たし, 熱電対の冷接点と冷接点用温度計を取り付けた蓋をする. 魔法瓶の中が約 $0\,℃$ になるまで数分間放置する (完全に $0\,℃$ にならなくてもよい). このとき冷接点用温度計の先端が十分水中に浸っており, 先端が熱電対の冷接点に近づいているよう注意する.
(2) 図 3 および図 5 を参照し, DMM の＋端子を冷接点用魔法瓶の計器側端子の＋端子に, －端子は－端子にそれぞれ接続する.
(3) 図 3 を参照し, シース熱電対の先端が白錫の中ほどに入っていることを確かめる. 補償導線の赤色の線 (クロメルと接続されている) を魔法瓶の C 端子に, 補償導線の白色の線 (アルメル線と接続されている) を A 端子に, それぞれ接続する.
(4) DMM の電源 (図 5) を入れると, いくつかの初期設定を表示した後に, 端子間の電圧値が表示される. 白錫の温度は室温なので, DMM の計測電圧は室温に対応する電圧を表示していることになる. DMM の電圧値が＋になっていることを確認すること. 負の値を示して

電圧＋端子

電圧－端子

電源スイッチ

図5 デジタルマルチメータ (ADCE 7351A) の正面パネル

いる場合には，配線が誤っていないか確認すること．＋にならない場合には，担当教員に連絡すること．

(5) 卓上のPCを立ち上げ「Guest」でログインする．パスワードは不要である．

(6) デスクトップ上の「熱電対の実験 (学生用)」をダブルクリックして，計測プログラムを起動する．

(7) PCの画面上に図6のようなウィンドウが現れる．

(8) 「ステータス」が「待機中」になっていることを確認する．

ヒータスイッチを入れてからの温度の上昇は早いので，以下の指示を注意深く迅速に行う

こと

(9) 電気炉ヒータのスイッチを入れて加熱を始める．DMMの電圧値が上昇することを確認せよ．これは，熱電対の温度が上昇していくことに対応している．

(10) 電圧値が6mVに達したところで，"測定スタート"をクリックする．同時に，ストップウォッチで時間を計り始め，1分おきに冷接点用温度計から温度を読み取り，ノートに測定終了時まで記入していく．

(11) 白錫が融け始めると電圧の上昇が止まり，白錫が全て融けるまで一定の値を保持する．このときの電圧が融点に対応する．

(ア) 白錫を観察し融けていく様子を観察する．

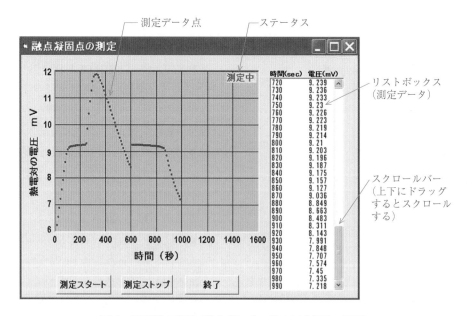

図6 熱電対の実験 (学生用) プログラム実行時の画面

(イ) 融点に相当する電圧値をリストボックスから読み取り，予習問題で調べた融点に相当する起電力の値とほぼ一致していることを確認する．

(12) 白錫が完全に融解すると再び電圧が上昇し始める．電圧が **11 mV** に達したら電気炉のヒータのスイッチを切り，白錫の温度を下げる．ヒータスイッチを切ってから測定終了までは時間がかかるので測定値に注意しつつ以下のことを行う．

(13) 温度が下がり白錫が凝固し始めると，電圧の下降が止まり，全て凝固するまで一定の値を保持する．このときの電圧が**凝固点**に対応する．

(ア) 白錫を観察し固まっていく様子を観察する．

(イ) 凝固点に相当する電圧値をリストボックスから読み取り，予習問題で調べた凝固点に相当する起電力の値とほぼ一致していることを確認する．

(14) 電圧が **7 mV** まで下がったところで「測定ストップ」をクリックして計測を停止させる．冷接点の温度測定もこの時点で終える．

(15) 「終了」をクリックして計測プログラムを終える．測定した「電圧 (mV)−時間 (秒)」の 数値データは，テキストファイルに自動的に保存される．ファイル名は「実験データ」である．

(16) 白錫は冷えるまで放置しておく．

3. エクセルを用いた表とグラフの作成

(1) デスクトップ上またはアプリより，右のエクセルのアイコンをクリックして，エクセルを起動する．

(2) 起動した後，「ファイル」メニューの「開く」タブより「コンピューター」→「参照」の順にクリックし，「ファイルを開く」のウィンドウが現れるのを確認する．

(3) 「ファイルを開く」ウィンドウが現れたら，「ファイルの場所」を「デスクトップ」にし，「ファイルの種類」を「全てのファイル」にする．下図のようなファイル一覧の中に，「実験データ」ファイルが現れるのでそれをクリックする．

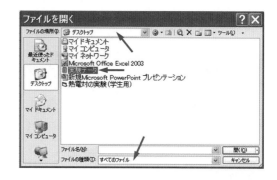

(4) 「テキストファイルウィザード」が起動するので以下の手順で行う (下図参照)．「テキストファイルウィザード–1/3」では「スペースによって右または左に揃えられた固定長フィールドのデータ」をチェックし「次へ」をクリックする．

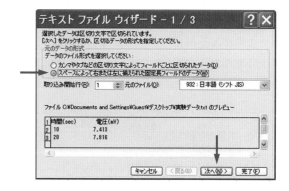

(5) 「テキストファイルウィザード–2/3」では「次へ」をクリックし，「テキストファイルウィザード–3/3」では「完了」をクリックする．そうすると，数値データがエクセルのシート内に埋め込まれる (下図 ①)．

(6) 次に，電圧値を温度に変換する作業を行う．C1 セルに「温度 (℃)」と打ち込み，C2 のセル

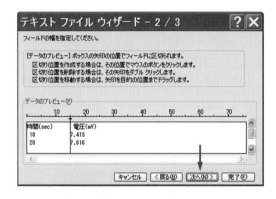

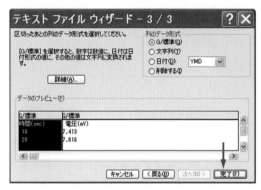

にカーソルを合わせた状態で「数式バー」を
クリックする (下図 ②).「数式バー」にカー
ソルが現れるので右図 ③ のように「= 24.6
* B2」((5) 式の計算) と半角で式を打ち込む.
「Enter」キーを押すと C2 セルには計算され
た値が入る (右図 ④). 再度 C2 セルにカーソ
ルを合わせてセルの右下をダブルクリックす
る (右図 ⑤ 矢印). この操作で C 列のセルが

全て計算される (上図 ⑥).

(7) 「B」をクリックし B 列を選択する (下図
矢印).

(8) さらに「B」の上で右クリックすると, 次ペー
ジの図のようにメニューが現れる. 次ページ
の図矢印の「セルの書式設定」をクリックする.

(9)　「セルの書式設定」において「分類」の「数値」を選び，小数点以下の桁数を「3」にした後に「OK」をクリックする (下図の矢印)．

(10)　以上の操作で B 列の電圧値の小数点以下が 3 桁で統一された (下図)．同様の操作を繰り返し，C 列の温度の値の小数点以下の桁数を 0 にすること．

	A	B	C
		E11	
	時間(sec)	電圧(mV)	温度(℃)
1			
2	10	6.239	153
3	20	6.557	161
4	30	6.900	170
5	40	7.240	178
6	50	7.578	186
7	60	7.929	195
8	70	8.268	203
9	80	8.604	212
10	90	8.906	219

(11)　次に，グラフ作成の手順を述べる．「A」をクリックし A 列を選択する (下図 ① 矢印)．次にキーボードの「Ctrl」キーを押しながら「C」をクリックする (下図 ② 矢印)．これで A 列と C 列が同時に選択される．

(12)　そして，「挿入」タブ (上の図 ○ 印) から「グラフ」メニューの「散布図 (X, Y) またはバブルチャートの挿入」(上の図矢印) を選択し，さらに，下の図「散布図」を示す矢印をクリックする．

(13) グラフ化されたら，[グラフ要素] ボタン「+」(上の図の ○ 印) をクリックし，「軸ラベル」の □ (上の図の矢印) に ✓ を入れる．

　縦軸に "温度 [℃]"，横軸に "時間 [秒]" をキーボードを使い入力する．さらに，「グラフ

タイトル」の ☑ (左の図の矢印) をクリックして ✓ を外す．

(14) エクセルの使用にあたり，ある程度経験のある学生は，左側の真ん中図のような「デザイン」や左下の図のような「クイックレイアウト」などの機能を使用し，さらに見やすいグラフを作成してもよい．

(15) 次に，「グラフツール」の「デザイン」タブの「場所」で，下の図のような「グラフの移動」をクリックする．

　「グラフの場所」を「新しいシート」にチェックし (下の図の矢印)，さらに「新しいシート」ボックスに「温度の時間変化」と打ち込んだあと，「OK」をクリックする．

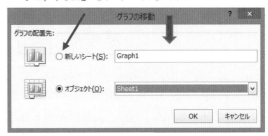

(16) これで「温度の時間変化」シートに温度の時間変化のグラフが完成する．

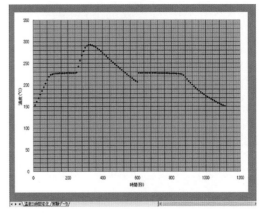

(17) 「ツールバー」の「ファイル」をクリック
すると下記のようにメニューがドロップダウ
ンされるので,「名前を付けて保存」をクリッ
クする.

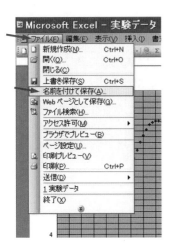

(18) 「保存先」が「デスクトップ」,「ファイル
名」が「実験データ」,「ファイルの種類」が
「Excel ブック (*.xlsx)」になっていることを
確認して,「保存」をクリックする.

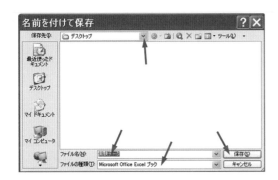

(19) この操作で,デスクトッ
プ上に「実験データ」のエク
セルファイルが保存される
ので,右図のアイコンがデ
スクトップ上に現れていることを確認する.
USB にファイルを保存し,「実験データ」フ
ァイルを教卓の PC に移動する. その後, 担
当教員の指示に従って, エクセルファイルの
「表」と「グラフ」をプリンタで印刷する.

実験データ

表 1　熱起電力および温度の時間変化

時間(sec)	電圧(mV)	温度(℃)	時間(sec)	電圧(mV)	温度(℃)
10	6.239	153	570	8.753	215
20	6.557	161	580	8.630	212
30	6.900	170	590	8.515	209
40	7.240	178	600	8.404	207
50	7.578	186	610	9.252	228
60	7.929	195	620	9.255	228
70	8.268	203	630	9.254	228
80	8.604	212	640	9.253	228
90	8.906	219	650	9.252	228
100	9.080	223	660	9.252	228
110	9.146	225	670	9.251	228
120	9.176	226	680	9.249	228
130	9.195	226	690	9.247	227
140	9.207	226	700	9.244	227
150	9.217	227	710	9.242	227
160	9.224	227	720	9.239	227
170	9.231	227	730	9.236	227
180	9.236	227	740	9.233	227
190	9.240	227	750	9.230	227
200	9.243	227	760	9.226	227
210	9.246	227	770	9.223	227
220	9.249	228	780	9.219	227
230	9.252	228	790	9.214	227
240	9.255	228	800	9.210	227
250	9.307	229	810	9.203	226
260	9.859	243	820	9.196	226
270	10.423	256	830	9.187	226
280	10.877	268	840	9.175	226
290	11.281	278	850	9.157	225
300	11.623	286	860	9.127	225
310	11.806	290	870	9.036	222
320	11.885	292	880	8.849	218
330	11.894	293	890	8.663	213
340	11.853	292	900	8.483	209
350	11.775	290	910	8.311	204
360	11.672	288	920	8.143	200
370	11.549	284	930	7.991	197
380	11.416	281	940	7.848	193
390	11.279	277	950	7.707	190
400	11.128	274	960	7.574	186
410	10.982	270	970	7.450	183
420	10.834	267	980	7.335	180
430	10.687	263	990	7.218	178
440	10.531	259	1000	7.112	175
450	10.384	255	1010	7.009	172
460	10.236	252	1020	6.907	170
470	10.087	248	1030	6.814	168
480	9.948	245	1040	6.721	165
490	9.807	241	1050	6.631	163
500	9.669	238	1060	6.543	161
510	9.527	234	1070	6.458	159
520	9.393	231	1080	6.377	157
530	9.264	228	1090	6.293	155
540	9.128	225	1100	6.216	153
550	9.001	221	1110	6.139	151
560	8.874	218			

(左ブロック 150〜240: 融点　右ブロック 610〜800: 凝固点)

(20) 印刷した表に標題および罫線を手書きで記
入し, 表を完成させる (表 1 参照).

(21) 印刷したグラフに, 図題や冷接点の温度
などを手書きで記入し, グラフを完成させる
(図 7 参照).

4. 実験結果の整理

(1) 作成したグラフで温度の値がほぼ一定値を
示している部分に平均的な直線を引く (図 7
参照).

(2) 直線にほぼのっている点の数値を表から読
み取り, 融点および凝固点温度の平均値をそ
れぞれ計算する. エクセルの平均値計算機能,

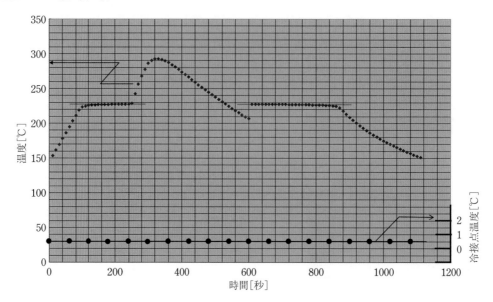

図 7 白錫の温度および冷接点温度の時間変化

もしくは電卓を用いる．有効数字は 3 桁である (表 1 および例を参照).

(例) **融点** 120 秒—240 秒の間の温度の
平均値　　　$T = 227\,℃$

凝固点 610 秒—800 秒の間の温度の
平均値　　　$T = 227\,℃$

28. 気温・気圧・湿度の精密測定

　実験データを得る場合，測定試料や測定器はまわりの環境に影響される．測定に影響を与える環境物理量として，時間的に変化しない重力や地磁気と時間的に変化する気温・気圧・湿度などが挙げられる．本実験では後者について精密測定を行う．近年，環境に関する物理量の測定装置はデジタル表示のものが多くなり，単に数値を読み取るだけになっている．しかし，このような測定装置を用いる場合，電気的に自動計測しているため，その測定値はある基準値によって補正を行わないと無意味なものとなってしまう．したがって，環境物理量を精密に測定するにはこの点に注意を払って測定しなければならない．そこで本実験では気温・気圧・湿度を測定するための標準的な装置を用いた実験を通じ環境物理量の測定原理と測定値の物理的意味を理解することを第1の目的とする．さらに，測定データを表計算ソフト (パーソナルコンピュータ) を用いデータ整理できるようになることを第2の目的とする．

理　　論

I.　気温の測定

1.　気温とは

　日頃，テレビの天気予報で耳にする気温とは大気の温度を意味している．われわれの生活する地球のように，太陽からの放射に対してほぼ透明な大気の地上気温 (通常，地上から 1.5 m の高さにおける気温) は地表面の温度に近い．地上気温の概算値は太陽から地表に入射する放射エネルギーと地表面からの熱放射によって宇宙空間に逃げる放射エネルギーが等しいという放射平衡の条件から見積もることができる．このようにして求めた地球大気の温度は (地表面が完全黒体で熱伝導率が無限大と仮定した場合) 253 K (約 −20 ℃) である．これに対し，観測された地上気温の平均値は 288 K (約 15 ℃) となる．この相違は大気の温室効果によるものと考えられている．この温室効果に関連して，近年，二酸化炭素 (CO_2) などの温室効果ガスの影響による地球温暖化問題が取り上げられるようになってきた．2002 年の気象庁の発表では長期的な傾向として地上気温は 100 年に 1 ℃ の割合で上昇していると報告されている．このように気温とは，日頃，われわれが「暑い」あるいは「寒い」など定性的にしかとらえていないが，身近な環境物理量の 1 つなのである．

2.　温　度　計

　温度を測定する装置としては，① 熱電対，② 測温抵抗体，③ サーミスタ，④ 放射温度計，⑤ 液柱温度計，⑥ バイメタル式温度計，⑦ 液晶温度計などが存在する．今日の温度計の測定原理としては液体の熱膨張だけでなく，電気抵抗や熱起電力など物質の熱的性質を利用するものもある．本実験ではアルコール温度計，水銀温度計，およびデジタル温度計を用いて温度の測定を行う．

　アルコール温度計および水銀温度計は，毛細管状に加工されたガラス管にアルコールや水銀を封じ込め，それらの熱膨張による長さ変化から温度を測定するものである．使用されている毛細管の太さは厳密には一様ではないため，封じ込められた液体の温度に対する伸び (長さの変化) は一様ではない．したがって，市販される一般的な温度計同士の温度値は必ずしも等しいとは限らない．一方，デジタル温度計は温度を電気的に直読できるようにした装置である．その

温度センサとしてはサーミスタ[*1]がよく用いられる．その測定原理は温度に対する電気抵抗の変化を電気的に温度値に換算し表示する仕組みである．電気抵抗から温度への換算には次式[*2]が用いられる．

$$R = R_0 \exp\left\{ B\left(\frac{1}{T} - \frac{1}{T_0}\right)\right\} \qquad (1)$$

ここで，$R\,[\Omega]$ は温度 $T\,[\mathrm{K}]$ のときのサーミスタの抵抗値，$R_0\,[\Omega]$ は温度 $T_0\,[\mathrm{K}]$ のときのサーミスタの抵抗値，B はサーミスタ定数で，用いられるサーミスタの種類[*3]によって決まる定数である．よってサーミスタの精度が悪ければ表示される温度精度も悪くなる．

放射温度計は物体がその温度により放射する赤外線エネルギーの量を測定することにより，物体の温度を判定する．赤外線は光の一種 (電磁波) で，光の性質をもっている．空気中を通りやすく，固形物に容易に吸収される．赤外線の放射の検出により測定を行う放射温度計は温度計と測定対象物間の空気温度や測定距離に関わりなく，精度のよい測定が可能である．

放射温度計は放射率の設定が必要である．放射率とは赤外線の放射能力のことを示す．すべての物体は目に見えない赤外線エネルギーを放射する．このエネルギー量は物体の温度と放射率に比例して放射される．放射率は物体が何から作られ，その表面がどのような状態かによる．たとえば，光沢のある物体の場合，放射率は 0.10 程度であり，黒い物体であれば 1.00 に近い値となる (24 章も参照のこと)．

3．温 度 目 盛

前述したアルコール温度計や水銀温度計はガラス管の中に封じ込められた液体 (アルコールや水銀) の熱膨張の大きさを利用して温度を測定する装置である．よって，これらの液柱温度計に刻まれる目盛線の精度によっても測定温度に誤差が生じてしまう．では，これらの温度計の目盛線はどのような基準で決定されるのかを

以下に説明する．温度計の目盛にはセルシウス (1742 年) の提唱した温度目盛 (摂氏度あるいはセルシウス温度，単位；℃) が用いられている．当初の温度計では，0 ℃ と 100 ℃ をそれぞれ 1 気圧での水の氷点と沸点と定め，その間を 100 等分したものが 1 ℃ となるように目盛られていた[*4]．その後，1948 年の第 9 回国際度量衡総会において温度目盛を表示するのに公式にセルシウス温度が採用され，これをきっかけに 1967 年以後は，セルシウス温度 $t\,[℃]$ は次式で定義されるようになった．

$$t = T - T_0 \qquad (2)$$

ただし，T は熱力学温度 (K)，T_0 は 273.15 K である．したがって，セルシウス温度も熱力学温度 (ケルビン温度) と同様に水の 3 重点 (不変値) の温度値 (273.16 K = 0.01 ℃) のみで定義されるようになった[*5]．これに伴い，現在の温度目盛は水の 3 重点と絶対零度の温度差の 273.16 分の 1 (1/273.16) を 1 ℃ として目盛られている．この「273.16 分の 1」という値はセルシウス温度における 1 度の温度差をそのまま熱力学温度の 1 度の温度差として取り扱うためで，セルシウス温度と熱力学温度の目盛幅 (1 度の温度差) は等しくなる．ここで，国際的に定められた定義定点とその温度を表 1 に示す．

---

*1 サーミスタ (thermistor) とは温度変化に対して電気抵抗の変化が大きい抵抗体のことである．

*2 $\exp(ax) = e^{ax}$

*3 サーミスタは特性によって ① NTC (Negative Temperature Coefficient) サーミスタ，② PTC (Positive Temperature Coefficient) サーミスタ，③ CTR (Critical Temperature Resistor) サーミスタの 3 種類に大別される．

*4 しかしこの方法では絶対零度 (0 K) の値が氷点と 1 気圧での水の沸点での熱力学温度 (ケルビン温度) の実測に依存して変化してしまう問題があった．

*5 国際的に定義定点 (不変値) が定められ氷点として水の 3 重点が採用された．これはつまり，水の沸点は必ずしも 100 ℃ ではなくなったことを意味する．

表1 1990 年国際温度目盛 (ITS-90)

定義定点	温度 [℃]
ヘリウムの蒸気圧点	-270.15
平衡水素の3重点	-259.3467
平衡水素の蒸気圧点	-256.15
ネオンの3重点	-248.5939
酸素の3重点	-218.7916
アルゴンの3重点	-189.3442
水銀の3重点	-38.8344
水の3重点	0.01
ガリウムの融解点	29.7646
インジウムの凝固点	156.5985
錫の凝固点	231.928
亜鉛の凝固点	419.527
アルミニウムの凝固点	660.323
銀の凝固点	961.78
金の凝固点	1064.18
銅の凝固点	1084.62

表2 二重管標準温度計の比較検査成績書

基準温度計の示度 [℃]	この温度計の示度 [℃]
0	-0.05
10	10.00
20	20.00
30	29.95
40	40.00
50	50.07

4．二重管標準温度計

　前章で述べたように，温度計によって測定温度にばらつきが生じる．そのため，精密な温度測定を行うにはある基準となる温度計を用意し，その基準温度計と使用する温度計の誤差をあらかじめ知る必要がある．基準となる温度計として，二重管標準温度計というものが存在する．二重管標準温度計とはその目盛が基準温度に対して検査された温度計のことである．ただし，二重管標準温度計は高価であるため，通常の実験に使用することはない．よって，信頼性の高い温度測定が必要な場合は使用する温度計と二重管温度計の温度誤差 (補正値) をあらかじめ把握し，各種温度計を用いて温度測定を行うことが一般的である．二重管標準温度計には表2のような検査成績表が添付されており，これを用いればより厳密な温度測定が可能となる．

II．気圧の測定

1．気　圧　と　は

　気圧とは気体の圧力を表す言葉であるが，単に「気圧」というときは大気圧 (大気の圧力) を指すことが多い．単位としての気圧 (atm；アトム) の元々の定義は「海面での大気圧」であるが，大気圧は場所や気象条件によって異なる．そこで，海面での大気圧の基準値として標準大気圧を定め，その値を 1 atm (1 気圧) と定義した．標準大気圧は 1954 年の第 10 回国際度量衡総会において 1 atm = 101325 Pa と定められた．この値は 760 mmHg[*6] (水銀柱ミリメートル) を Pa に単位を換算したものである．よって，1 atm = 101325 Pa = 760 mmHg ということになる．また，気圧はさまざまな単位で表されることがあり，それぞれの換算値は $1\,\mathrm{mmHg} = 1\ \mathrm{Torr}$ (トール)$= 1.3 \times 10^{-3}\,\mathrm{atm} = 133\,\mathrm{N/m^2} = 133\,\mathrm{Pa} = 1.33\,\mathrm{hPa}$ となる．

　気圧の身近な例としては台風情報で耳にする『台風の中心気圧；○○ hPa』が挙げられる．さらに，天気予報で高気圧や低気圧という言葉も耳にする．これは同じ海抜高度でも気圧は少しずつ異なり (気圧の山と谷が存在する)，その山

---

*6 この値は，気温 0 ℃ かつ重力加速度 9.80665 m/s² の地点で一端を閉じた約 1000 mm のガラス管に密度 13.5951 × 10³ kg/m³ の水銀を満たしこれを水銀溜の中に逆立ちさせると，水銀柱は 760 mm の高さで大気の重さ (大気圧) とつり合って静止するという意味をもっている．

と谷をそれぞれ高気圧または低気圧と呼んでい
る．またこのような気圧の差は，高気圧から低
気圧の領域へ空気が流れ込むことで，風を生じ
させる主な要因となる．このように気圧とは，
日頃われわれが定性的に感じる風が「強い」あ
るいは「弱い」といった現象も実は気圧の変化
によるもので，身近な環境物理量の1つなので
ある．

2. 気 圧 計

　気圧計とは大気の圧力 (つまり気圧) を測定す
る装置である．気象観測用の気圧計は晴雨計と
も呼ばれた．また，気圧を測定して高度を指示
する高度計も気圧計の1種で，航空用に用いら
れている．気圧計にはフォルタン気圧計，アネ
ロイド気圧計，ブルドン気圧計，半導体気圧セ
ンサ，気圧の指示とともに自動記録の機構を備
えた自記気圧計，および，核爆発や大気の乱流
などによる極めて微小な気圧変動を観測しこれ
を記録する微気圧計がある．この中でも，気圧
の測定に一般に用いられるものはフォルタン気
圧計とアネロイド気圧計である．以下にその測
定原理を簡略に示す．フォルタン気圧計の測定
原理は気圧と水銀柱のつり合いを利用している．
一方，アネロイド気圧計の測定原理は，空ごう
(薄い円形の波打った金属板を2枚貼り合わせて
外周をはんだ付けしたもの)，ベローズなどの弾
性素子の気圧による変形を利用している．測定
精度としてはフォルタン気圧計の方がアネロイ
ド気圧計よりもよい．ただし，アネロイド気圧
計は簡便な測定に適し，携帯用や船舶用として
便利である．本章の実験ではフォルタン気圧計
を用いる．そこで次節にフォルタン気圧計の測
定原理と構造について詳細に記す．

3. フォルタン気圧計

　フォルタン水銀気圧計はトリチェリーの真空
管の原理を応用したもので，大気圧を精密に測
定するのに便利な計器である．図1はその原理

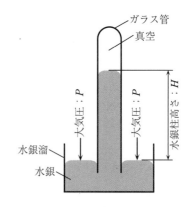

図1 フォルタン水銀気圧計の原理

を図示したものである．一端を封じた約 1000
mm のガラス管に水銀を満たしこれを水銀溜の
中に逆立ちさせると，水銀柱の高さは大気の重
さ (気圧) とつり合い，ある位置 H [mm] で静
止する．このときの水銀溜の水銀面から水銀柱
の頂部までの高さ H を測定することで，その場
所，その時刻，およびそのときの気温に対する
気圧 P [Pa] を測定することができる．この場
合の気圧は水銀柱の高さ H をそのまま使用し
H [mmHg] または H [Torr] で与えられる．た
だし，一般に気圧は 0 ℃ における水銀柱の高さ
で測定される．したがって，気温変化や重力加
速度の大きさなどによって気圧は変化する．こ
のため，正確な気圧を知るためには次節で述べ
る適切な補正が必要となる．また，気圧 P は次
の換算式により SI 単位 (Pa 単位) で表すことが
できる．

$$P = \rho g H \qquad (3)$$

ここで，ρ は水銀の密度，g は重力加速度の大き
さである．

　図2はフォルタン水銀気圧計の構造を示した
ものである．その主要な構造は，一端が閉じた
約 1000 mm のガラス管，底部になめし革の袋，
水銀面を上下させるためのネジ B，水銀溜の水
銀面の位置を決める象牙針，水銀頂部までの高
さを測定するための移動副尺を上下させるネジ
A からなる．

図中ラベル（上から）：
主尺
移動副尺
水銀柱
副尺を上下するネジ A
付着温度計
ガラス管（内部に水銀柱）
水銀面
なめし革の袋
象牙針
水銀溜
なめし革の袋
コルク
水銀面を上下するネジ B

図 2 フォルタン水銀気圧計の構造

4. 補　正

真鍮製のフォルタン気圧計の水銀柱の高さを表す H [mmHg] の目盛は, 気温 0 °C かつ, その温度での水銀密度 13595.10 kg/m³, 重力加速度の標準値 (g_0) が 9.80665 m/s² の条件のもとで正確に刻まれている. したがって, 条件の異なる場所で測定した場合には気温と重力加速度の補正を加える必要がある.

また水銀柱の高さは, ガラス管中で測定されるので, 毛管現象による水銀柱の高さの補正も必要となる. 以上から, 正確な気圧の測定を行うためには, ① 温度補正, ② 毛管補正, ③ 重力補正を行わなければならない. 以下にそれぞれの補正法について述べる.

4.1 温　度　補　正

前述したように, フォルタン気圧計の目盛は

0 °C において正しく目盛が刻まれている. 気温が t [°C] のときの水銀柱の高さが H [mmHg] の目盛を示すのであれば, 真の高さは $H(1 + \beta t)$ である. ただし, β [1/°C] は真鍮製の尺度の線膨張係数である. つまり, この真の高さというのは温度 t [°C] における水銀柱の高さを表している. 0 °C での水銀柱の高さを H_0 [mmHg] とすると, 水銀柱の高さはその密度に逆比例するから

$$\frac{H_0}{H(1 + \beta t)} = \frac{\rho}{\rho_0} \tag{4}$$

と表せる. ただし, ρ_0 と ρ はそれぞれ 0 °C と t [°C] における水銀の密度である. 次に, 水銀の線膨張係数を α [1/°C] とすると

$$\frac{\rho}{\rho_0} = \frac{1}{1 + \alpha t} \tag{5}$$

と表せる. ここで, (5) 式を (4) 式に代入し整理すると

$$H_0 = H \frac{1 + \beta t}{1 + \alpha t} = H(1 + \beta t)(1 + \alpha t)^{-1}$$

$$\approx H\{1 - (\alpha - \beta)t\} \tag{6}$$

で与えられる. したがって, 温度補正値 ΔH_t は次式で与えられる.

$$\Delta H_t = H - H_0 = H(\alpha - \beta)t \tag{7}$$

ここで, 水銀と真鍮の線膨張係数をそれぞれ, $\alpha = 0.0001823$ 1/°C, $\beta = 0.0000185$ 1/°C とすると, 温度補正値は次式で与えられる.

$$\Delta H_t = (0.0001823 - 0.0000185)Ht$$

$$= 0.0001638Ht \tag{8}$$

よって, 気温が 0 °C 以上の場所で気圧を測定した場合, 読み取り値からこの値を引かなければならない. つまり, 温度補正した気圧 H_t [mmHg] は次式のように求められる.

$$H_t = H - \Delta H_t \tag{9}$$

4.2 毛　管　補　正

水銀柱の高さは, 図 3 に示すようにガラスと水銀の間の毛管現象により側面が引っ張られるため (水銀の上端は上向きに凸型に膨らむ), 実

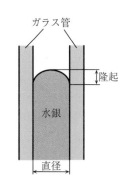

ガラス管

隆起

水銀

直径

図 3 毛管現象による補正

際の値より少し低く見積もられる．したがって，隆起の高さによって毛管補正値 ΔH_{tc} [mmHg] を温度補正後の気圧 H_{t} に加えなければならない．表 3 はガラス管の直径と水銀の隆起高さに対する毛管補正値を示している．本章の実験で用いるフォルタン気圧計のガラス管の直径は 9 mm なので，表 3 のガラス管の直径が 9 mm の値を参考にすればよい．また一方でいずれのガラス管直径も，毛管補正値は隆起の高さにほぼ比例している．この関係から表 3 のデータを用い，ガラス管の直径が 9 mm に対する毛管補正値と隆起高さの近似式を求めると (10) 式のように見積もられる．

$$\Delta H_{\text{tc}} = 0.31x - 0.035 \qquad (10)$$

ここで，x は隆起の高さである．以上から，表 3 または (10) 式を用い，毛管補正後の気圧 H_{tc} [mmHg] を求めるには次式を用いればよい．

$$H_{\text{tc}} = H_{\text{t}} + \Delta H_{\text{tc}} \qquad (11)$$

なお，ここでいう毛管補正後の気圧 H_{tc} は (11) 式からも明らかなように温度補正後の気圧 H_{t} に毛管補正値 ΔH_{tc} を加えていることから，温度補正と毛管補正を行った後の気圧である．

4.3 重 力 補 正

気圧は重力加速度の標準値 ($g_0 = 9.80665$ m/s^2) で定義されている．重力加速度はその場所の緯度や海面からの高さ，その近くの地殻構造などによって変化する．緯度 ϕ [°]，標高 h [m] におけるおおよその重力加速度 g [m/s^2] は次式で与えられる (重力加速度については，本書の「ボルダの振子による重力加速度の測定」の章も併せて参考にするとよい)．

$$g = 9.78049000(1 + 0.0052884\sin^2\phi$$
$$- 0.0000059\sin^2 2\phi)$$
$$- 0.00000286h \qquad (12)$$

ここで，温度補正と毛管補正後の気圧を H_{tc}，重力補正後の気圧を H_{p} [mmHg] とすると H_{p} は次式で求められる．

$$H_{\text{p}} = \frac{g}{g_0}H_{\text{tc}} = \frac{g}{9.80665}H_{\text{tc}} \qquad (13)$$

したがって，温度補正，毛管補正および重力補正後の気圧 H_{p} は，(12) 式を (13) 式に代入し整理した次式として求められる．

$$H_{\text{p}} = H_{\text{tc}}(0.99733 + 0.0052743\sin^2\phi$$
$$- 0.000006\sin^2 2\phi - 0.00000029h)$$
$$\qquad (14)$$

III． 湿 度 の 測 定

1． 湿 度 と は

空気の成分には窒素，酸素，二酸化炭素などのほかに水蒸気が含まれるが，その中でも空気中

表 3 毛管補正値

ガラス管の直径 [mm]	隆起の高さ [mm]							
	0.40	0.60	0.80	1.00	1.20	1.40	1.60	1.80
8		0.20	0.20	0.38	0.46	0.55	0.65	0.77
9		0.15	0.21	0.28	0.33	0.40	0.46	0.52
10			0.15	0.20	0.25	0.20	0.33	0.37
11			1.10	0.14	0.18	0.21	0.24	0.27

に含まれる水蒸気の量の割合を湿度という. また, 湿度には大別すれば絶対湿度と相対湿度の2つが存在する.

以下に簡略にこれらについて説明する.

　① 絶対湿度

一般に空気の密度 ρ_{air} は, その中に含まれる水蒸気の密度 ρ_{vap} と水蒸気を除いた乾燥空気の密度 ρ_{dry} の和 (つまり, $\rho_{air} = \rho_{vap} + \rho_{dry}$) として表される. この中でも, 空気中に含まれる水蒸気の密度 ρ_{vap} を絶対湿度といい, 通常, 単位体積あたりの水蒸気の質量 $[g/m^3]$ で表される.

　② 相対湿度

水面に接触した空気の水蒸気密度は水の蒸発によって増加するが, その量には限度があり, その最大量を飽和水蒸気密度 ρ_{sat} といい (気圧 1 atm, 温度 30 °C で約 $30\,g/m^3$), ρ_{sat} と ρ_{vap} の比を百分率 [%] で表したものを相対湿度という. ρ_{sat} は温度が高いほど大きくなるので, 同じ ρ_{vap} の空気でも気温が上昇するほど相対湿度は低くなる. 水蒸気も乾燥空気もほぼ理想気体の状態方程式に従うので, 相対湿度は水蒸気圧 p_{vap} と飽和水蒸気圧 p_{sat} の比として定義してもよい. よって相対湿度 ρ_{rel} は次式のように定義できる.

$$\rho_{rel} = \frac{p_{vap}}{p_{sat}} \times 100\,(\%) \qquad (15)$$

なお, 相対湿度は物体表面からの蒸発率 (単位時間あたりの蒸発量) と関係しているので, 日常使われる湿度はこちらを意味する.

他方, 気象学では比湿 $q = \rho_{vap}/\rho_{air}$ や混合比 $q = \rho_{vap}/\rho_{dry}$ が湿度の尺度として使われることが多い (通常は 1 kg あたりの空気に対する水蒸気量をグラムで表す). なぜなら, これらの量は空気塊の温度や圧力が変化しても保存される性質をもつためである. このほか, 水蒸気圧 (p_{vap}) 自身や, 露点*7 (温度) も湿度の尺度として使われる場合もある.

湿度に関する身近な現象としては, 洗濯物が乾かない, 押入れにカビが生える, 冬に窓ガラスが結露するなどがよい例である. また湿度は, 日頃, われわれが「ジメジメする」あるいは「乾燥している」などと定性的にしかとらえていないが, 身近な環境物理量の 1 つなのである.

2. 湿　度　計

湿度計とは気体中の湿度を測る測定器のことである. その主な種類としては, 湿度による水の蒸発の遅速性を利用した乾湿計, 毛髪の吸・脱湿による伸縮性を利用した毛髪湿度計, 吸収剤への水蒸気の吸着性を利用した吸収湿度計, 露点計, および, 電気抵抗式湿度計などがある.

露点計には, 湿度を測ろうとする気体中に金属鏡を置き, 気体の温度を徐々に下げてそれに露または霜が付着するときの温度を露点として測定し, 露点における飽和水蒸気圧から冷却前の気体の水蒸気圧を測定することにより湿度を求める冷却式露点計がある. この計器は特に低湿度の測定に適する方法である. なお, 露の判定には, 肉眼, 光電管, または, 水晶振動子が使われる. 他方, 加熱式のものでは, 物体に塩化リチウムを塗布し物体の湿度を上げて, 塩化リチウムの飽和水溶液の蒸気圧が周囲の気体内の水蒸気圧と等しくなったときの温度から露点を求めて湿度を測定する, 塩化リチウム湿度計と呼ばれるものもある.

電気抵抗式湿度計は, 湿度によって変わる吸収および吸着物質の電気抵抗の変化を利用したものである. これには, 電解質, 炭素膜などの膨潤性物質の抵抗, 半導体薄膜によるものなどがあり, たとえば, 炭素粒子をヒドロキシエチルセルロース (繊維) の水溶液中に分散させたものを感湿体の基板に塗布, 乾燥させてこれを感湿素子としている. この繊維が吸・脱湿により

---

*7 露点とは圧力を変化させないようにしながら空気塊を冷却したときに飽和水蒸気密度に達する温度のことをいう.

伸縮することで塗布された炭素粒子が伸縮に応じた電気抵抗の変化を示すため，その抵抗測定から湿度が得られる．

これらのほかに，赤外線領域にある水蒸気に吸収される波長帯とその付近にある非吸収波長帯のエネルギーの比較により，水分の吸収量を知り赤外線が通過した場所における気体の湿度を求める方法や，吸湿剤に吸収させた水蒸気の量をカール・フィッシャー試薬による水分の滴定から湿度を測定する湿度計などがある．

なお，本章の実験では原理が前述の冷却式露点湿度計に類似した露点測定器を用いる．この露点測定器は次で述べるように，氷水を冷却に用いる簡易的なものである．

3．露点測定器

図4は露点測定器の構造を示したものである．冷却部 (ステンレスコップ) にアルミニウム板が取り付けられている．アルミニウム板は観測部 (結露の状態を観察する部分) および，測定部 (観察部分の裏面つや消し塗装されていて温度分布を測定する部分) の役割を果たす．

冷却部に氷と水を入れて，取り付けられているアルミニウム板を冷却する．アルミニウム板は冷却により露点に達した部分までが結露する．この境界を目安に放射温度計を用いて，測定部から温度を測定することによって，露点を測定することができる．

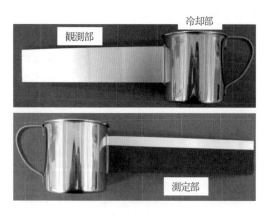

図 4 露点測定器の構造

予 習 問 題

(1) 気温に関する次の言葉の意味を説明しなさい．
  (a) 水の三重点，(b) 温度，(c) セルシウス温度の目盛の定め方．
(2) 気圧に関する次の言葉の意味を説明しなさい．
  (a) 圧力，(b) 気圧，(c) 線膨張係数．
(3) 湿度に関する次の言葉の意味を説明しなさい．
  (a) 絶対湿度，(b) 相対湿度，(c) 飽和水蒸気圧．

実　　　験

1．用意するもの

実験には，気温・気圧・湿度の精密測定ともにノートパソコン (以下では PC と略す) と USB メモリースティック (1 本) を使用する．

2．実験を始める前に

実験を始める前に，以下の準備をすること．なお，以下の手順は Windows XP© (ウィンドウズ XP) のソフトが入っているパソコンの場合を例にしている．

(1) 実験台の上に USB メモリがあることを確認する．USB メモリがない場合，担当教員に申し出ること．
(2) PC を起動後，USB メモリを PC の USB ポートに差し込む (USB ポートは PC の側面や背面にある)．
(3) USB メモリが PC に認識されたのち，図 5 のようにデスクトップの左下の「スタート」ボタンをワンクリックし，次いで「マイコンピュータ」をワンクリックする．
(4) 次に，図 6 の「リムーバブルディスク」をダブルクリックする．(PC によっては「リムーバブルディスク」ではなく「MEMORY」と表示される場合もある．) 図 7 のようなウィンドウ中に「PC によるデータ処理 (気温・気圧・湿度の精密測定)」というエクセルファイル (以下，ファイルと呼ぶ) が現れる．
(5) このファイルをリムーバブルディスクから

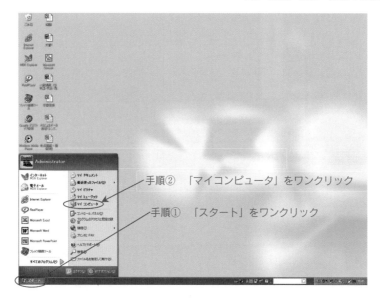

図 5　PC 起動後の手順 (手順 ① スタート → 手順 ② マイコンピュータ)

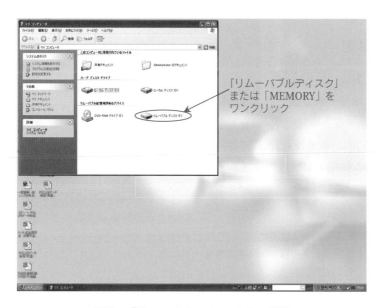

図 6　「リムーバブルディスク」の選択

各自の PC のデスクトップ上へドラッグ (ファイル上でマウスの左ボタンを押しながらデスクトップ上まで移動) する (図 7 参照).

(6)　デスクトップ上のファイルをダブルクリックして起動させると, 表 4〜7 のファイルが起動する.

以下では, この起動したファイルにデータを直接入力し気温・気圧・湿度の精密測定を行う. (ファイルに入力する数値はすべて半角英数字の

数値のみ入力すること.)

注意：ここまでの操作でわからない箇所がある場合は担当教員に申し出ること.

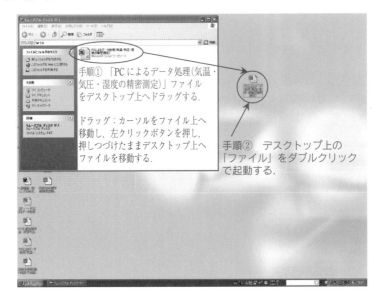

手順①　「PC によるデータ処理(気温・気圧・湿度の精密測定)」ファイルをデスクトップ上へドラッグする.

ドラッグ：カーソルをファイル上へ移動し，左クリックボタンを押し，押しつづけたままデスクトップ上へファイルを移動する.

手順②　デスクトップ上の「ファイル」をダブルクリックで起動する.

図 7　ファイルの移動と起動の手順 (手順 ① ファイルの移動 → 手順 ② ファイルの起動)

I．気温の測定

1．実験器具

　アルコール温度計，水銀温度計 (最大目盛 100 ℃ と 50 ℃)，デジタル温度計，二重管標準温度計 (標準温度計)，検定表 (二重管標準温度計検査成績書)．これらの器具はいずれも実験室の壁に設置されている.

2．測定方法

　それでは実際に各温度計を用いて気温の精密測定をしてみよう.

(1)　p.235 の表 4 上の日付欄に，実験を行っている年月日を入力する.

(2)　測定する時刻を時計で確認し，表 4 ① に XX (時)：XX (分) と入力する.

(3)　アルコール温度計の最小目盛 [℃] を確認し表 4 ② に X/X (分数の形式) で入力する.

(4)　アルコール温度計の指示している気温を読み取り表 4 ③ に値を入力する.

(5)　二重管標準温度計の指示している気温を読み取り表 4 ④ に値を入力する.

(6)　表 4 のアルコール温度計の行に補正値が自動計算されていることを確認する.

(7)　補正値が自動計算されていることを確認したならば，アルコール温度計と同様の手順 ((2)〜(6)) により残りの水銀温度計 (最大目盛 100 ℃ と 50 ℃)，およびデジタル温度計で気温を測定し，表 4 の該当するセル (⑤ 〜 ⑯) に入力する.

注：表 4 ⑤ 〜 ⑯ の該当するセルに測定値を入力しながら実験を行うこと.

日付：20xx年xx月xx日

表4　種々の温度計による気温の測定と二重管標準温度計の読みとの比較

温度計の種類	測定時刻	最小目盛 [℃]	温度の読み [℃]	二重管標準温度計 の読み[℃]	補正値 [℃]
アルコール温度計100℃	①	②	③	④	#VALUE!
水銀温度計　　100℃	⑤	⑥	⑦	⑧	#VALUE!
水銀温度計　　50℃	⑨	⑩	⑪	⑫	#VALUE!
デジタル温度計	⑬	⑭	⑮	⑯	#VALUE!

表5　水銀気圧計の読みと各補正をした後の気圧

回数	気温 [℃]	気圧計の読み [H mmHg]	温度補正 [H_t mmHg]	毛管補正 [H_{tc} mmHg]	重力補正 [H_p mmHg]
1	①	②	#VALUE!	#VALUE!	#VALUE!
2	③	④	#VALUE!	#VALUE!	#VALUE!
3	⑤	⑥	#VALUE!	#VALUE!	#VALUE!
4	⑦	⑧	#VALUE!	#VALUE!	#VALUE!
5	⑨	⑩	#VALUE!	#VALUE!	#VALUE!
平均	#DIV/0!	#DIV/0!	#VALUE!	#VALUE!	#VALUE!

隆起の高さ	[mm]	⑪	気温と温度の測定値を[℃]と[mmHg]単位で入力	
毛管補正値	[mmHg]	#VALUE!	水銀柱の隆起の高さを入力	
緯度	度[°]	⑫	現在地の緯度を度[°], 分['], 秒["]まで入力	
	分[']	⑬	現在地の標高をメートル[m]単位で入力	
	秒["]	⑭		
緯度	[rad]	#VALUE!		
標高	[m]	⑮		
各補正後の気圧	#VALUE!	hPa		
デジタル気圧計の値	⑯	hPa		
アネロイド気圧計の値	⑰	hPa		

表6　露点測定器による湿度の測定

回数	露点 θ_1[℃]	気温 t_1[℃]
1	①	②
2	③	④
3	⑤	⑥
4	⑦	⑧
5	⑨	⑩
平均	$\theta =$　#DIV/0!　℃	$t =$　#DIV/0!　℃
蒸気圧	$p_1 =$　#DIV/0!　mmHg	$P_1 =$　#DIV/0!　mmHg
相対湿度	$p_1/P_1 \times 100 =$　#DIV/0!　%	

表7　乾湿球湿度計による測定

	読み		飽和蒸気圧[mmHg]	式(16)より求めた水蒸気の圧力p_3 $p_3 =$　#VALUE!　mmHg
気温, t_3	⑪	℃	$P_2 =$　#VALUE!	式(17)より求めた相対湿度 $p_3/P_2 =$　#VALUE!　%
湿球, t_4	⑫	℃	$p_2 =$　#VALUE!	表9より求めた相対湿度
差, $t_3 - t_4$	#VALUE!	℃	―	⑮　%
気圧, b	⑬	mmHg	―	デジタル湿度計の値
定数, c	⑭	―	―	⑯　%

表4　種々の温度計による気温の測定と二重管標準温度計の読みとの比較

温度計の種類	測定時刻	最小目盛 [℃]	温度の読み [℃]	二重管標準温度計 の読み[℃]	補正値 [℃]
アルコール温度計100℃	13:40	1/1	20.0	22.0	2.0
水銀温度計　　　　100℃	13:43	1/5	22.2	22.2	0.0
水銀温度計　　　　50℃	13:46	1/10	22.3	22.2	-0.1
デジタル温度計	13:50	1/10	22.0	22.2	0.2

図 8　気温の測定例

3．測 定 例

　図 8 に種々の温度計による気温の精密測定の測定例を示す．

4．測定データの確認および整理

(1)　すべての温度計で測定が終了したのち，表 4 の各温度計の補正値が自動計算されていることを確認する．

(2)　表 4 の上端に日付を入力する．(入力例：日付：2022 年 11 月 11 日)

II．気圧の測定

1．実 験 器 具

　フォルタン水銀気圧計，温度計 (フォルタン水銀気圧計に付属)，デジタル気圧計，アネロイド気圧計．これらの実験器具はいずれも実験室の壁に設置されている．

2．測 定 方 法

　それでは実際に各気圧計を用いて気圧の精密測定をしてみよう．

(1)　本測定では，p.235 表 4 の下にある表 5 の ① から ⑰ を以下の手順に従い入力し，エクセルの自動計算を用いて大気圧を求める．

(2)　フォルタン水銀気圧計の管軸が鉛直になっていることを確認する．通常は鉛直に固定しているので，毎回調整する必要はない．仮に軸がずれていたならば，下部の 3 本のネジを交互に締付け鉛直になるように調整する．

(3)　図 2 を参考にしながら，水銀溜の水銀面 (水銀の表面) が象牙針の先端と一致するように，ネジ B を回して水銀面を上下に移動させる．

(4)　フォルタン水銀気圧計に付属の温度計から気温を読み取り表 5 ① に入力する．

(5)　ネジ A (図 2 参照) を回して図 9 のように水銀の上端と移動副尺の下端が一致するように移動副尺を移動させる．この移動副尺を用いて水銀柱の高さ H を読み取り表 5 ② に入力する．移動副尺の読み取り方はノギスの読み取り方法と同様である (読み取り方法については「長さの測定」の章も参考にすればよい)．移動副尺の精度は 1/100 [cm] である．ただし，フォルタン水銀気圧計の主尺はセンチメートル [cm] で表示しているため表にはミリメートル [mm] に換算した値を入力する．

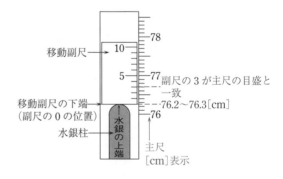

図 9　移動副尺の拡大図

参考：図 9 では移動副尺の下端は主尺の 76.2 cm と 76.3 cm の間にある．この場合はまず 76.2 cm と読む．次いで，移動副尺の目盛の 3 と

主尺の目盛線が一致していることから，水銀
柱の高さ H は 76.23 cmHg と読める．ただ
し，表にはミリメートルで入力しなければな
らないので 76.23 cmHg は 762.3 mmHg と換
算して入力する．

(6)　表 5 ① と ② に測定値を入力した後，温度
補正された気圧 (H_t) が自動計算されている
ことを確認する．

(7)　確認後，同様の手順で気温と水銀柱の高さ
の測定をあと 4 回繰り返し，表 5 ③ 〜 ⑩ の
該当するセルに測定値を入力する．

(8)　表 5 ③ 〜 ⑩ に測定値を入力後，該当する
温度補正された気圧が自動計算されているこ
とを確認する．

(9)　次に，移動副尺を利用し図 10 を参考にし
ながら水銀の隆起の高さを測定し，表 5 ⑪ に
測定値を入力する．

参考：水銀の隆起の高さ測定は以下の手順で行うと
よい．
①　図 10(b) のように移動副尺の下端を水
銀の上端に一致させ，このときの高さを
h_{top} [mm] として読み取る．このときの
読み取り方は前述と同様である．
②　次に，図 10(c) のように移動副尺の下端
を水銀の下端に一致させ，このときの高さ
を h_{bottom} [mm] として読み取る．このと
きの読み取り方も前述と同様である．
③　ここで，h_{top} と h_{bottom} の測定値を用
いれば水銀の隆起の高さは $h = h_{top} -
h_{bottom}$ [mm] と求められる．

(10)　表 5 ⑪ に隆起の高さを入力後，毛管補正
された気圧 (H_{tc}) が自動計算されていること
を確認する．

(11)　次に，表 5 ⑫ 〜 ⑮ の該当する箇所に緯度
と標高のデータを入力する．
緯度：○度○分○秒 (○ ° ○ ′ ○ ″ とも表記さ
れる)，標高：○ m
注：いずれも○には数値が入る (緯度および標
高のデータは実験室内にある)．

(12)　表 5 ⑫ 〜 ⑮ にデータを入力後，重力補正
された気圧 (H_p) が自動計算されていること
を確認する．

(13)　次に，デジタル気圧計の値を読み取り，表
5 ⑯ に入力する．

(14)　最後に，アネロイド気圧計で気圧を測定し，
表 5 ⑰ に入力する (アネロイド気圧計の読み
取り方法は実験室の机上に設置されているの
で，それを参考にすればよい)．

3.　測　定　例
図 11 に気圧の精密測定の測定例を示す．

4.　測定データの確認および整理
すべての気圧の測定が終了したのち，表 5 の
各気圧値が自動計算されていることを確認する．

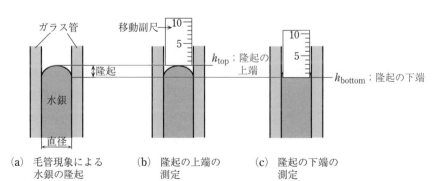

図 10　移動副尺を用いた水銀の隆起の高さの測定

表5 水銀気圧計の読みと各補正をした後の気圧

回数	気温 [℃]	気圧計の読み [H mmHg]	温度補正 [H_t mmHg]	毛管補正 [H_{tc} mmHg]	重力補正 [H_p mmHg]
1	22.20	739.5	736.81	737.02	736.45
2	22.10	739.7	737.02	737.24	736.66
3	22.20	739.4	736.71	736.92	736.35
4	22.20	739.5	736.81	737.02	736.45
5	22.10	739.6	736.92	737.14	736.56
平均	22.16	739.54	736.86	737.07	736.49

隆起の高さ	[mm]	0.8	気温と温度の測定値を[℃]と[mmHg]単位で入力
毛管補正値	[mmHg]	0.21	水銀柱の隆起の高さを入力
緯度	度[°]	37	現在地の緯度を度[°], 分[′], 秒[″]まで入力
	分[′]	29	現在地の標高をメートル[m]単位で入力
	秒[″]	1	
緯度	[rad]	37.48361111	
標高	[m]	210	
各補正後の気圧		981.74	hPa
デジタル気圧計の値		983	hPa
アネロイド気圧計の値		989.2	hPa

図 11 気圧の測定例

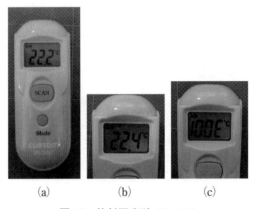

(a)　　　　　(b)　　　　　(c)

図 12 放射温度計 (IR-300)

III. 湿度の測定

1. 実験器具

露点測定器, 放射温度計 (IR-300), 乾湿球湿度計, デジタル湿度計, アイスクラッシャー, 乾湿球湿度計, デジタル湿度計, 二重管標準温度計.

2. 測定方法

各湿度計を用いて湿度の測定を行う.

2.1 露点測定器による測定

p.235 の表5の下にある表6, 表7を画面に表示させ, 数値を入力する準備をする.

(1) 冷却部に氷と水を入れる. このとき, 氷をアイスクラッシャーで砕き, 冷却部いっぱいに入れて, 隙間を水で埋めるようにする.

(2) 氷と水を入れた状態から少しずつ観察部が結露していく様子を観察し, 記録する.

(3) 結露部分の境界線がはっきり見やすくなるまで, じゅうぶん時間 (約 15 分程度) をおく. 実験室の湿度によっては結露しない場合がある. その際は (4) から (7) の手順を行わず, (8) の手順に移る. (7) の手順の温度 θ_1 は NA とする.

(4) 放射温度計の SCAN スイッチ (図 12(a) 参照) を押す. 画面には温度が表示されるよう

(a)　　　　　　(b)　　　　　　(c)

図 13　放射温度計による温度の測定

になる (図 12(b) 参照).

(5)　この状態から Mode スイッチ (図 12(a) 参照) を 4 回押すと，放射率が表示される．100 E が表示されることを確認する．100 E となっていない場合は担当教員に申し出て，指示を受ける (図 12(c) 参照).

(6)　さらに Mode スイッチを 1 回押し，温度表示になることを確かめる．これで，放射温度計の測定の準備が整った．操作を何もしなければ 15 秒後に自動的に電源が切れる．電源が切れた場合は (4) の操作をもう一度行う.

(7)　観察部の結露部との境界線 (図 13(a)) を目安に放射温度計を利用して，測定部 (黒つや消し塗料部分) から境界線の温度 θ_1 を図 13(b) のように測定する．このときの温度 θ_1 が露点である．放射温度計はできるだけ (約 1 cm) 近づけて測定を行うこと (図 13(c))．また，必ず黒い塗装の部分を測定すること.

(8)　このときの気温 t_1 を二重管標準温度計で読み取る．このときの気温 t_1 は精度 1/10 [℃] で読み取ること.

(9)　(7) で得られた温度 θ_1 は表 6 ① へ，(8) で得られた室温 t_1 は表 6 ② へ入力すること．結露しなかったときは表 6 ① へは NA を入力すること.

(10)　同様の実験をあと 4 回繰り返し，表 6 ③ から ⑩ までの該当する箇所へ測定値を入力する.

(11)　データを入力後，平均値，蒸気圧，相対湿度が自動計算されていることを確認する.

参考：露点 θ_1 の平均温度 θ と t_1 の平均気温 t に対応する飽和水蒸気圧 p_1 と P_1 は表 8 からも求めることが可能である．しかし，本実験では表 8 のデータから見積もった近似式を用いて自動計算が行われている.

2.2　乾湿球湿度計による測定

図 14 は乾湿球湿度計の略図である．この構造は乾球と湿球の 2 本の温度計でできており，湿球はガーゼで覆われ，ガーゼの一端は蒸留水に浸されている．したがって，湿球側は毛管現象でガーゼを伝って吸い上げられた蒸留水は蒸発することで湿球の温度を下げる仕組みになっている.

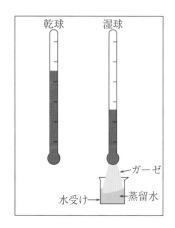

図 14　乾湿球湿度計の構造

実際に乾湿球湿度計を用いる測定を以下の手順で行ってみよう.

(1)　湿球側の水受けに蒸留水が満たされていることを確認する．蒸留水が水受けに満たされていない場合は蒸留水を注入する.

(2)　乾球の温度 t_3 を読み取り，表 7 ⑪ に入力

表8　各温度における水蒸気の最大圧力 (水の飽和蒸気圧) [mmHg]

温度[℃]	0	1	2	3	4	5	6	7	8	9
0	4.58	4.93	5.29	5.68	6.10	6.54	7.01	7.51	8.04	8.61
10	9.21	9.84	10.51	11.23	11.98	12.78	13.63	14.53	15.47	16.47
20	17.53	18.65	19.82	21.07	22.38	23.76	25.21	26.74	28.35	30.04
30	31.83	33.70	35.67	37.73	39.90	42.18	44.57	47.08	49.70	52.45
40	55.34	58.36	61.52	64.82	68.28	71.90	75.67	79.63	83.75	88.06
50	92.50	97.30	102.10	107.30	112.60	118.10	123.90	129.90	136.20	142.70

表6　露点測定器による湿度の測定

回数	露点 θ_1[℃]	気温 t_1[℃]
1	12.0	22.0
2	11.3	22.0
3	10.6	22.1
4	11.1	22.0
5	11.2	22.0
平均	$\theta =$　11.2　　℃	$t =$　22.0　　℃
蒸気圧	$p_1 =$　9.98　　mmHg	$P_1 =$　19.82　　mmHg
相対湿度	$p_1/P_1 \times 100 =$　50.4　　%	

表7　乾湿球湿度計による測定

	読み		飽和蒸気圧[mmHg]	
気温, t_3	22.0	℃	$P_2 =$　19.82	
湿球, t_4	16.2	℃	$p_2 =$　13.82	
差, t_3-t_4	5.8	℃	—	
気圧, b	736.49	mmHg	—	
定数, c	0.0008	—	—	

式(16)より求めた水蒸気の圧力 p_3
$p_3 =$　9.97　　mmHg

式(17)より求めた相対湿度
$p_3/P_2 =$　52　　%

表9より求めた相対湿度
51　　%

デジタル湿度計の値
50　　%

図15　湿度の測定例

する.

(3) 湿球の温度 t_4 を読み取り, 表7 ⑫ に入力する.

(4) 表7の ⑪ と ⑫ を入力後, 乾球と湿球の各温度 (t_3 と t_4) に対応する飽和蒸気圧 P_2 と p_2 が自動計算されていることを確認する.

参考：乾球と湿球の各温度 (t_3 と t_4) に対応する飽和蒸気圧 P_2 と p_2 は表8からも求めることが可能である. しかし, 本実験では表8のデータから見積もった近似式を用いて自動計算が行われる仕組みになっている.

(5) 次に, 気圧 b [mmHg] として「気圧の精密測定」で測定した重力補正後の気圧の平均値 (H_p) を表7 ⑬ に入力する.

空気中の水蒸気圧 p_3 は
$$p_3 = p_2 - c(t_3 - t_4)b \tag{16}$$
で与えられる.

ただし, c は湿度計が置かれているまわりの環境によって決まる定数で, 風通しのよい大きな部屋のときは $c = 0.0008$, 開放した大きな部屋では $c = 0.0009$ である.

(6) 空気中の水蒸気圧を (16) 式より求めるため, 適切な係数 c の値を各自で選び表7 ⑭ に入力する.

(7) 表7 ⑪ ～ ⑭ を入力後, 表7の右側に (16) 式で求めた空気中の水蒸気圧 p_3 が自動計算されていることを確認する.

表9 乾湿計用湿度表 [%] (1 気圧の場合)

乾球[℃]	乾球と湿球との温度差(DRY-WET)													
	0.5	1.0	1.5	2.0	2.5	3.0	3.5	4.0	4.5	5.0	5.5	6.0	6.5	7.0
40	97	94	91	88	84	82	79	76	73	71	68	66	63	61
39	97	94	91	87	84	82	79	76	73	70	68	65	62	60
38	97	94	90	87	84	81	78	75	73	70	67	64	62	59
37	97	93	90	87	84	81	78	75	72	69	67	64	61	59
36	97	93	90	87	84	81	78	75	72	69	66	63	61	58
35	97	93	90	87	83	80	77	74	71	68	65	63	60	57
34	96	93	90	86	83	80	77	74	71	68	65	62	59	56
33	96	93	89	86	83	80	76	73	70	67	64	61	58	56
32	96	93	89	86	82	79	76	73	70	66	63	61	58	55
31	96	93	89	86	82	79	75	72	69	66	63	60	57	54
30	96	92	89	85	82	78	75	72	68	65	62	59	56	53
29	96	92	89	85	81	78	74	71	68	64	61	58	55	52
28	96	92	88	85	81	77	74	70	67	64	60	57	54	51
27	96	92	88	84	81	77	73	70	66	63	59	56	53	50
26	96	92	88	84	80	76	73	69	65	62	58	55	52	48
25	96	92	88	84	80	76	72	68	65	61	57	54	51	47
24	96	91	87	83	79	75	71	68	64	60	56	53	49	46
23	96	91	87	83	79	75	71	67	63	59	55	52	48	45
22	95	91	87	82	78	74	70	66	62	58	54	50	47	43
21	95	91	86	82	78	73	69	65	61	57	53	49	45	42
20	95	91	86	81	77	73	68	64	60	56	52	48	44	40
19	95	90	86	81	76	72	67	63	59	54	50	46	42	38
18	95	90	85	80	76	71	66	62	57	53	49	44	40	36
17	95	90	85	80	75	70	65	61	56	51	47	43	38	34
16	95	89	84	79	74	69	64	59	55	50	45	41	36	32
15	94	89	84	78	73	68	63	58	53	48	44	39	34	30
14	94	89	83	78	72	67	62	57	51	46	42	37	32	27
13	94	88	83	77	71	66	60	55	50	45	39	34	29	25
12	94	88	82	76	70	65	59	53	48	43	37	32	27	22
11	94	87	81	75	69	63	57	52	46	40	35	29	24	19
10	93	87	81	74	68	62	56	50	44	38	32	27	21	16
9	93	86	80	73	67	60	54	48	42	36	30	24	18	12
8	93	86	79	72	65	59	52	46	39	33	27	20	14	8
7	93	85	78	71	64	57	50	43	37	30	24	17	11	4
6	92	85	77	70	62	55	48	41	34	27	20	13	7	0
5	92	84	76	68	61	53	46	38	31	24	16	9	2	
4	92	83	75	67	59	51	43	35	28	20	12	5		
3	91	82	74	65	57	49	40	32	24	16	8	1		
2	91	82	73	64	55	46	37	29	20	12	4			
1	90	81	71	62	53	43	34	25	16	8				
0	90	80	70	60	50	40	31	21	12	3				

相対湿度は

$$H_r = \frac{p_3}{P_2} \times 100 \, [\%] \qquad (17)$$

から求められる.

(8) (17) 式を用いて求めた相対湿度 p_3/P_2 が表 7 の右側に自動計算されていることを確認する.

(9) 表 9 から相対湿度を読み取り表 7 ⑮ に入力する. ここで, 乾球と湿球の温度差が大きくこの表に載っていない場合は $b = 760 \, \mathrm{mmHg}$ として (16) 式から各自計算し表 7 ⑮ に求めた値を入力する.

(10) デジタル湿度計から値を読み取り表 7 ⑯ に入力する.

3. 測 定 例

図 15 に露点測定器と乾湿球湿度計による湿度の測定例を示す.

4. 測定データの確認および整理

すべての湿度の測定が終了したのち, 表 6 および表 7 の各値が自動計算されていることを確認する.

結果の保存, 印刷および整理

1. 測定データの確認

表 4~7 の全てのセルにデータが入力され, 自動計算が行われていることを確認する. このとき, ファイルの最上段の日付を入力すること.

2. 結果の保存

(1) 図 16 を参考にエクセルの画面左上の『ファイル』をワンクリックし, 次いで, 『名前を付けて保存』をワンクリックする.

(2) 図 17 を参考に, まず保存先が『リムーバブルディスク』となっていることを確認する (保存先が異なっている場合は, 『リムーバブルディスク』を選択する).

(3) 次に, ファイル名をキーボードから直接入力する. ファイル名は『精密測定—学科○班』(例:精密測定—機械 3 班) と入力し, 最後に『保存』ボタンをワンクリックする (図 17 参照).

(4) 保存後, エクセルおよび開いているウィンドウを全て閉じる.

3. USB メモリの取り外し

(1) 図 18 を参考に, 画面右下の『ハードウエアの安全な取り外し』をワンクリックする.

(2) 次いで, 『USB 大容量記憶装置デバイス……に取り外します』をワンクリックする. (図 19 参照)

(3) USB メモリを PC から取り外す.

4. 結果の印刷

取り外した USB メモリを担当教員に提出し, 結果を 2 部印刷してもらう. この 2 部の内, 1 部は実験ノートの記録用, もう 1 部は抄録またはレポート提出用である. USB メモリースティックは実験台の上に戻しておくこと.

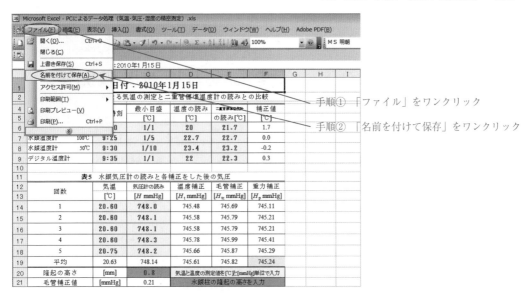

図 16　結果の保存手順 (手順 ① ファイル → 手順 ② 名前を付けて保存)

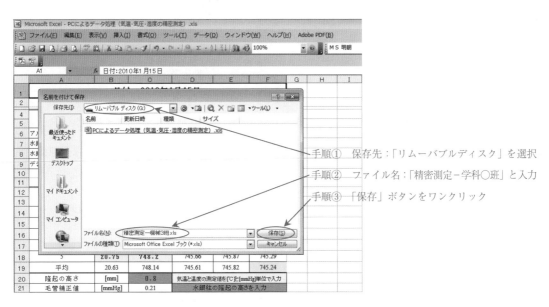

図 17　結果の保存手順 (保存先とファイル名)

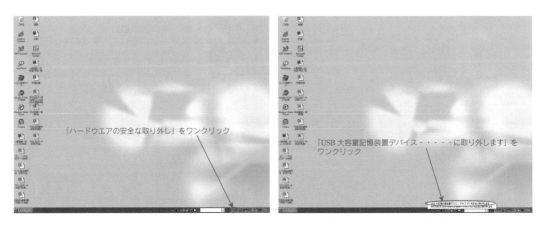

図 18　ハードウエアの安全な取り外し　　　　　　**図 19**　USB メモリの取り外し

29. パーソナルコンピュータを用いた ボルダの振子による重力加速度の測定

質量 m の物体には，mg の重力が鉛直下向きに働く．そのため，物体が重力のみで運動する場合の加速度は g である．この g を重力加速度といい，同じ場所では物体の種類や質量に依存せずに一定の値となる．重力の大部分は物体と地球との万有引力によるものであるが，この他に地球が自転しているために物体に働く遠心力なども加わる．このため重力加速度は場所によって異なり，その場所の緯度や海面からの高さによって変化するほか，付近の地形や地殻の物質分布などの影響もうける．緯度 $\varphi\,[°]$，標高 $H\,[\mathrm{m}]$ の位置における重力加速度 g は，おおよそ次の式で与えられる (実際には φ，H 以外の因子の影響でこれより多少ずれる).

$$g = 9.78049000(1 + 0.0052884\sin^2\varphi - 0.0000059\sin^2 2\varphi) - 0.000002860H\,[\mathrm{m/s^2}] \tag{i}$$

φ による g の変化は，地球が完全な球形でなく赤道方向に伸びた偏平な回転楕円状をしていることと，地球の自転による遠心力のため，φ が大きいほど g は大きくなる．

一方，重力加速度を実験で精密に測定するには，物体がある高さから真空中を自由落下するのに要する時間を測定して求める方法 (落下法) や，Kater の可逆振子を用いる方法などがある．本実験ではボルダの振子を用いて重力加速度の大きさを測定する．さらに，この測定の過程で振子の周期をパーソナルコンピュータによって自動計測する手法についても学ぶ．

理　論

1. 剛体振子

図1で，剛体 A は点 O を通り紙面に垂直な水平軸のまわりに自由に回転できるように支えられている．これを軸のまわりに小さい振幅で振らせたときの運動を考える．このような振子を剛体振子または実体振子と呼ぶ．いま，この剛体振子の剛体の質量を m，軸 O から剛体の重心 G までの距離を h，軸 O のまわりの剛体の慣性モーメントを I，OG が鉛直方向となす傾きを θ (単位は radian；ラジアン)，重力加速度を g と

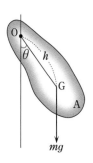

図1　剛体振子

すると，運動方程式は

$$I\frac{\mathrm{d}^2\theta}{\mathrm{d}t^2} = -mgh\sin\theta \tag{1}$$

となる．振幅が小さく，θ が小さいときには $\sin\theta \approx \theta$ であるから，運動方程式は近似的に

$$I\frac{\mathrm{d}^2\theta}{\mathrm{d}t^2} = -mgh\theta \tag{2}$$

となる．これは単振動の式と同じ形であり，この解は

$$\theta = \theta_0 \sin\left(\sqrt{\frac{mgh}{I}}\,t + \alpha\right) \tag{3}$$

で与えられることは，これを (2) 式に代入することで容易に確かめられる．ここで θ_0 と α は初期状態によって決まる定数である．(3) 式は周期運動を表し，$(\sqrt{mgh/I})t$ が 2π だけ増すともとの運動状態にもどる．したがって周期 T は

$$T = 2\pi\sqrt{\frac{I}{mgh}} \tag{4}$$

となる．これより

$$g = \frac{4\pi^2}{T^2}\frac{I}{mh} \tag{5}$$

となり，T，I，m，h がわかれば，この式によって重力加速度 g を求めることができる．

2. ボルダ振子

ボルダ振子では，I および h の測定が容易なように，剛体として球形錘を用いる．**図 2**(a) のように長さ l の細い金属線の上端を固定し，下端に質量 M，半径 r の球形錘をつけて振らせた場合，金属線の質量を無視すれば

$$h = \mathrm{OG} = l + r \tag{6}$$

また，O のまわりの慣性モーメントは，平行軸の定理[*1] を用いれば

$$I = M\left\{(l+r)^2 + \frac{2}{5}r^2\right\} \tag{7}$$

となるから，(5) 式は

$$g = \frac{4\pi^2}{T^2}\left(l + r + \frac{2}{5}\frac{r^2}{l+r}\right) \tag{8}$$

となる[*2]．よって，T, l, r を測定すれば，この式から g を求めることができる．ところが，この方法には 1 つ問題がある．それは，錘を振らせたときに金属線の上端 O のところで金属線が曲がるためモーメントが生じ，(1) 式が成り立たなくなることである．これを避けるため，ボルダ振子では図 2(b) のようなエッジ E を用いる．エッジ E には金属線を取り付けるチャックがついており，エッジの刃先を水平な台上に載せ錘を振らせると，エッジ，金属線，球形錘が一体となってお互いの相対位置を変えないままエッジの刃先を軸にして振動する．このときの周期は (4) 式で与えられるが，I, m, h はエッジおよび球形錘を合わせた系に対するもので，エッジにはチャックなどがついておりその形状が複雑なため，慣性モーメントや重心位置などを直接的に求めることは難しい．そこで，実験では錘を振らせたときの周期 T と錘をはずしエッジだけを振らせたときの周期 T_2 が等しく（つまり，$T = T_2$）なるように，図 2(b) のエッジの上部についている周期調整ネジ D を調節して測定す

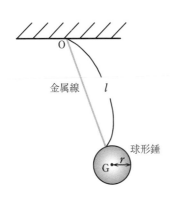

（a）モーメントが生じる場合

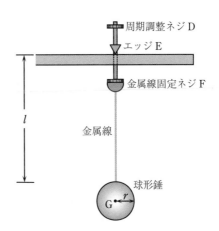

（b）モーメントが生じない場合

図 2　ボルダ振子

[*1] 剛体の慣性モーメントについては，① 平行軸の定理と ② 平板の定理が成り立つ．これらの定理の中で，本実験では平行軸の定理が用いられる．この定理は，任意の軸のまわりの剛体の慣性モーメントを I，重心を通りこの軸に平行な軸まわりの慣性モーメントを I_0，2 つの軸の距離を h，剛体の質量を M とすると

$$I = I_0 + Mh^2 \tag{ii}$$

と表される．ここで本実験の場合，半径 r の一様な球形錘を用いているので，I_0 は

$$I_0 = \frac{2}{5}Mr^2 \tag{iii}$$

と表される．さらに，2 つの軸の距離 h は (6) 式より $h = l + r$ と表されることから，剛体の慣性モーメント I は

$$I = \frac{2}{5}Mr^2 + M(l+r)^2 = M\left\{(l+r)^2 + \frac{2}{5}r^2\right\} \tag{iv}$$

と表される．

[*2] (5) 式の質量 m と (7) 式の質量 M が等しい（$m = M$）と考えれば，(8) 式が得られる．

る. 球形錘の質量, エッジの刃先から重心までの距離, 刃先を軸としたときの慣性モーメントをそれぞれ M, h_1, I_1 とし, エッジ部分についての対応する量を M_2, h_2, I_2, 球形錘とエッジを合わせた系に対するものを m, h, I とすると

$$m = M + M_2 \tag{9}$$

$$I = I_1 + I_2 \tag{10}$$

であり, また, 図 2(b) からわかるようにエッジ部分の重心と球形錘の重心はいずれも針金を通る直線上にあり, この直線はエッジの刃先も通っているので次の関係が成り立つ.

$$mh = Mh_1 + M_2h_2 \tag{11}$$

錘を振らせたときの周期 T は (4) 式により

$$T = 2\pi \sqrt{\frac{I}{mgh}} \tag{12}$$

であり, 錘をはずしてエッジ部分だけを振らせたときの周期 T_2 も同様に

$$T_2 = 2\pi \sqrt{\frac{I_2}{M_2gh_2}} \tag{13}$$

であるが, $T = T_2$ であれば (10), (11) 式を用いて

$$\frac{I}{mh} = \frac{I_2}{M_2h_2} = \frac{I - I_2}{mh - M_2h_2} = \frac{I_1}{Mh_1} \tag{14}$$

となる. これを (5) 式に代入すると

$$g = \frac{4\pi^2}{T^2}\frac{I_1}{Mh_1} \tag{15}$$

となる. I_1 と h_1 は球形錘の慣性モーメント, および, エッジの刃先から重心までの距離であるから, (7) 式および (6) 式で与えられる. ただし, これらの式中の l は, 図 2(b) に示すように, エッジの刃先から球形錘の上端までの距離である. したがって, g は (8) 式から求めることができる.

3. 実 験 誤 差

実験に先立って本実験の測定精度について考えてみよう. g は一般的に $9.80\,\text{m/s}^2$ ぐらいであるが, 実験によって小数点第 2 位の位まで求めることにする. 相対誤差は $0.1\,\%$ になる. (8) 式

から g を計算するのであるから, l が約 $1\,\text{m}$ とすると, l と r は $1\,\text{mm}$ まで測定しなければならない. T は $2\,\text{s}$ 程度とすると, (8) 式に T^2 の形で入っていることを考慮して, T は $10^{-3}\,\text{s}$ 程度まで正確に測定しなければならない. また (8) 式の計算で $\pi = 3.142$ とする. もう 1 つ, (4) 式を導く際 $\sin\theta \approx \theta$ としたことに注意すれば

$$\sin\theta \approx \theta - \frac{1}{6}\theta^3 \tag{16}$$

であるので, $\sin\theta \approx \theta$ としたときの相対誤差は $\theta^2/6$ の程度である. したがって, 平均の相対誤差を $0.1\,\%$ 以内におさえるためには, 振れ角の振幅 θ_0 を $0.1\,\text{radian} \approx 6°$ 以下にすればよい. たとえば, l が $1\,\text{m}$ 程度なら, 振動の振幅を $10\,\text{cm}$ 以内にする必要がある.

予 習 問 題

(1) 物体の自由落下 (重力のみの作用による落下) 運動について考える. 節末の「日本各地の重力実測値」を参考にし, 福島市において, 重力により生じる物体の加速度の値を調べよ.

(2) 実験を行って, 周期 $T = 2.023\,\text{s}$, 金属線の長さ $l = 99.4\,\text{cm}$, 球形錘の直径 $2r = 4.0\,\text{cm}$ を得た. (8) 式により重力加速度の大きさ $g\,[\text{m/s}^2]$ を求めよ.

(3) (2) の測定値のなかで, 周期 T の値をもう 1 度測定したところ, $T = 2.083\,\text{s}$ であった. このときの重力加速度の大きさ $g\,[\text{m/s}^2]$ を求めよ.

(4) (2) と (3) で求めた重力加速度 g の値がどの程度異なるかを求め, 周期 T の測定値が重力加速度の計算値に与える影響と, 周期 T を測定する際の注意点について数行程度で述べよ.

実 験

1. 実 験 装 置

支持台, U 字台, レーザ式光電センサボックス, デジタルストレージオシロスコープ, プローブ (1 本), ノートパソコン, USB メモリースティック (1 本), エッジ, 金属線, 球形錘, 水準器, タイマー, スケール (1000 mm), ノギス.

2. 実 験 方 法

2.1 ボルダ振子の支持台構造

　図3にボルダ振子の支持台の構造を示す．支持台は，U字台ステージA，ステージ落下防止用のネジ①，ステージAとレーザ式光電センサボックスの間隔調節用のネジ②，ステージ落下防止用板バネH，支持台全体の水平調整用ネジ（N_1, N_2, N_3, N_4），レーザ式光電センサボック

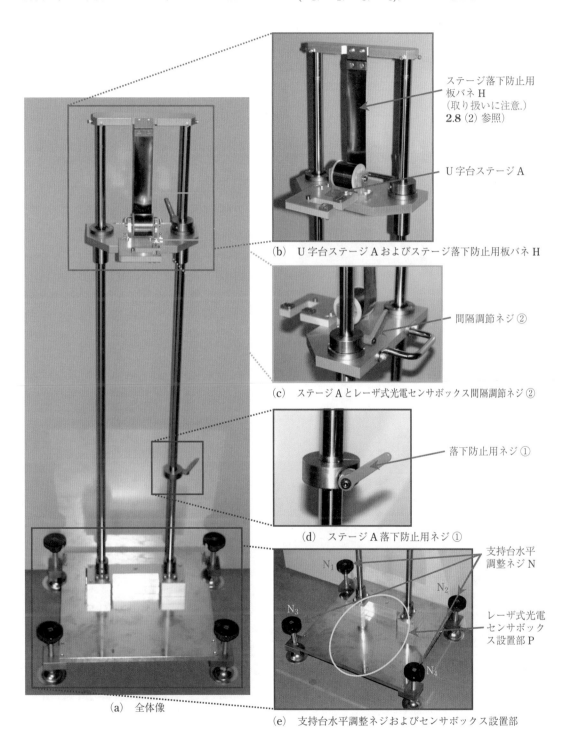

ステージ落下防止用
板バネ H
（取り扱いに注意..)
2.8（2）参照）

U字台ステージ A

（b）　U字台ステージAおよびステージ落下防止用板バネH

間隔調節ネジ②

（c）　ステージAとレーザ式光電センサボックス間隔調節ネジ②

落下防止用ネジ①

（d）　ステージA落下防止用ネジ①

N_1

N_2

N_3

N_4

支持台水平
調整ネジN

レーザ式光電
センサボック
ス設置部P

（a）　全体像

（e）　支持台水平調整ネジおよびセンサボックス設置部

図3　ボルダ振子の支持台構造

ス設置部 P から構成されている.

2.2　支持台の水平調節

(1)　**図4**のように,支持台の中央部へ水準器を
　載せ,水準器の赤丸の範囲内に気泡が存在し
　ているかいないかを確認する.

(2)　赤丸の範囲内に気泡が存在している場合は,
　2.3へ進む.

(3)　赤丸の範囲内に気泡が存在していない場合
　は,担当教員の指示に従い,気泡がその範囲
　内に存在するように支持台全体の水平調整用

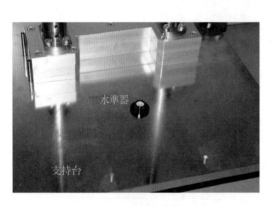

図4　支持台の水平調整

ネジ (N_1,N_2,N_3,N_4) を使用し支持台の水
平調整を行う.

2.3　U字台の水平調節

(1)　**図5**を参考にしながら,U字台をU字台ス
　テージ上へ設置する.その際,U字台ステー
　ジ上にある3箇所のくぼみとU字台の3本の
　脚が一致するように設置する.

(2)　U字台上に先ほど使用した水準器を置き,
　今度はU字台のネジ C_1,C_2 および C_3 を使用
　しU字台の水平調整を行う.

2.4　振　子　造　り

(1)　金属線を約 $1.0\,\mathrm{m}$ の長さに切り取る (なお,
　使用済みの金属線は適切な長さに折り畳んだ
　後,金属ゴミとして捨てる).

(2)　切り出した金属線の一端を**図6**に示すエッ
　ジの金属線固定ネジを用いてエッジに取り付
　ける.

(3)　金属線のもう一端を**図7**に示す球形錘に付
　属のネジで固定する.

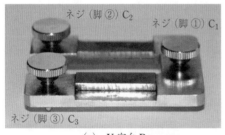

(a)　U字台 B

(c)　U字台の設置

(b)　U字台ステージ A

(d)　U字台の水平調整

図5　U字台の設置と水平調整

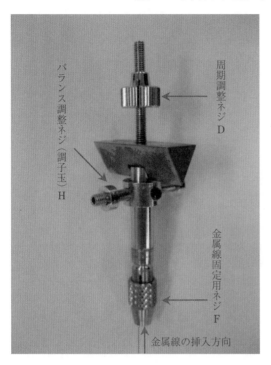

図6 エッジの構造

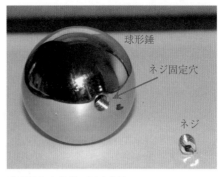

球形錘と金属線の固定方法
① 球形錘に付属のネジの穴へ金属線を通す.
② このとき,ネジ穴を通した金属線の先端を少し折り曲げるとよい.
③ 次に,ネジをネジ固定穴へ挿入しドライバで固定する.

図7 球形錘の構造

2.5 周期調整

(1) 完成した振子を**図8**のようにU字台に設置する.球形錘が支持台に接する場合には,**2.8**(2)を参照し,U字台の高さを調節する.

(2) 球形錘をエッジの刃先の方向と垂直な方向に約 10 cm 移動させて,静かに放し,振子運動(振動)させる.

(3) このとき,球形錘の振動の軌道が楕円運動にならないよう注意する.楕円運動になっている場合は,あらためて振動させる.

(4) 球形錘がうまく振動していることを確認しながら,ストップウオッチを用いて錘が10回振動する時間 (10周期;$10T_0$) を測定し,その時間をノートに控える (例:$10T_0 = 20.07\,\mathrm{s}$).

(5) 次に,エッジから金属線固定ネジを用いて金属線を取り外す.このとき,金属線と球形錘はつながったままでよい.

(6) 金属線を取り外したエッジを先ほどと同じようにU字台に設置し,今度はエッジのみを振動させ,それが10回振動する時間 ($10T_1$) をストップウオッチで計測する.その時間が $10T_0$ よりも大きい場合はエッジの上部にある周期調整ネジD (図6参照) を下方へ少し下げる.他方,その時間が $10T_0$ よりも小さい場合はネジDを上方へ少し上げ,再度 $10T_1$ を測定しなおす.なお,エッジのみを振動させたとき,エッジが左側,あるいは右側に大きく偏って振れる場合には,バランス調整ネジH (図6参照) を用い,エッジがなるべく左右対称に振れるように調整する.

(7) $10T_0$ と $10T_1$ の差が約1秒以内になるまで (6) の作業を繰り返し行う.

2.6 レーザ式光電センサボックスの構造

図9にレーザ光電センサボックスの全体像を示す.レーザ式光電センサボックスは,レーザ発光部 Q,レーザ受光部 R,プローブチップ接続端子 S,アースクリップ接続端子 T,レーザ光電センサ電源スイッチ V から構成されている.電源スイッチを ON にすると作動ランプとして発光ダイオード W が点灯する.

注意:ダイオードが点灯中はレーザ光をのぞきこまないこと.

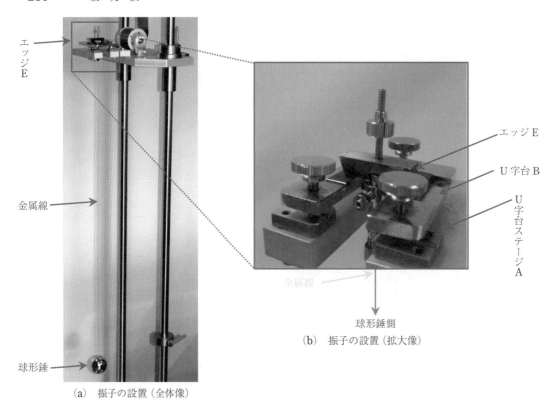

エッジ E

金属線

球形錘

（a） 振子の設置（全体像）

エッジ E

U 字台 B

U 字台ステージ A

金属線

球形錘側

（b） 振子の設置（拡大像）

図 8 振子の U 字台への設置

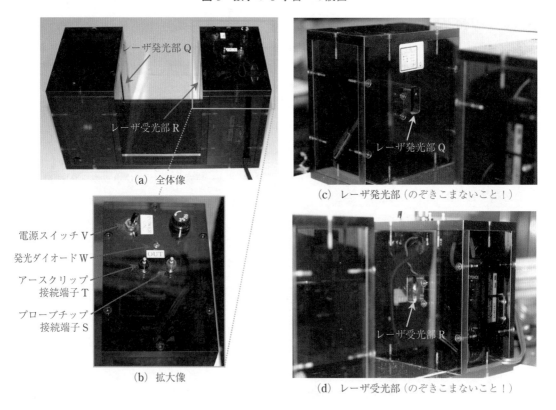

レーザ発光部 Q

レーザ受光部 R

（a） 全体像

レーザ発光部 Q

（c） レーザ発光部（のぞきこまないこと！）

電源スイッチ V

発光ダイオード W

アースクリップ
接続端子 T

プローブチップ
接続端子 S

（b） 拡大像

レーザ受光部 R

（d） レーザ受光部（のぞきこまないこと！）

図 9 レーザ式光電センサボックス

2.7 レーザ式光電センサの仕様

本実験で使用するレーザ式光電センサは，KEYENCE 製の LV-H 100 である．このセンサは検出幅 (縦幅) 10 mm の直線エリアビームを発光部から発光し，それを受光部で受ける構造になっている．この発光―受光部間にレーザ光を遮る物体が通過すると，レーザ光が遮られている時間だけ電圧が発生し，それをデジタルストレージオシロスコープで検出することで振子の周期を測定できる仕組みとなっている．

ここで，**表1** に KEYENCE LV-H 100 の主な仕様を示す．

2.8 レーザ式光電センサボックスの設置と U 字台の高さ調節

(1) レーザ式光電センサボックスを支持台のレーザ式光電センサボックス設置部 P に **図 10** の向きで置く．

(2) U 字台とレーザ式光電センサの発光，または，受光部との間隔が約 1 m 程度となるように U 字台ステージとレーザ式光電センサーボックスの間隔調節用のネジ ② を緩め間隔を調節する．板バネが U 字台ステージ A を鉛直上向きに引き上げる力が強いため，ネジ ② を緩める際には，ステージ A が急激に引き上げられないように，ステージ A を抑えながら間隔を調整する．間隔が決まったらネジ ② を固定する．

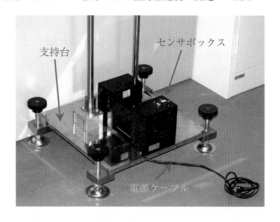

図 10 レーザ式光電センサボックスの設置

(3) 次に **2.4** で作製した振子を U 字台へ設置する．このとき，球形錘をセンサボックスにぶつけたり落下させたりしないように注意しながら作業する．

(4) レーザ式光電センサの発光あるいは受光部の高さと球形錘の中心が一致するようにネジ ② を使用し間隔を微調節する．

(5) ここで，振子を U 字台から取り外し，U 字台上へ水準器を置き固定した位置での U 字台の水平が保たれているかを確認する．水平が保たれていない場合は U 字台のネジ C_1，C_2 および C_3 を使用し U 字台の水平調整を行う．

(6) 水平調整が終了後，水準器を取り除く．

2.9 デジタルストレージオシロスコープの仕様

使用するデジタルストレージオシロスコープは，株式会社　アドテック　システム　サイエ

表 1 透過型センサヘッドの仕様 (KEYENCE LV-H 100)

種類		エリア透過型 (高性能)
型式		KEYENCE LV-H 100
形状		
検出範囲		10 mm
FDA class		Class II
光源		可視光半導体レーザ波長：650 nm
検出距離		2000 mm
仕様周囲温度		−10〜＋55℃ (氷結しないこと)
仕様周囲湿度		35〜85 % RH (結露しないこと)
材質	ケース	ガラス強化樹脂
	レンズカバー	投光部：ガラス　受光部：ポリアリレート

ンス社製の Magic LAB シリーズ デジタルス
トレージオシロスコープである. 本実験では,
このオシロスコープを PC と接続することで,
レーザ式光電センサから発生した電圧変化を連
続的に測定し, パソコンにインストールされて
いるソフト上で電圧の時間変化として出力する
ことで振子の周期を測定する.

2.10 デジタルストレージオシロスコープの構造

図 11 にデジタルストレージオシロスコープ
の構造を示す. 各部位は以下の構造からなって
いる.

① USB コネクタ

USB ケーブルの接続口で, すでに専用ケーブ
ルで PC と接続されている (ケーブルを外さな
いこと！).

② ステータス LED

オシロスコープの動作状態を表す LED. 正常
動作時は点滅する (PC が起動するまでは点滅し
ない).

③ GND (アース) 端子

GND レベルの端子.

④ CH 1 信号入力端子

CH 1 (チャンネル 1) の信号入力端子で, プ
ローブを接続する.

⑤ CH 2 信号入力端子

CH 2 (チャンネル 2) の信号入力端子で, プ
ローブを接続する.

⑥ 外部トリガ入力端子

外部トリガを使用する場合のトリガ信号入力
端子.

⑦ キャリブレーション (CAL) 端子

キャリブレーション (校正) 信号の出力端子で,
プローブの校正などに使用する.

2.11 プローブ校正

(1) 実験台上に既設のノートパソコン (以下,
ノート PC と略す) を起動する. このとき

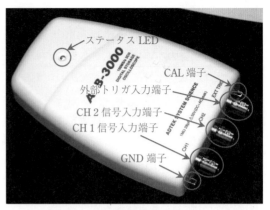

(a) 前面

(b) 背面

図 11 デジタルストレージオシロスコープの構造

デジタルストレージオシロスコープとノート
PC が専用の USB ケーブルでつながれている
ことを確認する.

(2) ノート PC が起動したならば, デスクトッ
プ上にある "MagicScope" へのショートカッ
トアイコン (**図 12** 参照) をダブルクリックし,
MagicScope を起動する.

(3) すると, **図 13** のような画面が起動する. こ
のとき, デジタルストレージオシロスコープ
のステータス LED が点滅していることを確
認する.

(4) デジタルストレージオシロスコープの CH
1 にプローブを**図 14** のように接続する.

(5) **図 15** を参考にしながらプローブの減衰率
を『×10』のレンジにオレンジ色のつまみを
スライドさせる.

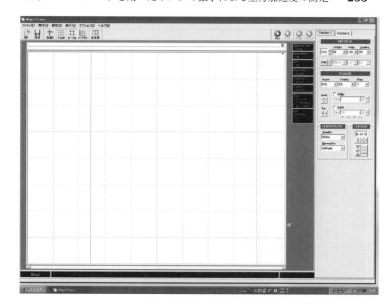

図 **12** "MagicScope" アイコン 　　　　図 **13** "MagicScope" の起動画面

ASB–3000 本体

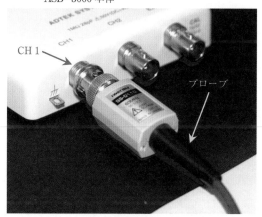

図 **14** ASB–3000 とプローブの接続 　　　図 **15** 減衰率の設定

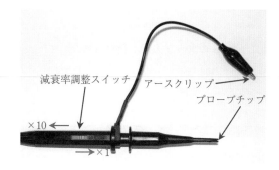

(6) **図 16** のようにプローブのアースクリップ
をデジタルストレージオシロスコープの GND
端子へ，さらに，プローブチップ (プローブ先
端のカギ) を CAL (キャリブレーション) 端子
に接続する (プローブ先端のカギはプローブ
先端の黒いキャップを図 16 の矢印方向へ軽く
押すことで飛び出る).

(7) **図 17** を参考にしながら，ノート PC で起動
した MagicScope 画面上の CH 1 の VERTI-
CAL 項目にある Volt/div の下向き三角 (▼)
をワンクリックし，電圧 500 mV を選択 (ワン
クリック) する.

(8) さらに，**図 18** のように MagicScope 画面
上の HORIZONTAL 項目の Time/div の下向
き三角 (▼) をワンクリックし時間 200 μs を
選択 (ワンクリック) する.

(9) 次に，**図 19** のように MagicScope 画面上の
『Run もしくは Auto』ボタンをワンクリック
する. すると，図 19 のような凹凸状波形が観
測される. このとき，**図 20** のような (ゆがん
だ) 波形が観測された場合は担当教員に申し
出ること.

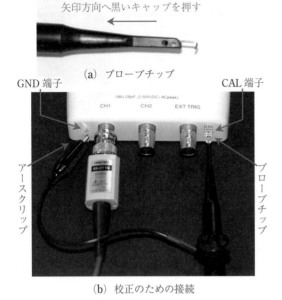

矢印方向へ黒いキャップを押す

（a）プローブチップ

GND 端子　　　　　　　　　　CAL 端子

アースクリップ　　　　　　　　プローブチップ

（b）校正のための接続

図 16　プローブ校正のための接続

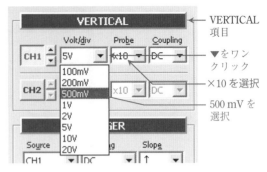

図 17　プローブ校正のための電圧設定

VERTICAL 項目

▼をワンクリック

×10 を選択

500 mV を選択

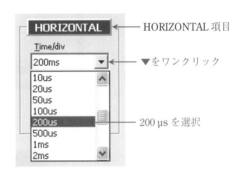

図 18　プローブ校正のための時間設定

HORIZONTAL 項目

▼をワンクリック

200 μs を選択

注意：図 19 の波形が画面上に現れない場合は，図 19 の波形の位置調整ボタン（▲と▼ボタン）をクリックして波形の位置調整を行う．

(10)　図 19 のような波形が観察されたら Magic-Scope 画面上の『Stop』ボタンをワンクリック

し，デジタルストレージオシロスコープの GND 端子と CAL 端子からアースクリップとプローブチップを取り外す．

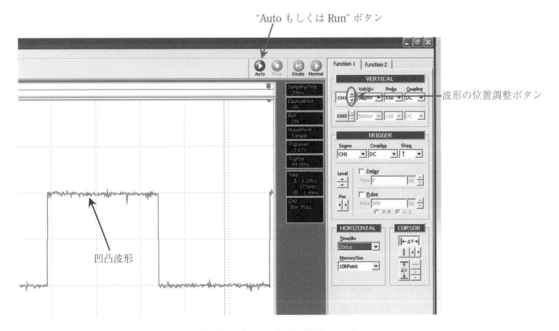

"Auto もしくは Run" ボタン

波形の位置調整ボタン

凹凸波形

図 19　プローブ校正波形の観察

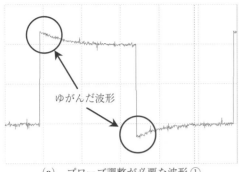

（a） プローブ調整が必要な波形 ①

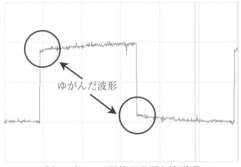

（b） プローブ調整が必要な波形 ②

図 20 プローブの調整が必要な場合の波形

2.12 プローブとレーザ式光電センサボックスの接続

先ほどデジタルストレージオシロスコープから取り外したアースクリップとプローブチップをセンサボックスのプローブチップ接続端子 (S)，アースクリップ接続端子 (T) へ接続する．

2.13 MagicScope の予備調整

(1) センサボックスの電源をコンセントに接続し，センサボックスの電源スイッチを ON にする．

(2) MagicScope 画面上の CH 1 の <u>VERTICAL</u> 項目にある Volt/div の下向き三角 (▼) をワンクリックし，電圧 **5 V** を選択 (ワンクリック) する．

(3) MagicScope 画面上の <u>HORIZONTAL</u> 項目の Time/div の下向き三角 (▼) をワンクリックし時間 **500 ms** を選択 (ワンクリック) する．

(4) そして，MagicScope 画面上の『Auto もし

くは Run』ボタンをワンクリックする．すると，**図 21** のような水平な波形が現れるので，MagicScope 画面上の CH 1 ボタン右隣の上向三角印 (▲)，あるいは，下向三角印 (▼) をクリックし水平波形が画面縦方向のほぼ中央に現れるように調節する．

(5) 調整が終わったならば MagicScope 画面上の『Stop』ボタンをワンクリックする．

2.14 振子の周期の自動計測

(1) **2.4** で組立てた振子を U 字台へ設置する．

(2) 次に，MagicScope 画面上の『Auto もしくは Run』ボタンをワンクリックする．

(3) そして，振子を振動させる．このとき，振子の振動の振幅は 10 cm 以内かつ楕円運動しないようにうまく振動させる．

注意 1：振子を振動させるときに球形錘がセンサボックスに当たったり，落下したりしない

図 21 波形の位置調整

ように細心の注意を払うこと.

注意2：特に，球形錘が楕円運動するとエッジがU字台上で回転し落下しやすいので注意すること.

(4)　すると，**図 22** のようにノート PC 上の画面に凹凸波形が現れる (凸型波形は上凸でも下凸でも構わない).

(5)　次に，MagicScope 画面上の『Stop』ボタンをワンクリックする.

(6)　振子の振動を停止する.

2.15　振子の周期の決定

(1)　**図 23** を参考にしながら，MagicScope 画面

上の <u>CURSOR</u> 欄にある『ΔT』ボタンが ON の状態 (窪んだ状態) になっていることを確認する.

(2)　すると，図 23 のように波形ウィンドウ内に縦のピンク色の実線と破線が表示される.

(3)　**図 24** を参考にしながら，波形ウィンドウの画面の一番左側にある凸型波形の中央に実線をマウスでドラック (移動) する. このとき，実線がうまく波形の中央に移動できない場合は，図 24 の線種選択ボタン*3 で □ (実線) を

---

*3 線種選択ボタンはワンクリックすることで実線と破線が切り替わる.

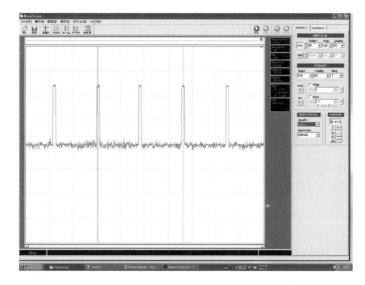

図 22　振子の周期の波形測定の例

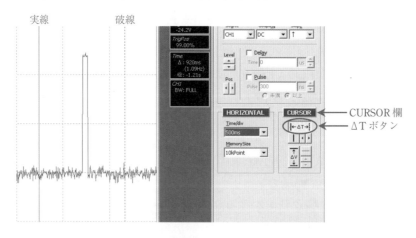

図 23　振子の周期測定のための MagicScope の設定

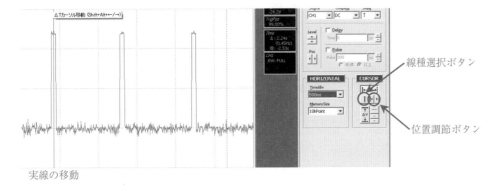

実線の移動

図 24　振子の周期測定 (実線の移動)

破線の移動

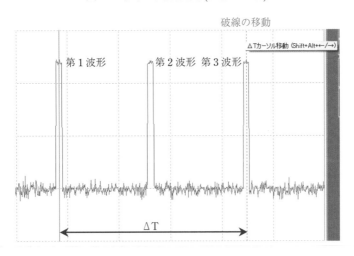

図 25　振子の周期測定 (破線の移動)

選択し，その隣の左右の三角ボタン (◀ ▶) を
クリックすることで微調節できる．

(4)　次に，**図 25** を参考にしながら左から 3 番
目の凸型波形の中央に破線をマウスでドラッ
ク (移動) する．このときも，破線がうまく波
形の中央に移動できない場合には線種選択ボ
タンで □ を選択し左右の三角ボタン (◀ ▶)
をクリックし微調節を行う．

(5)　すると，**図 26** のように波形ウィンドウの
右隣の Time 欄に破線と実線で囲まれた範囲
の時間が Δ : ○○ s と表示されるので，この
時間を振子の 1 周期の時間 (T) として**表 2** の
ように記録する．

(6)　あと 4 回振動の周期の測定を行い，表 2 の
ように結果を整理する．

表 2　振子の周期の測定

測定回数	周期 [s]
1	2.02
2	2.00
3	2.01
4	2.01
5	2.00

平均 $T = 2.008$ s

参　考　第 1 波形と第 3 波形の間で周期 T を決
定するのは？

　振子をレーザセンサの右側から振動させた場合を
考えると，第 1 波形は錘が右から左へ通過する際に
レーザ光を遮ったために発生した電圧波形である．
一方，第 2 波形は錘が左から右側へ通過する際に
レーザ光を遮ったために発生した電圧波形である．
よって，第 1 波形と第 2 波形の間隔は振動の半周期
の時間となる．したがって，第 1 波形と第 3 波形の

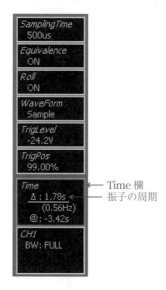

図 26　振子の周期の決定

間隔が振子の 1 周期となるために第 1 波形と第 3 波
形の間隔を測定している.

2.16　結果の保存

(1)　USB メモリースティックが実験台のトレー
の中にあることを確認する.

(2)　メモリースティックをノート PC の USB
ポートに挿入する (USB ポートはノート PC

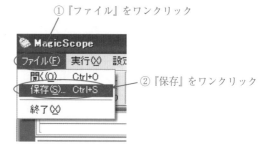

図 27　結果の保存手順 ①

の背面あるいは側面にある).

(3)　**図 27** を参考にしながら, MagicScope 画面
上の『ファイル』をワンクリックし, 次いで
『保存』をワンクリックする.

(4)　すると, **図 28** のような画面が現れるので,
保存する場所として『USB ドライブ』を選択
する.

(5)　次に, ファイルの種類として『JPG files』
を選択し, ファイル名として『○○学科―○
班』と入力し『保存』ボタンをワンクリック
する (保存例；建築学科―3 班).

(6)　保存後, MagicScope を終了する.『ファイ
ル』メニューの『終了』をワンクリックする

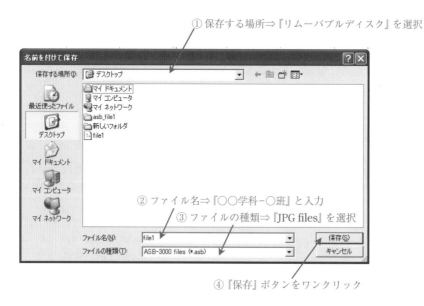

図 28　結果の保存手順 ②

か，もしくは，MagicScope 画面右上の × ボタンをワンクリックする．

(7) 続いて，**図 29** のようにデスクトップ画面右下の『ハードウエアを安全に取り外してメディアを取り出す』と表示されるアイコンをワンクリックする．

(8) 次いで，**図 30** のように『USB Flash Drive の取り出し』をワンクリックする．

(9) USB メモリースティックをノート PC から取り外す．

2.17　結果の印刷

取り外した USB メモリースティックを担当教員に渡し，結果を 2 枚印刷してもらう．1 枚は実験ノートへの貼付用，もう 1 枚は抄録またはレポート提出用である．

2.18　エッジの刃先から球形錘の上端までの距離測定

(1) U 字台に振子を設置した状態で，**図 31** を参考にしながら振子にスケールを接近させ，

図 29　ハードウエアの安全な取り外し

『USB 大容量…取り外します』をワンクリック

図 30　USB メモリースティックの取り外し

エッジの下端の位置と球形錘の上端の位置をそれぞれスケールから読み取り，**表 3** のようにノートに記録する．この測定は 5 回行うこと．このとき，エッジの下端側にスケールの目盛の数値が大きい側を向けて振子に接近させればよい．

(2) エッジの下端の位置と球形錘の上端の位置の測定が 5 回終了したならば，エッジの下端の測定値から球形錘の上端の測定値を引き算することでエッジの刃先から球形錘の上端までの距離 (l) が求まる．あとは，**表 3** のように結果をノートに整理する．

2.19　球形錘の直径の測定

(1) U 字台から振子を取り外し，さらに，球形錘から金属線を取り外す．

(2) 次に，ノギスを用いて球形錘の直径 ($2r$) を 5 回測定し，**表 4** のように結果をノートに整理する．

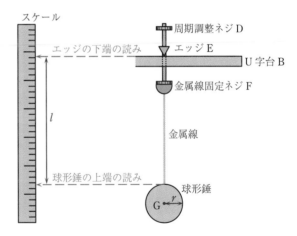

図 31　エッジの下端と地形錘の上端の距離 l の測定

表 3　スケールによる l の測定

エッジの下端の読み [mm]	球形錘の上端の読み [mm]	間隔 l [mm]
1411	411	1000
1410	408	1002
1388	389	999
1401	400	1001
1400	397	1003

平均 $l = 1001$ mm $= 100.1$ cm $= 1.001$ m

表 4　ノギスによる球形錐の直径 $2r$ の測定

測定回数	零点の読み [mm]	直径 $2r$ [mm]
1	0.00	42.00
2	0.00	41.90
3	0.00	41.95
4	0.00	42.05
5	0.00	41.85

平均 $2r = 41.95$ mm

球形錐の半径 $r = 20.975$ mm $= 2.0975$ cm

$$= 2.0975 \times 10^{-2} \text{ m}$$

3.　データの整理

自動計測により求めた振子の振動周期 (T),
エッジの刃先から球形錘の上端までの距離 (l)
および球形錘の半径 (r) を用いて (8) 式より重
力加速度 g を計算してみよ.

3.1　計算例

$$g = \frac{4\pi^2}{T^2}\left(l + r + \frac{2}{5} \times \frac{r^2}{l+r} \right)$$

$$= \frac{4 \times (3.142)^2}{(2.008)^2} \times \left\{ 1.001 + 2.098 \times 10^{-2} \right.$$

$$\left. + \frac{2}{5} \times \frac{(2.098 \times 10^{-2})^2}{1.001 + 2.098 \times 10^{-2}} \right\}$$

$$= 10.01 \text{ m/s}^2$$

4.　結果の検討

(1)　**2.5** の周期調整でノートに控えた振子の 10
回振動の周期 $(10T_0)$ の 1/10 の値が, 目視に
よる振子の 1 回振動の周期に等しいと仮定し
て, (8) 式から目視による重力加速度を計算
し, 自動計測で求めた重力加速度とどの程度
の誤差が生じるかを求めなさい.

(2)　本実験題目のアブストラクト (概要) に記
してある (i) 式に, 本学の緯度と標高を代入し
重力加速度を計算し, 自動計測で求めた重力
加速度と比較しなさい. ただし, 本学の緯度
を 37 度 21 分 23.53 秒, 標高を 228.294 m と
する.

参考　日本各地の重力実測値

地名	緯度 (φ)			経度 (λ)			高さ (H)	重力実測値 (g)	地名	緯度 (φ)			経度 (λ)			高さ (H)	重力実測値 (g)
	°	′	″	°	′	″	m	m/s²		°	′	″	°	′	″	m	m/s²
稚内	45	25	00	141	40	18	90	9.8062273	松代	36	32	30	138	12	36	433.97	9.7976976
利尻	45	14	42	141	14	06	15	9.8066973	松本	36	14	42	137	58	24	511	9.7965406
名寄	44	21	36	142	28	12	100	9.8057373	高山	36	09	12	137	15	24	660.5	9.7968508
網走	44	01	00	144	17	00	37.9	9.8058914	福井	36	03	06	136	13	30	9.4	9.7983819
留萌	43	56	42	141	38	12	22.3	9.8056073	甲府	36	39	48	138	33	30	273	9.7970621
旭川	43	46	12	142	22	24	112.4	9.8053242	岐阜	35	23	48	136	45	54	15	9.7974584
新十津川	43	31	24	141	50	30	88.51	9.8029579	名古屋	35	09	06	136	58	18	45	9.7973254
根室	43	19	42	145	35	24	20	9.8068363	三島	35	06	42	138	55	42	21	9.7978660
札幌	43	04	18	141	20	42	15	9.8047775	網代	35	02	12	139	05	48	67.21	9.7979560
釧路	42	58	36	144	23	30	32.8	9.8059651	静岡	34	58	30	138	24	24	10	9.7974144
帯広	42	55	12	143	13	00	39.85	9.8041810	浜松	34	42	24	137	43	24	33.06	9.7973458
千歳	42	48	18	141	40	30	20	9.8042652	石廊崎	34	46	00	137	50	42	40	9.7977440
長万部	42	30	24	145	35	24	5	9.8042214	御前崎	34	36	06	138	12	54	45.85	9.7974230
浦河	42	09	30	141	20	14	33.4	9.8032478	舞鶴	35	26	54	135	47	12	2.8	9.7979498
函館	41	48	48	144	23	30	35.3	9.8040097	京都	35	01	42	135	47	12	59.86	9.7970775
青森	40	49	00	140	46	48	4.8	9.8031473	姫路	34	50	12	134	40	24	39.11	9.7973016
三沢	40	41	42	141	22	12	35.3	9.8030808	津	34	42	06	136	31	12	2.83	9.7971400
弘前	40	35	06	140	28	30	50	9.8026125	奈良	34	41	30	135	49	48	105.18	9.7970472
八戸	40	31	30	141	31	30	28.2	9.8036084	鳥羽	34	27	48	136	51	00	15	9.7973095
秋田	39	43	36	140	08	18	20	9.8017580	和歌山	34	13	36	135	12	00	13.92	9.7968921
盛岡	39	41	48	141	10	06	153.3	9.8018971	潮岬	33	26	54	135	45	48	74.3	9.7972690
宮古	39	38	36	141	58	06	40	9.8027026	境港	35	32	30	133	14	18	2	9.7980807
大槌	39	20	54	141	56	18	4.2	9.8025153	鳥取	35	29	06	134	14	30	7.9	9.7979045
水沢	39	07	54	141	08	12	63.9	9.8014656	大田	35	07	06	132	27	06	110	9.7974478
大船渡	39	03	42	141	43	06	10	9.8021069	津山	35	03	42	134	00	48	146.39	9.7971980
酒田	38	54	30	139	50	54	3.4	9.8007154	浜田	34	53	36	132	04	24	20	9.7974771
新庄	38	44	30	140	17	54	95	9.8005906	三次	34	44	06	132	51	18	156	9.7967698
仙台	38	14	54	140	50	48	140	9.8006583	岡山	34	40	09	133	55	00	3	9.7971194
山形	38	14	36	140	21	06	170	9.8001491	福山	34	26	30	133	15	00	1.92	9.7968940
福島	37	45	24	140	28	30	68.1	9.8000796	萩	34	24	42	131	23	36	5	9.7968742
会津若松	37	29	06	139	54	48	212	9.7991294	広島	34	22	06	132	28	06	2	9.7965866
いわき	36	56	42	140	54	24	3.8	9.8000881	山口	34	09	24	131	27	24	17.1	9.7965888
前橋	36	24	06	139	03	48	110	9.7982970	下関	33	56	42	130	55	42	0.06	9.7967536
柿岡	36	13	48	140	11	30	32.17	9.7996601	高松	34	18	54	134	04	24	12	9.7969877
川越	35	53	12	139	31	48	7.81	9.7984491	松山	33	50	24	132	46	48	33.74	9.7959537
銚子	35	43	30	140	50	30	27.09	9.7968404	高知	33	33	30	133	30	30	17.02	9.7962479
東京	35	38	36	139	41	18	28.04	9.7976319	室戸	33	15	00	134	10	48	185.8	9.7962951
千葉	35	37	54	140	06	30	20.87	9.7977604	足摺	32	43	12	133	00	42	70	9.7960951
羽田	35	32	48	139	45	54	2	9.7975808	福岡	33	35	42	130	22	42	31.3	9.7962859
鹿野山	35	15	06	139	57	30	350.52	9.7969099	平戸	33	21	24	129	33	18	50	9.7960575
箱根	35	14	24	139	03	42	426.9	9.7970929	大分	33	14	00	131	37	24	5.6	9.7954167
油壺	35	09	24	139	37	06	4.81	9.7977465	熊本	32	48	48	130	43	48	22.84	9.7955162
勝浦	35	08	54	140	19	00	12.2	9.7981552	長崎	32	43	06	129	52	18	25	9.7958803
館山	34	59	00	139	52	00	5.92	9.7978644	福江	32	41	36	128	49	24	10	9.7957416
大島	34	45	48	139	22	12	191.8	9.7980857	延岡	32	34	42	131	39	36	5	9.7946926
三宅島	34	07	18	139	31	30	36.2	9.7980035	人吉	32	12	54	130	45	24	147	9.7945782
八丈島	33	06	06	139	47	18	79.5	9.7972380	宮崎	31	55	06	131	25	06	6.55	9.7958808
鳥島	33	29	00	140	18	12	86.26	9.7952895	鹿児島	31	34	24	130	33	12	4.2	9.7947215
父島	27	05	24	142	11	18	3	9.7943944	鹿屋	31	25	18	128	49	54	102	9.7944361
相川	38	01	12	138	14	36	35	9.8007031	名瀬	28	22	12	131	39	54	5	9.7925040
新潟	37	55	18	139	02	18	182.1	9.7997322	嘉手納	26	22	00	127	41	00	35	9.7911222
輪島	37	23	18	136	53	54	6.9	9.7998006	那覇	26	13	30	127	41	12	15	9.7909942
柏崎	37	21	12	138	30	42	4	9.7996110	宮古島	24	47	36	125	16	42	30	9.7899718
富山	36	42	24	137	12	18	10	9.7986742	石垣島	24	19	54	124	09	54	5	9.7900606
金沢	36	33	54	136	39	48	60	9.7985790	西表島	24	16	42	123	53	00	8	9.7901308

付　　録

付録 A　電気計器に関する参考資料

1．電気計器 ································264

2．電気用図記号 ····················268

3．電子機器部品の色による定格表········274

付録 B　国際単位系 (SI)

1．基本単位と補助単位 ·············275

2．固有の名称をもつ組立単位 ········276

3．その他の組立単位の例 ···········276

4．単位の 10 の整数乗倍を表す接頭語···277

5．SI と併用される単位 ···········277

付録 C　物理定数

1．元素と合金の密度 ···············278

2．種々の物質の密度 ···············279

3．種々の物質の水溶液の密度 ········279

4．水の密度 ························280

5．元素の比熱 ······················280

6．気体の比熱 ······················281

7．水の比熱 ························281

8．元素の融点および沸点 ···········282

9．元素の線膨張係数 (α) ···········283

10．弾性に関する定数 ···············284

11．熱電対の基準起電力 ·············284

12．水の表面張力 (γ) ··············286

13．種々の物質の表面張力 (γ) ······286

14．水の粘性係数 (η) ··············286

15．固体および水の空気に対する屈折率

································286

16．金属の抵抗率および温度係数 ·········287

17．電気化学当量 ····················288

18．各種光源の可視部主要
スペクトル線の波長 ···············288

付　録　A

1. 電 気 計 器

　電圧や電流，電力，周波数などを測定する計器を総称して指示計器と呼ぶ．これは外部（被測定回路以外）からの電源または，内部電池を必要とする計器や記録計器等は含まれていないが，実験では広く用いられる計器である．これらの計器の目盛板や見やすいところには

1.　階級
2.　動作原理
3.　計器が使用される回路の種類（直流・交流などの別）
4.　計器の製造番号（ロット番号または製造年もしくはそれらの略号）
5.　製造業者名，登録商標または略号，および測定に関する表示事項
　　5.1　測定量の単位の名称
　　5.2　最大目盛（目盛で代用する場合もある）

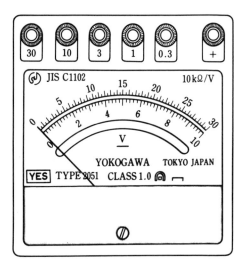

図 1　指示計器の例（直流電圧計）

　5.3　定格電圧，定格電流，定格周波数などが表示されている．JIS C 1102 に記載されている記号分類と用途等については，表 1〜5 に示した．

　図 1 は，指示計器の一例である．目盛板から，次のことがわかる．

　製作所は横河電機，2051 型の計器で，直流回路（表 1）の電圧計に用いられ，その使用範囲は，端子の切換えにより，各々最大 30V，10 V，3V，1V，0.3V の 5 つに使い分けられ，階級は 1.0 級（表 2）で，可動コイル型（表 4）のメータである．また測定するときは，文字板が水平になるように置くよう指示されている（表 3）．メータの内部抵抗は，$10\,\mathrm{k\Omega/V}$ である．したがって，$30\,\mathrm{V}$ の端子に接続して電圧を測定するときの内部抵抗は，$30\times10\,\mathrm{k\Omega}$ である．

　計器によっては視差を除くため目盛板に鏡をつけたものがある．このときは，鏡に写った指針の像が，指針とかさなる目の位置で，指針の示す目盛を読みとるようにする．

　一般にメータ類はその構造上，強い振動には耐えられないものが多く，取扱う時は定格以上の電流や電圧を加えたり，強い振動を与えるような使い方をしてはならない．また検流計のように高感度な計器は，使用しない時は端子を短絡したり，指針をおさえるようになっているので注意を要する．

使 用 上 の 注 意

（1）　激動を与えないようにする．
（2）　使用計器の種類を正しく選び，極性などを間違えないよう，よく確かめて使う．
（3）　測定する際は規定された状態に（たとえば水平型は水平に）正しくすえつける．

（4）　あらかじめ正しく零点を調整する．

（5）　いろいろな測定範囲のある計器では，所要の測定範囲に切りかえて用い，測定値が未知の場合は必ず大きな測定範囲で測り，概略値を知ってから適当な測定範囲のものに切りかえる．最大の測定範囲以上の電気的量の測定には，電流計の場合は分流器（Shunt），電圧計の場合は分圧器（Breeder）を用いるがよい．

（6）　配線はなるべく短くし，かつ確実にする．特に高周波回路を測定する場合には配線の長さに注意し，また回路間の不要な電気的干渉を起さないように注意する．

（7）　計器を接続したために被測定回路の状態が変化し，計器には実際の値と少し異なる値が現れることに注意しなければならない．この差を小さくするには，被測定回路の抵抗にくらべて，電流計では充分小さい内部抵抗をもつものを，また，電圧計では充分大きい内部抵抗をもつものを使わなくてはならない．

保管上の注意

（1）　機械的に振動の少ない乾燥したところを選び，強磁石や強電流の流れるところには近ずけないこと．

（2）　電流計や検流計（Galvanometer）の端子間を銅線で短絡して制動しておき，計器が誤って衝撃を受けても，指針が激しく振れないようにする．

表 2　指示計器の階級による種類

階　級	許容差*[％]	用　　　途
0.2 class	±0.2	副標準器として使用
0.5 class	±0.5	精密測定に使用（実験室での標準用）
1.0 class	±1.0	0.5 class につぐ確度用
1.5 class	±1.5	一般工業用（配電盤用）
2.5 class	±2.5	確度に重きを置かない場合

*（a）目盛の零位が目盛の端にある計器の許容差は，最大目盛値に対する百分率で表す．

（b）両振れ計器の許容差は，有効測定範囲内の上限と下限の絶対値の和に対する百分率で表す．

（c）　拡大目盛計器及びゼロないし目盛計器などの許容差は，有効測定範囲の上限値に対する百分率で表す．

表 1　直流と交流の記号

種　　類	記　　号
直　　流	― または ===
交　　流	〜
直流 および 交流	≒
三相交流	≋

表 3　計器の取付姿勢を表す記号

項　目	記　号
目盛板を鉛直にして使用する計器	⊥
目盛板を水平にして使用する計器	⊓
目盛板を水平面から傾斜した位置で使用する計器（60°の例）	∠60°

表 4　　主な指示計器の動作原理による分類

種類	記号	文字記号	使用回路	使用範囲			動作原理
				電流〔A〕	電圧〔V〕	周波数〔Hz〕	
永久磁石可動コイル形	(記号)	M	直流	$5\times10^{-6}\sim10^{2}$	$10^{-2}\sim10^{3}$		固定永久磁石の磁界と，可動コイルに流れる直流電流との間に生じる力により，可動コイルを駆動させる方式
可動鉄片形	(記号)	S	交(直)流	$10^{-2}\sim3\times10^{2}$	$10\sim10^{3}$	<500	固定コイルに流れる電流の磁界と，その磁界によって磁化された可動鉄片との間に生じる力により可動鉄片を駆動させる方式
電流力計形	(記号)	D	交直流	$10^{-2}\sim20$	$1\sim10^{3}$	$<10^{3}$	固定コイルに流れる電流の磁界と，可動コイルに流れる電流の間に生じる力により可動コイルを駆動させる方式
静電形	(記号)	E	交直流		$1\sim5\times10^{5}$	$<10^{8}$	異なる電位を与えられた固定電極と可動電極との間に生じる静電力によって可動電極を駆動させる方式
誘導形	(記号)	I	交流	$10^{-2}\sim10^{2}$	$1\sim10^{3}$	$30\sim10^{2}$	1つまたは2つ以上の交流電磁石による回転磁界と，その磁界によって可動導体中に誘導される渦電流との間に生じる力により可動導体を駆動させる方式
振動片形	(記号)	V	交流			$10\sim10^{3}$	固定コイルに流れる交流電流の電磁力により，振動片を共振させる方式
整流形	(記号)	R	交流	$5\times10^{-4}\sim10^{-1}$	$1\sim10^{3}$	$<10^{4}$	交流電流または電圧を測定するために，整流器，ダイオードを用いて交流電流を直流に変換し，可動コイル形の計器で指示させる方式
熱電対形	(記号)	T	交直流	$10^{-3}\sim5$	$0.5\sim150$	$<10^{8}$	ヒータに流れる電流によって熱せられる熱電対に生じる起電力を可動コイル形の計器で指示させる方式
トランジューサ形	(記号)	C	交(直)流		$1\sim300$	$<10^{8}$	電子デバイスなど電子回路によって交流の電気的量を直流の電圧または電流に変換し，可動コイル形の計器で指示させる方式

表 5　測定量を表す記号

種　　類		記　　号
電　流	アンペア	A
	ミリアンペア	mA
	マイクロアンペア	μA
	キロアンペア	kA
電　圧	ボ　ル　ト	V
	ミリボルト	mV
	キロボルト	kV
電　力	ワ　ッ　ト	W
	ミリワット	mW
	キロワット	kW
	メガワット	MW
無効電力	バ　ー　ル	var
	キロバール	kvar
	メガバール	Mvar
周 波 数	ヘ　ル　ツ	Hz
	キロヘルツ	kHz
	メガヘルツ	MHz
位　相　角		φ
力　　率		cos φ
無　効　率		sin φ

備　考　上記以外は JIS Z 8202（量記号，単位
記号 及び 化学記号）による.

2.　電気用図記号（Graphical Symbols for Diagrams）

　電気回路を示す図面等に使用する電気用図記号は JIS によって決められている．これまでは JIS C 0301 で決められたものを使用してきたが，平成 11 年 2 月に新しい規格の JIS C 0617 が制定された．以下に新しい規格の主要な電気用図記号を示す．ただし，旧記号を用いた電気回路図面等もわれわれの身近なところに現在あるので，参考として旧記号も示す．

1.　電圧と電流

図記号	説明
= = = ———	直流 **参考**　電流の JIS 旧記号
～	交流 周波数または周波数範囲を図記号の右側に表示してもよい． 例　～50 Hz は交流 50 Hz を示す．

2.　導体および接続部品

図記号	説明
———	接続，接続群 例　導体（導線），ケーブル，線路 接続の図記号の長さは，図の配置によって調整してもよい． 単線で導体群を表す場合，以下のように接続数に相当する斜線を引くか，または接続数を表す数字を傍記してよい． 例　3 本の接続 様式 1　———///———　　　　　様式 2　————／³————
─○─	同軸ケーブル
●	接続点，接続箇所
○	端子
様式 1 様式 2	T 接続 T 接続に接続点を加えたもの
様式 1 様式 2	導体の二重接続 製図の都合上必要なときは，導体の二重接続に接続点を加える．
⏚	接地（一般図記号）
	フレームまたはシャシ接続 誤りを生じるおそれがない場合は，斜線を省略することができる． 斜線を省略する場合は，フレームまたはシャシを表す線を太くする．

3.　**基礎受動部品**（抵抗器，コンデンサ（キャパシタ），インダクタなど）

抵抗器

図記号	説明
	抵抗器（一般図記号） **参考**　抵抗器の JIS 旧記号
	可変抵抗器 **参考**　可変抵抗器の JIS 旧記号
	しゅう（摺）動接点付ポテンショメータ **参考**　しゅう（摺）動接点付ポテンショメータの JIS 旧記号

コンデンサ（キャパシタ）

図記号	説明
	コンデンサ（キャパシタ）（一般図記号） **参考**　コンデンサ（キャパシタ）の JIS 旧記号
	有極性コンデンサ（電解コンデンサなど） **参考**　電解コンデンサ（キャパシタ）の JIS 旧記号
	可変コンデンサ
	半固定コンデンサ

インダクタ

図記号	説明
	インダクタ，コイル，巻線，チョーク（リアクトル） **参考**　インダクタの JIS 旧記号
	磁心入りインダクタ
	固定タップ付インダクタ（固定タップ2個の場合）
様式1 様式2	2巻線変圧器 2巻線の電圧の瞬時極性を，この図記号の様式2で表示してもよい． 例　2巻線変圧器（瞬時電圧極性を示した場合）
様式1 様式2	単相単巻変圧器
様式1 様式2	電圧調整式の単相単巻変圧器

4.　半導体および電子管

図記号	説明
	半導体ダイオード（一般図記号） **参考**　半導体ダイオードの JIS 旧記号
	発光ダイオード（LED）（一般図記号）
	フォトダイオード
	PNP トランジスタ
	NPN トランジスタ（コレクタを外囲器と接続）
	電磁偏向形ブラウン管（次を装備） ―集束及びイオントラップ用永久磁石 ―輝度変調用電極 ―傍熱陰極 （例：テレビジョン受像管）

5.　電気エネルギーの発生

1 次電池および 2 次電池

図記号	説明
	1 次電池または 2 次電池 長線が陽極（＋）を表し，短線が陰極（－）を表している．

6. 保護装置（ヒューズおよびスイッチ）

図記号	説明
──□──	ヒューズ（一般図記号） **参考** ヒューズの JIS 旧記号
様式1 様式2	メーク接点 この図の記号は，スイッチを表す一般図記号として使用してよい.
様式1 様式2	**参考** メーク接点の JIS 旧記号

7. 指示計器

図記号	説明
* （円）	指示計器 円の中央の＊マークは用途に応じ以下の例のように置き換える. 例　電圧計　　　力率計　　　周波数計　　　検流計 （V）　（cos ψ）　（Hz）　（↑）
* （四角）	積算計 下の四角形の中央の＊マークは用途に応じ以下の例のように置き換える. 例　積算電流計　　　電力量計 Ah　　　Wh

8．熱電対

図記号	説明
様式 1	熱電対で，極性を添えて示してある．
様式 2	熱電対で，陰極は太線で表示されている．

9．ランプ

図記号	説明
	ランプ（一般図記号） ランプの色を表示する必要がある場合，次の符号をこの図記号の近くに表示する． RD＝赤，YE＝黄，GN＝緑，BU＝青，WH＝白 **参考**　ランプの JIS 旧記号

10．増幅器

図記号	説明
	増幅器（一般図記号） 中継器（一般図記号） 三角形は，伝送方向に向ける．

11．その他

図記号	説明
	電源プラグ（2 極） スピーカ

3. 電子機器用部品の色による定格表

表 1　小型固定抵抗器の場合（JIS C 0802）

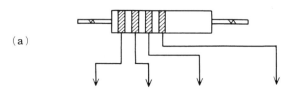

(a)

色　　名	第1色帯	第2色帯	第3色帯	第4色帯
	第1数字	第2数字	乗　　数	公称抵抗値許容差
黒	0	0	10^0	—
茶　色	1	1	10^1	±1%
赤	2	2	10^2	±2%
だいだい色	3	3	10^3	—
黄　色	4	4	10^4	—
緑	5	5	10^5	±0.5%(1)
青	6	6	10^6	—
紫	7	7	10^7	—
灰　色	8	8	10^8	—
白	9	9	10^9	—
金　色	—	—	10^{-1}	±5%
銀　色	—	—	10^{-2}	±10%
—				±20%

注（1）特に必要がある場合に限り適用する.

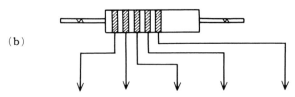

(b)

色　　名	第1色帯	第2色帯	第3色帯	第4色帯	第5色帯
	第1数字	第2数字	第3数字	乗　　数	公称抵抗値許容差
黒	0	0	0	10^0	—
茶　色	1	1	1	10^1	±1%
赤	2	2	2	10^2	±2%
だいだい色	3	3	3	10^3	—
黄　色	4	4	4	10^4	—
緑	5	5	5	10^5	±0.5%
青	6	6	6	10^6	±0.25%
紫	7	7	7	10^7	±0.1%
灰　色	8	8	8	10^8	—
白	9	9	9	10^9	—
金　色	—	—	—	10^{-1}	±5%
銀　色	—	—	—	10^{-2}	—

付録B　国際単位系(SI)*

1. 基本単位と補助単位

	量	単位の名称	単位記号	定　　義
基本単位	時　　間	秒	s	秒は，摂動を受けていないセシウム133原子の基底状態の超微細遷移周波数 $\Delta\nu_{Cs}$ を Hz の単位（s^{-1} と同じ単位）で表記した際の数値を 9192631770 と固定値とすることで定義されている．
	長　　さ	メートル	m	メートルは，真空中の光速度 c を $m\,s^{-1}$ の単位で表記した際の数値を 299792458 と固定値とすることで定義される．ここで秒はセシウムの周波数 $\Delta\nu_{Cs}$ で定義されている．
	質　　量	キログラム	kg	キログラムは，プランク定数 h を Js の単位（$kg\,m^2\,s^{-1}$ と同じ単位）で表記した際の数値を 6.62607015×10^{-34} と固定することで定義される．ここでメートルと秒は c と $\Delta\nu_{Cs}$ で定義されている．
	電　　流	アンペア	A	電流は，素電荷 e を C の単位（As と同じ単位）で表記した際の数値を $1.602176634\times10^{-19}$ と固定値とすることで定義される．ここで秒は $\Delta\nu_{Cs}$ で定義されている．
	熱力学温度**	ケルビン	K	ケルビンは，ボルツマン定数 k を JK^{-1} の単位（$kg\,m^2\,s^{-2}\,K^{-1}$ と同じ単位）で表記した際の数値を 1.380469×10^{-23} と固定値とすることで定義される．ここでキログラム，メートル，秒は $h,c,\Delta\nu_{Cs}$ で定義されている．
	物　質　量	モ　　ル	mol	1モルは正確に 6.02214076×10^{23} 個の要素粒子を含む．この数値はアボガドロ定数 N_A を mol^{-1} の単位で表記した際の固定値であり，アボガドロ数とも呼ばれる． 　系の物質量（n で表記）は特定の要素粒子の数を測る指標であり，要素粒子は原子，分子，イオン，電子，その他の粒子，あるいは特定の粒子群でもよい．
	光　　度	カンデラ	cd	カンデラは，周波数 540×10^{12} Hz の単色放射の発光効率 K_{cd} を $lm\,W^{-1}$ の単位（$cd\,sr\,W^{-1}$ または $cd\,sr\,kg^{-1}\,m^{-2}\,s^3$ と同じ単位）で表記した際の数値を 683 と固定とすることで定義される．ここでキログラム，メートル，秒は $h,c,\Delta\nu_{Cs}$ で定義されている．
補助単位	平　面　角	ラジアン	rad	1ラジアンは，円の周上でその半径の長さに等しい長さの弧を切り取る2本の半径の間に含まれる平面角である．
	立　体　角	ステラジアン	sr	1ステラジアンは，球の中心を頂点とし，その球の半径を1辺とする正方形の面積と等しい面積をその球の表面上で切り取る立体角である．

* Systeine International d'Unites（仏），International system of Unites（英）．
　あらゆる分野において，世界的に使用される単位系として，1960年の国際度量衡総会において採択された単位系であり，その後，科学技術の進歩に合わせて，随時，改訂が行われている．上の表の7個の基本単位は，2019年5月に改訂されたものである．
　SI単位系は，上の表の7個の基本単位と，基本単位の乗除で表せる組立単位によって構成される．この組立単位の一部には，固有の名称が与えられている（次頁参照）．
　詳しくは理科年表2020を参照のこと．
** セルシウス温度はセルシウス度（記号 ℃）で表される．

2. 固有の名称をもつ組立単位

量	単位の名称	単位記号	他の SI 単位による表し方	SI 基本単位による表し方
周　波　数	ヘルツ (hertz)	Hz		s^{-1}
力	ニュートン (newton)	N	J/m	$m \cdot kg \cdot s^{-2}$
圧　力, 応　力	パスカル (pascal)	Pa	N/m²	$m^{-1} \cdot kg \cdot s^{-2}$
エネルギー,仕事,熱量,電力量	ジュール (joule)	J	N·m	$m^2 \cdot kg \cdot s^{-2}$
仕事率, 放射束電力	ワット (watt)	W	J/s	$m^2 \cdot kg \cdot s^{-3}$
電　気　量, 電　荷	クーロン (coulomb)	C	A·s	$s \cdot A$
電　圧, 電　位	ボルト (volt)	V	J/C	$m^2 \cdot kg \cdot s^{-3} \cdot A^{-1}$
静　電　容　量	ファラド (farad)	F	C/V	$m^{-2} \cdot kg^{-1} \cdot s^4 \cdot A^2$
電　気　抵　抗	オーム (ohm)	Ω	V/A	$m^2 \cdot kg \cdot s^{-3} \cdot A^{-2}$
コンダクタンス	ジーメンス (siemens)	S	A/V	$m^{-2} \cdot kg^{-1} \cdot s^3 \cdot A^2$
磁　　　束	ウェーバ (weber)	Wb	V·s	$m^2 \cdot kg \cdot s^{-2} \cdot A^{-1}$
磁　束　密　度	テスラ (tesla)	T	Wb/m²	$kg \cdot s^{-2} \cdot A^{-1}$
インダクタンス	ヘンリー (henry)	H	Wb/A	$m^2 \cdot kg \cdot s^{-2} \cdot A^{-2}$
光　　　束	ルーメン (lumen)	lm	cd·sr	
照　　　度	ルクス (lux)	lx	lm/m²	
放　射　能	ベクレル (becquerel)	Bq		s^{-1}
吸　収　線　量	グレイ (grey)	Gy	J/kg	$m^2 \cdot s^{-2}$
セルシウス温度	セルシウス度	℃		*K

* セルシウス温度 t は，熱力学温度 T と T_0 との差 $t = T - T_0$ に等しい．ここに，$T_0 = 273.15\text{K}$.

3. その他の組立単位の例

量	単位の名称	単位記号	SI 基本単位による表し方
面　　　積	平方メートル	m²	
体　　　積	立方メートル	m³	
密　　　度	キログラム毎立方メートル	kg/m³	
速　度, 速　さ	メートル毎秒	m/s	
加　速　度	メートル毎秒毎秒	m/s²	
角　速　度	ラジアン毎秒	rad/s	
粘　　　度	パスカル秒	Pa·s	$m^{-1} \cdot kg \cdot s^{-1}$
動　粘　度	平方メートル毎秒	m²/s	
力のモーメント	ニュートンメートル	N·m	$m^2 \cdot kg \cdot s^{-2}$
表　面　張　力	ニュートン毎メートル	N/m	$kg \cdot s^{-2}$
熱流密度, 放射, 照度	ワット毎平方メートル	W/m²	$kg \cdot s^{-3}$
熱容量, エントロピー	ジュール毎ケルビン	J/K	$m^2 \cdot kg \cdot s^{-2} \cdot K^{-1}$
比熱, 質量エントロピー	ジュール毎キログラム毎ケルビン	J/(kg·K)	$m^2 \cdot s^{-2} \cdot K^{-1}$
熱　伝　導　率	ワット毎メートル毎ケルビン	W/(m·K)	$m \cdot kg \cdot s^{-3} \cdot K^{-1}$
電場 (界) の強さ	ボルト毎メートル	V/m	$m \cdot kg \cdot s^{-3} \cdot A^{-1}$
電気変位, 電束密度	クーロン毎平方メートル	C/m²	$m^{-2} \cdot s \cdot A$
誘　電　率	ファラド毎メートル	F/m	$m^{-3} \cdot kg^{-1} \cdot s^4 \cdot A^2$
電　流　密　度	アンペア毎平方メートル	A/m²	
磁場 (界) の強さ	アンペア毎メートル	A/m	
透　磁　率	ヘンリー毎メートル	H/m	$m \cdot kg \cdot s^{-2} \cdot A^{-2}$
モル濃度	モル毎デシ立方メートル	mol/dm³	
輝　　　度	カンデラ毎平方メートル	cd/m²	
波　　　数	毎メートル	m⁻¹	

4. 単位の 10 の整数乗倍を表す接頭語

名　　称	記　号	大きさ	名　　称	記　号	大きさ
エ　サ　ク　(exa)	E	10^{18}	デ　　　シ　(deci)	d	10^{-1}
ペ　　タ　(peta)	P	10^{15}	セ　ン　チ　(centi)	c	10^{-2}
テ　　ラ　(tera)	T	10^{12}	ミ　　　リ　(milli)	m	10^{-3}
ギ　　ガ　(giga)	G	10^{9}	マ　イ　ク　ロ　(micro)	μ	10^{-6}
メ　　ガ　(mega)	M	10^{6}	ナ　　　ノ　(nano)	n	10^{-9}
キ　　ロ　(kilo)	k	10^{3}	ピ　　　コ　(pico)	p	10^{-12}
ヘ　ク　ト　(hecto)	h	10^{2}	フ　ェ　ム　ト　(femto)	f	10^{-15}
デ　　カ.　(deca)	da	10	ア　　　ト　(atto)	a	10^{-18}

5. SI と併用される単位

名　　称	記　　号	SI 単位での値
分	min	$1\,\mathrm{min} = 60\,\mathrm{s}$
時	h	$1\,\mathrm{h} = 60\,\mathrm{min} = 3,600\,\mathrm{s}$
日	d	$1\,\mathrm{d} = 24\,\mathrm{h} = 86,400\,\mathrm{s}$
度	°	$1° = (\pi/180)\mathrm{rad}$
分	′	$1' = (1/60)° = (\pi/10,800)\mathrm{rad}$
秒	″	$1'' = (1/60)' = (\pi/648,000)\mathrm{rad}$
リ ッ ト ル	L	$1\,\mathrm{L} = 1\,\mathrm{dm}^3 = 10^{-3}\,\mathrm{m}^3$
ト ン	t	$1\,\mathrm{t} = 10^3\,\mathrm{kg}$
電 子 ボ ル ト	eV	$1\,\mathrm{eV} \fallingdotseq 1.60219 \times 10^{-19}\,\mathrm{J}$

付録C　物　理　定　数*

1. 元素と合金の密度

固体および液体の密度の単位は g/cm^3，気体では g/L（0 °C，760 mmHg）である．
温度表示のないものは室温（27 °C）における値である．

元　　素	温度 [°C]	密　　度	元　　素	温度 [°C]	密　　度
亜　　　　　鉛	20	7.2	セ レ ン（灰色）	20	4.82
ア ル ゴ ン（気）	0	1.784	タ ン グ ス テ ン	20	19.1
ア ル ゴ ン（液）	−189.3	1.38	炭素（ダイヤモンド）	20	3.51
ア ル ミ ニ ウ ム	20	2.69	炭素（グラファイト）	20	2.25
ア ン チ モ ン	20	6.69	チ　タ　ン	—	4.54
イ オ ウ（斜）	20	2.07	窒　素（気）	0	1.250
イ オ ウ（単）	20	1.96	窒　素（液）	−196	0.83
イ ッ ト リ ウ ム	—	5.51	鉄	20	7.86
塩　　素（気）	0	3.21	銅	20	8.93
カ ド ミ ウ ム	20	8.64	ト リ ウ ム	20	11.7
カ リ ウ ム	20	0.86	ナ ト リ ウ ム	20	0.97
カ ル シ ウ ム	20	1.54	鉛	20	11.34
キ セ ノ ン（気）	0	5.896	ニ ッ ケ ル	20	8.85
金	20	19.3	ネ オ ン（気）	0	0.900
銀	20	10.5	白　　金	20	21.37
ク リ プ ト ン（気）	0	3.74	バ リ ウ ム	20	3.5
ク ロ ム	20	7.20	ヒ　素（灰色）	20	5.73
ケ イ 素（結晶）	20	2.34	フ ッ 素（気）	0	1.71
ゲ ル マ ニ ウ ム	20	5.4	フ ッ 素（液）	−200	1.14
酸　　素（気）	0	1.429	ヘ リ ウ ム（気）	0	0.179
酸　　素（液）	−183	1.118	ヘ リ ウ ム（液）	−269	0.126
臭　　素（液）	20	3.14	マ グ ネ シ ウ ム	20	1.74
水　　素（液）	20	13.59	マ ン ガ ン	20	7.42
水　　銀（固）	−38.8	14.193	モ リ ブ デ ン	20	10.2
水　　素（気）	0	0.0898	ヨ ウ 素	20	4.93
水　　素（液）	−253	0.071	リ ン（黄）	20	1.83
ス ズ（白錫）	20	7.28	リ ン（赤）	20	2.35
セ シ ウ ム	20	1.87	ル ビ ジ ウ ム	20	1.532
真 ち ゅ う			銅—アルミニウム		
Cu 70，Zn 30	20	8.5〜8.7	合　　金		
Cu 90，Zn 10	20	8.6	Cu 90，Al 10	20	7.69
Cu 50，Zn 50	20	8.2	Cu 95，Al 5	20	8.37
ス テ ン レ ス 鋼			青　　　　　銅		
Fe 74，Cr 18	20	7.91	Cu 90，Sn 10	20	8.78
Ni 8	20	8.74	Cu 90，Sn 20	20	8.74

*以下に掲載した物理定数の値は，特に断らない限り，東京天文台編纂：理科年表 丸善（2018）による．

2. 種々の物質の密度

単位は **g/cm³** で，温度は記入しないものに限り室温（27℃）である．

物　質　液　体	温度[℃]	密　度	物　質　固　体	密　度
ア　セ　ト　ン	20	0.791	ア　ス　ファ　ル　ト	1.04～1.40
ア　ニ　リ　ン	20	1.022	エ　ボ　ナ　イ　ト	1.1～1.4
亜　麻　仁　油	—	0.91～0.94	花　崗　岩	2.6～2.7
アルコール（エチル）	20	0.789	紙　（洋　紙）	0.7～1.1
アルコール（メチル）	20	0.791	ガラス（クラウン）	2.2～3.6
海　　　水	—	1.01～1.05	ガラス（フリント）	2.9～6.3
過　酸　化　水　素	20	1.442	ガラス（パイレックス）	2.32
ガ　ソ　リ　ン	—	0.66～0.75	固形炭酸（−80℃）	1.565
牛　　　乳	—	1.03～1.04	ゴム（弾性ゴム）	0.91～0.96
グ　リ　セ　リ　ン	20	1.264	氷　　（0℃）	0.917
ク　ロ　ロ　ホ　ル　ム	20	1.489	コ　ル　ク	0.22～0.26
鯨　　　油	—	0.88	コ　ン　ク　リ　ー　ト	2.4
酢　酸　（純）	20	1.049	砂　　　糖	1.59
重　水　（純）	20	1.105	磁　器　（一　般）	2.0～2.6
重　　　油	—	0.85～0.90	食　　　塩	2.17
硝　酸　（純）	20	1.502	樟　脳　（10℃）	0.99
石油（日本産原油）	—	0.80～0.98	水　　　晶	2.65
石油（灯　油）	—	0.80～0.83	砂　　（乾）	1.4～1.7
テ　レ　ビ　ン　油	—	0.87	ス　レ　ー　ト	2.7～2.9
菜　種　油	—	0.91～0.92	石英ガラス（透明）	2.22
二　硫　化　炭　素	20	1.263	石英ガラス（不透明）	2.07
パ　ラ　フ　ィ　ン　油	—	0.8	石　灰　（生石灰）	2.3～3.2
ヒ　マ　シ　油	—	0.96～0.97	石　灰　（消石灰）	1.15～1.25
ベ　ン　ゾ　ー　ル	20	0.879	石　　　炭	1.2～1.5
硫　酸　（純）	20	1.834		

3. 種々の物質の水溶液の密度　（20℃）

濃度の単位は **wt%**（重量パーセント），密度の単位は **g/cm³** である．

物　質	4%	10%	20%	30%	40%	50%
KCl	1.02391	1.06329	1.13277			
KNO₃	1.02341	1.06266	1.13258			
K₂SO₄	1.0310	1.0817				
NaCl	1.02677	1.07065	1.14776			
CuSO₄	1.0401	1.0840				
FeCl₃	1.0324	1.0851	1.1820	1.2910	1.4175	1.5510
MgSO₄	1.0392	1.1034	1.2198	1.2701		
NH₄Cl	1.0107	1.0286	1.0567			
KBr	1.02744	1.07396	1.16002	1.25924	1.37451	
KI	1.02808	1.07607	1.16594	1.27115	1.39587	1.54572
AgNO₃	1.0327	1.0882	1.1715			
NH₄NO₃	1.0147	1.0397	1.0828	1.1277	1.1754	1.2258

4. 水　の　密　度

1気圧の下における水の密度は **3.98℃** において最大である.

温度の一の位 ——→　　　　　　　　　　　　　　（単位は **g/cm³**）

温度 [℃]	0	1	2	3	4	5	6	7	8	9
0	0.99984	0.99990	0.99994	0.99996	0.99997	0.99996	0.99994	0.99990	0.99985	0.99978
10	0.99970	0.99961	0.99949	0.99938	0.99924	0.99910	0.99894	0.99877	0.99860	0.99841
20	0.99820	0.99799	0.99777	0.99754	0.99730	0.99704	0.99678	0.99651	0.99623	0.99594
30	0.99565	0.99534	0.99503	0.99470	0.99437	0.99403	0.99368	0.99333	0.99297	0.99259
40	0.99222	0.99183	0.99144	0.99104	0.99063	0.99021	0.98979	0.98936	0.98893	0.98849
50	0.98804	0.98758	0.98712	0.98665	0.98618	0.98570	0.98521	0.98471	0.98422	0.98371
60	0.98320	0.98268	0.98216	0.98163	0.98010	0.98055	0.98001	0.97946	0.97890	0.97834
70	0.97777	0.97720	0.97662	0.97603	0.97544	0.97485	0.97425	0.97364	0.97303	0.97242
80	0.97180	0.97117	0.97054	0.96991	0.96927	0.96862	0.96797	0.96731	0.96665	0.96600
90	0.96532	0.96465	0.96397	0.96328	0.96259	0.96190	0.96120	0.96050	0.95979	0.95906

温度の十の位 ↓

5. 元　素　の　比　熱

温度の欄に1つの温度が記してあるときは，その温度における比熱の意，2つの温度が記してある場合にはその2つの温度の間の平均比熱を示す.　　　　（単位は **J/gK**）

元　素	温度 [℃]	比　熱	元　素	温度 [℃]	比　熱
亜　　　　鉛	0	0.383	タ　ン　タ　ル	58	0.15
アルミニウム	0	0.877	チ　　タ　　ン	0〜100	0.472
アルミニウム	600	1.18	鉄	0	0.437
アンチモン	17〜92	0.213	鉄	0〜1100	0.640
イオウ（斜方）	17〜45	0.682	鉄	−133	0.322
イオウ（液）	119〜147	0.983	テ　ル　ル	15〜100	0.20
イリジウム	18〜100	0.135	銅	0	0.380
ウ　ラ　ン	0	0.12	銅	97.5	0.398
塩　　素（液）	0〜24	0.946	銅	−250	0.015
オスミウム	19〜98	0.13	ト　リ　ウ　ム	0〜100	0.12
カドミウム	0	0.229	ナトリウム（固）	0	1.184
カリウム（固）	−23	0.724	ナトリウム（液）	138	1.334
カリウム（液）	27	0.799	鉛	0	0.126
カルシウム	1〜100	0.623	鉛	−250	0.0598
金	18〜99	0.127	ニッケル	0	0.444
銀	0	0.233	ニッケル	500	0.523
ク　ロ　ム	−200	0.28	白　　　　金	18〜100	0.136
ケ　イ　素	77	0.761	パラジウム	18〜100	0.25
コ　バ　ル　ト	15〜100	0.431	バ　リ　ウ　ム	−185〜+20	0.28
臭　素（固）	−78〜−20	0.35	ビ　ス　マ　ス	22〜100	0.127
臭　素（液）	13〜45	0.448	ヒ素（結晶）	21〜68	0.35
ジルコニウム	0〜100	0.28	ベリリウム	0〜100	1.78
水　銀（液）	0	0.140	ホ　ウ　素	0〜100	1.28
水　銀（〃）	100	0.137	マグネシウム	18〜99	1.03
ス　ズ（固）	0	0.224	マ　ン　ガ　ン	14〜97	0.510
ス　ズ（液）	240	0.27	モリブデン	15〜91	0.30
セ　シ　ウ　ム	0〜26	0.20	ヨ　ウ　素	9〜98	0.23
セレン（無定形）	18〜38	0.39	リ　チ　ウ　ム	0〜19	3.50
タングステン	−185〜+20	0.13	リ　ン（黄）	13〜36	0.845
タングステン	20〜100	0.14	リ　ン（赤）	15〜98	0.71
炭素（ダイヤモンド）	22	0.510	ロ　ジ　ウ　ム	10〜97	0.24
炭素（グラファイト）	11	0.669			

6. 気 体 の 比 熱

次表は種々の気体の比熱を示す．c_p は定圧比熱（特記したものと液体とを除きすべて 1 気圧のもとにおける値），c_v は定積比熱．単位は **J/g・K.**

気　　　　　体	温度 [℃]	c_p	c_p/c_v	気　　　　　体	温度 [℃]	c_p	c_p/c_v
アセチレン	15	1.603	1.26	臭　　　　　素	19〜388	0.230	1.29
アンモニア	14	2.152	1.336	水　蒸　気	100	2.051	1.33
アンモニア	100	2.248	1.284	水　蒸　気	400	1.854	1.34
アルゴン	15	0.523	1.67	水　素（液体）	−258	7.158	—
一酸化炭素	15	1.038	1.404	水　　　　　素	0	14.191	1.410
一酸化二窒素	26〜103	0.892	1.305	水　　　　　素	100	14.358	1.404
エチルアルコール	90	1.670	1.13	水　　　　　素	400	14.777	1.39
塩化水素	15	0.812	1.41	二酸化炭素	16	0.837	1.302
塩　　　　　素	15	0.481	1.36	二酸化炭素	100	0.867	1.282
空　気（乾）	−100	1.008	—	窒　素（液体）	−194	2.055	—
空　気（乾）	20	1.006	1.403	窒　　　　　素	16	1.034	1.405
空　気（乾）	100	1.011	1.400	窒　　　　　素	100	1.038	1.402
空　気（乾）	500	1.092	1.391	二酸化硫黄	15	0.636	1.26
空　気（乾）	1000	1.192	—	ヘリウム（液体）	−269.5	3.278	—
空気(100気圧)	−80	1.902	—	ヘリウム	−180	5.232	1.66
酸化窒素（NO）	13〜172	0.971	1.40	ベンゼン	100	1.381	1.105
酸　　　　　素	16	0.922	1.396	メタン	15	2.210	1.31
酸　　　　　素	100	0.923	1.393	メチルアルコール	101〜223	1.917	1.25
酸　素（液体）	−183	1.700	—	ヨ　ウ　素	206〜377	0.142	—
シアン（C_2N_2）	15	0.853	1.26	硫化水素	15	1.059	1.34
ジエチルエーテル	25〜111	1.791	1.02				

7. 水 の 比 熱

（単位は **J/g・K**）

温度の一の位 ⟶

温度 [℃]	0	1	2	3	4	5	6	7	8	9
0	4.2174	4.2138	4.2104	4.2074	4.2045	4.2019	4.1996	4.1974	4.1954	4.1936
10	4.1919	4.1904	4.1890	4.1877	4.1866	4.1855	4.1846	4.1837	4.1829	4.1822
20	4.1816	4.1810	4.1805	4.1801	4.1797	4.1793	4.1790	4.1787	4.1785	4.1783
30	4.1782	4.1781	4.1780	4.1780	4.1779	4.1779	4.1780	4.1789	4.1781	4.1782
40	4.1783	4.1784	4.1786	4.1788	4.1789	4.1792	4.1794	4.1796	4.1799	4.1801
50	4.1804	4.1807	4.1811	4.1814	4.1817	4.1821	4.1825	4.1829	4.1833	4.1837
60	4.1841	4.1846	4.1850	4.1855	4.1860	4.1865	4.1871	4.1876	4.1882	4.1887
70	4.1893	4.1899	4.1905	4.1912	4.1918	4.1925	4.1932	4.1939	4.1946	4.1954
80	4.1961	4.1969	4.1977	4.1985	4.1994	4.2002	4.2011	4.2020	4.2029	4.2039
90	4.2048	4.2058	4.2068	4.2078	4.2089	4.2100	4.2111	4.2122	4.2133	4.2145

温度の十の位 ⟶

8. 元素の融点および沸点

元　　　　素	融点 [K]	沸点 [K]	元　　　　素	融点 [K]	沸点 [K]
亜　　　　　　鉛	692.65	1184	タ ン グ ス テ ン	3653	5828
ア ル ゴ ン	83.81	87.29	炭素（グラファイト）		4100*
ア ル ミ ニ ウ ム	933.2	2793	タ ン タ ル	3250	5638
ア ン チ モ ン	904	1860	チ タ ン	1943	3562
イ オ ウ	388.33	717.75	窒　　　　素	63.15	77.35
イ ッ ト リ ウ ム	1799	3611	鉄	1809	3135
イ リ ジ ウ ム	2716	4662	テ ル ル	722.95	1261
イ ン ジ ウ ム	429.76	2343	銅	1356.5	2839
ウ ラ ン	1405	4407	ト リ ウ ム	2028	5061
塩　　　　素	172.12	239.05	ナ ト リ ウ ム	370.98	1156
カ ド ミ ウ ム	594.18	1040	鉛	600.45	2023
カ リ ウ ム	336.4	1031	ニ オ ブ	2740	5017
カ ル シ ウ ム	1112	1757	ニ ッ ケ ル	1726	3187
キ セ ノ ン	161.36	165.03	ネ オ ン	24.544	27.15
金	1336	3081	白 金	2043	4097
銀	1234	2436	パ ラ ジ ウ ム	1825	3237
ク リ プ ト ン	115.78	119.93	バ リ ウ ム	1002	
ク ロ ム	2130	2945	ヒ 素		885.*
ケ イ 素	1685	3540	ビ ス マ ス	544.52	1837
ゲ ル マ ニ ウ ム	1210.4	3107	フ ッ 素	53.54	85.02
コ バ ル ト	1768	3201	ヘ リ ウ ム	1.764	4.214
サ マ リ ウ ム	1345	2064	ベ リ リ ウ ム	1560	2745
酸　　　　素	54.363	90.180	ホ ウ 素	2340	4075
臭　　　　素	265.90	332.35	マ グ ネ シ ウ ム	922	1363
ジ ル コ ニ ウ ム	2125	4682	マ ン ガ ン	1517	2335
水　　　　銀	234.29	629.73	モ リ ブ デ ン	2890	4880
水　　　　素	13.957	20.38	ヨ ウ 素	386.75	458.39
ス ズ（白 錫）	505.06	2896	ラ ジ ウ ム	973	
ス ト ロ ン チ ウ ム	1043	1648	ラ ド ン	202	211
セ シ ウ ム	301.8	955	リ チ ウ ム	453.69	1597
セ リ ウ ム	1071	3699	リ ン	317.30	530
セ レ ン	494	958	ル ビ ジ ウ ム	312	967
タ リ ウ ム	577	1760	ロ ジ ウ ム	2233	4000

（＊：昇華）

（American Institute of Physics Handbook, 1972 年より）

9.　元素の線膨張係数（α）

（温度 293K における線膨張係数）　　　　　　　　　　　　　　（単位は 1/℃）

元　　　　　素	α	元　　　　　素	α
	$\times 10^{-6}$		$\times 10^{-6}$
亜　　　　　　　　鉛	30.1	タ　ン　タ　ル	6.5
ア　ル　ミ　ニ　ウ　ム	23.0	チ　　　タ　　　ン	8.6
ア　ン　チ　モ　ン	11.0	鉄	11.8
イ　リ　ジ　ウ　ム	6.5	テ　　ル　　ル	18.2
イ　ン　ジ　ウ　ム	32.1	銅	16.7
オ　ス　ミ　ウ　ム	4.7	ト　リ　ウ　ム	11.0
カ　ド　ミ　ウ　ム	31.3	ナ　ト　リ　ウ　ム	69.0
カ　リ　ウ　ム	82.0	鉛	28.7
カ　ル　シ　ウ　ム	22.1	ニ　　オ　　ブ	7.1
金	14.2	ニ　ッ　ケ　ル	12.8
銀	19.0	白　　　　　金	8.9
ク　　ロ　　ム	5.0	パ　ラ　ジ　ウ　ム	11.6
ケ　　イ　　素	2.5	バ　ナ　ジ　ウ　ム	7.8
ゲ　ル　マ　ニ　ウ　ム	5.7	バ　リ　ウ　ム	13.0
コ　バ　ル　ト	13.7	ビ　ス　マ　ス	13.2
ジ　ル　コ　ニ　ウ　ム	5.7	ベ　リ　リ　ウ　ム	11.2
錫	21.9	マ　グ　ネ　シ　ウ　ム	25.9
セ　　レ　　ン	44.0	マ　ン　ガ　ン	22.6
炭　素（ダイヤモンド）	1.0	モ　リ　ブ　デ　ン	5.0
炭　素（グラファイト）	7.8	リ　チ　ウ　ム	46.6
タ　ン　グ　ス　テ　ン	4.5	ロ　ジ　ウ　ム	8.2

(American Institute of Physics Handbook 1972 年より)

10. 弾性に関する定数

次表において，E はヤング率で単位は $Pa = N \cdot m^{-2}$，G は剛性率で単位は Pa，σ ボアソン比，k は体積弾性率で単位は Pa，κ は圧縮率で単位は Pa^{-1}.

一様な等方性の物質についてはこれらの量の間につぎの関係がある.

$$E = 2G(1+\sigma) = 3k(1-2\sigma), \qquad \kappa = 1/k$$

なお，これらの値はその物質の過去の取扱い方によってかなり異なる.

物　　質	E	G	σ	k	κ
	$\times 10^{10}$	$\times 10^{10}$		$\times 10^{10}$	$\times 10^{-11}$
亜　　　　　鉛	10.84	4.34	0.249	7.20	1.4
ア ル ミ ニ ウ ム	7.03	2.61	0.345	7.55	1.33
イ ン バ ー ル[1]	14.40	5.72	0.259	9.94	1.0
カ ド ミ ウ ム	4.99	1.92	0.300	4.16	2.4
ガ ラ ス（クラウン）	7.13	2.92	0.22	4.12	2.4
ガ ラ ス（フリント）	8.01	3.15	0.27	5.76	1.7
金	7.8	2.7	0.44	21.7	0.46
銀	8.27	3.03	0.367	10.36	0.97
ゴ ム（弾性ゴム）	$(1.5\sim5.0)\times10^{-4}$	$(5\sim15)\times10^{-5}$	$0.46\sim0.49$	—	—
コ ン ス タ ン タ ン	16.24	6.12	0.327	15.64	0.64
黄 銅（真 ち ゅ う）[2]	10.06	3.73	0.350	11.18	0.89
ス　　　　　ズ	4.99	1.84	0.357	5.82	1.72
青　　銅　　（鋳）[3]	8.08	3.43	0.358	9.52	1.05
石 英（溶 融）	7.31	3.12	0.170	3.69	2.7
ジ ュ ラ ル ミ ン	7.15	2.67	0.335	—	
タングステンカーバイド	53.44	21.90	0.22	31.9	0.31
チ　　　タ　　　ン	11.57	4.38	0.321	10.77	0.93
鉄　　　　（軟）	21.19	8.16	0.293	16.98	0.59
鉄　　　　（鋳）	15.23	6.0	0.27	10.95	0.91
鉄　　　　（鋼）	$20.1\sim21.6$	$7.8\sim8.4$	$0.28\sim0.30$	$16.5\sim17.0$	$0.61\sim0.59$
銅	12.98	4.83	0.343	13.78	0.72
ナ イ ロ ン-6,6	$0.12\sim0.29$	—	—		
鉛	1.61	0.559	0.44	4.58	2.2
ニ ッ ケ ル	$19.9\sim22.0$	$7.6\sim8.4$	$0.30\sim0.31$	$17.7\sim18.8$	$0.57\sim0.53$
白　　　　　金	16.8	6.1	0.377	22.8	0.44
パ ラ ジ ウ ム（鋳）	11.3	5.11	0.393	17.6	0.57
ビ ス マ ス	3.19	1.20	0.330	3.13	3.2
ポ リ エ チ レ ン	0.076	0.026	0.458	—	
ポ リ ス チ レ ン	0.383	0.143	0.340	0.400	25.0
マ ン ガ ニ ン[4]	12.4	4.65	0.329	12.1	0.83
木 材 （か し）	1.3	—	—		
洋　　　　銀[5]	13.25	4.97	0.333	13.20	0.76
リ ン 青 銅[6]	12.0	4.36	0.38	—	

1)　36Ni, 63.8Fe, 0.2C　　2)　70Cu, 30Zn　　3)　85.7Cu, 7.2Zn, 6.4Sn　　4)　84Cu, 12Mn, 4Ni
5)　55Cu, 18Ni, 27Zn　　6)　92.5Cu, 7Sn, 0.5P（おもに Kaye & Laby, 1973 による）.

11. 熱電対の基準起電力

温度測定に広く実用される熱電対の熱起電力を示す．基準接点を 0℃ に測温接点を t[℃] に保った時の起電力を絶対単位の mV（ミリボルト）で表してある．これらは基準値であって，精密な温度測定では個々の熱電対を校正する必要がある.

白金—白金 13%・ロジウム熱電対は JIS，それ以外は International Electrotechnical Commission の推奨規格．NBS Monograph 125 による.

白金—白金・ロジウム熱電対

温度の十の位 —→

t [℃]	0	10	20	30	40	50	60	70	80	90
0	0.0000	0.0541	0.1109	0.1701	0.2316	0.2955	0.3615	0.4295	0.4996	0.5715
100	0.6452	0.7206	0.7976	0.8762	0.9562	1.0377	1.1206	1.2047	1.2901	1.3767
200	1.4643	1.5531	1.6492	1.7337	1.8255	1.9181	2.0117	2.1060	2.2012	2.2972
300	2.3939	2.4913	2.5895	2.6883	2.7878	2.8879	2.9886	3.0899	3.1918	3.2943
400	3.3974	3.5010	3.6051	3.7097	3.8149	3.9206	4.0267	4.1334	4.2406	4.3482
500	4.4564	4.5650	4.6740	4.7836	4.8936	5.0041	5.1150	5.2265	5.3383	5.4507
600	5.5635	5.6768	5.7905	5.9047	6.0194	6.1345	6.2501	6.3662	6.4828	6.5998
700	6.7172	6.8352	6.9536	7.0725	7.1919	7.3117	7.4320	7.5528	7.6741	7.7958
800	7.9180	8.0407	8.1638	8.2874	8.4115	8.5360	8.6610	8.7865	8.9125	9.0388
900	9.1657	9.2930	9.4207	9.5489	9.6776	9.8066	9.9362	10.066	10.197	10.327
1000	10.458	10.590	10.722	10.854	10.987	11.120	11.254	11.388	11.522	11.657
1100	11.792	11.927	12.063	12.199	12.335	12.471	12.608	12.745	12.883	13.021
1200	13.158	13.297	13.435	13.574	13.712	13.851	13.991	14.130	14.270	14.409
1300	14.549	14.689	14.829	14.969	15.109	15.250	15.390	15.531	15.671	15.811
1400	15.952	16.092	16.233	16.373	16.513	16.654	16.794	16.934	17.074	17.213
1500	17.353	17.492	17.631	17.770	17.909	18.048	18.186	18.324	18.462	18.599
1600	18.736	18.872	19.008	19.144	19.280	19.414	19.549	19.682	19.816	19.948
1700	20.081	20.212	20.343	20.473	20.602	20.731	20.859	20.986		

温度の百の位 ↓

クロメルーアルメル熱電対

温度の十の位 —→

t [℃]	0	10	20	30	40	50	60	70	80	90
−200	−5.891	−6.035	−6.158	−6.262	−6.344	−6.404	−6.441	−6.458		
−100	−3.553	−3.852	−4.138	−4.410	−4.669	−4.912	−5.141	−5.354	−5.550	−5.730
(−)0	0.00	−0.392	−0.777	−1.156	−1.527	−1.889	−2.243	−2.586	−2.920	−3.242
(+)0	0.00	0.397	0.798	1.203	1.611	2.022	2.436	2.850	3.266	3.681
100	4.095	4.508	4.919	5.327	5.733	6.137	6.539	6.939	7.338	7.737
200	8.137	8.537	8.938	9.341	9.745	10.151	10.560	10.969	11.381	11.793
300	12.207	12.623	13.039	13.456	13.874	14.292	14.712	15.132	15.552	15.974
400	16.395	16.818	17.241	17.664	18.088	18.513	18.938	19.363	19.788	20.214
500	20.640	21.066	21.493	21.919	22.346	22.772	23.198	23.624	24.050	24.476
600	24.902	25.327	25.751	26.176	26.599	27.022	27.445	27.867	28.288	28.709
700	29.128	29.547	29.965	30.383	30.799	31.214	31.629	32.042	32.455	32.866
800	33.277	33.686	34.095	34.502	34.909	35.314	35.718	36.121	36.524	36.925
900	37.325	37.724	38.122	38.519	38.915	39.310	39.703	40.096	40.488	40.879
1000	41.269	41.657	42.045	42.432	42.817	43.202	43.585	43.968	44.349	44.729
1100	45.108	45.486	45.863	46.238	46.612	46.985	47.356	47.726	48.095	48.462
1200	48.828	49.192	49.555	49.916	50.276	50.633	50.990	51.344	51.697	52.049
1300	52.398	52.747	53.093	53.439	53.782	54.125	54.466	54.807		

温度の百の位 ↓

銅—コンスタンタン熱電対

温度の十の位 —→

t [℃]	0	10	20	30	40	50	60	70	80	90
−200	−5.603	−5.753	−5.889	−6.007	−6.105	−6.181	−6.232	−6.258		
−100	−3.378	−3.656	−3.923	−4.177	−4.419	−4.648	−4.865	−5.069	−5.261	−5.439
(−)0	0.00	−0.383	−0.757	−1.121	−1.475	−1.819	−2.152	−2.475	−2.788	−3.089
(+)0	0.00	0.391	0.789	1.196	1.611	2.035	2.467	2.908	3.357	3.813
100	4.277	4.749	5.227	5.712	6.204	6.702	7.207	7.718	8.235	8.757
200	9.286	9.820	10.360	10.905	11.456	12.011	12.572	13.137	13.707	14.281
300	14.860	15.443	16.030	16.621	17.217	17.816	18.420	19.027	19.638	20.252
400	20.869									

温度の百の位 ↓

12.　水の表面張力（γ）

次表は温度 t [℃] における水の表面張力 γ の値で，＊印を施したのは水蒸気に対する値，その他は空気に対する値である．単位は mN/m.

t	γ	t	γ	t	γ	t	γ	t	γ
−5	76.40	16	73.34	21	72.60	30	71.75	80	62.60
0	75.62	17	73.20	22	72.44	40	69.55	90	60.74
5	74.90	18	73.05	23	72.28	50	67.90	100	58.84
10	74.20	19	72.89	24	72.12	60	66.17	110	56.89*
15	73.48	20	72.75	25	71.96	70	64.41	120	54.89*

13.　種々の物質の表面張力（γ）
（γの単位は mN/m）

物　質	接触せる気体	温度[℃]	γ	物　質	接触せる気体	温度[℃]	γ
水　素（液体）	その蒸気	−253.1	1.98	石　油	空　気	18	26
ヘリウム（液体）	その蒸気	−268.9	0.098	トルエン	その蒸気	20	28.53
ヘリウム（液体）	その蒸気	−271.6	0.354	ニトロベンゼン	空　気	20	43.35
窒　素（液体）	その蒸気	−203.1	10.53	二硫化炭素	空　気	20	35.3
酸　素（液体）	その蒸気	−183.6	13.55	パラフィン油[2)]	空　気	25	26.4
アンモニア水(20%)	空　気	18	59.3	ヘキサン	空　気	20	18.42
エチルアルコール	窒　素	20	22.27	ベンゼン	空　気	20	28.86
オリーブ油[1)]	空　気	20	32	メチルアルコール	窒　素	20	22.55
グリセリン	空　気	20	63.4	硫　酸（98.5%）	空　気	20	55.1
クロロホルム	空　気	20	27.28	水　銀	窒　素	25	482.1
酢　酸	空　気	20	27.7	鉛	水　素	350	442
ジエチルエーテル	その蒸気	20	16.96	鉄	ヘリウム	1,570	1,720
四塩化炭素	空　気	20	27.63	金	水　素	1,200	1,120
ジオキサン	その蒸気	20	33.55	塩化ナトリウム	空　気	803	117.6

1) 密度 0.91　　2) 密度 0.847

14.　水の粘性係数（η）
（ηの単位は 10^{-3} Pa·s）

温度[℃]	η	温度[℃]	η	温度[℃]	η	温度[℃]	η	温度[℃]	η
0	1.792	15	1.138	30	0.797	60	0.467	90	0.315
5	1.520	20	1.002	40	0.653	70	0.404	100	0.282
10	1.307	25	0.890	50	0.548	80	0.355		

（上表は圧力 1 atm ＝ 101325 Pa のときの値）

15.　固体および水の空気に対する屈折率

波長 [nm]	方解石 （18℃）		エナガラス（光学ガラス）		水　晶 （18℃）		石英ガラス（18℃）	岩　塩（18℃）	水（20℃）
	常光線	異常光線	クラウン	フリント	常光線	異常光線			
H　656.3	1.6544	1.4846	1.5143	1.6421	1.5419	1.5509	1.4564	1.5407	1.3311
Na　589.3	1.6584	1.4864	—	—	1.5443	1.5534	1.4585	1.5443	1.3330
Hg　546.1	1.6616	1.4879	1.5181	1.6522	1.5462	1.5553	1.4602	1.5475	1.3345
H　486.1	1.6678	1.4907	1.5224	1.6612	1.5497	1.5590	1.4632	1.5534	1.3371
Hg　435.8	1.6752	1.4942	1.5267	1.6725	1.5538	1.5632	—	1.5606	1.3402
Hg　404.7	1.6813	1.4969	1.5302	1.6823	1.5572	1.5667	1.4697	1.5665	1.3428

16. 金属の抵抗率および温度係数

　長さ l[m]，断面積 a[m²] の一様な物質の電気抵抗 R は，$R = \rho l/a$[Ω] で与えられ，ρ（単位は Ω·m）をこの物質の抵抗率という*.

　0℃ における抵抗率を ρ_0，100℃ におけるそれを ρ_{100} とすると，$\alpha_{0,100} = (\rho_{100} - \rho_0)/100\rho_0$ を抵抗率の 0℃，100℃ 間の平均温度係数という．次表は，種々の金属の ρ と $\alpha_{0,100}$ を表す．温度の一印は室温．

金属	温度[℃]	ρ	$\alpha_{0,100}$	金属	温度[℃]	ρ	$\alpha_{0,100}$
		×10⁻⁸	×10⁻³			×10⁻⁸	×10⁻³
亜　　　　鉛	20	5.9	4.2	ジュラルミン（軟）	—	3.4	
アルミニウム（軟）	20	2.75	4.2	鉄　　　（純）	20	9.8	6.6
アルミニウム（軟）	−78	1.64		鉄　　　（純）	−78	4.9	
ア　ル　メ　ル	20	33	1.2	鉄　　　（鋼）	—	10～20	1.5～5
ア　ン　チ　モ　ン	0	38.7	5.4	鉄　　　（鋳）	—	57～114	
イ　リ　ジ　ウ　ム	20	6.5	3.9	銅　　　（軟）	20	1.72	4.3
イ　ン　ジ　ウ　ム	0	8.2	5.1	銅　　　（軟）	100	2.28	
イ　ン　バ　ー　ル	0	75	2	銅　　　（軟）	−78	1.03	
オ　ス　ミ　ウ　ム	20	9.5	4.2	銅　　　（軟）	−183	0.30	
カ　ド　ミ　ウ　ム	20	7.4	4.2	ト　リ　ウ　ム	20	18	2.4
カ　リ　ウ　ム	20	6.9	5.1[1]	ナ　ト　リ　ウ　ム	20	4.6	5.5[1]
カ　ル　シ　ウ　ム	20	4.6	3.3	鉛	20	21	4.2
金	20	2.4	4.0	ニクロム（鉄を含まない）	20	109	0.10
銀	20	1.62	4.1	ニクロム（鉄を含む）	20	95～104	0.3～0.5
ク　ロ　ム（軟）	20	17		ニ　ッ　ケ　リ　ン	—	27～45	0.2～0.34
ク　ロ　メ　ル	—	70～110	0.11～0.54	ニ　ッ　ケ　ル（軟）	20	7.24	6.7
コ　バ　ル　ト α	0	6.37	6.58	ニ　ッ　ケ　ル（軟）	78	3.9	
コンスタンタン	—	50	−0.04～+0.01	白　　　　金	20	10.6	3.9
ジ　ル　コ　ニ　ウ　ム	30	49	4.0	白　　　　金	1000	43	
黄　銅（真ちゅう）	—	5～7	1.4～2	白　　　　金	−78	6.7	
水　　　　銀	0	94.08	0.99	白金ロジウム[2]	20	22	1.4
水　　　　銀	20	95.8		パ　ラ　ジ　ウ　ム	20	10.8	3.7
ス　　　　ズ	20	11.4	4.5	ヒ　　　　素	20	35	3.9
ストロンチウム	0	30.3	3.5	プ　ラ　チ　ノ　イ　ド	—	34～41	0.25～0.32
青　　　　銅	—	13～18	0.5	ベ　リ　リ　ウ　ム（軟）	20	6.4	
セ　シ　ウ　ム	20	21	4.8	マ　グ　ネ　シ　ウ　ム	20	4.5	4.0
ビ　ス　マ　ス	20	120	4.5	マ　ン　ガ　ニ　ン	20	42～48	−0.03～+0.02
タ　リ　ウ　ム	20	19	5	モ　リ　ブ　デ　ン	20	5.6	4.4
タ　ン　グ　ス　テ　ン	20	5.5	5.3	洋　　　　銀	—	17～41	0.4～0.38
タ　ン　グ　ス　テ　ン	1000	35		リ　チ　ウ　ム	20	9.4	4.6
タ　ン　グ　ス　テ　ン	3000	123		リ　ン　青　銅	—	2～6	
タ　ン　グ　ス　テ　ン	−78	3.2		ル　ビ　ジ　ウ　ム	20	12.5	5.5
タ　ン　タ　ル	20	15	3.5	ロ　ジ　ウ　ム	20	5.1	4.4

　1）　0℃ と融点との間の平均温度係数　　2）　白金 90，ロジウム 10 のもの

　* 抵抗率を Ω·cm 単位で表すには，この表の数値を 100 倍すればよい.

17. 電 気 化 学 当 量

(単位は kg/C)

元　　素	記　号	原 子 価	原 子 量	電気化学当量 $[\times 10^{-7}\,\mathrm{kg/C}]$
亜　　　　　　鉛	Zn	2	65.38	3.388
ア ル ミ ニ ウ ム	Al	3	26.98	0.932
ア ン チ モ ン	Sb	3	121.75	4.207
カ ド ミ ウ ム	Cd	2	112.41	5.826
金	Au	3	196.97	6.812
銀	Ag	1	107.868	11.180
ク ロ ム	Cr	3	52.01	1.797
コ バ ル ト	Co	2	58.93	3.054
錫	Sn	2	118.69	6.151
		4		3.075
ビ ス マ ス	Bi	3	208.98	7.221
鉄	Fe	2	55.85	2.894
		3		1.929
銅	Cu	1	63.54	6.585
		2		3.293
ニ ッ ケ ル	Ni	2	58.70	3.041
マ ン ガ ン	Mn	2	54.94	2.847
鉛	Pb	2	207.2	10.74

日本金属学会編 "金属便覧"（丸善）より抜すい

18. 各種光源の可視部主要スペクトル線の波長

(単位:nm)

Cd	Hg	H	Na	He	Ne
643.847	690.716	656.285	589.592*	706.519	724.517
508.582	579.065	656.273	588.995**	667.815	717.394
479.992	576.959	486.133	568.822	587.562	650.653
467.815	546.074	434.047	568.266	501.568	640.225
	491.604	410.174		492.193	614.306
	435.835	397.007	*D₁ 線	471.314	588.190
	434.750		**D₂ 線	468.575	585.249
	407.781			447.148	540.056
	404.656			388.865	534.109
					470.885
					470.440
					453.775

編者

続　　　馨　元日本大学教授　工学博士

永嶋　誠一　元日本大学教授　工学博士

星　　一以　元日本大学教授　博士（工学）

柳原　隆司　元日本大学教授　理学博士

工科系の物理学実験《新装版》　第3版

1982 年 4 月		第 1 版	第 1 刷	発行
1997 年 3 月		第 7 版	第 2 刷	発行
1999 年 3 月	新装版	第 1 版	第 1 刷	発行
2017 年 2 月	新装版	第 1 版	第13刷	発行
2019 年 3 月	新装版	第 2 版	第 1 刷	発行
2021 年 2 月	新装版	第 2 版	第 3 刷	発行
2023 年 3 月	**新装版**	**第 3 版**	**第 1 刷**	**発行**
2024 年 3 月	**新装版**	**第 3 版**	**第 2 刷**	**発行**

編　者　続馨　永嶋誠一
星 一以　柳原隆司

発 行 者　発田和子

発 行 所　株式会社　学術図書出版社

〒113-0033 東京都文京区本郷 5 - 4 - 6

電話 03-3811-0889　振替 00110-4-28454

印刷　三美印刷（株）

定価は表紙に表示してあります.

物理定数表*

物　理　量	記号	値	単　位
真空中の光の速さ	c	2.99792458×10^8	$m \cdot s^{-1}$
真空中の透磁率	μ_0	$4\pi \times 10^{-7}$	$N \cdot A^{-2}$
真空中の誘電率	ε_0	$8.8541878128 \times 10^{-12}$	$F \cdot m^{-1}$
プランク定数	h	$6.62607015 \times 10^{-34}$	$J \cdot s$
電子の電荷（電気素量）	e	$1.602176634 \times 10^{-19}$	C
アボガドロ定数	N_A	6.022141×10^{23}	mol^{-1}
原子質量単位	m_u	$1.66053907 \times 10^{-27}$	kg
標準重力加速度	g_n	9.80665	$m \cdot s^{-2}$
ファラデー定数	F	9.64853321×10^4	$C \cdot mol^{-1}$
万有引力定数	Γ	6.6743×10^{-11}	$m^3 \cdot kg^{-1} \cdot s^{-2}$
ボーア半径	a_0	$0.5291772109 \times 10^{-10}$	m
電子の比電荷	$-e/m$	$-1.75882001 \times 10^{11}$	$C \cdot kg^{-1}$
電子の磁気モーメント	μ_e	$-928.476470 \times 10^{-26}$	$J \cdot T^{-1}$
電子の静止質量	m_e	$9.1093837 \times 10^{-31}$	kg
1エレクトロンボルト	eV	$1.60217663 \times 10^{-19}$	J
陽子の静止質量	m_p	$1.67262192 \times 10^{-27}$	kg
陽子の磁気モーメント	μ_p	$1.41060697 \times 10^{-26}$	$J \cdot T^{-1}$
中性子の静止質量	m_n	$1.674927498 \times 10^{-27}$	kg
微細構造定数	α	$7.297352569 \times 10^{-3}$	
リュードベリ定数	R_∞	$1.0973731568160 \times 10^7$	m^{-1}
ボルツマン定数	k	1.380649×10^{-23}	$J \cdot K^{-1}$
1モルの気体定数	R	8.3144626	$J \cdot mol^{-1} \cdot K^{-1}$
ステファン-ボルツマン定数	σ	5.670374×10^{-8}	$W \cdot m^{-2} \cdot K^{-4}$
標準気圧		1.01325×10^5	Pa
理想気体1モルの標準状態での体積	V_m	22.413695×10^{-3}	$m^3 \cdot mol^{-1}$
氷点の絶対温度		273.15	K

* 2018年CODATA（科学技術データ委員会）推奨値および理科年表2020をもとにまとめた.